KB072311

지반의 침하

이상덕 저

4.27m
G
ca. 8.0m
Sand
Weak clay
eight H_{max} 55.22m
H_{min} 54.22m
/eight G 142 MN
Foundation ø19.56m
Area 276m^2
oriz. Displ. at crown
4.27m
oriz. Displ. Velocity
1~1.12mm / year
Contact Pressure
270~980kN/m^2
270kN/m^2
980kN/m^2
›nstruction
Start. AD. 1173
End. AD. 1350
~580kN/m^2
Vertical stress on
upper boundary of clay

씨아이알

머 리 말

흙 지반은 비압축성 흙 입자들이 결합되지 않은 채로 쌓여서 구조골격을 이루고 있기 때문에 외력 등의 영향을 받으면 쉽게 변형되어 부피가 변화한다.

무한히 넓은 흙 지반은 수평방향으로 변형이 억제되므로 그 구조골격이 연직방향으로만 변형되는 일차원 변위조건이다. 따라서 무한히 넓은 흙 **지반의 침하**는 연직지반응력에 의해 발생하는 흙 기둥(단위면적)의 연직변형이다. 그런데 상재하중에 의해 발생되는 지반 내 연직응력은 깊이에 따라 다르므로, 연직 흙기둥의 압축량은 위치별로 다른 크기의 연직응력을 적용하고 계산한다. 결국 지반침하는 연직응력이 위치별로 다른 크기로 작용하는 연직 흙기둥의 압축량이다.

구조물은 갈수록 대형화되고 밀집되며, 기능이 다양해지고 정밀해져서 지반침하에 민감해지고 있으며, 최근에 지반공학이 비약적으로 발전함에 따라 실제 상황에 상당히 근접하게 침하를 예측하고 필요시 대책을 마련할 수 있게 되었다. 구조물 모든 부분에서 발생되는 침하가 균등하면 구조물 연직위치만 달라지고, 부등침하되면 구조물이 기울어지거나 구조물 내에 추가응력이 발생되어 균열이 발생되거나 구조적으로 불안해지거나 미관이 손상되거나 또는 기능이 상실된다.

등방압력을 반복·재하하면 지반이 다져져서 탄성 상태가 되며, 사질토가 점성토보다 더 쉽게 탄성 상태가 된다.

포화 지반은 간극수가 배출되어야 부피가 감소되므로, **비배수 조건**에서는 부피가 변할 수 없어서 구조골격이 압축되지 않는다. 반면 **배수 조건**에서는 간극수가 배출되어 지반이 압축 변형되며, 변형속도는 배수조건과 투수성에 의해 결정된다.

불포화 지반은 비배수 조건에서도 외력에 의해 그 구조골격이 압축되며, 포화도와 초기압력의 영향에 의해 간극수압이 발생되는 등 변형거동이 매우 복잡하다. 아직 완전한 계산방법이 없어서 경험적 자료에 의존해서 침하를 예측할 수밖에 없다.

흙 지반은 다양한 **원인**에 의해 그 구조골격이 변형되거나 간극의 부피가 변하면 침하되며, 이로 인해 상부 구조물이나 지반 내의 특정한 지점의 위치가 달라진다. 지반침하는 외력의 재하 후에 즉시침하나 압밀침하 또는 이차압축침하의 **형태**로 발생한다. 지반의 침하거동은 여러 가지 **지반침하 영향요소**(흙 구조골격의 특성, 투수특성, 재하속도 및 구조물의 강성도 등)에 의해 영향을 받는다.

최근 세계화 추세에 따라 국내·외 교류가 잦아져서 선진 외국기술을 접할 수 있는 기회가 많아질수록 국내·외 지반공학의 기술 특히 **지반침하의 예측 및 관리 기술**의 격차가 심화되는 것처럼 느껴진다. 따라서 이 책에서는 앞으로 세계의 지반 기술을 주도해 나갈 수 있는 건설기술자가 필수적으로 알아야 할 가장 기본적이고 중요한 **지반침하**에 대한 내용을 다루었다.

기초는 침하를 기준으로 설계해야 하며, 침하계산은 정확한 현장자료를 근거로 해서 현장조건에 부합하는 조건으로 수행해야 한다.

침하를 검토하지 않고 구조물 기초를 설계하는 우가 더 이상 범해지지 않도록, 많은 기술자들이 지반의 침하에 더 많은 관심을 기울이기고 연구하기를 염원하는 간절한 마음으로 이 책을 준비하였다.

미래는 능력이 있는 기술자만 생존할 수 있는 시대이므로, 본서가 기술자들에게 큰 힘이 될 수 있으면 좋겠다.

이 책의 내용은 어려운 것이 아니고 기본적인 것이다. 따라서 이 책의 내용이 어렵거나 낯설게 느껴진다면, 전문 지반공학 기술자의 기본이 부족하다고 생각하고 매진해야 할 것이다.

이 책에서는 지반 전문가가 아니더라고 지반의 침하거동을 근본적으로 이해하여 침하를 예측할 수 있도록 하기 위해 상부구조물의 하중이 지반에 전달되는 메커니즘을 설명하였다. 그리고 지반의 변형특성을 정확하게 이해하는데 도움이 될 수 되도록 지반의 변형거동을 상세히 설명하였다.

지반의 침하거동을 다음 순서로 설명하였다.

제1장 ; **지반의 침하거동**에 대해 **총론**적으로 설명하였다.

제2장 ; **상부 구조물의 하중이 흙 지반에 전달되는 메커니즘**을 설명하였다.

제3장 ; 상부 구조물의 하중이 지반에 전달되어 지반 내에서 발생되어 지반을 변형시킬 수 있는 **지반 내 응력**에 대해 설명하였다.

제4장 ; 상부 구조물 등 외력으로 인한 지반 내 응력에 의해서 발생되는 **지반의 변형**에 대해 설명하였다.

제5장 ; 상부 구조물의 하중에 의한 지반응력 증가로 인하여 지반이 압축되어 발생되는 구조물 **얕은 기초의 침하특성 및 침하량 계산방법**에 대해 설명하였다.

제6장 ; 지반을 한정된 범위에서 깊게 굴착할 경우에 **굴착면의 변형에 기인한 배후지반의 지표침하**에 대해 설명하였다.

제7장 ; 얕은 터널을 굴착하는 경우에 터널의 상부지반의 지표에서 발생하는 **터널의 내공변위에 기인한 지반침하**를 설명하였다.

제8장 ; 지반이 침하되면 지표에 위치한 상부 구조물이 동반·이동하여 그 기능이나 미관이 손상될 수가 있고, 침하가 과도하면 구조물의 안정성이 저하될 수 있다. 따라서 **구조물의 허용 침하량이나 허용 각변위**로 지반 침하에 따른 손상을 관리하고 대책을 마련한다.

이 책에서는 내용을 쉽게 이해할 수 있도록 **연습문제 및 풀이**를 제시하였는데, 설명과 더불어 풀이내용의 분량이 적지 않기 때문에 본문 가운데에 두지 않고 각 장의 끝에 두었다. 이는 본문을 이해하기에 산만해지지 않도록 하기 위함이다.

이 책 한권으로 모든 침하문제를 설명하기는 어려운 일이므로, 지반침하계산에 필요한 기본적인 이론들을 설명하였고, 침하문제로 가장 자주 접하는 **얕은 기초, 지반굴착, 터널굴착**에 대한 내용을 취급하였다. 깊은 기초에 대한 것은 애초에는 많이 준비하였으나, 그 내용이 방대하기 때문에 다음 기회에 별도로 출간하려고 따로 갈무리하였다.

이 책을 준비하면서 수시로 여러 스승님들과 선후배들의 고마움이 생각나는 것을 주체할 수가 없었다. 특히 정 인준 교수님과 Smoltczyk 교수님 그리고 Gussmann 교수님의 가르침을 많이 수록하였는데, 시간이 지날수록 그 분들의 가르침이 더없이 소중하게 느껴지고, 고마우면서 부끄러움과 죄스러움을 같이 느끼게 되었다.

오랜 시간을 오로지 인내로 지켜온 나의 그녀 성은에게는 고마운 마음으로 이 책을 전하고 싶다. 륜정이와 원희에게는 커다란 품이 되고, 병찬·민선·규로·휘로에게는 든든한 믿음이 되고 싶은 것은 인지상정일 것이다.

이 책을 만드는 데 고생을 많이 한 현수·문경·상훈을 비롯하여 모든IGUA 식구들에게도 더할 나위 없는 보람이 되면 좋겠다.

물론 지금까지 온갖 고생을 감수하고 좋은 책이 나올 수 있도록 애써 준 씨아이알의 김성배 사장님과 관계자들에게 진심으로 감사드린다.

2017년 12월 沃湛齋 思源室에서
月城後人 李相德

목 차

제1장 기초지반의 침하 ······ 1

1.1 개 요 ······ 1

1.2 기초지반의 침하형태 ······ 3

1.2.1 즉시침하 ······ 3

1.2.2 압밀침하 ······ 4

1.2.3 이차압축침하 ······ 4

1.3 침하 발생원인 ······ 5

1.3.1 지반응력의 변화에 의한 침하 ······ 5

1) 외력에 의한 지반의 탄소성 압축변형 ······ 5

2) 지하수위 강하에 의한 지반압축 ······ 7

3) 지하수 배수에 의한 지반압축 ······ 7

1.3.2 지반의 상태변화에 의한 침하 ······ 8

1.3.3 흙 지반의 부피변화에 의한 침하 ······ 8

1) 함수비 변화에 의한 점착성 지반의 부피변화 ······ 9

2) 구조적 팽창에 의한 흙의 부피변화 ······ 9

3) 지반함몰이나 지반함침에 의한 흙의 부피변화 ······ 11

4) 온도변화에 의한 흙의 부피변화 ······ 13

5) 지반동결에 의한 흙의 부피변화 ······ 14

6) 구성광물 용해에 의한 흙의 부피변화 ······ 14

1.4 지반침하 영향요소 ······ 15

1.4.1 침하 한계깊이 ······ 16

1.4.2 재하-제하의 영향 ······ 17

1) 지반응력 ······ 17

2) 침하량 ······ 18

1.4.3 부력의 영향 ······ 19

1.4.4 선행재하의 영향 ······ 19

1.4.5 과재하의 영향 20
1.4.6 기초강성의 영향 22

제2장 구조물하중의 지반전달 23

2.1 개 요 23
2.2 기초 구조물의 외력 지지거동 25
2.2.1 얕은 기초 25
2.2.2 중간 기초 28
2.2.3 깊은 기초 29
2.3 접지압 30
2.3.1 기초 및 지반의 특성과 접지압 30
1) 기초-지반의 상대 강성도 30
2) 기초강성에 따른 접지압 31
2.3.2 편심하중에 따른 접지압 35
2.3.3 기초하중의 증가에 따른 접지압의 변화 36
2.4 설계 접지압 37
2.4.1 등분포 접지압(uniform contact pressure) 37
2.4.2 직선분포 접지압(linear variable contact pressure) 38
2.4.3 이형분포 접지압 39
1) 강성기초 39
2) 탄성기초 40

제3장 탄성상태 지반 내 응력 41

3.1 개 요 41
3.2 탄성상태 및 소성상태 지반응력 42
3.3 자중에 의한 지반응력 43
3.3.1 지반 내 임의 절점의 응력 44

1) 힘의 평형 ·· 44
2) 반무한 탄성지반 내 임의점의 응력 ·· 45
3.3.2 지반 내 임의 평면의 응력 ·· 47
3.4 지하수에 의한 압력 ·· 49
3.4.1 지하수에 의해 발생되는 압력 ·· 49
1) 모세관 압력 ·· 50
2) 양압력 ··· 50
3) 간극수압 ··· 50
4) 정수압 ··· 50
5) 침투압 ··· 51
3.4.2 모세관 현상에 의한 압력 ·· 52
3.4.3 침투압 ··· 53
1) 침투에 의한 압력 ·· 53
2) 널말뚝의 침투압 ·· 55
3.5 유효응력과 간극수압 ·· 58
3.5.1 유효응력 ·· 58
1) 자중작용 상태 포화지반 ··· 59
2) 외부하중작용 상태 포화지반 ·· 59
3.5.2 간극수압 ·· 60
1) 포화 지반의 간극수압 ··· 60
2) 불포화 지반의 간극수압 ··· 62
3.5.3 층상지반의 유효응력과 간극수압 ·· 63
3.6 상재하중에 의한 응력 ·· 64
3.6.1 무한히 넓은 등분포 연직하중에 의한 응력 ···································· 64
3.6.2 절점하중에 의한 응력 ··· 64
1) 연직절점하중에 의한 응력(Boussinesq 이론) ································· 64
2) 수평절점하중에 의한 응력(Cerruti 이론) ····································· 68
3.6.3 선하중에 의한 응력 ··· 69
1) 연직 선하중에 의한 응력 ·· 69
2) 수평 선하중에 의한 응력 ·· 70

3.6.4 띠하중에 의한 응력 71
1) 등분포 연직 띠하중에 의한 응력 71
2) 삼각형분포 연직 띠하중에 의한 응력 73
3) 이등변 삼각형분포 연직 띠하중에 의한 응력 74
4) 사다리꼴분포 연직 띠하중에 의한 응력 74
3.6.5 단면하중에 의한 응력 76
1) 원형 단면하중에 의한 응력 76
2) 직사각형 단면하중에 의한 응력 79

제 4 장 지반의 변형 87

4.1 개 요 87
4.2 물체의 변형 89
4.2.1 체적변형과 전단변형 89
1) 체적변형 89
2) 전단변형 90
4.2.2 탄성변형과 소성변형 91
1) 탄성거동 91
2) 소성거동 92
3) 탄소성 거동 93
4) 크리프 거동 93
4.3 흙 지반의 변형 94
4.3.1 지반의 탄성거동과 소성거동 95
4.3.2 비배수상태 포화지반의 소성체적유동 96
4.3.3 평면변형률상태와 평면응력상태 98
1) 평면변형률상태 98
2) 평면응력상태 99
3) 평면응력상태와 평면변형률상태의 상호관계 99
4.3.4 지반의 변형계수 100

1) 탄성계수 E ··· 100
2) 압밀변형계수 E_s ··· 101
3) 평판변형계수 E_v ··· 103
4) 실측변형계수 E_m ··· 104
5) 변형계수의 상호관계 ··· 104
4.4 지반의 즉시침하 ··· 105
4.4.1 직접계산법(선형탄성이론 적용) ··· 106
1) 지반의 변형계수 ··· 106
2) 기초강성에 따른 즉시침하 ··· 107
4.4.2 간접 침하계산법 ··· 114
1) 지반 내 연직응력 분포곡선 이용 ··· 114
2) 지반의 비침하 분포곡선 이용 ··· 116
4.5 지반의 압밀침하 ··· 117
4.5.1 지반의 일차원 압밀거동 ··· 117
1) 시간에 따른 변형특성 ··· 118
2) 외력에 따른 침하 ··· 119
4.5.2 일차원 압밀침하 ··· 122
1) 일차원 압밀방정식 ··· 122
2) 일차원 압밀방정식의 해 ··· 123
3) 압밀도 U ··· 123
4) 압밀침하비 U_c ··· 125
5) 일차원 압밀이론의 활용 ··· 125
4.5.3 교란지반의 압밀침하 ··· 129
1) 정규압밀점토 ··· 129
2) 과압밀점토 ··· 129
4.6 지반의 이차압축 침하 ··· 130
4.6.1 이차압축에 의한 강성증가 ··· 130
4.6.2 이차압축지수 ··· 132
4.6.3 이차 압축량 ··· 132
연습문제 ··· 133

제5장 하중에 의한 얕은 기초의 침하 ········ 171
5.1 개 요 ········ 171
5.2 지반의 응력변화에 따른 지반변형 ········ 173
5.2.1 외력에 의한 지반의 탄소성 압축변형 ········ 173
5.2.2 지하수위 강하에 의한 지반압축 ········ 174
5.2.3 지하수 배수에 의한 지반압축 ········ 174
5.3 지반의 즉시침하 ········ 175
5.3.1 침하량 직접계산법 ········ 175
1) 직사각형 연성기초의 침하 ········ 176
2) 직사각형 강성기초의 침하 ········ 189
3) 편심재하 직사각형 기초의 침하 ········ 190
4) 등분포 재하 원형기초의 침하 ········ 193
5.3.2 간접 침하계산법 ········ 194
1) 간접 침하계산법 적용절차 ········ 194
2) 간접 침하계산법의 적용 ········ 197
5.3.3 경험적 침하계산 방법 ········ 202
1) 평판재하시험에 의한 침하량 산정 ········ 202
2) 사운딩 시험에 의한 침하량 산정 ········ 203
3) Pressuremeter 시험에 의한 침하량 산정 ········ 204
5.4 지반의 압밀침하 ········ 206
5.4.1 체적압축계수 이용 ········ 206
5.4.2 압축지수 적용 ········ 206
5.4.3 압밀소요시간 ········ 207
5.5 지반의 이차압축 침하 ········ 208
5.6 지하수위 강하에 의한 침하 ········ 209
연습문제 ········ 210

제6장 지반굴착에 의한 침하 ······ 235

6.1 개 요 ······ 235
6.2 흙막이 벽체 배후 지표침하 형상과 발생 원인 ······ 237
6.2.1 흙막이 벽체 배후지반 지표침하의 발생 원인 ······ 237
6.2.2 지반손실에 기인한 지반침하 ······ 238
6.2.3 벽체 배후 지표침하의 형상 ······ 239
6.3 흙막이 벽체의 수평변위로 인한 배후지반의 지표침하 ······ 241
6.3.1 흙막이 벽체 수평변위 발생원인 ······ 242
1) 작용력에 의한 흙막이 벽체의 휨 ······ 242
2) 버팀대의 변형 ······ 242
3) 버팀대 설치 시 시간적 지체 ······ 242
4) 흙막이 벽체의 근입깊이에 의한 영향 ······ 243
6.3.2 흙막이 벽체의 수평변위와 지표의 연직 및 수평변위 ······ 243
1) 지표면의 연직변위 ······ 243
2) 지표면의 수평변위 ······ 244
6.4 굴착저면의 히빙에 의한 지반침하 ······ 246
6.5 지하수위 변화에 의한 지반의 탄성침하 ······ 248
6.5.1 연속방정식으로 계산 ······ 249
1) 수평우물 ······ 249
2) 연직우물 ······ 250
6.5.2 포물선으로 가정 ······ 250
6.6 침투압에 의한 지반의 압축과 이완 ······ 251
6.7 지반굴착에 따른 흙막이 벽체 배후지반의 지표침하 추정 ······ 253
6.7.1 흙막이 벽체 변위에 따른 배후지반의 침하예측법 ······ 253
1) 유한요소법 및 유한차분법에 의한 배후지반 침하예측 ······ 254
2) 기존구조물에 미치는 영향예측 ······ 254
6.7.2 이론 및 계측결과 이용한 경험적 추정방법 ······ 255
1) Peck 곡선 ······ 255
2) Caspe의 방법 ······ 257

3) Clough의 방법 ···· 258
6.7.3 지반에 따른 거리별 지표침하량 추정 ···· 259
1) 사질토에서 거리별 지표침하량 ···· 259
2) 점성토에서 벽체 거리별 지표침하량 ···· 261
6.8 구조물의 허용각변위와 허용침하량 ···· 263
6.8.1 구조물의 한계 각변위 및 최대 허용침하량 ···· 263
6.8.2 지중 매설관의 허용침하 ···· 265
연습문제 ···· 266

제7장 터널굴착에 의한 지반침하 ···· 269

7.1 개 요 ···· 269
7.2 터널굴착에 의한 지반손실 ···· 271
7.3 터널 상부지반의 지표침하 ···· 273
7.3.1 지표침하의 관리 ···· 275
1) 지표침하 영향요인 ···· 275
2) 굴진면의 지반변형 관리 ···· 275
7.3.2 횡단면상 지표침하 ···· 276
1) Lame의 탄성해 ···· 276
2) 포물선형 지표침하 ···· 277
3) Gauss 정규확률분포형 지표침하 ···· 280
7.3.3 터널 종단면상 지표침하 ···· 286
7.3.4 임의지점의 지표침하 ···· 286
7.4 병설터널 굴착에 의한 지표침하 ···· 287
7.5 터널굴착에 의한 지표침하에 따른 지상구조물의 손상 ···· 288
7.5.1 터널상부 지표침하로 인한 상부구조물 손상 ···· 288
7.5.2 터널 횡단면 지표침하로 인한 상부구조물 손상 ···· 289
연습문제 ···· 292

제8장 지반침하에 의한 구조물 손상과 대책 및 보강 ………… 297

8.1 개 요 …… 297
8.2 지반침하와 구조물 손상 …… 299
8.2.1 지반의 부등침하 …… 299
8.2.2 지반침하에 의한 구조물 손상 …… 300
8.2.3 구조물의 허용침하량 …… 301
1) 처짐각 …… 301
2) 최대침하와 최소침하의 비 …… 301
8.3 지층형상에 기인한 지반침하 …… 302
8.3.1 지표침하에 영향을 미치는 지층의 형상 …… 302
8.3.2 특이지층에 기인한 지반침하 …… 303
1) 특이지층에 기인한 부등침하 …… 303
2) 과도한 지반침하 방지대책 …… 303
8.3.3 압축성 지층과 구조물의 위치에 따른 지반침하 …… 304
8.4 구조물 하중에 의한 지반침하 …… 305
8.4.1 구조물 하중의 증가로 인한 지반침하 …… 305
8.4.2 큰 구조물 하부지반의 응력집중에 의한 지반침하 …… 305
8.4.3 기존 구조물 근접재하에 의한 지반침하 …… 306
1) 동시 건설 …… 306
2) 시간차 건설 …… 306
3) 시간에 따른 지반침하 …… 307
4) 구조물 하중에 의한 지반침하 방지대책 …… 308
8.4.4 구조물의 하중특성에 따른 부등침하 …… 308
8.4.5 구조물과 기초의 상대강성에 따른 침하 …… 309
8.5 균등침하와 부등침하 …… 309
8.6 허용 침하량과 허용 각변위 …… 311
8.6.1 허용 침하량 …… 312
8.6.2 허용 각변위 …… 315

참고문헌 / 317
찾아보기 / 330

제1장 기초지반의 침하

1.1 개 요

흙 지반은 비압축성 흙 입자들이 결합되지 않은 채 쌓인 상태로 구조골격을 이루고 있다. 따라서 흙 지반은 외력 등의 영향을 받으면 쉽게 변형되며, 이로 인하여 흙 지반의 부피가 변화한다. 흙 구조골격의 압축변형은 변형계수로 나타낸다.

무한히 넓은 수평지반에서는 횡방향 변형(수평변위)이 억제되기 때문에 흙 지반의 구조골격은 연직방향으로만 변형된다(일차원 변위조건). 기초의 하부지반이 이와 같은 일차원 변위조건이면, 지반을 단위면적을 갖는 연직 흙기둥으로 대체하여 침하를 계산한다. 즉, **지반의 침하**는 연직 지반응력에 의한 연직 흙 기둥의 연직변형이다. 그런데 상재하중에 의한 지반 내 연직응력은 깊이에 따라 다르므로, 연직 흙기둥의 압축량은 위치별로 다른 크기의 연직응력을 적용하고 계산한다.

구조물은 갈수록 대형화되고 밀집되며, 그 기능이 다양해지고 정밀해져서, 지반침하에 민감해지고 있다. 그렇지만 최근에는 지반공학이 비약적으로 발전하여 실제 상황에 상당히 근접하게 침하를 예측하고 대책을 마련할 수 있게 되었다.

구조물의 모든 부분에서 발생되는 침하의 크기(침하량)가 같으면 **균등침하**(uniform settlement)라고 하고, 구조물의 위치에 따라서 침하량이 다르면 **부등침하**(differential settlement)라고 한다.

균등침하가 일어나면 구조물 연직위치만 달라지지만, 부등침하가 일어나면 구조물 내에 추가로 응력이 발생되므로 균열이 발생되거나 기울어져서 미관이 손상되거나 구조적으로 불안해지거나 또는 기능이 상실된다.

등방압력을 반복해서 재하하면 지반이 다져져서 탄성 상태가 되며, 사질토가 점성토보다 더욱 쉽게 (적은 재하 횟수에서) 탄성 상태가 된다. 이는 흙 지반의 반복재하곡선에서 확인할 수가 있다.

포화 지반은 간극수가 배출되어야 부피가 감소하므로 **비배수 조건**에서는 부피가 변할 수 없기 때문에 그 구조골격이 압축되지 않는다. 반면에 **배수 조건**인 경우에는 간극수가 배출될 수 있어서 부피가 감소될 수 있고, 그 만큼 지반이 압축변형되고, 변형속도는 배수조건과 지반의 투수성에 의해 결정된다.

불포화 지반은 비배수 조건일 때에도 외력이 작용하면 그 구조골격이 압축되며, 포화도와 초기 압력의 영향을 받아서 간극수압이 발생되기 때문에 그 변형거동이 매우 복잡하여, 아직 이렇다 할 수 있는 계산방법이 제시되어 있지 않아서 경험적 자료에 의존할 수밖에 없는 실정이다.

지반침하(settlement)는 여러 가지 원인에 의해서 지반 내의 응력이 변화해서 흙의 구조골격이 압축됨에 따라 상부에 위치한 구조물이나 지반 내에 있는 특정한 지점의 위치가 달라지는 현상을 말한다. 지반침하는 외력재하 후에 단계적으로 즉, 즉시침하, 압밀침하, 이차압축침하의 **침하형태(1.2 절)**로 발생한다.

지반 **침하형태**는 여러 가지 **침하원인(1.3 절)**에 의해 흙 지반이 변형되거나 간극의 부피가 변하여 발생된다.

지반의 침하거동은 흙 구조골격의 특성(재하 및 제하시 변형특성), 투수특성, 재하속도 및 구조물의 강성도 등에 관련된 **지반침하 영향요소(1.4 절)**에 의해 영향을 받는다.

1.2 기초지반의 침하형태

지반침하는 외력이 작용하는 순간 지반 구조골격이 탄성적으로 압축되어 일어나는 **즉시침하** s_i **(1.2.1 절)** 와 이어진 후속침하 (압밀침하, 이차압축침하) 의 형태로 발생된다. **압밀침하** s_c **(1.2.2 절)** 는 재하 후 시간이 지나면 간극수가 배수되고 **과잉 간극수압**이 소산되어 발생되는 **시간적 침하** $s(t)$ 이다. 유기질 토나 점성토에서는 즉시침하와 압밀침하가 완료 후에도 **이차압축침하** s_s **(1.2.3 절)** 가 발생하며, 장시간이 지나야 최종침하에 도달된다 (그림 1.1).

따라서 전체 지반침하는 다음이 된다.

$$s = s_i + s_c + s_s \tag{1.1}$$

지반의 하중-침하거동은 선형 탄성관계가 아니어서 엄밀히 말하면 위 같은 **겹침원리**가 적용되지 않으나 경험상 겹쳐 계산해도 실제에 근접한 결과를 얻을 수 있고, 지반의 거동이 탄성거동은 아니지만 점토에서는 Hooke 법칙이 근사적으로 맞는다.

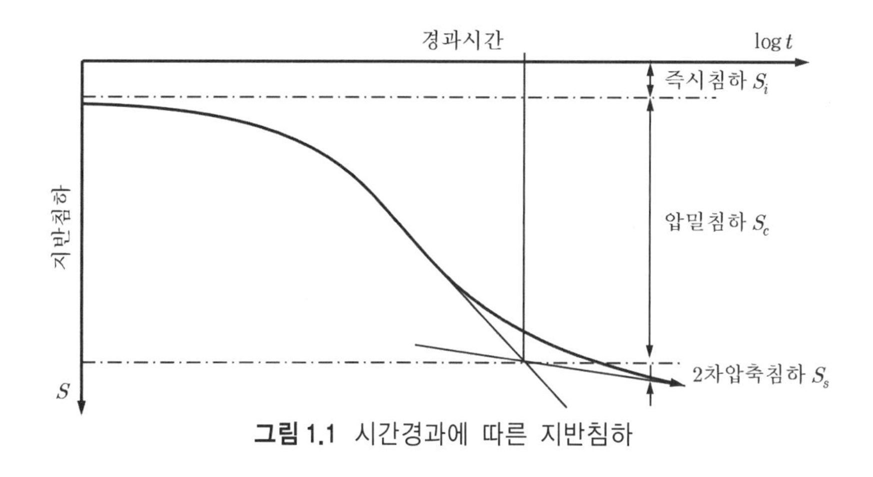

그림 1.1 시간경과에 따른 지반침하

1.2.1 즉시침하

즉시침하 s_i 는 재하즉시 $(t = 0)$ 발생하는 **탄성침하**이며, 지반 형상변화에 기인할 경우가 많고, 포화도가 낮거나 비점착성 흙에서는 전체침하량의 대부분을 차지한다. 즉시침하는 **불포화 지반**에서는 체적감소로 인해 발생되며, **포화 지반**에서는 전단변형에 의한 형상변화로 인해 발생하고 변화된 응력의 일부만 고체 (구조골격과 흙 입자) 에 전달된다. 즉시침하는 지반을 탄성체로 간주하고 변형률을 적분하여 직접 계산 (직접 계산법) 하거나, 탄성이론식과 유사한 지중응력 분포함수를 가정하고 간접적으로 계산 (간접 계산법) 한다.

1.2.2 압밀침하

압밀침하 s_c 는 외력이 작용하여 발생된 과잉간극수압으로 인해 수두차이가 생겨서 (시간경과에 따라) 간극수가 배수 (과잉간극수압이 감소) 되어서 일어난다. 압밀침하의 속도는 지반의 **배수 가능성** (지반의 **투수성**과 **경계조건**) 에 의해 좌우된다. 투수계수가 큰 조립토에서는 간극수가 쉽게 유출되어 압밀침하가 조기에 완료된다.

지반이 압밀될 때 **간극수** (흙 입자의 사이로 자유롭게 흐르는 물) 는 유출되지만, **흡착수** (Van-der-Waals 힘으로 흙 입자에 흡착된 물) 는 유출되지 않는다.

압밀침하는 압밀지층을 여러 개의 미세지층으로 분할하고, 각각의 미세지층에서 계산한 압밀침하량을 모두 합한 값이다. 이때 미세지층 중간 깊이에 대한 유효연직응력의 증가량을 적용하여 외력에 의한 압밀침하만을 계산하여 (자중에 의한 압밀은 외력재하 전에 완료된 것으로 간주한다.

1.2.3 이차압축침하

이차압축침하 s_s (크리프 침하) 는 일차압밀이 완료된 후에 일어나며, 흙 구조골격의 압축특성 즉, 흙 입자의 파괴, 흙 입자의 압축 또는 재배열, 압축에 의한 흡착수의 찌그러짐 등에 의해서 일어난다. 이차압축은 유기질을 많이 함유하거나 고소성성의 점성토에서 크게 일어나고, Terzaghi 압밀이론을 따르지 않고, 정확한 거동이 아직 완전히 밝혀져 있지 않다. 점성토에서 압력이 증가하면 흙 입자들은 흡착수에 둘러싸인 상태에서 하중을 지지하기에 유리한 위치로 이동한다.

이차압축침하는 흡착수가 둘러싼 **흙 입자 변형**에 의해서도 발생되며, 전단응력에 저항할 수 있을 때까지 일어나고, 시간에 따른 **고체의 찌그러짐**은 의미가 적다. 이때 과잉간극수압은 측정가능한 정도의 크기로는 발생하지 않는다.

대개 이차압축침하는 대수로 나타낸 시간 $\log t$ 에 선형비례하며 (그림 1.1), 오랜 시간 동안에 일어난다. 자중만 작용하는 상태에서도 지질적 요인에 의하여 이 같은 **강도경화 과정**이 일어나는 지반이 있다. 이때는 $s_1/\ln \sigma_{zz} = const$ 이다.

압밀침하에서 이차압축침하로 전환되는 시간은 과잉간극수압이 '**영**' 인 시점을 기준한다. 이차압축이 일어나면 선행재하 효과가 발생되어 시간이 경과하면 지반강도가 증가된다. 이차 압축 침하는 일차압밀이 완료된 후에도 하중재하를 지속해서 이차압축변형과 시간의 관계 즉, **이차압축지수** ($\log t - s$ 곡선의 기울기) 를 구한다.

1.3 침하 발생원인

지반의 변형에 의한 지반침하는 외력이 작용하거나 간극수가 배수됨으로 인해서 지반응력이 변화될 때 발생하며, 그밖에도 (외력과 무관한) 지반의 상태변화나 부피변화에 의해 지반응력이 변화하는 경우에도 지반침하가 발생된다.

지반침하 발생속도는 지반의 배수조건과 투수성에 의해 결정된다. 재하 후 시간경과에 따른 지반침하 (지반침하속도) 는 시간 - 침하관계곡선에서 예측할 수 있다.

지반응력의 변화에 기인한 지반침하 (1.3.1 절) 는 외력에 의한 지반의 압축 (지반의 탄소성변형) 이나 지하수위 강하 (지반 유효응력 증가) 에 따른 압축 또는 지하수 배수에 의한 지반의 부피변화 (압밀) 에 의해 발생된다.

그리고 **지반의 상태변화에 의한 침하 (1.3.2 절)** 는 지반의 함수비가 증가하거나 동상 후 연화작용에 의한 지반의 지지력 감소, 기초파괴, 지하 매설관이나 지하공간 등이 압축되거나 붕괴될 때에 발생된다.

지반의 부피변화에 의한 침하 (1.3.3 절) 는 흙 지반의 구조적 특성, 지반함침, 온도변화, 지반동결, 함수비 변화, 점성토 건조수축, 구성광물의 용해 등이 일어날 때에 발생한다.

1.3.1 지반응력의 변화에 의한 침하

여러 가지 요인에 의해 지반응력이 변하면 지반이 변형되어 침하된다. 재하 후 시간경과에 따른 지반침하 (지반침하속도) 는 시간 - 침하 관계곡선에서 예측할 수 있고, 지반의 배수조건과 투수성에 의해 결정된다.

지반은 주로 다음 요인에 기인한 변형에 의해 침하된다.

- 외력에 의한 지반의 탄소성 압축변형
- 지하수위 강하에 의한 지반의 압축
- 지하수의 배수에 의한 지반의 압축

1) 외력에 의한 지반의 탄소성 압축변형

상부구조물 하중이 기초를 통해 지반에 전달되어서 지반응력이 증가되면, 흙의 구조골격이 압축되거나 간극수가 배수되어 지반이 압축되고 구조물 위치가 달라진다.

지반 내 연직응력은 지반의 자중에 의한 연직응력과 구조물의 하중에 의한 연직응력의 합이며, 외력에 의한 지반침하를 계산할 때에는 지반의 자중에 의한 침하는 완료된 것으로 간주하고 구조물 하중에 의한 침하만 생각한다.

기초에서 지반에 전달된 구조물 하중에 의한 지반침하는 다음을 고려하고 계산한다.

① **구조물** : 구조물의 종류, 크기, 강성도 및 기초의 깊이 등
② **지반의 형상과 구성** : 지반의 종류, 보링 및 사운딩의 결과
③ **지반의 물성치** : 입도분포, 컨시스턴시, 상대밀도, 투수특성 등
④ **지반의 압축특성** : 변형특성(일축압축시험, 평판재하시험, 기타 현장시험결과)

상부 구조물의 영향을 받아 침하가 발생되는 **깊이**는 기초 폭과 지반에 따라 결정된다. 흙의 **구조골격**은 비압축성 흙 입자들이 결합되지 않고 쌓여서 이루어져 있기 때문에 외력에 의해 손쉽게 변형되고, 흙 구조골격이 변형되면 흙 부피가 변화된다.

수평지반이 무한히 넓으면 횡방향 변형이 억제되므로 흙 구조골격의 변형은 **연직방향**으로만 일어나고, 이때 흙 구조골격 압축변형은 압밀변형계수로 나타낸다. 지반은 소성체이므로 제하 시에는 변형의 일부가 **잔류**하여 재하 - 제하시 변형이 다르다.

배수조건이면 **조립토**는 외력재하 즉시 간극수가 배수되므로 재하 즉시 크게 압축되고, 흙 입자 재배열에 따른 압축은 크기가 작고 완만한 속도로 일어난다. **점성토는 배수조건**이라도 재하 직후에는 간극수가 배수되지 않아 부피가 변하지 않고, 시간이 지나 간극수가 배수되면서 서서히 압축된다. 배수 후 침하량과 침하소요시간은 Terzaghi **압밀이론**으로 구할 수 있다.

불포화 지반은 간극이 간극수와 간극 공기로 채워져 있어서 압축거동이 매우 복잡하다. **배수조건**에서는 외력이 작용하면 간극수(비압축성 유동체)가 유출되고, 간극공기(물에 용해되는 압축성 유동체)가 압축되거나 물에 용해되거나 유출되어 그 만큼 부피가 변한다.

불포화 지반은 **비배수 조건**에서도 구조골격이 압축되며, 포화도와 초기 압력에 따라 간극수압이 다른 크기로 발생되어서 변형거동이 매우 복잡하다. 불포화 지반에 발생되는 간극수압은 토질역학(이, 2017)의 제 3.3.3 절에서 설명하였다.

사질토는 흙 입자들이 접촉상태로 구조골격을 이루고 있어 외력이 작용하면 압축되고 입자 간의 접촉점에서 마찰로 저항한다. 외력이 흙 입자간 마찰저항능력보다 크면 맞물렸던 입자들이 미끄러지고 굴러서 균일응력상태로 재배열되고 간극수가 배수되어 안정상태로 옮아가며, 이 압축은 작은 크기로 느리게 일어난다. **사질토 침하**는 지진이나 기계진동 및 흡수나 침수에 의해 흙 입자가 재배치되어 일어날 수도 있다.

2) 지하수위 강하에 의한 지반압축

지하수위가 강하되면 지반 내 유효응력이 증가되므로 흙의 구조골격이 압축되어서 지반이 침하된다. 지하수위는 대체로 광범위한 영역에서 느린 속도로 상승하거나 강하되며, 넓은 영역에서 수평을 유지하면서 강하되면 일차원 변위조건이 되어 연직 변위는 균등하게 발생된다.

그러나 지하수위 강하가 국부적으로 발생되면 지하수위가 경사져서 유효응력이 일정하지 않아 상부 지표에 있는 구조물이 부등침하 될 수 있다.

3) 지하수 배수에 의한 지반압축

포화 지반은 (흙 입자와 간극수는 비압축성이므로) 지하수가 배출되어야 부피가 감소하므로 외력이 작용하면, 그 거동특성이 배수조건과 지반의 투수성에 의해서 결정된다.

포화지반에 외력이 작용하면, 외력 크기만큼 과잉간극수압이 발생되고 수두가 증가되어 배수되며, 배수조건에 따라 지반의 부피 변화여부가 결정된다. **비배수 조건**이면 간극수가 배수될 수 없으므로 흙 구조골격이 압축되지 않고 지반의 부피가 감소(압축)되지 않는다. **배수조건**이면 간극수가 배수되어 과잉간극수압이 감소되고 배수량만큼 지반의 부피가 감소되며, 이때 변형속도는 지반의 배수특성(배수조건과 투수성)에 의해 결정된다.

불포화 지반은 비배수 조건에서도 (외력에 의해) 구조골격이 압축되며, 간극수압이 포화도와 초기압력의 영향을 받아서 발생되기 때문에 변형거동이 매우 복잡하다.

조립토는 투수성이 커서 **배수조건**이면 외력재하 즉시 간극수가 배수되므로 지반 압축이 크고 급하게 일어나지만, 흙 입자 재배열에 따른 압축은 크기가 작고 완만한 속도로 일어난다.

점성토는 투수성이 작아서 **배수조건**이어도 재하 직후에 간극수가 배수되지 않고, 시간이 지나 간극수가 배수되어야 압축된다. 배수 후 침하량과 침하 소요시간은 Terzaghi **압밀이론**으로부터 구할 수 있다.

지반의 침하속도는 투수성이 작고 지층이 두꺼울수록 느리다. 침하시간 t 와 압축 지층의 두께 h 에 대한 시험결과(침하시간 t_1, 공시체 두께 h_1)와 현장의 실제 값(실제 침하시간 t_2, 실제 지반두께 h_2) 사이에는 $t_1 : t_2 = h_1^2 : h_2^2$ 의 관계가 성립된다.

1.3.2 지반의 상태변화에 의한 침하

지반침하는 여러 가지 원인에 의해 **지반 상태가 변화**해도 발생된다. 함수비 증가 또는 (동상 후 연화작용에 의한) **지지력의 감소, 기초파괴, 지중공간**(지하매설관 등)**의 압축이나 붕괴** 등 지반 상태가 변화하면 지반이 변형되어 침하가 발생된다.

지반의 **지지력 파괴**는 하중-침하 관계곡선에서 침하가 급격히 증가되기 시작하는 순간으로 정의하며, 이때 하중을 **지반의 극한 지지력**이라 하고, 재하하중이 이보다 크면 지반의 구조골격이 교란되어 하중-침하 곡선의 기울기가 급격하게 증가한다.

따라서 지반의 침하거동은 지지력 파괴가 일어나기 전과 후에 다르다. 함수비가 증가하거나 동상 후 연화작용 등에 의해서 지반의 지지력이 감소되면, 파괴하중이 작아져서 작은 하중에서도 지지력 파괴가 일어나서 크게 침하된다. 또한, 지하의 매설관 등 지반 내의 공간이 압축되거나 붕괴되어서 지반이 함몰되면 그 상부 덮개 지반이 침하될 수 있으며, 침하경향이 지하공동의 규모나 깊이 및 지반상태에 따라 달라진다.

1.3.3 흙 지반의 부피변화에 의한 침하

흙 지반은 부피가 변하면 변형되어 침하된다. 그런데 무한히 넓은 수평지반에서는 (횡방향 변형이 구속되어 있는 일차원 침하조건이므로) 지반의 부피가 변하면 연직방향으로만 변형되어 지반이 연직방향으로 침하된다.

흙 입자와 간극수는 비압축성이므로, **포화상태 지반**이 건조되거나 배수되면 지반 부피는 줄어든 간극 부피만큼 감소된다. 그런데도 **불포화 지반**에서는 간극수(비압축성 유동체)의 배수에 의한 부피감소 뿐만 아니라 간극공기가 압축되거나 (물에) 용해되거나 또는 압출됨에 따른 부피감소량 만큼 전체 부피가 감소된다.

흙 지반은 다음 요인으로 인해 부피가 변화하여 침하된다.

- 점착성 지반의 함수비변화(건조수축)
- 흙의 구조적 팽창
- 지반함몰이나 지반함침
- 온도변화
- 지반의 동결
- 구성광물의 용해

1) 함수비 변화에 의한 점착성 지반의 부피변화

점성토에서는 흙 입자를 둘러싸고 있는 흡착수에 의해 전기적 힘이 작용하므로 함수비 w 에 따라 형상과 성질이 달라진다. 함수비가 작을 때는 흙 입자 간격이 작아서 결합력(흙 입자 간 인력)이 강하지만 함수비가 커지는 경우에는 흙 입자의 간격이 멀어져서 결합력이 약화되고, 함수비가 아주 크면 흙 입자간 결합력이 소멸하여 흙 입자는 액체처럼 유동한다.

점성토의 형상은 함수비에 따라 **고체 - 반고체 - 소성체 - 유동체**로 변화하며(지반형상의 경계 함수비를 **아터버그 한계**라 함), 함수비가 **수축한계 w_s** 보다 작으면 부피가 변하지 않고 일정한 **고체상태**이고, 함수비가 수축한계보다 더욱 커지면 그림 1.2 와 같이 함수비에 비례하여 부피가 팽창하고, 점성토의 형상은 고체에서 **반고체 - 소성체 - 유동체**로 변화한다.

점성토는 함수비에 따라서 그 컨시스턴시는 물론 부피가 달라진다. 점성토는 함수비가 작아지면 부피가 감소하며, 일정한 함수비(수축한계)부터는 함수비가 감소하여도 부피가 변하지 않는다(고체상태). 흙의 팽창가능성은 함수비가 클수록 작다(그림 1.2).

수축한계 w_s 는 **액성한계 w_L** 과 **소성지수 I_p** 로부터 경험식으로 계산한다(Krabbe, 1958).

$$w_s = w_L - 1.25 I_p \tag{1.2}$$

2) 구조적 팽창에 의한 흙의 부피변화

지반의 구조적 팽창은 제하(unloading)나 함수비 증가 또는 점토광물의 팽창에 의해서 발생된다. 점성토는 함수비가 작아지면 부피가 감소하지만, 함수비가 수축한계 보다 작으면 지반 부피가 더 이상 감소하지 않는다. **함수비 증가로 인한 지반팽창**은 지반의 흡수능력에 따라 다르고, **점토광물의 팽창으로 인한 지반팽창**은 점토광물의 함량에 따라 다르다.

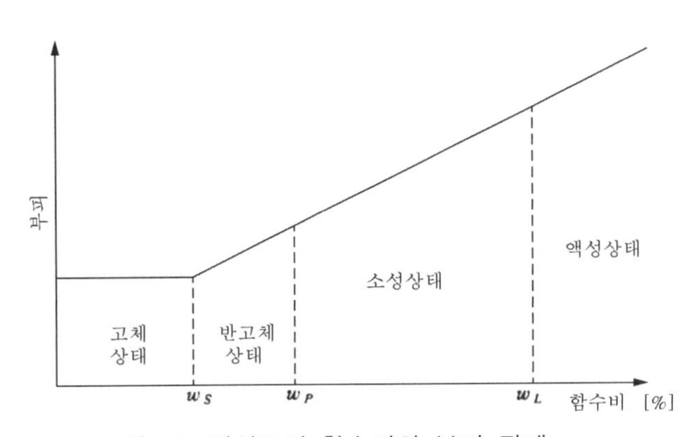

그림 1.2 점성토의 함수비와 부피 관계

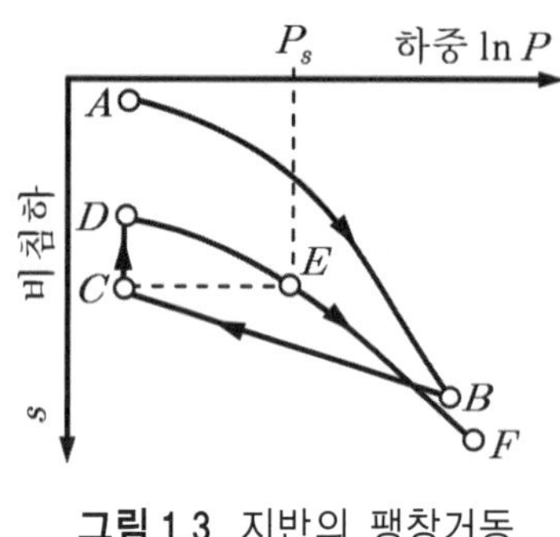

그림 1.3 지반의 팽창거동

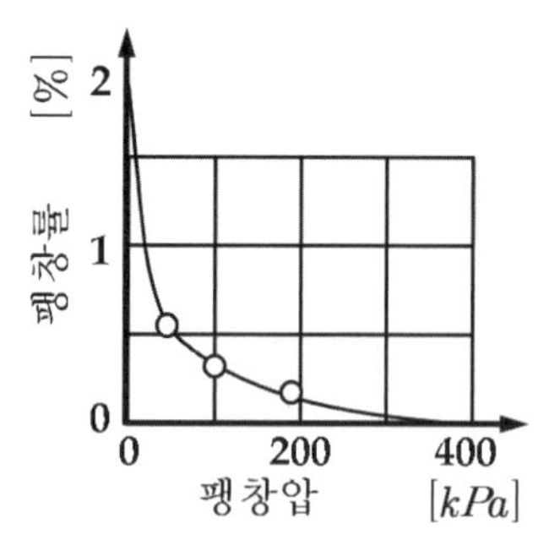

그림 1.4 팽창압과 부피팽창

몬모릴로나이트, 일라이트, 카올리나이트 등 **점토광물**은 기본단위가 3층 구조로 되어 있어서 쉽게 팽창되기 때문에, 점토광물을 포함하는 흙은 함수비가 증가하면 팽창하고, 팽창성이 큰 몬모릴로나이트를 많이 함유하는 흙일수록 팽창성이 크다.

지반의 팽창을 억제할 때 발생되는 압력을 **팽창압** (swelling pressure) 이라 하고 지반의 팽창성이 클수록 크다. 흙 지반 팽창거동은 압밀시험기로 측정한다 (그림 1.3). 공시체에 하중을 가해 압축된 (A → B) 상태에서 하중을 제거하면 팽창 (B → C) 된다. 여기에다 물을 가하면 C → D 로 팽창된다.

팽창을 억제하거나 팽창된 흙을 원래 상태로 환원 (D → C) 하는데 필요한 압력을 **팽창압**이라고 하고 (그림 1.4), **팽창압**은 팽창변형을 억제할수록 크고, 제하 ($B \rightarrow C$) 할 때에는 제하량이 클수록 크다.

지반은 함수비가 증가되면 그 부피가 팽창하며, 팽창거동은 작용압력과 흙의 구조골격에 따라 다르고, 지반의 팽창량은 대기압하에서 가장 크고 제거된 하중이 클수록 그리고 활성도 I_A 가 클수록 크다.

인력에 의해 물분자가 흙 입자의 표면에 흡착되어서 발생되는 모세관 현상에 의해서는 흙의 부피가 변화 (즉, 팽창) 되지 않는다. 함수비 증가로 인한 **지반팽창**은 지반의 흡수능력에 의존하며, 대기압하에 물을 흡수하여 팽창된 부피를 흙의 **친수성** (**흡수성**) 이라고 하고, Soos (1980) 가 제안한 기구 (그림 1.5) 를 이용하여 측정한다.

입경이 0.42 mm 미만인 노건조 시료 약 20 g 을 유리깔때기로 기구에 넣고 뚜껑을 덮은 후 메스피페트로 시간경과에 따른 흡수량을 측정하며 흡수가 중단될 때까지 계속해서 시험한다.

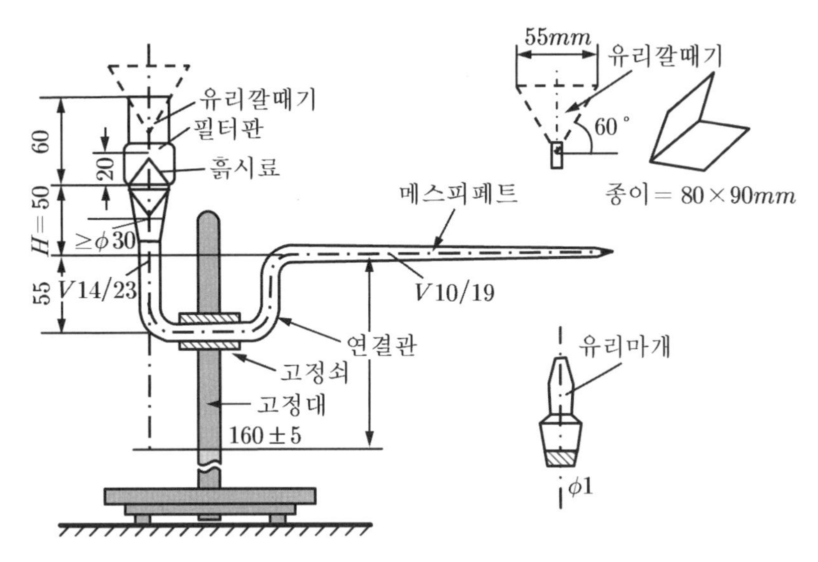

그림 1.5 지반의 흡수성 시험장치 (Soos, 1980)

시험시간이 1 시간 이상 길게 지속될 것으로 예상되면 같은 종류 시험기로 공기중에서 흡수된 수량을 별도로 측정하여 보정한다. 흙의 친수성은 흙의 소성지수, 최적 함수비, 다짐밀도, 투수성, 압밀변형계수 E_s 등에 영향을 미친다.

지반은 함수비가 액성한계를 초월한 액체상태에서 조차 흡수능력이 있고, 지반이 최대로 흡수할 수 있는 함수비는 경험적으로 다음과 같다 (Neumann, 1957).

$$w_{\max} = w_L + 15[\%] \simeq w_L + I_A \quad (1.3)$$

3) 지반함몰이나 지반함침에 의한 흙의 부피변화

지반의 연직변위는 지반의 **함몰**이나 **함침** 또는 **침하**의 형태로 발생되며, 함몰이나 함침은 해석하기가 어렵고, 침하거동은 경계조건을 단순화하면 해석할 수 있다.

따라서 본서에서 이론적으로 취급할 수 있는 지반의 연직변위는 오직 (이론적으로 예측할 수 있는) 침하거동에 한정된다.

지반함몰은 깊은 심도에 위치한 공동의 붕괴나 체적감소로 인하여 발생되는 전체지층의 연직변위 (그림 1.6) 이다.

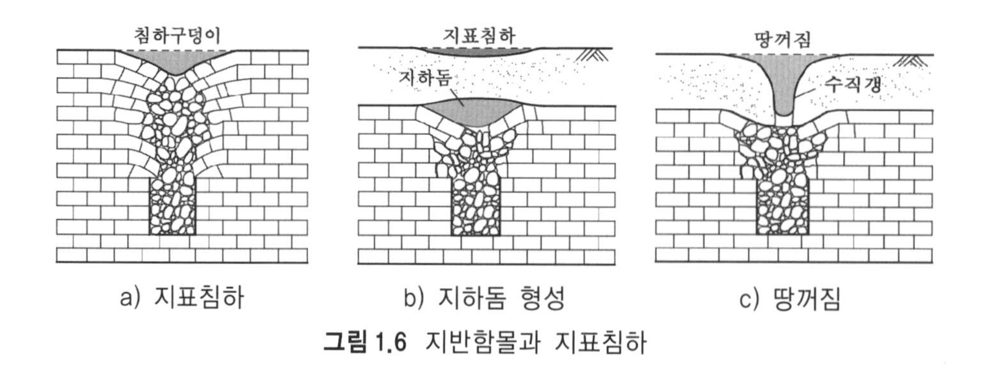

그림 1.6 지반함몰과 지표침하

지반함침은 지반의 응력상태나 지하수위의 변동, 또는 포화도의 변화로 인해 흙의 구조골격이 파괴되어 발생되는 지표부의 연직변위이다. 지반함침은 습윤상태 모래가 건조되거나 포화되어 겉보기 점착력이 손실될 경우 또는 공동을 포함하는 느슨한 구조로 생성된 뢰스층이 외력에 의해 압축될 경우에 일어난다.

자연상태 현장지반의 간극률이 실험실에서 구한 (가장 느슨한 상태) 최대간극률보다 크면, 지반함침이 일어날 가능성이 큰 지반이다.

지반 내 공동이 붕괴되거나 변형되어 공동의 체적이 감소하면 상부지층 전체가 연직변위(그림 1.7)를 일으키는데 이를 **지반함몰**이라 한다. 지표에 근접한 지하공동붕괴로 인해 상부지표가 함몰되면 **갱도붕괴**라고 한다.

또한, 지하공동이 붕괴되면 처음에는 천정이 **돔모양**이 되고, 그 영향이 지표까지 연장되면 **수직갱**이 형성되면서 **땅꺼짐**이 발생한다.

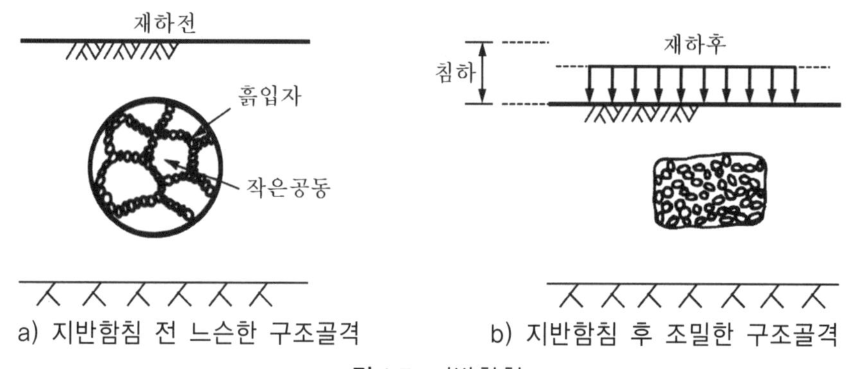

그림 1.7 지반함침

불포화 상태 모래에서는 간극수의 표면장력 때문에 겉보기 점착력이 발생되어서 간극률이 최대 간극률보다 더 커서 불안정한 구조골격을 이룰 수가 있다. 이렇게 불안정한 모래에서는 동적하중이 가해지거나 포화되거나 건조되면 (겉보기 점착력이 소멸되어) 흙 입자가 촘촘한 상태로 재배열되면서 갑작스럽게 부피가 감소되는 **지반함침**이 일어난다.

그 밖에 여러 가지 원인에 의해 화학적 점성결합이 소멸되는 경우에도 지반함침이 발생된다. 모래는 지반함침을 방지하려면 습윤상태를 유지해야 한다.

바람에 의해 운반·퇴적어 생성된 **뢰스지반**은 입자의 사이에 벌집모양의 공극이 형성되어 구조골격이 느슨하여 다소 큰 하중이 작용하면 급격히 교란되면서 부피가 감소한다 (지반함침). 뢰스지반은 광범위하게 분포하지만, 지역에 따라 퇴적상태가 다양하다.

지반함침은 대개 갑작스럽게 일어나며 지반 내 작은 공동이 많을수록 발생 가능성이 크다 (그림 1.7). 지반함침이 일어나는 지반의 현장단위중량은 최소 단위중량 $\gamma_{d,\min}$ 보다 작으므로 현장에서 단위중량을 측정하여 지반함침 발생 가능성을 확인할 수 있다. 지반함침에 의한 지반침하는 이론적으로 구하기가 어렵고, 현장에서 재하시험 하여 구할 수 있다.

4) 온도변화에 의한 흙의 부피변화

지반은 흙입자와 물 및 공기로 이루어져 있어서 지반온도가 변하면 흙입자와 물 및 공기의 부피가 변화하고 지하수의 흐름특성이 달라진다. 그러나 지반의 온도는 변화 폭이 크지 않으므로 흙입자 부피변화는 무시할 수 있을 정도로 작다.

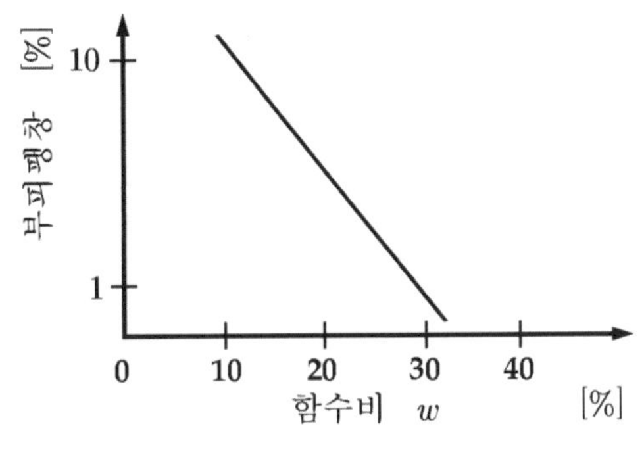

그림 1.8 함수비에 따른 부피팽창

또한, 물과 공기는 온도가 변화하면 그 부피가 뚜렷하게 변화하지만, 단지 간극 내에서만 변화하기 때문에 흙의 구조골격에는 영향을 미치지 못한다. 따라서 흙의 온도변화에 의해 발생되는 부피변화는 매우 작으므로 간극수가 동결되지 않는 한 대체로 무시한다.

5) 지반동결에 의한 흙의 부피변화

지반의 온도가 빙점 이하로 내려가면 간극수가 얼어서 흙의 부피가 팽창하며, 그 팽창 정도는 흙의 포화도와 구조골격에 따라 다르다. 특히 **동상**(frost heaving)이 일어나는 경우에는 지하수 공급원 조건과 온도조건에 따라 다른 크기로 **아이스렌즈**가 형성되어 지반이 국부적으로 팽창된다.

흙 지반은 단순히 흙 속의 물이 결빙되는 것만으로는 부피가 약간만 증가할 뿐이다. 물은 동결되면 부피가 약 9 % 정도 팽창되기 때문에, 간극률이 $n = 0.5$ (보통 $n < 0.5$) 인 포화된 흙에서 간극 내에 있는 간극수의 결빙에 의해 발생되는 흙의 부피팽창은 $\Delta V = n \times 0.09 = 0.5 \times 0.09 = 0.045$ 이다.

따라서 동상이 일어나지 않으면 간극수 전체가 결빙되더라도 흙 지반의 부피는 약 4.5 % 만큼만 팽창되므로 지반 부피팽창은 아주 작고, 이는 전체 지반거동에 큰 영향을 미치지 못한다.

6) 구성광물 용해에 의한 흙의 부피변화

물에 용해되는 성분이 포함된 구성광물을 포함하고 있는 흙 지반은 오랜 동안에 광물이 서서히 용해되어서 부피가 감소되거나 지반 내에 공동이 형성되어서 지지력이 감소되고 압축성이 커진다.

석회암 지역에서는 석회성분이 지하수에 의해 용해되어 동굴이 형성되거나 간극이 커져서 지반이 느슨해짐에 따라서 오래된 구조물이 침하되는 등 문제가 발생되고 있다.

최근에는 대기오염에 의해서 산성비가 내려서 지하수에 유입되고 있으므로 이런 문제가 더욱 심하게 발생될 것으로 예상된다.

1.4 지반침하 영향요소

지표침하는 다양한 요인에 의해 영향을 받고, 특히 **한계깊이, 재하-제하-재재하의 영향, 부력, 기초강성** 등의 요소에 의한 영향이 매우 크다.

지표에 가까운 압축성 지층이 매우 두꺼운 경우에는 기초하부 깊은 곳은 상재하중의 영향을 거의 받지 않는다. 따라서 지반침하는 상재하중의 영향이 일정한 크기가 되는 **한계깊이** (1.4.1 절) 이내 지반에 한해 (지반 압축성과 하중크기를 고려하고) 계산한다.

지반을 굴착한 후 구조물을 설치할 때에 초기하중은 지반의 자중에 의한 것이며, 지반을 굴착하면 **제하 상태**가 되어서 굴착 저면의 하부지반이 융기되고, 그 위에 구조물을 설치하면 지반은 **재재하 상태**가 된다.

이 경우에는 **재하 - 제하 - 재재하** (1.4.2 절) 에 의한 지반응력의 변화를 고려해야 정확한 침하량을 구할 수 있다.

지하수위면 하부에 설치한 구조물은 지하수에 잠긴 구조물 부분 부피에 해당하는 물 무게만큼 **부력** (1.4.3 절) 이 작용하므로 이를 고려하여 구조물 안정을 검토한다.

지지력이 부족한 지반에서 구조물 하중과 동일한 크기로 **선행재하** (1.4.4 절) 하여 지반침하를 사전에 발생시킨 후 선행하중을 제거하고 구조물을 축조하면 그로 인한 지반 내 응력변화가 없으므로 구조물 축조로 인한 침하가 거의 발생되지 않는다.

지반안정문제가 발생되지 않는다면, 소요하중 보다 더 큰 선행하중을 가하면 즉, **과재하** (1.4.5 절) 하면 침하속도를 증진시키고 넓은 영역의 지반을 조기에 개량할 수가 있다.

기초 침하형상은 **기초의 강성** (1.4.6 절) 에 따라 다르다. 즉, **연성기초**는 휨강성이 매우 작아서 지반과 동일한 형상으로 변형되므로 기초 위치에 따라 침하량이 다르고, 재하면적 보다 넓은 침하구덩이가 형성된다. 반면에 **강성기초**는 기초형상대로 지반이 변형되므로, 침하는 기초 모든 위치에서 균등하게 발생된다.

기초의 침하를 구하기가 어려운 것은 침하는 기초의 강성을 고려해야만 구할 수 있기 때문이다. 일상적인 기초는 강성기초에 가까운데 강성기초의 침하를 구하기가 쉽지 않다.

1.4.1 침하 한계깊이

지표에 가까이 있는 압축성 지층이 두껍지 않으면 일상적 방법으로 침하를 계산할 수 있으나, 매우 두꺼울 경우에는 기초 바닥으로부터 너무 깊은곳은 구조물에 의한 영향을 거의 받지 않는다. 따라서 (지반 압축성과 하중 크기를 고려하여) 상재하중 영향이 일정한 크기 (DIN 4019 에서 20 %) 로 되는 깊이까지만 침하를 계산한다.

이 깊이를 침하 **한계깊이** z_{cr} (critical depth) 라고 한다.

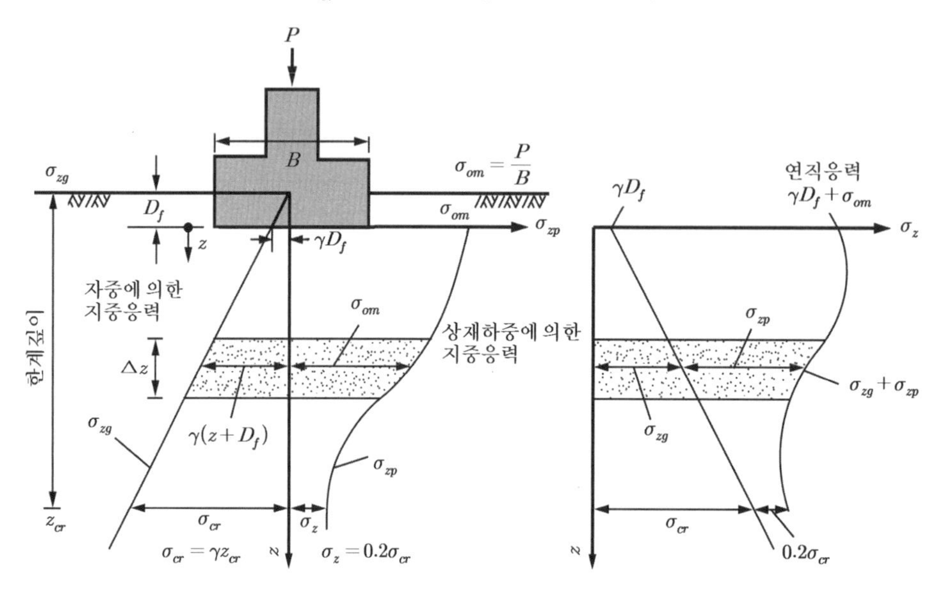

a) 자중에 의한 연직응력 b) 상재하중에 의한 연직응력 c) 지반 내 총 연직응력

그림 1.9 지반 내 연직응력과 한계깊이

균질한 지반에서 한계깊이 보다 깊은 심층 지반에서는 상재하중 영향이 작아서, 그 하부지반 압축량이 전체 압축량에서 차지하는 비중이 매우 작고 무시할 만하다.

상재하중의 영향이 미치는 깊이는 기초의 크기가 클수록 깊어진다. 직사각형기초 (폭 B, 길이 L, $B < L$) 에서 상재하중 영향이 10 % ($\Delta\sigma_z/\Delta\sigma = 10\%$) 인 깊이는 길이/폭의 비 L/B 에 따라서 다르다. 즉, 정사각형 ($L/B = 1$) 일 경우에는 $z \fallingdotseq 1.9B$ 정도이지만 무한히 긴 연속 (대상) 기초 ($L/B = \infty$) 에서는 $z \fallingdotseq 6.2B$ 가 된다.

그러나 심층에 있는 지반이 지표층 보다 압축성이 큰 경우에는 응력증가량 $\Delta\sigma_z$ 가 미소해도 전체 지표침하에서 하부 지층의 침하가 차지하는 비중이 더 커져서 **한계깊이**의 의미가 적어진다.

1.4.2 재하-제하의 영향

자중만 작용하는 지반에서 구조물을 설치하기 위해 (그림 1.10a) 지반을 굴착하면 제하 (unloading) 상태가 되어 바닥 하부지반이 융기되며, 구조물을 설치하면 재재하 (reloading) 상태가 되어 지반이 다시 압축된다. 재재하 상태에서는 제하에 의해 융기된 지반의 재압축상태 및 고려해야 정확한 침하량을 구할 수 있다.

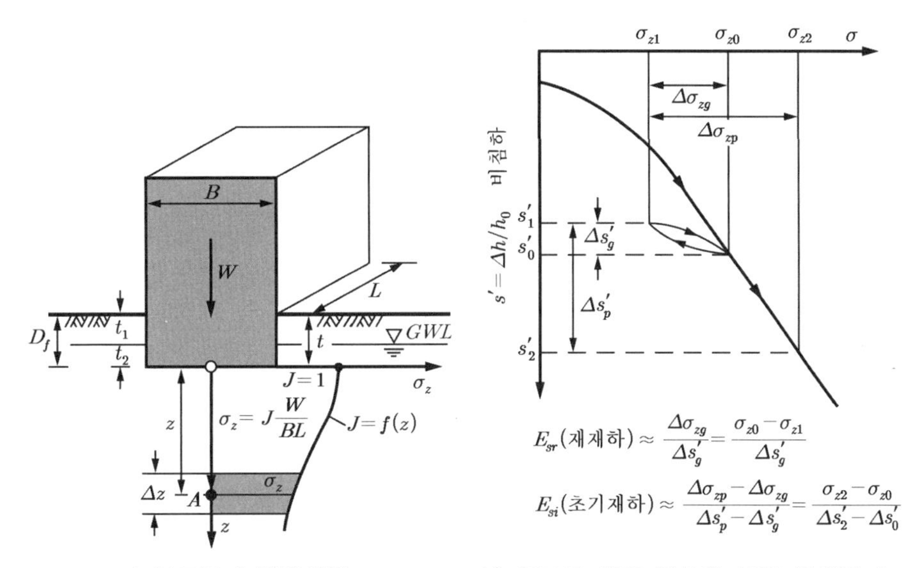

a) 구조물과 작용하중　　　　b) 구조물 설치 전후의 하중 침하관계

그림 1.10 지반굴착 후 구조물 건설

1) 지반응력

굴착면 하부 깊이 z 인 위치 (그림 1.10a 의 A 점) 의 굴착 전·후 및 구조물 (구조물 무게 W와 폭 B 및 길이 L) 설치 후 **연직지반응력** σ_{zo} 와 σ_{z1} 및 σ_{z2} 는 다음과 같다.

$$\begin{aligned} \sigma_{zo} &= t_1\gamma + (t_2+z)\gamma' && \text{(굴착 전)} \\ \sigma_{z1} &= \sigma_{zo} - \Delta\sigma_{zg} = \sigma_{zo} - (t_1\gamma + t_2\gamma')J && \text{(굴착 전)} \\ \sigma_{z2} &= \sigma_{z1} + \Delta\sigma_{zp} = \sigma_{z1} + \left(\frac{W}{BL} - t_2\gamma_w\right)J && \text{(구조물 설치 후)} \end{aligned} \quad (1.4)$$

여기에서 $\Delta\sigma_{zg}/\Delta\sigma_{zp}$: 지반굴착/구조물 하중재하로 인한 지중응력변화이고,
J : Boussinesq 의 응력분포에 대한 영향계수이다.

지반을 굴착하고 구조물을 설치한 후 그 하부지반 **연직응력** σ_{z2} 는 다음이 된다.

$$\sigma_{z2} = \sigma_{zo} - \Delta\sigma_{zg} + \Delta\sigma_{zp} \quad (1.5)$$

2) 침하량

(1) 구조물 하중에 의한 지반응력이 굴착한 지반응력보다 큰 경우 ($\Delta\sigma_{zp} > \Delta\sigma_{zg}$)

구조물 설치에 따른 지반 침하 Δs 는 구조물 하중에 의한 지반 연직응력 $\Delta\sigma_{zp}$ 가 굴착·제거한 지반자중에 의한 지반응력 $\Delta\sigma_{zg}$ 보다 큰 경우에는 재재하에 의한 침하 $\Delta s_g{}'$ 와 초기 재하에 의한 침하 $\Delta s_i{}' = \Delta s_p{}' - \Delta s_g{}'$ 의 합이다. 재재하시와 초기재하시에는 변형계수가 다르다.

$$\Delta s = \Delta s_g{}' + \Delta s_i{}' = \frac{\Delta\sigma_{zg}\Delta z}{E_{sr}} + \frac{(\Delta\sigma_{zp} - \Delta\sigma_{zg})\Delta z}{E_{si}} \tag{1.6}$$

여기에서 E_{sr} 는 재재하시, E_{si} 는 초기재하시의 압밀변형계수이다 (그림 1.10b).

$$E_{sr} \simeq \frac{\Delta\sigma_{zg}}{\Delta\epsilon_g} = \frac{\sigma_{zo} - \sigma_{z1}}{\Delta\epsilon_g} \tag{1.7}$$

$$E_{si} \simeq \frac{\Delta\sigma_{zp} - \Delta\sigma_{zg}}{\Delta\epsilon_p - \Delta\epsilon_g} = \frac{\sigma_{z2} - \sigma_{z0}}{\epsilon_2 - \epsilon_0}$$

구조물 하중에 의한 응력 증가량 $\Delta\sigma_{zp}$ 가 지반굴착에 의한 응력 감소량 $\Delta\sigma_{zg}$ 보다 크면 그 응력차이 $\Delta\sigma_z = \Delta\sigma_{zp} - \Delta\sigma_{zg}$ 만큼 침하가 발생되며, 이는 초기재하에 해당하므로 재재하시 보다 압축량이 커진다. 이때에 응력의 변화량 $\Delta\sigma_z$ 는 **순재하 하중** (pure loading) 이라고 한다.

$$\Delta\sigma_z = \Delta\sigma_{zp} - \Delta\sigma_{zg} = \left[\frac{W}{BL} - (t_1\gamma + t_2\gamma') - t_2\gamma_w\right] J \tag{1.8}$$

재재하 (즉, 구조물 설치) 에 따른 침하량 Δs 는 식 (1.6) 으로부터 다음과 같다.

$$\Delta s \simeq \frac{(\Delta\sigma_{zp} - \Delta\sigma_{zg})\Delta z}{E_{si}} = \frac{\Delta\sigma_z\Delta z}{E_{si}} \tag{1.9}$$

(2) 구조물 하중에 의한 지반응력이 굴착한 지반응력보다 큰 경우 ($\Delta\sigma_{zp} \le \Delta\sigma_{zg}$)

적절한 깊이로 지반을 굴착하여 순재하 하중 $\Delta\sigma_z$ 가 '**영**'이 되거나 '**영**'보다 작도록 하면 ($\Delta\sigma_z \le 0$) 지반굴착에 의해 감소된 지반응력이 구조물 하중에 의해 증가된 응력보다 커서 ($\Delta\sigma_{zg} \ge \Delta\sigma_{zp}$), 재재하에 의한 변위만 발생되기 때문에 침하량은 무시할 수 있을 만큼 작거나 허용범위 이내가 된다.

지반이 연약하거나 작용하중이 커서 전면기초를 설치할 때도 이런 현상을 이용할 수 있다. 하중이 큰 구조물을 건설할 때는 힘의 평형을 이루기 위해 지반을 깊게 굴착하고 여러 층의 지하실을 건설한다. 그렇지만 지반을 깊게 굴착할수록 부력에 의한 문제가 발생할 수 있다. 지하수위의 변화가 심한 경우 또는 변형성이 큰 지반은 재재하시에 힘의 평형을 이루기가 어려울 수 있다.

1.4.3 부력의 영향

구조물이 지하수위면 보다 더 하부에 놓이면, 지하수에 잠긴 구조물의 부피가 V 이면, 같은 부피에 해당하는 물의 무게 즉, $\gamma_w V$ 만한 크기의 부력 (buoyancy) $A = \gamma_w V$가 작용하여, 구조물 하중이 그만큼 감소된 효과가 있다.

만일 부력 A 가 구조물의 자중 W 보다 크면 구조물이 위로 떠오르면서 큰 변위가 발생되므로 불안정해진다.

구조물은 무게 W를 부력에 대한 안전율 η 로 나눈 값이 실제 구조물의 부력 A 보다 더 커야 구조물이 안정을 유지할 수 있다.

$$A \le \frac{1}{\eta} W \tag{1.10}$$

부력에 대한 안전율 η는 대체로 $\eta > 1.1$ 을 취한다. 그러나 이 안전율을 적용할 때는 지반과 구조물 외벽사이 마찰력을 고려하지 않는다.

그것은 마찰력이 최대가 되려면 구조물이 변형을 일으켜야 하는데 이러한 변형은 어떠한 경우에도 허용되지 않기 때문이다.

구조물의 허용하중을 결정할 때에는 **영구하중**만 고려하며, 지하수위 변동에 관한 장기간의 정확한 측정자료가 없으면 가능한 **최대의 부력**을 적용한다.

1.4.4 선행재하의 영향

지지력이 부족한 지반은 선행재하하여 개량한 후에 얕은기초를 설치할 수 있다.

즉, 구조물 하중과 같은 크기의 하중으로 선행재하하여 지반침하를 사전에 발생시킨 후에 선행하중을 제거하고 구조물을 축조하면 (지중응력이 변화되지 않으므로) 구조물 축조 후에 침하가 거의 발생되지 않는다.

투수계수가 작은 연약한 포화 세립지반은 지반의 활동파괴에 대한 안정성을 검토한 후에 선행재하 해야 한다.

선행하중은 대개 공사현장에서 여분의 흙을 이용해서 성토하여 그 자중으로 재하한다.

1.4.5 과재하의 영향

지반을 안정시키기 위해 선행재하방법을 적용하는 경우에 **과재하** (excess loading) 하면 (지반안정 문제가 발생되지 않는 한도 내에서 최대하중을 재하하면) 침하속도가 빨라져 압밀시간을 줄일 수 있고, 구조물 보다 더 넓은 면적에 하중을 가하면 (하중 영향범위가 깊어져서) 넓은 영역의 지반을 깊은 심도까지 조기에 개량할 수 있다.

지반을 과재하하면 (허용 침하분을 제외한 나머지 크기의) 침하를 신속하게 발생하게 유도하여 지반을 개량할 수 있고, 상태가 양호하여 지반 안정문제가 발생되지 않는 지반 일수록 과재하의 효과가 뚜렷하다.

그림 1.11a 는 크기가 $B \times L$ 인 구조물을 설치할 부지의 지반이 지표로부터 모래층, 점토층, 불투수 암반층으로 구성된 경우에 일면배수조건에서 침하속도를 빠르게 하기 위해서 과재하한 경우이다.

여기에서는 **재하에 의한 영향범위**를 깊게 하기 위해 구조물보다도 더 넓은 면적 $(B+2\Delta B) \times (L+2\Delta L)$ 에 **과재하중**을 재하하였다.

그림 1.11b, c, d 에서 점선은 **실제 구조물 하중의 재하상태**이고 실선은 **과재하중의 재하상태**를 나타낸다.

과재하중 작용시간을 그림 1.11b 와 같이 할 때 점성토층 압밀침하된 상태는 그림 1.11 c 와 같고, 과재하로 인해서 큰 침하가 발생하므로 **소요침하량** s_a 에 도달하는 시간이 t_0 에서 t 로 대폭 단축된다.

침하량이 **예상침하량**에 도달되는 것을 확인하고 과재하중을 제거해도 (지반융기는 거의 무시할 정도로 작기 때문에) 지반융기를 별도로 고려하지 않아도 예상침하량을 유지할 수 있다.

그림 1.11d 는 점성토층의 상부 경계면 (a 점) 과 중앙 (b 점) 및 하부 경계면 (c 점) 에서 과재하와 과재 하중의 제거에 따른 유효응력의 변화를 나타낸다. 이때에 과재하중에 의한 응력의 변화가 점토층의 상부 경계에서는 민감하지만, 점토층의 하부 경계에 가까울수록 덜 민감한 것을 알 수 있다.

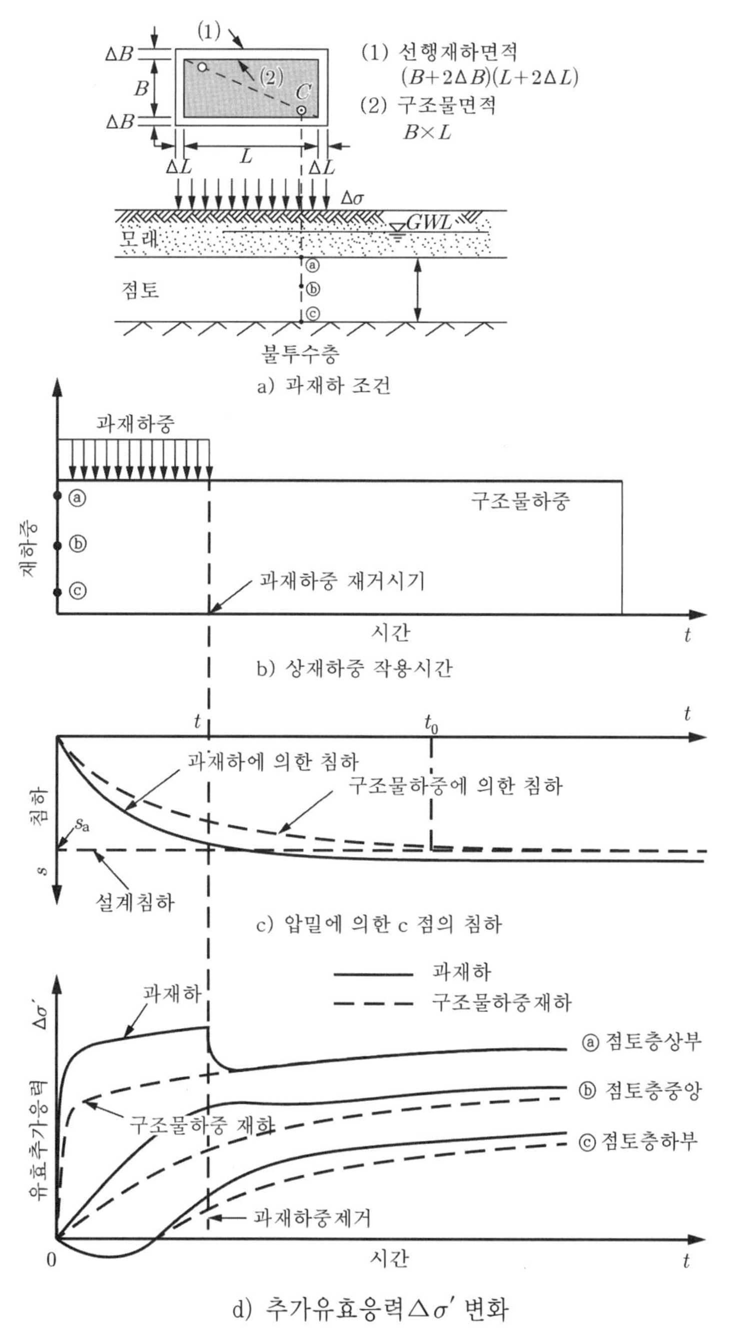

그림 1.11 과재하에 의한 지반의 침하거동

1.4.6 기초강성의 영향

연성기초 (flexible foundation) 에서는 기초의 휨강성이 없거나 매우 작으므로 지반과 동일한 형상으로 변형되는, 재하 면적보다 넓게 침하 구덩이가 형성되고, 기초바닥면에서 위치에 따라 침하량이 다르다 (이는 제 2 장 그림 2.10a 에서 설명).

연성기초에서는 접지압이 등분포이므로 Boussinesq 식을 적분하여 **기초바닥의 위치별 침하량**을 계산할 수 있다.

강성기초 (rigid foundation) 에서는 (기초의 형상대로 지반이 변형되므로) 침하가 기초바닥의 모든 위치에서 균등하게 발생된다 (이는 제 2 장 그림 2.10b 에서 설명).

강성기초 꼭짓점의 접지압은 이론적으로 무한히 크며, 지반의 극한지지력 보다 더 클 수도 있고, 극한지지력 보다 클 때에는 지반에 소성변형이 발생되며, 그 후에는 접지압이 유한한 크기로 감소된다.

강성기초의 접지압은 재하 하중의 크기와 지반의 상태에 따라서 변하여 구하기가 매우 어렵기 때문에 **강성기초의 침하량**을 직접 계산할 수 있는 방법은 아직까지도 개발되어 있지 않다.

그런데 기초에는 기초의 강성에 무관하게 침하량이 동일한 ***c* 점** (Characteristic point) 이 존재한다. 따라서 강성기초를 등분포 접지압이 작용하고 크기가 같은 연성기초로 간주하고, 등분포 접지압이 작용하는 연성기초의 침하량을 구하여, 이로부터 강성기초의 침하량을 대체할 수 있다.

강성기초는 같은 크기 연성기초로 간주할 경우에는 다음 3 가지 방법에서 구한 침하량으로 대체한다.

① 같은 크기 연성기초의 경계부와 중심점 침하의 평균값
② 같은 크기의 연성기초 중심점 침하의 75%
③ 연성기초 C 점의 침하
기초의 평균압력에 대해 C 점의 침하를 계산 (van Hamme, 1938) 하거나 연성기초 c 점에 대한 침하계산표 (Kany, 1974) 로부터 구한다.

***c* 점의 위치**는 그림 2.11 과 같이 직사각형 기초에서는 4 개의 점이고, 원형 기초 (반경 r) 에서는 반경이 $0.845r$ 인 위치이다.

제2장 구조물하중의 지반전달

2.1 개 요

상부구조물 하중이 기초를 통해 지반에 전달되면 지반 내 응력이 증가된다. 이때 지반 내 응력의 증가량은 기초와 지반의 상호거동에 의해 영향을 받고, 증가된 지반응력에 의해 지반이 압축변형되면 상부 구조물이 침하된다.

얕은 기초가 지반과 접촉하는 바닥면의 압력분포를 기초의 **접지압**이라고 하며, 그 크기와 분포는 지반과 기초 구조물의 상대적 특성에 따라서 다르다. 얕은 기초를 설계할 때에 접지압 분포를 알면 기초 판에 작용하는 모멘트와 전단력은 계산할 수 있다.

접지압의 분포가 단순하면 지반응력을 구하여 지반의 침하량을 계산할 수 있다. 접지압이 등분포인 연성기초에서는 지반응력을 구하여 침하량을 계산할 수 있으나, 강성에 가까운 실제 기초에서는 접지압이 지반 종류(점성토, 사질토)와 하중 크기 등에 따라 변하므로 지반응력과 침하량을 계산하기가 매우 어렵다.

얕은 기초를 바르게 설계하려면 **침하를 기준으로 설계**해야 하며, 침하를 계산하려면 지반응력을 알아야 하고 지반응력은 접지압에 따라서 달라진다. 따라서 접지압을 알아야 얕은 기초를 정확하게 설계할 수 있다. 접지압은 여러 가지 요인에 의해서 영향을 받고, 침하와 관련되어 접지압에 가장 큰 영향을 주는 요인은 기초와 지반의 상대강성이다.

얕은 기초의 침하량은 접지압에 의한 지중응력 증가량에 대한 하부지반의 총 압축량이다. 접지압을 등분포로 가정하면 사질토에서는 안전측이지만 점성토에서는 불안전측이 될 수 있다. 전면기초와 같이 면적이 넓은 기초에서는 접지압의 분포를 (불균일성) 고려해서 설계해야 과다 또는 과소설계를 피할 수 있다.

기초구조물에 외력이 작용하면 그 바닥에서는 접지압이 발생되고 측면에서는 수평토압에 의한 측면저항력이 발생되어서 외력과 평형을 이루며, 설치깊이에 따라 측면저항력의 역할이 커진다.

깊이가 깊지 않은 위치에 설치되어 있는 기초 구조체의 측면에는 외력에 저항하는 방향으로 수동저항력이 발생되고, 그 반대편의 측면에는 주동상태 토압이 발생되며, 바닥에는 접지압이 발생된다.

기초의 측면에 작용하는 수동 저항력과 주동상태의 토압은 수평외력이 커질수록 커지며, 주동상태 토압이 극한치 (주동토압) 에 도달될 때에 수동저항력의 크기는 극한치 (수동토압) 의 절반정도 크기가 된다.

기초가 깊게 매설되어 있으면 수동 저항력이 기초 측면의 윗부분에서는 외력에 저항하는 방향으로 포물선형 분포로 발생되고, 반대쪽 측면 아래 부분에서는 선형분포로 발생된다.

말뚝처럼 단면에 비해 깊게 설치된 기초구조물에서는 상부에 작용하는 수평외력에 대항해서 기초구조물이 휘어지면서 지반 내에 포물선형 수동저항력이 반복하여 나타나고 기초구조물이 깊어질수록 반복회수가 많아진다. 이 경우에는 바닥면의 접지압은 의미가 별로 없다.

기초 구조물의 외력 지지거동 (2.2 절) 은 근입깊이에 따라 다르며 대개 3가지 경우 즉, 얕은 기초, 중간 기초, 깊은 기초로 구분한다.

기초의 접지압 (2.3 절) 은 기초구조물과 지반의 상대 강성도에 따라 크기와 분포형상이 다르며, 강성도가 매우 큰 강성기초와 매우 작은 연성기초를 기준으로 설명한다.

기초의 접지압은 여러 가지 요인들의 복합적인 상대작용에 의해 결정되므로 그 분포를 정확하게 구하기가 어렵다. 따라서 실무에서는 설계목적에 따라 **설계 접지압 (2.4 절)** 을 다르게 적용한다.

2.2 기초 구조물의 외력 지지거동

지반에 관입된 기초 구조체는 (강성물체에 관입된 막대처럼) 횡방향 하중이 작용하면 지반 내로 밀리거나 휘어지고, 이로 인하여 일부 (또는 전체) 지반 내에 저항력이 발생되어 작용력과 힘의 평형을 이룬다. 이때 휨응력은 하중 작용점에서 최대이다.

지반에 관입된 구조체에 수평력이 작용하면 이에 대항하는 힘으로 구조체 상부에서는 수평저항력이 발생되고 (충분히 깊게 설치된) 구조체 하부에서는 저항모멘트가 발생된다.

기초 구조물 지지거동의 특성은 근입깊이에 따라서 다르며, 대체로 3 가지의 경우 (그림 2.1) 로 구분한다 (DIN 1054). 기초가 얕은 깊이에 설치 (**얕은 기초**) 되어 외력과 모멘트를 기초 바닥의 반력만으로 지지되는 경우 (2.2.1 절) 가 있고, 말뚝 등과 같이 단면에 비해 깊게 설치 (**깊은 기초**) 되어 있어서 외력과 모멘트를 주로 기초 체 측면의 반력에 의해 지지되고, 연직력 V 또는 나머지 초과분만 기초 체의 선단에서 지반 내로 전달되는 경우 (2.2.2 절) 가 있다. 그리고 중간상태 (**중간 기초**) 가 있다 (2.2.3 절).

2.2.1 얕은 기초

기초 체는 **깊이/폭/길이**가 $t/b_x/b_y$ 이고, 단면이 **정사각형** ($b_x = b_y = b$) 이며, 여기에 수평력 H 가 지표상 높이 Z_H 에 작용하여, 모멘트 $M_H = H \cdot Z_H$ 가 발생한다.

기초 체에 작용하는 **연직하중** V 는 기초 체 (지상부 자중을 무시하면) 지하부 (부피 b^2t) 의 무게 즉, $V = \gamma_c b^2 t$ 이다 (γ_c 는 기초 체의 단위중량).

최대 저항모멘트 M_S 는 다음이 되며 (DIN 1054), 잔여 모멘트 $M_H - M_S$ 는 측면토압 E 와 평형을 이룬다.

$$M_S = V\frac{b}{3} \tag{2.1}$$

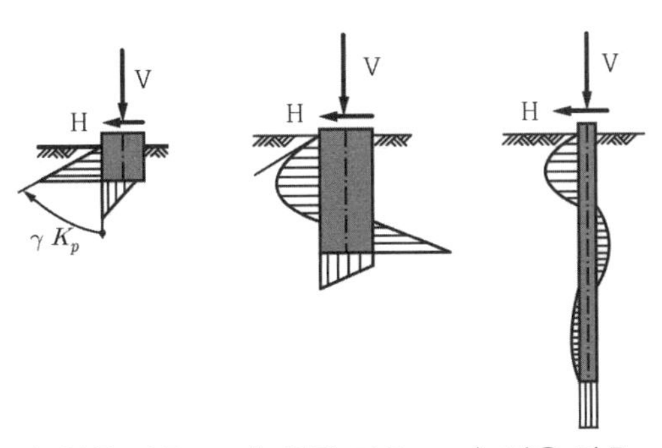

a) 얕은 기초 b) 중간 기초 c) 깊은 기초

그림 2.1 기초 근입깊이에 따른 지반 응력

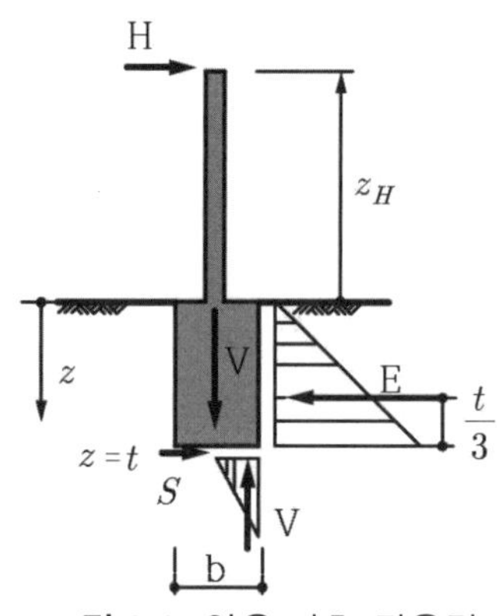

그림 2.2 얕은 기초 작용력

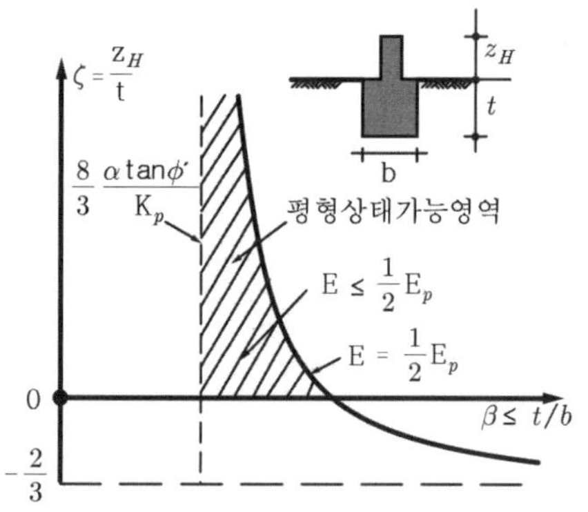

그림 2.3 얕은 기초 허용범위

이때 기초는 다음 3 가지 조건을 충족해야 한다.

1. **활동에 대한 안전율이** $\eta_g \geq 1.5$이다 (DIN 1054). 즉, 바닥면 마찰 저항력은 2/3만 허용된다 (δ' 는 유효 바닥마찰각).

$$S \leq \frac{2}{3} V \tan\delta' = \frac{2}{3}\gamma_c b^2 t \tan\delta \tag{2.2}$$

2. **측면 수동저항력 E는 최대 값의 절반**만 적용 (변형조건)

$$E \leq \frac{1}{2}E_p = \frac{1}{2}\frac{1}{2}K_p \gamma t^2 = \frac{1}{4}K_p \gamma t^2 \tag{2.3}$$

3. **평형조건**

* **수평방향 힘의 평형조건** ; H 수평외력과 S 바닥 마찰력 및 E 토압

$$E - S = H \tag{2.4}$$

* **모멘트 평형조건** ($z = t$ 에 대해) ; 기초 우측 하단에 대한 모멘트 평형식은

$$M_H - M_S + Ht = E\frac{t}{3} \tag{2.5}$$

위에서 $M_H = H Z_H$; 수평력 H 에 의한 모멘트,
$M_S = Vb/3$; 바닥 마찰력 S 에 의한 모멘트

기초 지지력은 먼저 **기초치수를 가정**하고 수평력의 크기 H와 작용위치 Z_H를 자유변수로 간주하여 **허용모멘트** M_H를 구하여 결정한다.

수평방향 힘의 평형식 (식 2.4) 에 E (식 2.3) 와 S (식 2.2) 를 대입하면 **수평력 H**는,

$$H = E - S = \frac{1}{4}K_P \gamma b t^2 - \frac{2}{3}\gamma_c b^2 t \tan\delta \tag{2.6}$$

모멘트 평형식 (식 2.5) 에 $M_H = H Z_H$ 와 $M_S = Vb/3$ 를 대입하고,

$$M_H + Ht = V\frac{b}{3} + E\frac{t}{3} = \gamma_c b^2 t \frac{b}{3} + \frac{1}{4}K_p \gamma t^2 b \frac{t}{3} \tag{2.7}$$

다시 위 식을 H로 나누고, 식 (2.6)을 대입하면, 다음이 된다.

$$Z_H + t = \frac{M_H}{H} + t = \frac{\gamma_c b^2/3 + \gamma K_p t^2/12}{\gamma K_p t/4 - \gamma_c (2/3) b \tan\delta'} \tag{2.8}$$

위 식을 $\alpha = \gamma_c/\gamma$, $\beta = t/b$, $\zeta = Z_H/t$ 로 대체하고 t로 나누면 다음식이 되고, 이를 도시하면 그림 2.3 이 된다.

$$1 + \zeta = \frac{4\alpha + K_p \beta^2}{3K_p\beta^2 - 8\alpha\beta\tan\delta'} \tag{2.9}$$

이 식이 성립되려면, $\zeta > 0$, $H = E - S > 0$ 이어야 한다.

[예제]
내부 마찰각이 $\phi' = 32.5^o$ 이고, 단위중량이 $\gamma = 18.0\,kN/m^3$ 인 지반에 폭이 $b = 1.0\,m$ 인 기초를 설치하고자 한다. 작용하는 수평력이 $H = 5.0\,kN$ 일 경우에 기초의 최소 근입깊이 t를 정하시오. 단 콘크리트의 단위중량은 $\gamma_c = 25.0\,kN/m^3$ 이다.

[해] 1) 폭 $b = 1.0\,m$ 인 기초가 버틸 수 있는 수평력의 최고 작용높이 ;

콘크리트와 지반의 단위중량비 ; $\alpha = \gamma_c/\gamma = 25.0/18.0 = 1.4$, $\tan\delta' = 0.64$

지반 ; $\phi' = 32.5^o$ 이므로, $\sin\phi = 0.537$, $K_p = \frac{1+\sin\phi}{1-\sin\phi} = \frac{1+0.537}{1-0.537} = 3.32$

수평력 작용높이 ; 식 (2.6)

$$H = \frac{1}{4}K_P\gamma b t^2 - \frac{2}{3}\gamma_c b^2 t\tan\delta'$$
$$= \frac{1}{4}(3.32)(18.0)(1.0)t^2 - \frac{2}{3}(25.0)(1.0^2)(0.64)t = 14.94t(t-0.71)$$

그런데 $H \geq 0$ 이므로 위 식에서 $t \geq 0.71\,m$ 이 된다. 수평력이 $H = 5.0\,kN$ 이면 $t > 0.95\,m$ 이므로 $\beta = t/b = 0.95$ 이 되므로, $\zeta = Z_H/t = 2.93$ 즉, $Z_H = 2.78\,m$ 이다. 팔의 길이 H가 더욱 길어지면, 기초의 치수 b를 변경해야 한다.

2) $Z_H = 4.0\,m$ 이고, 깊이 $t = 1.07\,m$ 인 경우 ; $\alpha = \gamma_c/\gamma = 25/18 = 1.4$, $K_p = 3.32$

$$\zeta = Z_H/t = 4.0/1.07 = 3.74$$

식 (2.9) ; $1 + 3.74 = 4.74 = \frac{5.6 + 3.32\beta^2}{9.54\beta^2 - 7.16\beta} = \frac{1}{3}$

($\because$ 그림 2.3 에서 $\lim_{\beta \to \infty}(1+\zeta) = 1 - 2/3 = 1/3$)

위 식에서 $\beta = t/b = 0.95 \quad \rightarrow \quad b = t/\beta = 1.07/0.95 = 1.13\,m$

$\therefore\ b = 1.0\,m$ 는 너무 좁다.

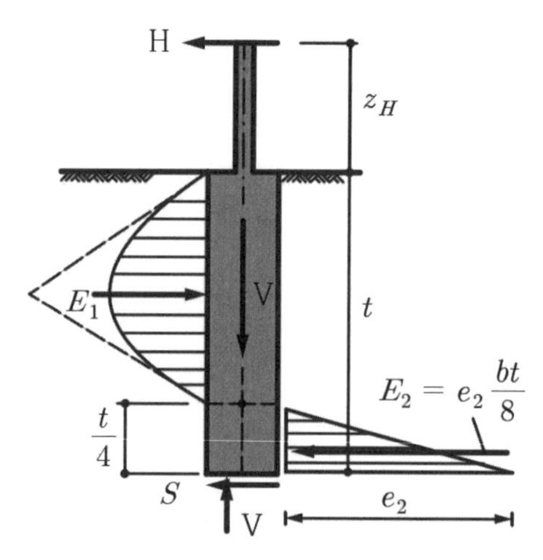

그림 2.4 중간 기초 응력상태

2.2.2 중간 기초

기초 근입깊이 t 가 얕은 기초 보다 깊어지면 기초 구조체의 저항력이 그림 2.4 처럼 발휘된다. 즉, 기초 구조체에서 근입부 상부 (상부 $3t/4$) 에서는 수동저항력이 **포물선형상으로 분포**하고 그 중간 위치에 합력 E_1 이 작용하고, 기초 구조체에서 근입부의 하부 (상부 $t/4$) 에서는 **선형비례 분포**하고 하부 1/3 위치에 합력 E_2 가 작용한다.

기초 구조체에서 근입부 상부에서 포물선형으로 분포하는 수동저항력의 합력 E_1 은 상부의 포물선형 분포영역의 중간위치 즉, 상부 지표에서 $3t/8$ 에 작용하며, 그 위치에 대해 수동 저항력의 분포형상은 상·하 대칭이다.

기초 구조체의 근입부 상부에서 수동토압은 포물선형 분포이지만, 수평 수동토압을 **삼각형 분포로 가정하면 수평 수동토압의 크기**는 $K_p\gamma(3t/8)$ 이다.

포물선형 토압분포영역에서 **삼각형 분포 토압의 합력 E_{1p}** 는 다음이 되고,

$$E_{1p} = b\left(\frac{3}{4}t\right)\frac{1}{2}K_p\gamma\left(\frac{3}{8}t\right) = \frac{9}{64}K_p\gamma b t^2 \tag{2.10}$$

포물선형 분포 토압의 합력 E_1 은 삼각형 분포 토압 합력 E_{1p} 의 2/3 이므로 다음이 된다.

$$E_1 = \frac{2}{3}E_{1p} = \frac{2}{3}\left(\frac{9}{64}K_p\gamma b t^2\right) = \frac{3}{32}K_p\gamma b t^2 \tag{2.11}$$

하부 **수동저항력의 합력 E_2** 는 그 분포가 선형이므로,

$$E_2 = e_2 \frac{bt^2}{8} \tag{2.12}$$

하부 수동저항력 합력 E_2 와 바닥마찰력 S 의 합력 R_S 는 대략 바닥쯤에 작용한다.

모멘트 평형식 (식 2.4) 에서 (연직력 V 의 편심에 의한 모멘트 M_S 는 무시하면), 수평력 H 와 상부토압의 합력 E_1 만 관여되는 모멘트 평형조건은 다음이 되고,

$$M_H + Ht = E\frac{t}{3}$$

$$H(Z_H + t) = E_1 t\left(\frac{1}{4} + \frac{3}{8}\right) = \frac{5}{8}E_1 t \tag{2.13}$$

위 식을 다시 쓰면 다음이 된다.

$$H(1+\zeta) = \frac{5}{8}\frac{3}{32}K_p \gamma b t^3 = \frac{15}{256}K_p \gamma b t^3 = 0.0586 K_p \gamma b t^3 \tag{2.14}$$

위 식을 이용하면 **주어진 팔의 길이 Z_H 에 대한 허용 수평력 H** 를 구하거나, 반대로 **허용 수평력 H 대한 팔의 길이 Z_H** 를 구할 수 있다.

수평방향 힘의 평형식은 다음이 되고,

$$E_2 + S = E_1 - H = K_p \gamma b t^2\left(0.094 - \frac{0.0585}{1+\zeta}\right) \tag{2.15}$$

여기에서 $\zeta \to 0$ 또는 $\zeta \to \infty$ 이면, 평형식이 성립되어서 수동저항력이 충분히 크다. 따라서 항상 식 (2.9) 가 성립되어 ($\because E - H > 0$) 정역학적으로 단순해진다.

회전중심의 위치가 커지고 수동저항력의 분포가 정해진다. 토압분포는 이차적으로 문제에 관련이 되므로 회전중심은 $\frac{2}{3}t$ 보다 높을 수가 없고, 깊어질수록 바닥 마찰의 영향이 커진다.

2.2.3 깊은 기초

그림 2.1c 와 같은 구조체에서 측면의 반력분포는 주로 구조체의 휨선에 의해 결정된다 (말뚝문제). 이런 경우에는 보통 **탄성보 이론**을 적용하여 계산한다.

2.3 접지압

기초에 작용하는 외력은 기초 바닥에서 접지압 (contact pressure) 으로 지반에 전달되며, 접지압은 지반이 상부 구조물로부터 받는 실제 외력이고, 접지압에 의해 지반응력이 결정되고, 다양한 인자에 의해 영향을 받아서 복잡하다.

접지압은 기초와 **지반특성의 영향** (2.3.1 **절**) 과 **작용하중크기의 영향** (2.3.2 **절**) 에 의해 크기와 분포가 결정된다.

2.3.1 기초 및 지반의 특성과 접지압

접지압의 크기와 분포는 지반 및 구조물의 특성에 의하여 영향을 받는다.

① 지반의 종류 (점성토/사질토) 와 지층상태 및 역학적 거동특성 (탄성거동/소성거동)
② 지반의 압축특성 및 압축특성의 시간에 따른 변화
③ 사질토의 상대밀도
④ 구조물과 지반의 상대적인 휨강성도
⑤ 구조물의 크기와 기초의 길이, 폭 및 근입깊이
⑥ 작용하중의 크기 및 형태

기초의 접지압은 기초 구조물과 지반의 **상대 강성도**에 따라 크기와 분포형상이 다르며, 강성도가 매우 큰 **강성 기초**와 매우 작은 **연성 기초**를 기준으로 접지압을 생각한다.

1) 기초-지반의 상대 강성도

기초의 강성도는 기초 구조물과 지반의 상대적 휨강성이므로 기초와 지반의 상대적 상태에 따라 다르다.

기초의 접지압은 **강성도비** K (rigidity ratio) 즉, 기초 구조물과 지반의 상대적 휨 강성도에 따라 다르다.

폭 B 이고 길이 L 인 기초의 강성도비 K 는 (Simmer, 1965),

$$K = \frac{E_c I}{E_s B^3 L} \tag{2.16}$$

이고, 여기에서 E_s 와 E_c 는 각각 지반 변형계수와 기초 (콘크리트) 의 탄성계수이고 I 는 기초의 단면 2 차 모멘트이다.

기초의 강성도는 기초 두께 d 를 고려하여 단위길이 기초에 대해서 구한 구조물 기초와 지반의 강성도비 K 에 따라서 다음과 같이 판정한다.

$K = 0$: **연성기초** 또는 **무한 강성지반** (암반)
$K = \infty$: **강성기초** 또는 **무한 연성지반**
$0 < K < \infty$: 보통 기초

완전한 의미의 연성기초나 강성기초는 실제로 존재할 수가 없으나 실무에서는 $K > 0.5$ 이면 강성기초로, $0 < K < 0.5$ 이면 탄성기초로 간주할 수 있다 (DIN 4018).

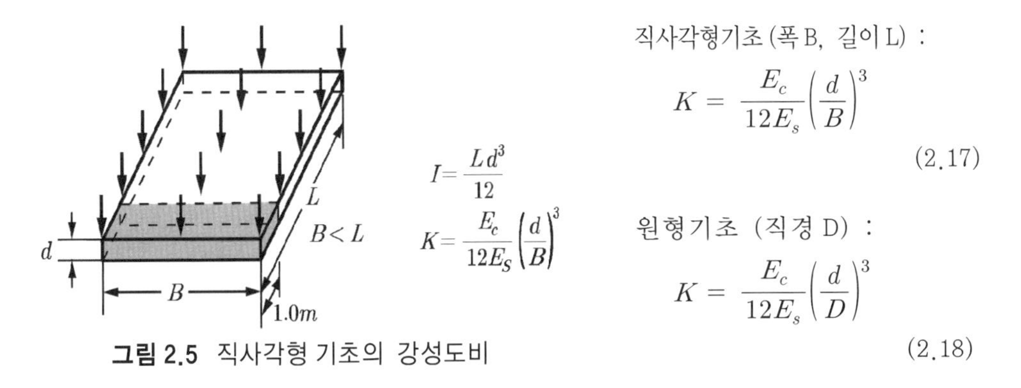

그림 2.5 직사각형 기초의 강성도비

직사각형기초 (폭 B, 길이 L) :

$$K = \frac{E_c}{12E_s}\left(\frac{d}{B}\right)^3 \tag{2.17}$$

원형기초 (직경 D) :

$$K = \frac{E_c}{12E_s}\left(\frac{d}{D}\right)^3 \tag{2.18}$$

예를 들어 콘크리트 (탄성계수는 $E_c = 2 \times 10^4\,\mathrm{MPa}$) 로 건설한 직사각형 기초 (폭 2.0 m, 길이 3.0 m, 두께 50 cm) 가 변형계수가 $E_s = 100\,\mathrm{MPa}$ 인 지반에 설치되어 있는 경우에 콘크리트 기초의 강성도비를 식 (2.17) 로 계산하면 다음이 된다.

$$K = \frac{E_c}{12E_s}\left(\frac{d}{B}\right)^3 = \frac{1}{12}\,\frac{20000}{100}\left(\frac{0.5}{2.0}\right)^3 = 0.26$$

위 기초는 강성도비가 $0 < K = 0.26 < 0.5$ 이므로, 탄성기초로 간주할 수 있다.

2) 기초강성에 따른 접지압

기초의 접지압은 기초의 강성도 즉, 기초구조물과 지반의 상대적 휨강성에 따라 다르다. 강성기초 (rigid foundation) 중심에 하중이 작용하면 기초의 전체 면적에서 균일한 침하량으로 침하된다. **강성기초의 접지압**은 기초의 중앙보다 가장자리에서 더 크다 (그림 2.6a). 그러나 작용하중이 작을수록, 근입깊이가 클수록 등분포에 가까워진다.

연성기초 (flexible foundation) 에서는 그 중심에 하중이 작용하면, 지반과 기초가 같이 변형하여 기초는 가운데가 오목한 구덩이 모양으로 침하되는데, 침하 구덩이가 재하면적보다 더 큰 규모로 생긴다. 접지압은 기초 전체에서 균등한 분포를 나타낸다 (그림 2.6b).

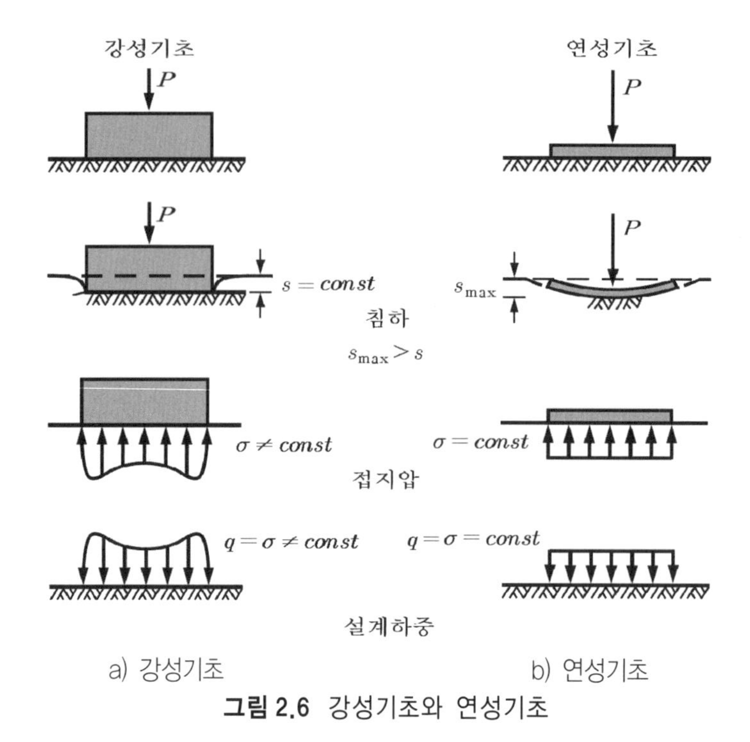

그림 2.6 강성기초와 연성기초

(1) 강성기초의 접지압

강성기초의 중심에 하중이 작용하면, 침하량이 기초 전면적에서 균일하도록 침하가 발생하며 접지압은 기초의 중앙보다 가장자리에서 더 크다(그림 2.6a, 그림 2.9b). 그러나 작용하중이 작을수록, 근입깊이가 증가할수록 등분포에 가까워진다.

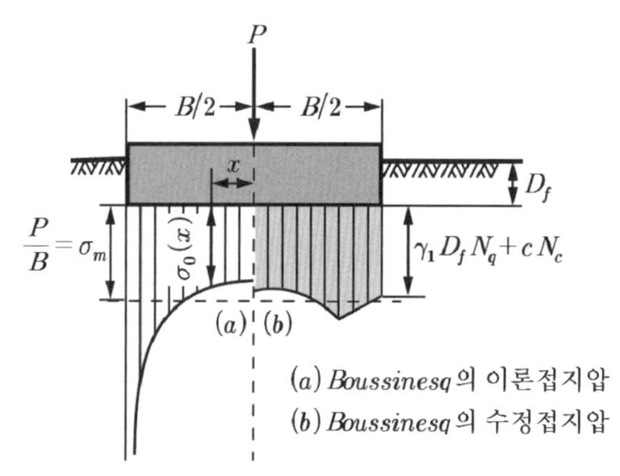

그림 2.7 강성기초의 Boussinesq의 접지압

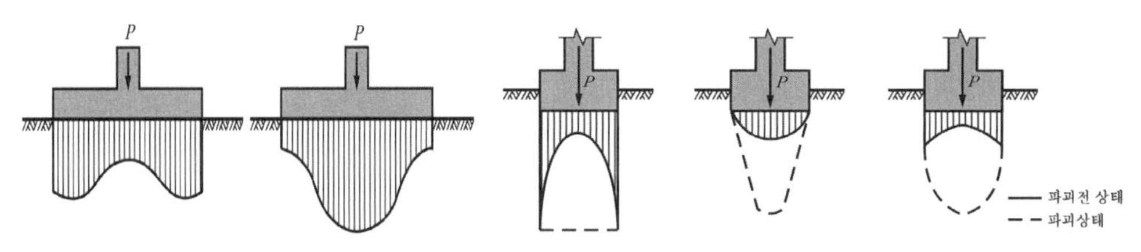

a) 연성지반 b) 강성지반 c) 탄성지반 d) 모래지반 e) c와 d의 중간지반

지반강성에 따른 연성기초 접지압 지반 종류에 따른 강성기초 접지압

그림 2.8 지반의 강성에 따른 연성기초의 접지압 분포

기초 가장자리에서는 Boussinesq 이론으로 계산한 접지압이 무한히 커서 극한지지력 보다 커지는 모순이 생기므로 (그림 2.7a), 실무에서는 수정 접지압 (그림 2.7b) 을 적용한다.

강성기초의 접지압 분포는 지반 종류와 하중 크기에 따라 다르다. 그림 2.8c, d, e 의 실선은 파괴 전 상태 접지압이고, 점선은 하중이 증가하여 파괴된 상태 접지압 분포를 나타낸다.

(2) 연성기초의 접지압

연성기초 중심에 하중이 작용하면, 접지압은 기초 전체에서 균등한 분포를 나타내며 지반과 기초가 같이 변형하여 침하형상은 가운데가 오목한 모양이고, **침하구덩이**가 재하면적보다 더 크게 생긴다 (그림 2.6b, 그림 2.9a).

콘크리트를 타설 직후 또는 목재나 골재 또는 강재를 야적한 경우 등이 연성기초와 유사한 상태이다. 연성기초의 접지압은 연성지반 (그림 2.8a) 에서는 중앙에서 작고 그 가장자리에서 크지만, 강성지반 (그림 2.8b) 에서는 중앙에서 크고 가장자리에서 작은 형상의 분포가 된다.

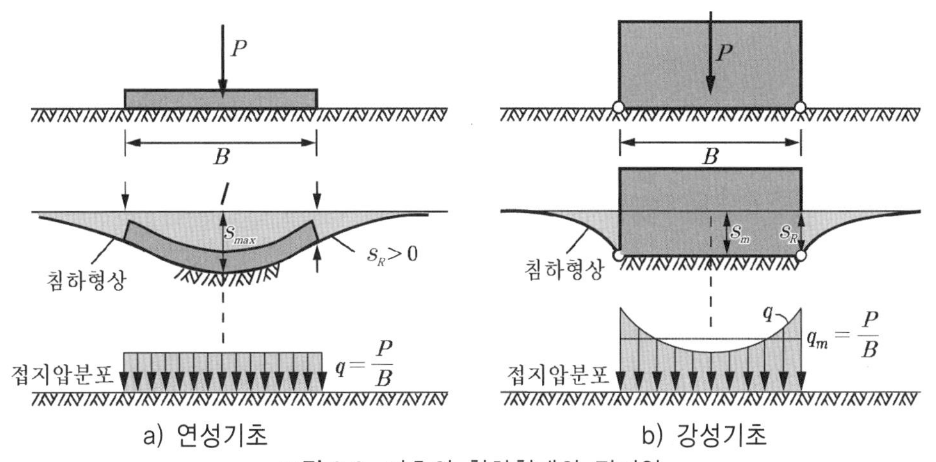

a) 연성기초 b) 강성기초

그림 2.9 기초의 침하형태와 접지압

(3) c 점의 의미

접지압 분포가 단순하면 지반응력을 구하여 침하량을 계산할 수 있다. 접지압이 등분포인 연성기초에서는 지반응력과 침하량을 계산할 수 있으나, 강성에 가까운 실제의 기초에서는 지반응력과 침하량을 계산하기가 매우 어렵다.

전면기초는 강성으로 설계하면 비경제적이어서 탄성기초로 설계하는데, 이때 상부구조물과 지반의 강성을 모두 고려해야 정확한 접지압이 구해지므로, 전면기초 설계는 매우 어려워서 주로 근사법으로 설계한다.

연성기초는 휨강성이 없거나 매우 작으므로 지반과 같이 변형되어서 기초보다 넓은 침하 구덩이가 형성된다. 침하량은 중앙에서 가장 크고 모서리에서 작으며 기초에서 위치에 따라 다르다 (그림 2.9a). 연성기초는 접지압이 등분포이므로 Boussinesq 식을 적분하여 침하량을 계산할 수 있다.

강성기초에서는 접지압이 중앙에서 작고 모서리에서는 크며, 침하는 전체 위치에서 균등하게 일어난다 (그림 2.9b). 강성기초의 모서리 접지압은 이론적으로 무한히 크며, 접지압이 지반의 극한지지력 보다 클 때에는 지반이 소성변형되고, 그 후에는 접지압이 유한한 크기로 감소된다.

강성기초에서는 접지압을 이용하여 침하량을 직접 계산하기 어려우므로 대개 간접적으로 침하량을 구한다. 즉, 기초에는 강성에 무관하게 침하량이 같은 c 점 (Characteristic Point) 이 존재하여 강성 및 연성기초의 기초형상이 겹쳐지는 점 (그림 2.10) 이 있다는 사실로부터 착안하여 연성기초 c 의 침하량으로 강성기초의 침하량을 대체한다.

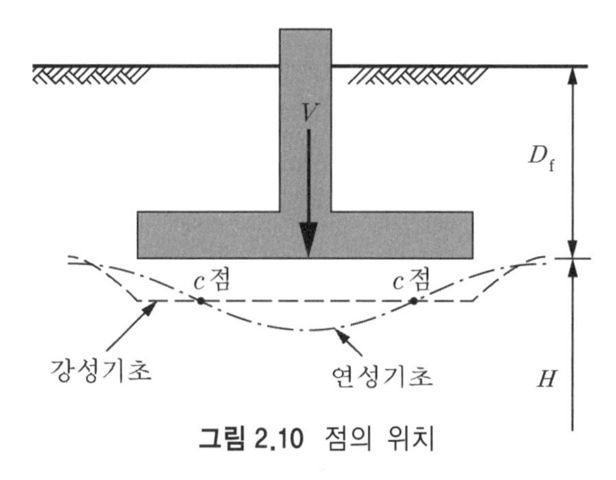

그림 2.10 점의 위치

기초에서 c 점은 대칭으로 두 개 존재하는데, 직사각형 기초에서는 중심에서 외곽으로 절반 폭의 0.74 배되는 위치이고 원형기초에서는 중심에서 외곽으로 반경의 0.845 배되는 위치이다 (그림 2.11).

연성기초는 중앙에서 침하량이 최대가 되고, 중앙의 침하량은 c 점의 침하량 보다 약 25 % 정도가 크다. 이런 개념을 도입하여 Kany (1974) 는 직사각형 기초에 대해 그리고 Leonhardt (1963) 는 원형기초에 대해 C 점의 침하를 구하는 그래프를 제시하였다.

2.3.2 편심하중에 따른 접지압

기초에 외력이 편심으로 작용하면 접지압이 비대칭 형상으로 발생되며, 미분방정식을 풀어서 구하며, 최근에는 지반응력을 전산해석하여 구하는 경우가 많다.

Browica (1943) 는 편심 ($e \le B/4$) 에 따른 접지압 분포를 기초형상을 구분하여 식으로 나타내었으며, 연속 및 직사각형 기초에 대해 각각 식 (2.23) 및 식 (2.24) 를 제시하였다.

편심 하중이 재하되는 상태에서는 **편심하중에 의한 접지압 분포**가 그림 2.12 와 같다.

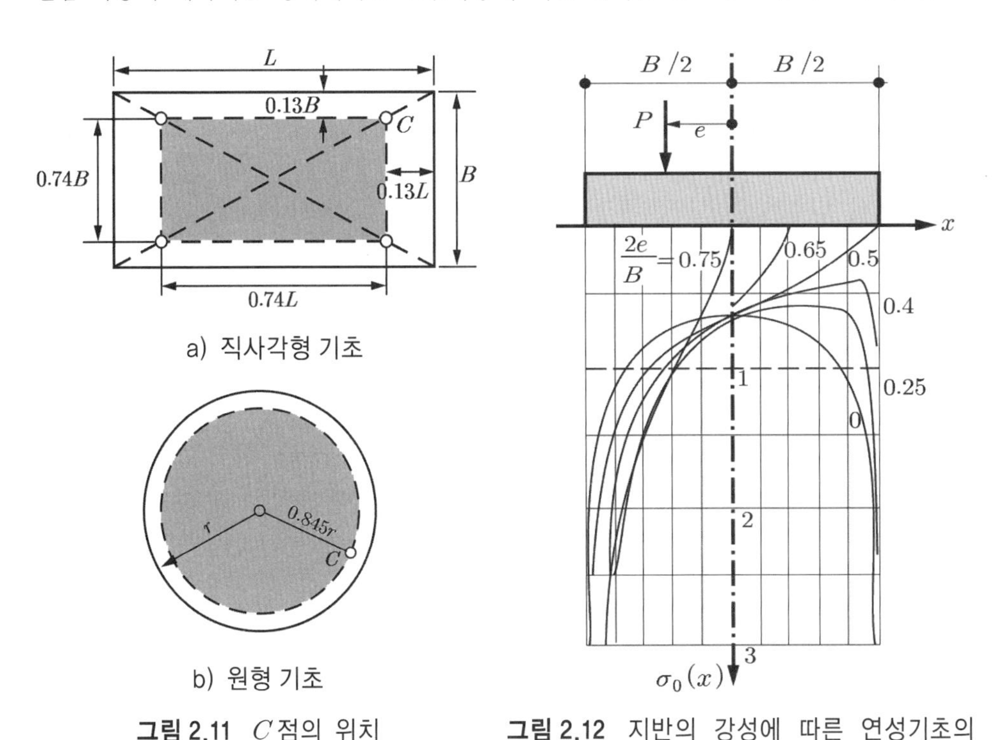

그림 2.11 C 점의 위치

그림 2.12 지반의 강성에 따른 연성기초의 접지압 분포

2.3.3 기초하중의 증가에 따른 접지압의 변화

접지압의 분포 (distribution of contact pressure) 는 기초에 작용하는 하중의 크기에 의해서도 달라진다. 그림 2.13 는 상대밀도가 중간정도인 사질지반에서 재하시험한 경우에 하중의 증가에 따른 접지압을 나타낸다 (Leussink 등, 1966).

하중 단계별 (그림 2.13a, c) 거동을 보면 다음과 같다.

① 단계 : 사용하중 단계이며 침하는 하중에 거의 비례한다. 접지압은 기초의 중앙보다 가장자리에서 크지만 그림 2.7 의 Boussinesq 분포에 비하면 상당히 작은 것을 알 수가 있다. 이것은 하중증가로 접지압이 이미 전이되기 시작했음을 나타낸다.

② 단계 : 하중 - 침하곡선이 직선관계에서 벗어나서 휘어지기 시작한다. 최대 접지압의 위치가 기초 가운데 방향으로 이동하며 중앙부 접지압이 크게 증가한다. 최대 주응력의 방향이 기초 외곽으로 향하기 시작한다 (그림 2.13b).

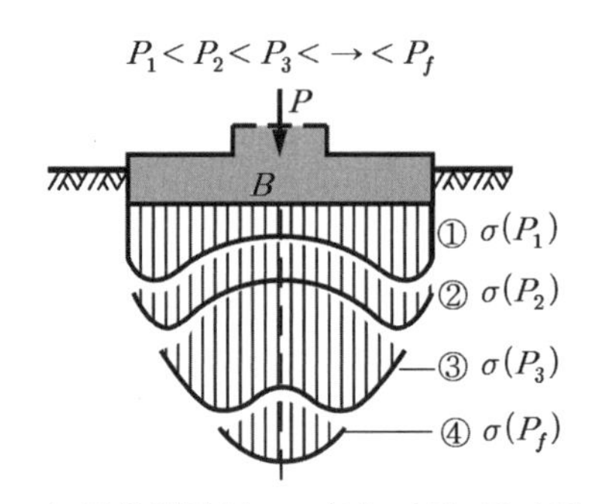

a) 작용하중의 크기에 따른 접지압

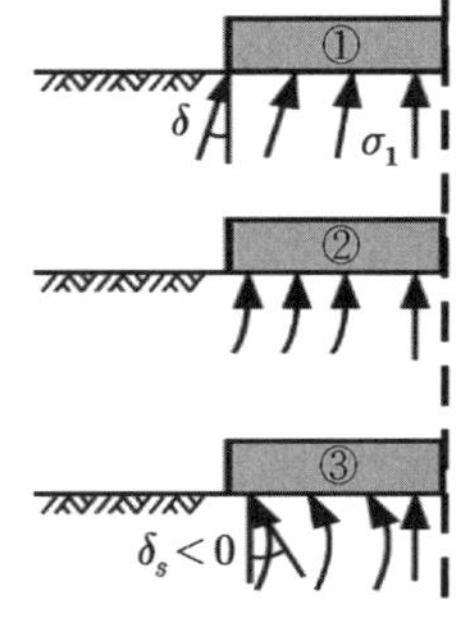

b) 재하단계별 최대 주응력방향

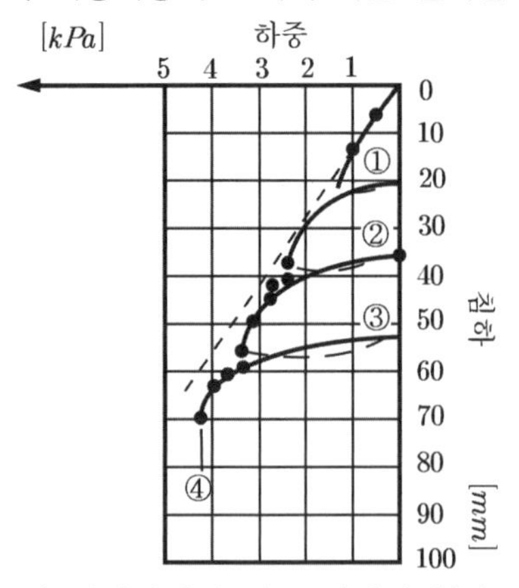

c) 재하단계에 따른 지반의 침하

d) 기초지반의 파괴 형태

그림 2.13 작용하중의 크기에 따른 기초의 거동과 접지압 (중간 상대밀도)

③ 단계 : 지반 내에서 정역학적으로 가능한 응력전이가 끝난 한계상태 (critical state) 이다. 이때에 최대주응력은 기초의 외곽을 향한다.

④ 단계 : 기초 파괴상태로 기초아래에 생성된 지반 파괴체는 불안정하여 그림 2.13d 와 같이 전단면을 따라 활동을 일으킨다. 지반의 강성이 커질수록 큰 파괴체가 형성된다.

2.4 설계 접지압

기초저면 접지압은 여러 가지 요인들의 복합적인 상대작용에 의해 결정되므로 그 분포를 정확하게 구하기가 매우 어렵다. 따라서 실무에서는 설계목적에 따라 접지압 분포를 다음과 같이 단순화시켜서 적용한다.

① 등분포 접지압 : 지반의 허용응력, 지지력계산 (2.4.1 절)
② 직선분포 접지압 : 기초의 단면력, 침하계산 (2.4.2 절)
③ 이형분포 접지압 : 휨성 기초판, 슬래브 계산 (2.4.3 절)

따라서 지반침하를 계산할 때는 직선분포 접지압을 적용한다.

2.4.1 등분포 접지압 (uniform contact pressure)

등분포 접지압은 지반의 허용응력이나 지지력을 구할 때 적용한다. 하중이 편심으로 작용하는 경우에도 하중 합력의 작용점이 항상 기초의 중심이고 기초저면의 접지압은 등분포가 된다고 가정한다. 그림 2.14 의 빗금 친 부분은 하중 합력의 작용점이 그 중심인 유효기초 (폭 B_x', 길이 B_y') 에서 접지압 분포를 나타낸다.

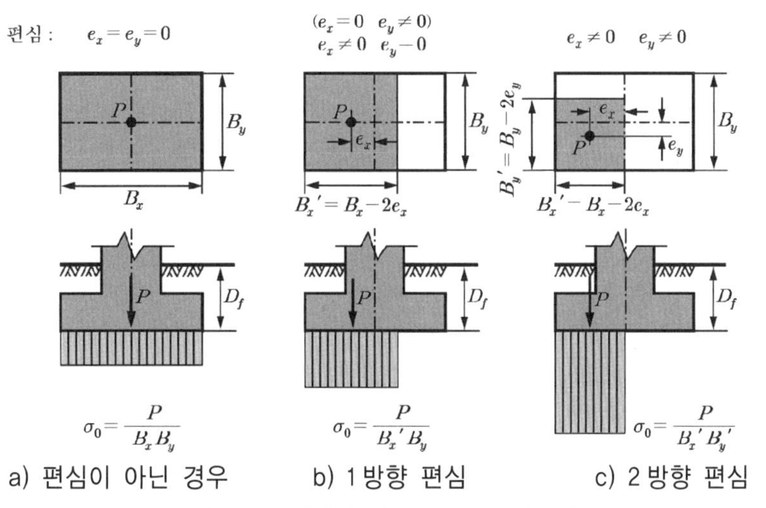

a) 편심이 아닌 경우　　b) 1 방향 편심　　c) 2 방향 편심

그림 2.14 편심에 따른 등분포 접지압

2.4.2 직선분포 접지압 (linear variable contact pressure)

기초의 단면력이나 침하량을 계산할 때에는 접지압이 직선분포라고 가정하며, 합력의 작용위치에 따라 등분포나 사다리꼴분포 또는 삼각형분포 하중이 된다.

① 합력이 기초의 중심에 작용하면 접지압 σ_0 는 등분포가 된다 (그림 2.15a).

$$\sigma_0 = \frac{P}{A} = \frac{P}{B_x B_y} \tag{2.19}$$

② 합력이 편심으로 작용하면 휨모멘트가 유발되며, 편심 크기가 $e < B/6$ 이면 (즉, 합력이 내핵에 작용) 접지압은 사다리꼴 분포가 된다 (그림 2.15b).

$$\sigma_{01/2} = \frac{P}{A} \pm \frac{M}{W} = \frac{P}{B_x B_y} \pm \frac{P e_x 6}{B_x^2 B_y} \tag{2.20}$$

③ 편심크기가 $e = B_x / 6$ 이면 한쪽 모서리 접지압이 '영' (0) 이 되어 삼각형분포가 된다.

$$\sigma_{01} = \frac{2P}{B_x B_y},\ \sigma_{02} = 0 \tag{2.21}$$

④ 편심이 더 커져서 $B/3 > e > B/6$ 이면 (즉, 합력이 내핵과 외핵 사이에 작용) 기초의 끝 쪽에 부(負)의 접지압이 발생하여 기초의 저면과 지반이 분리된다. 그렇지만 아직 접지압의 합력이 '0' 보다 크기 때문에 지반은 압축상태이다 (그림 2.15c).

⑤ 만일 편심이 $e > B/3$ 이면 (즉, 합력이 외핵을 벗어나서 작용) 접지압의 합력이 '0' 보다 작아져서 기초는 더 이상 안정상태로 있지 못하고 전도 (overturning) 된다.

⑥ 편심이 x, y 양방향으로 걸리는 경우의 접지압은 다음과 같이 된다.

$$\sigma_{0\,1/2} = \frac{P}{A} \pm \frac{M_x}{W_x} \pm \frac{M_y}{W_y} \tag{2.22}$$

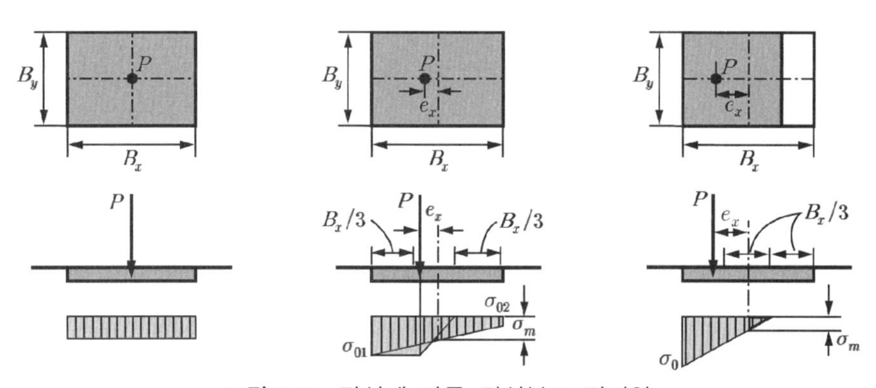

그림 2.15 편심에 따른 직선분포 접지압

2.4.3 이형분포 접지압

이형 분포 접지압은 휨성 기초판이나 기초 슬래브에 적용하며 위치에 따라 크기가 다르다. 접지압은 강성기초이면 일정 식으로 주어지고, 탄성기초이면 기초 연직변위에 의해 결정된다.

1) 강성기초

강성기초는 강성도비 (식 2.16) 가 $K > 0.5$ 인 경우이며, 그 접지압 분포는 지반이 기초 폭보다 두껍고 압축성이며 변형계수가 일정하면 Boussinesq 의 수식으로 표현할 수 있다.

(1) 강성 연속기초

강성 연속기초 (폭 B) 에서 편심 e 로 집중하중 P 가 작용하면 평균압력은 $\sigma_{0m} = P/B$ 이며 중심에서 x 만큼 떨어진 곳 $(x \le B/2)$ 의 접지압은 다음과 같다 (Borowicka, 1943).

$$\sigma_0 = \frac{2\sigma_{0m}}{\pi^2}\frac{1}{\sqrt{(1-\zeta^2)}}\left(1+4\zeta\frac{e}{B}\right) \quad \zeta = \frac{x}{B/2} \quad (e \le B/4) \tag{2.23}$$

$$\sigma_0 = \frac{2\sigma_{0m}}{\pi^2}\frac{1+\zeta_1}{\sqrt{1-\zeta_1^2}} \qquad \zeta_1 = \frac{2x+B-4e}{2B-4e} \quad (e > B/4)$$

(2) 강성 직사각형기초

폭 B 이고 길이 $L\,(B \le L)$ 인 강성 직사각형기초의 중심에서 x 방향 편심 e 로 집중하중 P 가 작용하면 평균압력은 $\sigma_{0m} = P/BL$ 이며, 중심에서 x, y 만큼 떨어진 위치 (단, $x \le B/2$, $y \le L/2$) 의 접지압 $\sigma_0(x, y)$ 은 다음과 같다 (Borowicka, 1943).

$$\sigma_0(x, y) = \frac{4\sigma_{0m}}{\pi^2}\frac{1}{\sqrt{(1-\zeta^2)(1-\eta^2)}}\left(1+\zeta\frac{e_x}{B}\right) \tag{2.24}$$

여기서, $\zeta = \dfrac{x}{B/2}$, $\eta = \dfrac{y}{L/2}$, $e < B/4$ 이다.

(3) 강성 원형기초

반경 R 인 강성 원형기초 중심에 집중하중 P 가 작용하면 평균압력은 $\sigma_{0m} = P/(\pi R^2)$ 이며 중심에서 r 만큼 떨어진 위치 $(r \le R)$ 의 접지압 $\sigma_0(r)$ 은 다음과 같다.

$$\sigma_0(r) = \sigma_{0m}\frac{1}{2\sqrt{1-(r/R)^2}} \tag{2.25}$$

(4) 강성 타원형기초

강성 타원형기초 (장반경 b, 단반경 a) 의 중심에 집중하중 P 가 작용할 때 접지압 $\sigma_0(x, y)$ 는 평균압력 $\sigma_{0m} = \dfrac{2P}{\pi ab}$ 를 적용하여 계산한다 ($a < b$, x 방향 편심 $e \le \dfrac{b}{3}$, $\zeta = \dfrac{2x}{b}$, $\eta = \dfrac{2y}{a}$).

$$\sigma_0(x, y) = \frac{2P}{\pi ba}(1+12ex/b^2)\frac{1}{\sqrt{1-\zeta^2-\eta^2}} \tag{2.26}$$

2) 탄성기초

탄성기초는 기초 슬래브와 지반의 강성도비 (식 2.16) 가 $0.5 > K > 0$ 인 경우이며 접지압이 하중 작용점 (즉, 기둥이나 벽체의 바로 아래) 에 집중되고 그 집중정도는 지반의 변형이 작을수록 크다 (그림 2.16a). 따라서 강성도가 큰 암반 등에서는 응력이 크게 집중되고 연약한 지반에서는 응력이 거의 등분포를 나타낸다. 탄성기초에서 접지압은 일정한 형상으로 가정하거나 (그림 2.16b, c) 기초의 변위로부터 계산한다 (그림 2.16d, e).

(1) 일정 형상의 접지압 분포 가정

크기가 작은 하중이 작용하는 탄성기초의 접지압은 하중의 작용점 사이에서는 직선분포 (그림 2.16b) 로 가정할 수 있다. 그밖에도 하중 작용점 사이에서는 등분포 접지압 σ_{01} 로 가정하고, 하중이 집중되는 곳은 더욱 크게 가정 (그림 2.16c) 하여 모멘트가 과다하게 계산되지 않게 한다. 등분포 접지압 σ_{01} 의 크기는 건물의 강성도와 지반의 변형계수 및 하중 크기에 의해 결정된다.

(2) 기초변위에 따른 접지압 분포 계산

지반변위를 탄성식에 적용해서 접지압의 크기를 계산할 수 있고, 이때는 지반을 스프링이나 (그림 2.16d, 연성법) 구의 집합체 (그림 2.16e, 강성법) 로 모델링하고 계산하며 지반 침하 형태와 기초 휨모양이 일치할 때 압력을 기초의 접지압으로 간주한다.

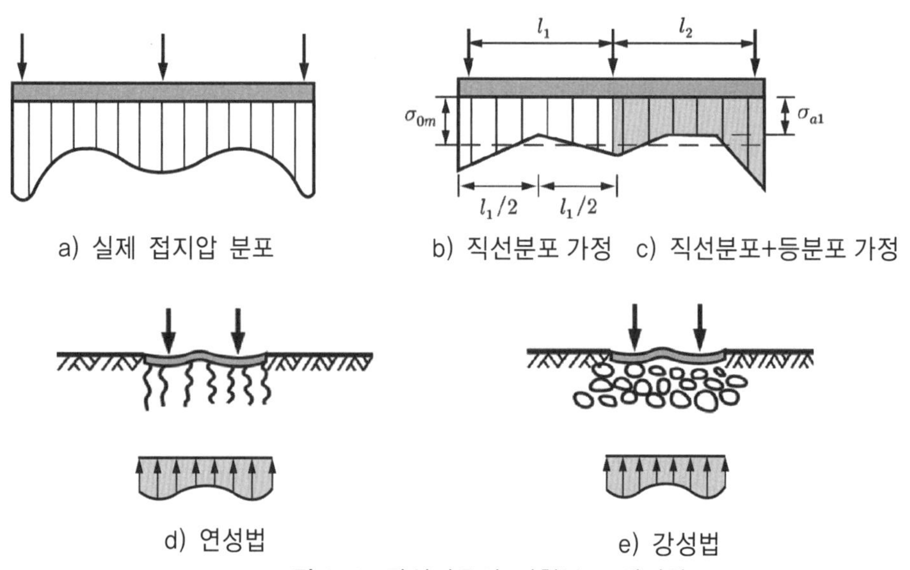

그림 2.16 탄성기초의 이형분포 접지압

제3장 탄성상태 지반 내 응력

3.1 개 요

지반침하는 외력으로 인한 지반응력의 변화를 정확하게 알아야 계산할 수 있다. 이때 자중에 의한 지반침하는 완료된 것으로 간주한다. 지반응력은 자중에 의한 응력과 외력에 의한 응력이 있다. 지반은 모든 응력에 의해 변형되며, 여기서는 연직응력에 의한 지반변형을 주로 다룬다.

지반 내 응력은 지반이 탄성상태이면 지반변형에 의존하여 발생하고, 지반이 소성상태이면 지반변형에 무관하게 발생한다. 즉, 지반응력은 지반파괴 전에는 지반의 변형에 의존하여 발생되므로 Hooke 식과 힘의 평형식을 적용하여 구하고, 파괴된 후에는 Mohr-Coulomb 파괴식과 평형식을 적용하여 구한다.

탄성상태 및 소성상태 지반응력 (3.2 절) 은 지반이 항복과 동시에 파괴된다고 가정하고 구한다. **지반의 자중에 의한 지반응력 (3.3 절)** 은 지표로부터 깊이에 선형비례 증가하고, 그 기울기는 단위중량과 내부마찰각으로 나타낸다. 지반 내의 **수직응력**은 수평면에서 최대이고 연직면에서 최소이며, **전단응력**은 45° 경사면에서 최대이고 수평면과 연직면에서'영'이다.

지하수위 하부의 구조물에는 토압과 수압이 동시에 작용한다. 즉, **지하수에 의한 압력 (3.4 절)** 즉, 모세관 압력, 양압력, 간극수압, 정수압, 침투압 등이 작용한다. 포화 지반에 작용하는 외력은 구조골격과 간극수가 나누어서 지지하므로 **유효응력과 간극수압 (3.5 절)** 의 합은 외력과 같고, 배수가 진행되면 유효응력의 분담비율이 높아진다.

상재하중에 의한 지반응력 (3.6 절) 은 일부 영역에 국한되어 발생하며, 이때 지반을 반무한 탄성체로 가정한다. **등분포 상재하중**에 의한 응력은 깊이에 무관하게 크기가 일정하다. **절점하중**에 의한 응력은 연직절점하중이면 Boussinesq (1885) 이론으로 계산하고 수평절점하중이면 Ceruti (1888) 이론으로 계산한다. **작용 면적이 국한된 상재하중**에 의한 지반 내 응력은 절점하중에 의한 지반 내 응력을 적분하여 구한다.

3.2 탄성상태 및 소성상태 지반응력

흙 지반은 (흙 입자와 물 및 공기로 구성된) **복합체**이고, (흙 입자가 결합되지 않은 채로 쌓여 있는) **입적체**이어서 탄성체로 보기가 어려운 재료이다. 또한, 결합되지 않은 흙 입자들이 쌓여 구조골격을 이루고 간극을 물이나 공기가 채우고 있는 상태이어서 외력은 흙 입자 간 접촉점의 압축력과 간극수압에 의해 지지된다.

간극이 물로 채워진 **포화지반**에서는 간극수가 배수되면 간극수압이 감소하고 그만큼 유효응력 비율이 높아진다. 간극이 물과 공기로 채워져 있는 **불포화 지반**에서는 간극수는 유출되고 간극공기는 압축되거나 용해 또는 유출되므로 외력 크기에 따라 거동이 다르다. 모세관현상에 의한 간극수압은 부압(負壓)이며 그 크기는 모관 상승고에 비례증가한다.

탄성상태 지반응력은 변형에 의존하여 발생되며, 지반을 반무한 탄성체로 간주하고 구한다. **지반의 응력-변형률 관계식**은 실제 지반에서는 (경계조건이 복잡하여) 구하기 어렵고 경계조건이 단순하고 실제 조건과 같을 때만 구할 수 있다. 따라서 지반이 탄성상태이면 과도한 가정과 간략화를 통해 지반응력을 구할 수 있으나 이런 지반응력은 파괴에 대한 안전성을 판단할 수 있는 정보를 내포하지 않는다. 지반의 응력 - 변형률 거동은 지반이 **항복하기 전** 탄성상태일 때에는 선형 비례관계이다.

소성상태 지반응력은 변형에 무관하게 발생되며, **지반의 응력-변형률 관계식**은 **조밀한 사질토나 과압밀 점토**는 항복 후에는 비선형 비례증가해서 최대강도(peak 강도)에 도달되었다가 그 후에는 급격하게 감소하여 궁극강도(ultimate strength)에 수렴하여 (함수관계가 아니어서) 응력-변형률 관계는 수학적으로 표현하기가 어렵다. 반면 **느슨한 사질토나 정규압밀 점토**는 항복 후에 비선형적으로 비례 증가해서 궁극강도에 도달되며, 이때는 응력-변형률 관계가 함수관계이다.

그런데 위와 같이 복잡한 지반의 거동특성을 고려할 수 있는 **지반의 구성방정식**(응력-변형률 관계식)이 아직 개발되어 있지 않으므로, 대체로 지반이 **항복과 동시에 파괴되는 재료**(**완전 탄성 -완전 소성 거동**)로 간주하고 지반을 해석한다. 즉, 흙 지반은 **파괴**(항복) **되기 전에는 탄성상태이며, 파괴**(항복)**된 후에는 극한상태**라고 생각하고 해석한다.

사용하중상태에서 일어나는 **지반침하**를 계산할 때 또는, 상재하중에 의한 **지중응력**을 계산할 때에는 지반을 탄성체로 간주하고 **탄성이론**으로 계산한다. 그렇지만 **지반파괴에 대한 안정성** 등은 **파괴상태** 즉, 극한상태지반에 대해 **소성이론**을 적용하여 판단한다.

3.3 자중에 의한 지반응력

흙 지반은 흙 입자 (고체) 들이 결합되지 않은 채로 쌓여서 **구조골격**을 이루고 있고, 흙 입자 사이의 간극을 물 (액체) 이나 공기 (기체) 가 채우고 있는 **입적체**이므로 외력은 흙의 구조골격과 간극수에 의해 지지된다.

흙 지반의 구조골격과 간극수는 압축력만을 지지할 수 있고 인장력은 지지할 수가 없기 때문에 지반 내 응력은 압축일 때에는 '**양**' (+) 으로 나타내고, 인장일 때에는 '**음**' (-) 으로 나타낸다.

지반응력은 지반의 자중이나 외력에 의해 발생된다. 지반 자중에 의해 발생되는 지반응력은 지반이 **탄성평형상태**이면 변형에 의존하여 발생하므로 Hooke 법칙과 힘의 평형식을 적용하여 구한다. 그렇지만 지반이 **소성평형상태**이면 지반응력이 변형에 무관하므로 Mohr-Coulomb 파괴식과 힘의 평형식을 적용하여 구한다. 지중응력은 응력이력과 지층의 성상 및 지하수에 의해 영향을 받는다.

지반 내 임의 절점에서 **지반의 자중에 의한 수직응력과 전단응력**은 방향에 따라 다르다. 즉, 단위 지반요소에 작용하는 **수직응력**은 수평면에서 가장 크고 연직면에서 가장 작으며, **전단응력**은 수평에 대해 45° 각도로 경사진 평면에서 가장 크고, 수평면과 연직면에서 그 크기가 '**영**'이 된다.

탄성평형상태 지반에서 지반의 자중에 의한 지반 내 응력은 Hooke 의 법칙과 힘의 평형식으로부터 구한다.

등방탄성 반무한 수평지반에서 지반 내 **임의 점의 자중에 의한 응력 (3.3.1 절)** 은 연직응력이 최대 주응력이고, 수평응력이 중간 및 최소 주응력이 된다. 따라서 연직응력과 수평응력은 지표로 부터 깊이에 선형적으로 비례하여 증가하고, 그 비례상수는 단위중량이며, 힘의 평형 조건과 Hooke 의 탄성이론을 적용하여 구한다.

이때에 수평응력은 연직응력에 토압계수를 곱한 크기이다.

자중에 의해 발생되는 지반 내 **임의 평면상 응력 (3.3.2 절)** 은 평면의 경사각에 따라서 다르다. 수직응력은 수평면에서 가장 크고 연직면에서 가장 작으며, 전단응력은 수평에 대해 45° 인 평면에서 가장 크고 수평면과 연직면에서 영이다.

3.3.1 지반 내 임의 절점의 응력

평면상태 단위 지반요소 (그림 3.1) 에서 x 축에 평행한 z 면에는 수직응력 σ_z 와 전단응력 τ_{zx} 가 작용하고, z 축에 평행한 x 면에는 수직응력 σ_x 와 전단응력 τ_{xz} 가 작용하며, 전단응력 τ_{xz} 와 τ_{zx} 는 짝힘을 이룬다.

x 축과 z 축은 각각 우측과 아래쪽이 '**양**' (+) 의 방향이고, 지반 단위중량은 γ 이고 중력 방향 (z 축에 경사 θ) 으로 작용한다. 단위길이 만큼 떨어진 면에서 수직응력은 $\frac{\partial \sigma_x}{\partial x}$ 와 $\frac{\partial \sigma_z}{\partial z}$ 만큼 변하고, 전단응력은 $\frac{\partial \tau_{xz}}{\partial z}$ 와 $\frac{\partial \tau_{zx}}{\partial x}$ 만큼 변한다.

1) 힘의 평형

지반요소에 작용하는 힘들은 평형을 이루며, x 와 z 방향 **힘의 평형식** $\sum F_x$ 와 $\sum F_z$ 는 다음과 같다.

$$\sum F_x \ : \ \frac{\partial \sigma_x}{\partial x} + \frac{\partial \tau_{xz}}{\partial z} = \gamma \sin \theta \tag{3.1}$$
$$\sum F_z \ : \ \frac{\partial \sigma_z}{\partial z} + \frac{\partial \tau_{zx}}{\partial x} = \gamma \cos \theta$$

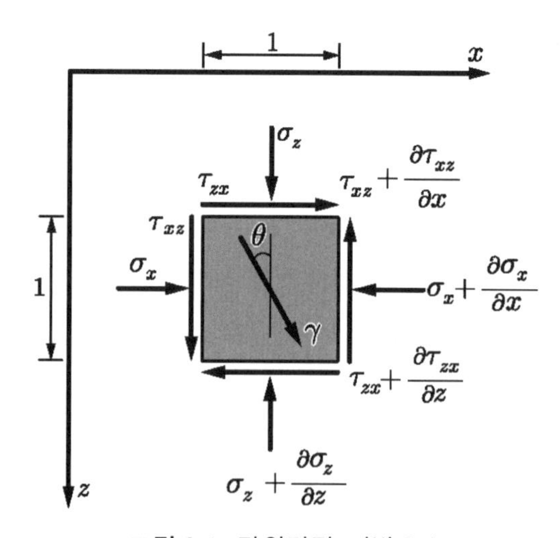

그림 3.1 단위면적 지반요소

2) 반무한 탄성지반 내 임의점의 응력

중력방향이 연직 ($\theta = 0$) 이면, 힘의 평형식 (식 3.1) 은 다음이 된다.

$$\sum F_x : \frac{\partial \sigma_x}{\partial x} + \frac{\partial \tau_{xz}}{\partial z} = 0 \qquad (3.2)$$
$$\sum F_z : \frac{\partial \sigma_z}{\partial z} + \frac{\partial \tau_{xz}}{\partial x} = \gamma$$

모든 연직평면은 대칭면이고 임의 연직면 양측에 작용하는 응력의 크기가 같으면, 지반이 수평방향으로 변형되지 않으므로 (정지상태) 수평방향 응력변화율이 영 ($\partial \sigma_x / \partial x = 0$) 이다. 따라서 위의 첫 번째 식은 $\partial \tau_{xz} / \partial z = 0$ (즉, 전단응력이 영, $\tau_{xz} = 0$) 이 되므로 지반요소는 주응력상태가 된다.

균질한 반무한 등방 탄성지반 내 임의 점 (깊이 z) 에 작용하는 수직응력 (연직 및 수평응력) 과 전단응력은 위 식을 적분하면 구할 수 있다.

$$\sigma_z = \sigma_1 = \gamma z \qquad (3.3)$$
$$\sigma_x = \sigma_2 = f(z)$$
$$\tau_{xz} = 0$$

따라서 지반 내 연직응력과 수평응력은 깊이에 따라 선형적으로 비례하는 선형비례함수이고 그 비례상수 (기울기) 가 단위중량이다.

아주 큰 외력이 작용하지 않는 한 자중에 의한 연직응력 ($\sigma_z = \gamma z$) 이 최대주응력 σ_1 이고, 수평응력 ($\sigma_x = \sigma_y$) 이 중간주응력 σ_2 및 최소주응력 σ_3 가 된다.

$$\sigma_z = \sigma_1 = \gamma z \qquad (3.4)$$
$$\sigma_x = \sigma_y = \sigma_3$$

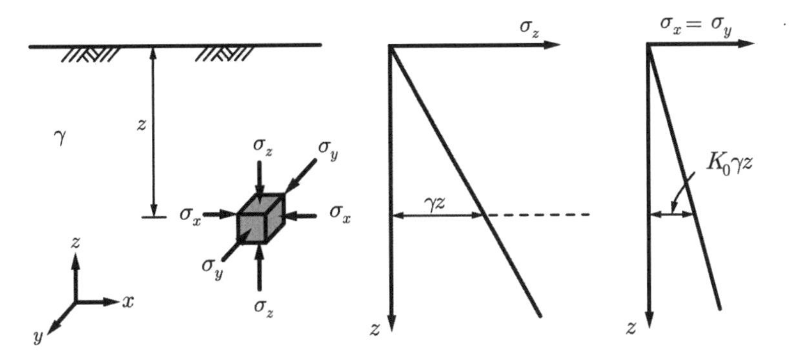

그림 3.2 반무한 탄성체 내 응력상태 (자중)

따라서 그림 3.2 와 같이 균질하고 등방성인 반 무한 탄성 지반 내의 깊이 z 인 지점에서 **연직응력 σ_z** 는 덮개 흙 지반의 자중과 크기가 같고, 깊이 z 에 비례 (비례상수는 단위중량 γ) 한다.

$$\sigma_z = \gamma z \tag{3.5}$$

수평지반에서는 지중응력이 대칭 $(\sigma_x = \sigma_y = \sigma_2 = \sigma_3)$ 이고 x, y 축 방향으로는 변형이 발생되지 않기 때문에 $(\epsilon_x = \epsilon_y = \epsilon_2 = \epsilon_3 = 0)$ 정지상태이고, **수평응력 σ_x** 는 깊이 z 에 비례 증가하여 $\sigma_x = f(z)$ 이고, 그 크기가 **정지토압 σ_o** 로 일정하다.

$$\sigma_x = \sigma_y = \sigma_o \tag{3.6}$$

위 식에서 수평응력은 평형조건 외에도 탄성이론을 적용해야 구할 수 있다. 즉, 정지상태에서 **수평방향의 변형률 ϵ_x** 은 '**영** (0)' 이므로, **Hooke 의 탄성식**은 다음이 된다 (여기에서 ν 는 Poisson 의 비).

$$\epsilon_x = \frac{1}{E}\left\{\sigma_x - \nu(\sigma_y + \sigma_z)\right\} = 0 \tag{3.7}$$

그런데 지반의 탄성계수는 '**영**'이 아니기 때문에 $(E \neq 0)$, 위 식에서 중괄호안의 값이 '**영**' (즉, $\sigma_o - \nu(\sigma_z + \sigma_o) = 0$) 이 되고, 여기에다 식 (3.6) 을 대입하면, 수평응력 σ_o 와 깊이 z 사이에 존재하는 선형적 함수관계 (기울기 $K_o\gamma$) 는 물론 수평방향 지반응력의 합력 E_o 가 구해진다.

$$\sigma_o = \frac{\nu}{1-\nu}\sigma_z = K_o\sigma_z = K_o\gamma z$$

$$E_o = \frac{1}{2}\gamma z^2 K_o \tag{3.8}$$

위 식의 K_o 는 **정지토압계수** (coefficient of earth presser at rest) 이다.

$$K_o = \frac{\nu}{1-\nu} \tag{3.9}$$

정지토압계수 K_o 는 실험실에서 Terzaghi 시험방법 등으로 구할 수 있으나 현장에서는 구하기가 매우 어렵다 (실제 불가능하다). 그것은 현장지반에서는 생성과정에 따른 응력이력을 알 수가 없어서 정확한 응력상태를 구하기가 매우 어렵거나 거의 불가능하기 때문이다.

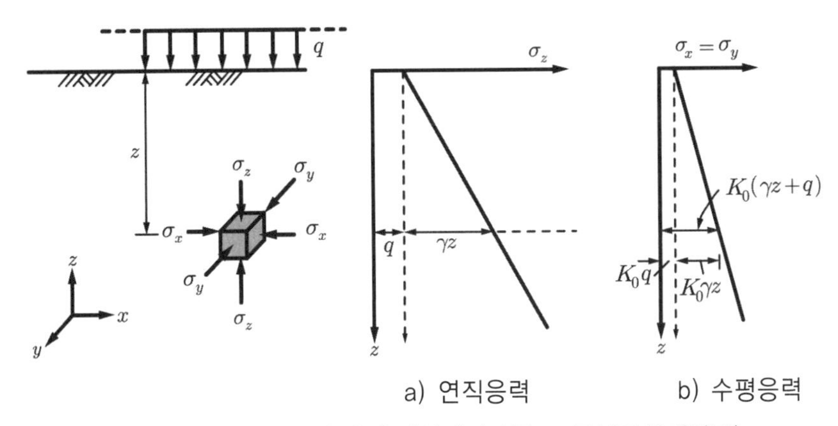

그림 3.3 반무한 탄성체 내 응력상태 (자중 + 등분포상재하중)

지표에 크기 q 인 무한 등분포 상재하중이 작용하면 지반 내에서 연직응력은 q 만큼, 수평응력은 $K_o q$ 만큼 증가한다. 그러나 자중에 의한 토압의 분포함수는 그 기울기가 변하지 않는다 (그림 3.3).

$$\sigma_z = \gamma z + q$$
$$\sigma_x = K_o \sigma_z = K_o(\gamma z + q) \tag{3.10}$$

3.3.2 지반 내 임의 평면의 응력

반무한 등방 탄성체로 간주할 수 있는 수평지반에서 수평에 대해서 각도 α인 지반 내 임의 평면 (그림 3.4a) 에 작용하는 **수직응력 σ_α** (normal stress) 와 **전단응력 τ_α** (shear stress) 는 힘의 평형식으로부터 구할 수 있다.

$$\begin{aligned}\sigma_\alpha &= \sigma_z \cos^2\alpha + \sigma_x \sin^2\alpha \\ &= \frac{\sigma_z + \sigma_x}{2} + \frac{\sigma_z - \sigma_x}{2}\cos 2\alpha = \frac{1}{2}\sigma_z[1 + K_o + (1 - K_o)\cos 2\alpha] \\ \tau_\alpha &= (\sigma_z - \sigma_x)\sin\alpha\cos\alpha = \frac{\sigma_z - \sigma_x}{2}\sin 2\alpha = \frac{1}{2}\sigma_z(1 - K_o)\sin 2\alpha\end{aligned} \tag{3.11}$$

위 식에서 보면 **수직응력 σ_α** 는 수평면 ($\alpha = 0$) 에서 가장 크고 연직면 ($\alpha = 90^o$) 에서 가장 작으며 (그림 3.4b), **전단응력 τ_α** 는 $\alpha = 45^o$ 에서 가장 크고 수평면과 연직면에서 '**영**' 이다 (그림 3.4c).

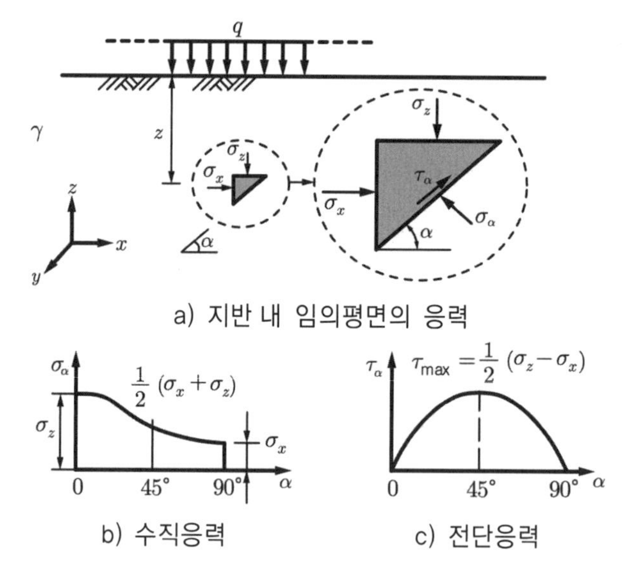

그림 3.4 지반 내 임의 평면 (각도 α) 상의 응력상태

지반 내 임의 평면의 각도 α 에 따른 응력은 응력타원 (그림 3.5) 으로 표현할 수가 있다. 전단응력 τ_α 는 $\alpha = 45^o$ 에서 최대치 $\tau_{\max}$ (**최대전단응력**) 가 되고, 이는 **전단강도**이다.

$$\begin{aligned} \tau_{\max} &= \frac{1}{2}(\sigma_z - \sigma_x) \\ &= \frac{1}{2}(1 - K_o)\sigma_z = \frac{1}{2}(1 - K_o)\gamma\, z \end{aligned} \tag{3.12}$$

무한 등분포 상재하중 q 가 작용하면 **최대전단응력** $\tau_{\max}$ 도 증가하여 다음이 된다.

$$\tau_{\max} = \frac{1}{2}(1 - K_o)\,(\gamma\, z + q) \tag{3.13}$$

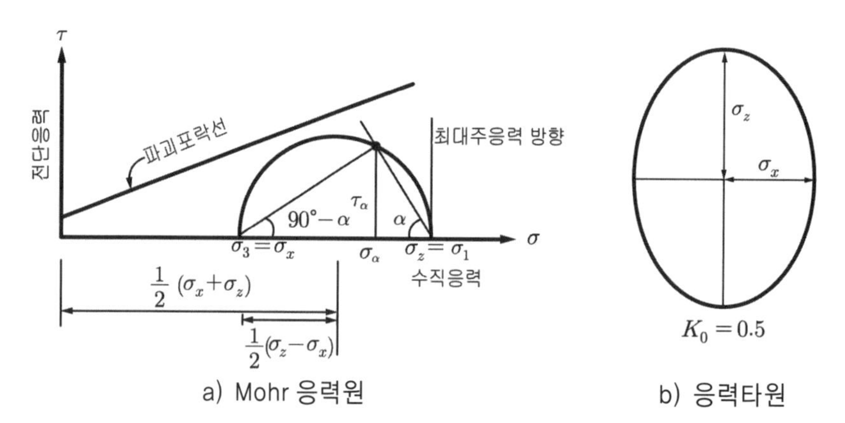

그림 3.5 Mohr 응력원과 응력타원

3.4 지하수에 의한 압력

모세관 현상에 의해 지하수면 위로 상승된 물 (**모관수**) 에 의해 지반은 '**부**'의 압력상태인 **모세관 압력**이 발생하며, 세립토에는 인장강도가 발생하며, 그 크기는 **모관 상승고**에 비례한다.

지하수가 흐르면서 흐름을 방해하는 흙 입자에 침투압을 가하므로 지하수가 하향침투하면 유효응력이 증가하여 지반의 **단위중량 증가효과**가 있고, 지하수가 상향 침투하면 유효응력이 감소하여 지반의 **단위중량 감소 효과**가 있다.

지하수위 하부에 있는 구조물에는 **토압**과 **수압**이 동시에 작용하며, 수압은 지하수 흐름에 따라 다르다. 지표면 하부에 있는 하부 구조물에서 **지하수에 의한 압력** (3.4.1 절) 은 **모세관 압력**, **양압력**, **간극수압**, **정수압**, **침투압** 등이 있다.

간극수는 모세관 현상 (**모관력**) 에 의해 흙 입자 사이 연결된 간극을 따라 지하수면 위로 상승 (**모관수**) 하고, 모관수 상승높이 (**모관 상승고**) 는 물 표면장력의 크기에 의해 결정된다. **모세관 현상에 의한 압력** (3.4.2 절) **즉, 간극수압**은 부압 (負壓) 이며 모관 상승고에 비례한다.

지하수가 정체된 때는 **정수압**이 작용한다. 그러나 지하수가 흐를 때 흐름을 방해하는 흙 입자에 가하는 흐름방향 압축력 즉, **침투압** (3.4.3 절) 은 흙의 안정에 직접 영향을 미친다. 지하수가 하향침투하면 유효응력이 증가하여 **단위중량 증가효과**가 있고, 지하수가 상향침투하면 유효응력이 감소하여 **단위중량 감소 효과**가 있다. 침투력은 외력으로 지반을 압축 변형시킨다.

3.4.1 지하수에 의해 발생되는 압력

지하수위 하부에 있는 구조물에는 **토압**과 **수압**이 동시에 작용하며, 지표면 하부에 있는 하부 구조물에는 물에 의해 **모세관 압력**, **양압력**, **간극수압**, **정수압**, **침투압** 등이 작용한다.

지하수면 상부지반에서는 모세관 현상으로 상승된 물에 의해 **모세관 압력**이 작용하며, 이는 **부압**으로 작용하여 유효응력을 증가시킨다. 그렇지만 **모세관 압력은 일상적인 설계에서는 무시할 때가 많다**.

지하수가 정체된 때에는 **정수압**이 작용하고, 흐를 때는 정수압에 추가로 **침투압**이 작용한다. 따라서 **지하수면 위치**를 확인하고 **지하수의 흐름**여부를 판단하여 물에 의한 압력을 구하고, 이를 적용하여 지반응력을 구한다.

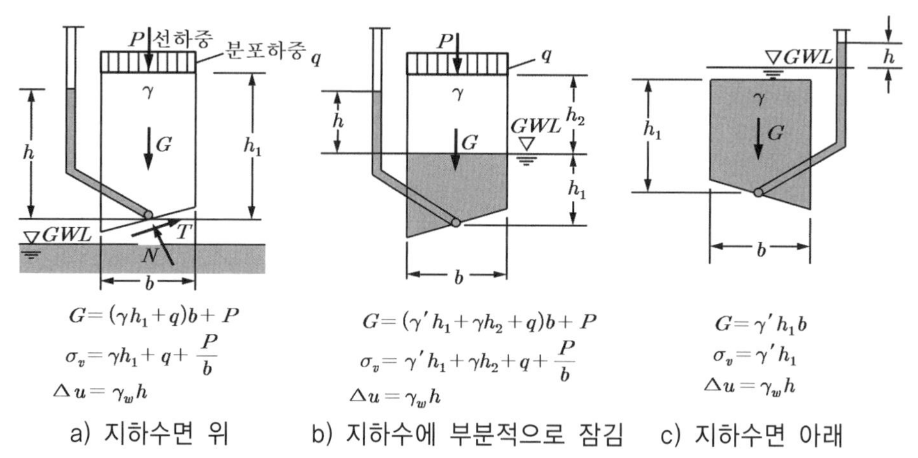

그림 3.6 흙 요소에 작용하는 압력

1) 모세관 압력

지하수면의 상부에서 모세관 현상에 의해 지하수가 지하수면 위로 상승하면 흙의 구조골격에 모세관 압력이 부압(負壓)으로 작용하여 지반의 유효응력이 증가되며, 이로 인해 사질토에서는 **겉보기 점착력**이 발생된다.

2) 양압력

지하수면 하부에 설치된 구조물은 **부력**에 의한 **양압력**을 받는다. 양압력은 구조물 자중과 별개의 외력으로 간주한다. 구조물 양측의 지하수위가 다를 경우에는 바닥면에 작용하는 **양압력**이 직선분포가 된다. 지하수면의 하부에서는 흙의 구조골격에 부력이 작용하므로 지반의 수중단위중량 γ_{sub} 을 적용한다.

3) 간극수압

간극수압은 지반 간극 내에 있는 물에 의한 수압을 말하며, 보통 **피에조미터**로 측정한다(그림 3.6). 간극수압 u 는 정수압 u_o 와 불포화상태 간극수압 u_w 및 외력에 의한 과잉간극수압 Δu 로 구분한다.

$$u=u_o+u_w+\Delta u \tag{3.14}$$

4) 정수압

정지된 유체의 내부에서는 흐르지 않으므로 **상대속도**가 없어서 **마찰력**이 작용하지 않고, 물은 (표면장력이외의) 인장력에 저항할 수 없으므로 **압력**만 작용한다. 정지된 물속 한 점이나 물을 담고 있는 용기의 벽면에 작용하는 압력을 **정수압** p (hydrostatic pressure)라 하고, 항상 벽면에 수직으로 작용하고, **작용선**은 평면의 도심을 통과한다.

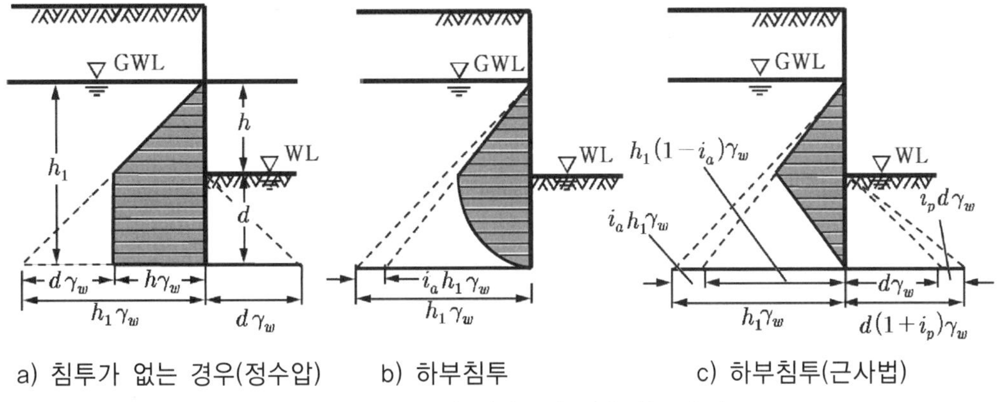

a) 침투가 없는 경우(정수압) b) 하부침투 c) 하부침투(근사법)

그림 3.7 침투 시 널말뚝에 작용하는 수압

정수압의 **크기**는 물의 단위중량 γ_w 에 수심 h 를 곱한 값이고, 바람이나 결빙 또는 파도 등의 영향에 의해 수위가 변하면 정수압도 변한다. **정수압은 지반의 투수계수와 무관하다.**

$$p = \frac{P}{A} = \gamma_w \ h \quad [\mathrm{kN/m^2}] \tag{3.15}$$

5) 침투압

불투수층에 근입된 널말뚝에서는 주변으로 물이 흐르지 않아서 널말뚝 선단까지 정수압이 작용하고 (그림 3.7a), 투수층에 근입된 널말뚝에서는 주변지반으로 지하수가 흘러서 (그림 3.7 b, c), 널말뚝 선단까지 정수압이 작용하는 것은 물론 지반에 **침투압**이 작용한다. 지반에 **침투압**이 작용하면 널말뚝 배후의 주동영역에서는 수압이 증가되고, 전면의 수동영역에서 토압은 감소된다. **널말뚝 선단에서는 수압이 '영'이 된다.**

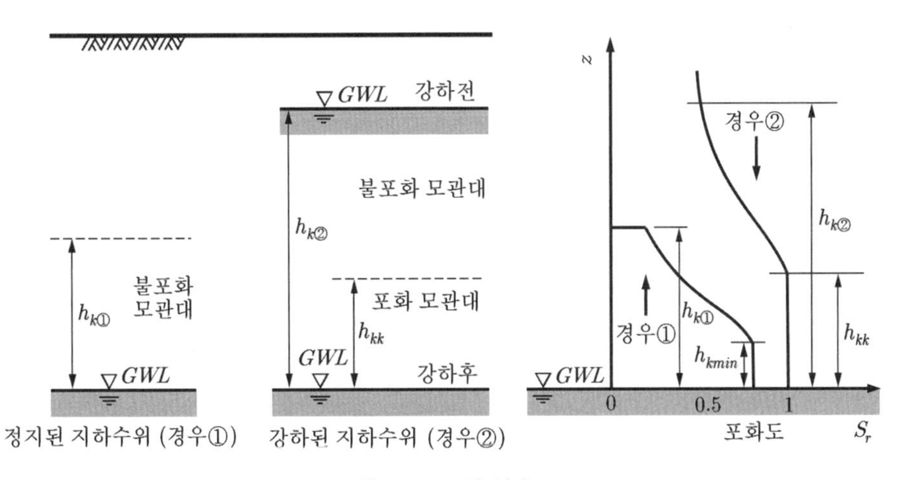

그림 3.8 모관 상승고

3.4.2 모세관 현상에 의한 응력

불규칙하고 작지만 서로 연결되어 있는 흙의 간극 내에 있는 물은 표면장력에 의해서 모세관 현상이 발생되어 지하수위가 상승한다 (그림 3.8).

물의 **표면장력**의 작용방향은 물과 접촉하는 재료에 따라 다르다. 물은 유리의 표면과 접촉각이 예각이므로 유리와의 접촉면에서는 표면장력에 의해 수면이 상승하고, 수은은 유리 표면과 접촉각이 둔각이므로 유리와의 접촉면에서는 표면장력에 의해 수은면이 하강한다.

그림 3.9 와 같이 물에 내경 d (cm) 인 가느다란 유리관을 세우면 물은 모세관 현상에 의해 유리관 내부에서 상승하고, 상승한 물기둥의 무게 $(\pi d^2/4)h_k\gamma_w$ 는 유리관 내 물의 표면장력 $S\pi d$ 의 연직분력 S_v 에 의해 지지되므로 (물과 유리표면 접촉각 약 $\theta \fallingdotseq 9°$), 다음 관계가 성립된다.

$$S_v = S\pi d\cos\theta = \frac{\pi d^2}{4} h_k \gamma_w \tag{3.16}$$

모관 상승고 h_k 는 물의 **표면장력**이 $S = 75$ μN/mm (75 dyn/cm) 이므로 다음이 된다.

$$h_k = \frac{4S}{\gamma_w d}\cos\theta \simeq \frac{0.3}{d}\cos\theta \tag{3.17}$$

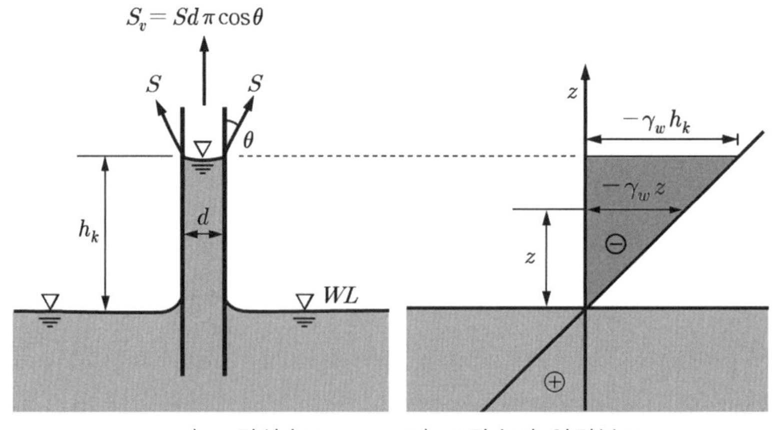

a) 모관상승고 b) 모관수의 압력분포

그림 3.9 모세관 현상

3.4.3 침투압

물은 흙 속을 흐를 때 흐름을 방해하는 흙 입자에 대해 흐름방향으로 압축력을 가하는데 (그림 3.10) 이 힘을 **침투압** (seepage pressure) 이라 하며, 흙의 안정에 직접적 영향을 준다.

지반 내 물이 정지상태이면 수면에서 깊이 $(h_w + h)$ 인 한 점에는 물 자중에 의한 **정수압** (간극수압) 이 크기 $u = \gamma_w (h_w + h)$ 로 작용한다. 이 점의 **유효응력** σ' 은 물의 자중에 의한 간극수압 u 와 흙의 자중에 의한 응력 $\gamma_{sat}\, h$ 를 합한 **전응력** σ 로부터 구할 수 있다.

$$u = \gamma_w (h_w + h)$$
$$\sigma = \gamma_w h_w + \gamma_{sat} h$$
$$\sigma' = \sigma - u = (\gamma_{sat} - \gamma_w) h = \gamma' h \tag{3.18}$$

1) 침투에 의한 압력

(1) 하향침투

지반을 굴착할 때 흙막이 벽 배후지반 지하수위가 벽체 전면지반 수위와 차이가 나면, 지하수가 흐르며, 배후지반 지하수위가 전면지반 지하수위 보다 높으면 배후지반에서 **하향침투**하여 수두가 Δh 만큼 손실되며, 이로 인한 **간극수압** u 의 감소량 $\gamma_w \Delta h$ 만큼 **유효응력** σ' 가 증가 (단위중량 증가효과) 하여 지반이 압축변형 즉, 침하된다.

$$u = \gamma_w (h_w + h + \Delta h)$$
$$\sigma' = \gamma' h + \gamma_w \Delta h \tag{3.19}$$

지하수는 투수계수가 작은 지층 (두께 d) 을 흐르는 동안 수두가 Δh 만큼 작아지므로 (연직하향 동수경사는 $i = \Delta h / d$) 침투압이 작용하고, 이로 인해서 **연직유효응력** σ_v' 는 증가된다.

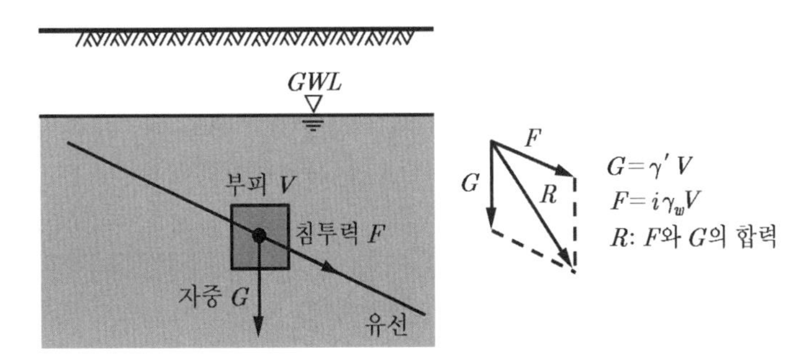

그림 3.10 지반 내 침투력

하향침투가 일어나면 지반의 무게가 (침투력 만큼) 증가되어 (즉, 침투력이 지반에 외력으로 작용하여) 유효응력이 증가하므로 지반이 변형 (또는 압밀) 되고 침하된다. **연직유효응력 σ_v'** 는 증가되고 **연직응력 σ_v** 와 **간극수압 u** 로부터 구할 수 있다.

$$\Delta\sigma_v' = \sigma_v' - \sigma_{v_0}' = i\gamma_w z \tag{3.20}$$

(2) 상향 침투

물이 **상향침투**되면 지반 단위중량 감소효과가 있고, 수두가 Δh 만큼 증가하여 **간극수압 u** 도 $\gamma_w \Delta h$ 만큼 증가된다. 결국 **유효응력 σ'** 는 간극수압 증가량 $\gamma_w \Delta h$ 만큼 감소한다.

$$\sigma' = \gamma' h - \gamma_w \Delta h \tag{3.21}$$

유효응력이 '**영**'이하가 되면 ($\sigma' \leq 0$), 흙 입자들은 구속력이 없어져서 위치를 이탈하고 이에 따라 구조골격이 흐트러지는데, 그 관계를 정리하면 다음 식이 된다.

$$\gamma' \leq \gamma_w \Delta h / h = i\gamma_w \tag{3.22}$$

① 한계동수경사

위 식에서 침투압 $i\gamma_w$ 이 흙의 수중단위중량 γ' 보다 크면 ($\gamma' < i\gamma_w$), 흙 입자가 위치를 이탈하거나 불안정해지며, 이때 동수경사는 $i > \gamma'/\gamma_w$ 이다.

흙 입자가 불안정해지기 시작하는 순간의 동수경사를 특별히 **한계동수경사 i_{cr}** (critical hydraulic gradient) 라 하며, $\gamma' = \dfrac{G_s - 1}{1+e}\gamma_w$ 이기 때문에 다음 식과 같다.

$$i_{cr} \geq \frac{\gamma'}{\gamma_w} = \frac{G_s - 1}{1+e} \tag{3.23}$$

② 분사현상

동수경사가 한계값 i_{cr} 이 되면 유효응력이 '**영**'(零) 이므로 비점착 지반에서는 전단강도가 '**영**'이 되어 흙 입자가 위치를 이탈하여 분출 (**분사현상**, quick sand) 되고, 흙의 구조골격이 흐트러져 (붕괴상태) 흙 입자가 지하수와 함께 분출하는 **보일링 현상** (boiling) 이 일어난다.

분사현상에 의해 흙 입자가 이탈되면 이탈된 입자크기만큼 유로가 단축 되어 동수경사가 커져서 다음 흙 입자가 이탈되며, 흙 입자 이탈위치에는 유량이 집중되므로 흙 입자 이탈이 가속화되고, 끝내는 파이프와 같은 공동이 형성 (**파이핑 현상**, piping) 된다.

널말뚝에서 하류측 벽면이나 수리 구조물의 뒷굽 등과 같이 유선망이 조밀해지는 구역에서는 동수경사가 커서 파이핑 현상이 발생할 가능성이 크므로 지반내로 물이 침투할 경우에 특히, 상향으로 침투하는 경우에는 사전에 침투력을 계산하여 지반의 안정성을 확인해야 한다.

③ **침투력**

지하수 침투에 의한 **침투력 F** (seepage force)는 **단위부피당 침투수압 f** 에 **흙의 부피 V**를 곱하여 구하며, 지반의 자중이나 투수계수에 무관하다.

$$F = f\,V = i\,\gamma_w\,V \tag{3.24}$$

2) 널말뚝의 침투압

널말뚝을 설치하고 지반을 굴착하는 경우에 흙막이 벽체 배후지반의 지하수위가 벽체 전면지반 수위 보다 높으면 벽체의 배후지반에서는 지하수가 **하향침투**되며, 이때 널말뚝에 작용하는 수압은 유선망으로부터 결정하고, 지하수의 침투거동은 지반이 등방성일 경우와 비등방성일 경우에 다르다.

(1) 등방성 지반의 침투

널말뚝을 설치하고 지반을 굴착하는 경우에 지반이 균질하고 등방성이면, 동수경사 i 는 전체 유로에서 균일 ($i = const.$) 하여, 수두는 깊이에 선형비례 감소하여 **평균동수경사 i_m** 은 다음 같다.

$$i_m = H/(H+2t) \tag{3.25}$$

굴착저면에서 널말뚝 뒤쪽의 수압 u_1 과 널말뚝 선단에서 뒤끝의 수압 u_2 와 널말뚝의 선단에서 앞쪽 끝의 수압 u_3 은 크기가 다음과 같다 (그림 3.11). 그런데 널말뚝 선단에서는 $u_2 = u_3$ 이므로 지하수압이 '**영**'이 된다.

$$\begin{aligned} u_1 &= H(1-i_m)\gamma_w \\ u_2 &= (H+t)(1-i_m)\gamma_w \\ u_3 &= t(1+i_m)\gamma_w \end{aligned} \tag{3.26}$$

등방성 지반에서 널말뚝에 작용하는 수압의 합력 W는 폭이 $H+t$ 이고 높이가 u_1 인 삼각형 (그림 3.11) 의 면적과 같다.

$$W = 0.5(H+t)u_1 = 0.5(H+t)H(1-i_m)\gamma_w \tag{3.27}$$

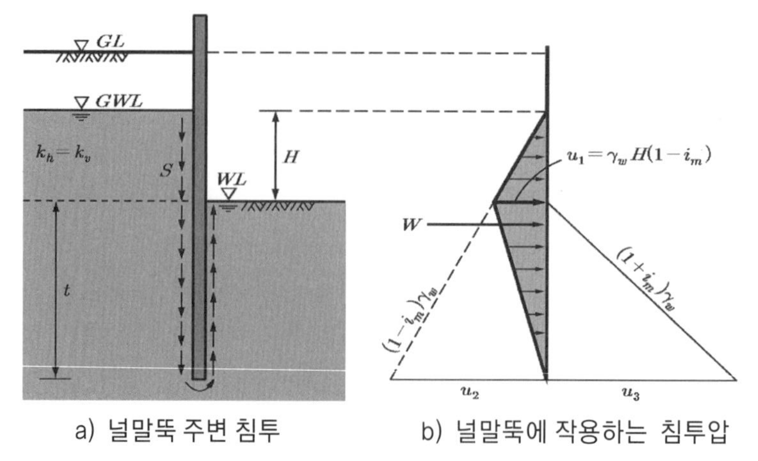

a) 널말뚝 주변 침투　　　b) 널말뚝에 작용하는 침투압

그림 3.11 등방성 지반에서 널말뚝에 작용하는 침투압

(2) **비등방성 지반의 침투**

수평 투수계수 k_h 가 연직 투수계수 k_v 보다 더 큰 $(k_h > k_v)$ 비등방성 지반에 널말뚝을 설치하고 지반을 굴착할 때에는, $k_h > k_v$ 이므로 그림 3.12 와 같이 S' 의 수평방향 수두감소량이 연직방향 수두감소량 보다 작기 때문에 피에조미터 수위가 지하수위면 보다 ΔH 만큼 아래에 있다. (그러나 ΔH 는 크기를 구하기가 매우 어렵기 때문에 대체로 $\Delta H = 0$ 으로 하거나 전체 수두차 H 가 S'의 연직축에서 발생된다고 가정한다.)

널말뚝 전면에서는 연직상향 침투되어 동수경사는 $i \le H/t$ 이며, 널말뚝 배후 지반의 물은 정체상태가 되어 동수경사가 '**영**'이므로 간극수압 u 와 굴착바닥면의 수압 u_1 은 다음이 된다.

$$u = \gamma_w z(1-i) \approx \gamma_w z \qquad (3.28)$$
$$u_1 = \gamma_w H(1-i) = \gamma_w H$$

따라서 **비등방성 지반에서 널말뚝에 작용하는 수압의 합력 W** 는 다음과 같으며 이는 식 (3.27) 의 등방성 지반의 경우보다 큰 값이다.

$$W = 0.5u_1(H+t) = 0.5\,\gamma_w\, H(H+t) \qquad (3.29)$$

널말뚝 전면에서는 연직 상향침투가 일어나서, 유효단위중량 γ_e 이 침투력 $i\gamma_w$ 만큼 감소되어 $\gamma_e = \gamma' - i\gamma_w$ 이 되고, 이로 인해 수동토압은 감소되어 널말뚝 안정에 큰 영향을 미친다.

$$e_{ph} = \gamma_e\, t' K_{ph} \qquad (3.30)$$

따라서 비등방성 지반을 등방성으로 가정하면 널말뚝 전면 수동토압을 실제보다 너무 크게 계산하여 불안전측이 될 가능성이 있다.

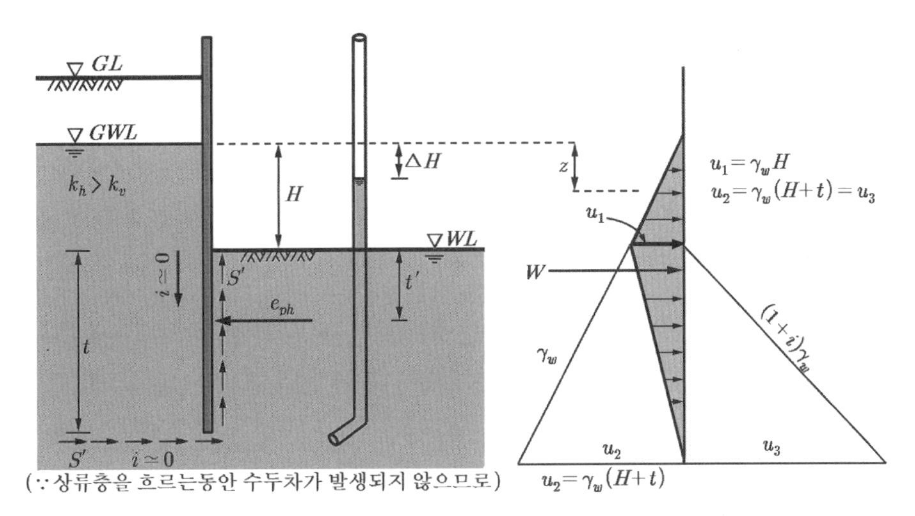

a) 널말뚝 주변 침투 b) 널말뚝에 작용하는 침투압

그림 3.12 비등방성 지반에서 널말뚝에 작용하는 침투압

지반의 등방성에 따른 침투의 차이를 규명하기 위해 지하수위가 지표면 아래 2.0 m 에 위치한 지반에서 길이 10 m 의 널말뚝을 지반에 9 m 삽입하고 6.0 m 를 굴착하는 경우를 생각한다.

균질한 등방성 사질토인 경우에는 지하수면과 굴착저면의 차이가 $H = 4.0$ m 이다. 따라서 널말뚝이 굴착저면 하부로 3.0 m 만큼 근입되어 있는 때에는 평균동수경사 i_m 은 식 (3.25) 에서 $i_m = H/(H+2t) = 4.0/\{4.0+(2)(3.0)\} = 0.4$ 이므로, 널말뚝에 작용하는 수압의 합력은 식 (3.27) 로부터 다음이 된다.

$$W = 0.5\,(H+t)H(1-i_m)\gamma_w = (0.5)(4.0+3.0)(4.0)(1-0.4)(10.0) = 84.0\ \mathrm{kN/m}$$

그런데 지반이 **수평 퇴적층** 특히 수평방향 투수계수 k_h 가 연직방향 투수계수 k_v 보다 훨씬 더 큰 경우 ($k_h > \cdots > k_v$) 에는 널말뚝 배면에서 연직하향침투를 고려하지 않는다. 따라서 널말뚝에 작용하는 수압의 합력 W 는 식 (3.29) 로부터 다음이 된다.

$$W = 0.5\,\gamma_w H(H+t) = (0.5)(10.0)(4.0)(4.0+3.0) = 140.0\ \mathrm{kN/m}$$

이상에서 계산한 결과를 보면 널말뚝에 작용하는 수압의 합력은 균질한 등방성 사질토에서 $W = 84.0\ kN/m$ 이고, 수평 퇴적층에서는 $W = 140.0\ kN/m$ 이어서 수평 퇴적층에서 더 큰 수압이 작용하였다. 따라서 수평 투수계수가 연직 투수계수보다 큰 층상 퇴적지반에서 침투에 대해 더 불안전측이었다.

3.5 유효응력과 간극수압

흙은 흙 입자가 결합되지 않고 쌓여 구조골격을 구성하고 그 사이 간극을 물이나 공기가 채워져 있어서 포화 지반에 작용하는 외력은 흙 구조골격 (유효응력) 과 간극수 (간극수압) 가 나누어 지지하며, 배수가 진행되면 구조골격의 분담비율이 높아진다. 지반 내 전응력은 유효응력과 간극수압의 합이다.

유효응력 (3.5.1 절) 은 비등방압력으로 작용하므로 연직 및 수평방향 크기가 다르고, 깊이에 선형 비례하여 분포하며 그 기울기는 지반의 수중단위중량이다. **간극수압 (3.5.2 절)** 은 등방압이므로 연직 및 수평방향의 크기가 같고, 정수압적으로 분포한다. 불포화 지반에서는 간극공기가 압축되거나 용해 또는 유출되면 **간극수압**이 달라진다.

다수의 지층으로 구성된 **층상지반 내 간극수압 (3.5.3 절)** 은 지층형상에 무관하게 지하수위에 의해서만 결정된다.

3.5.1 유효응력

지반 내 **유효응력** (effective stress) 은 흙의 구조골격이 부담하는 압력이고, 전응력 (total stress) 에서 간극수압 u 를 뺀 값이며, **비등방성 압력**이다. 흙 입자 압축량은 무시할 수 있을 만큼 작기 때문에 흙의 구조골격의 변형은 유효응력의 변화에 의해 발생된다.

지하수위 아래 지반의 간극은 물 (단위중량 γ_w) 로 포화되어서 지하수위 아래 깊이 z_w 인 지점의 **간극수압**은 크기가 $u = \gamma_w z_w$ 이며, (모든 방향에서 크기가 같은) **등방압력**이다.

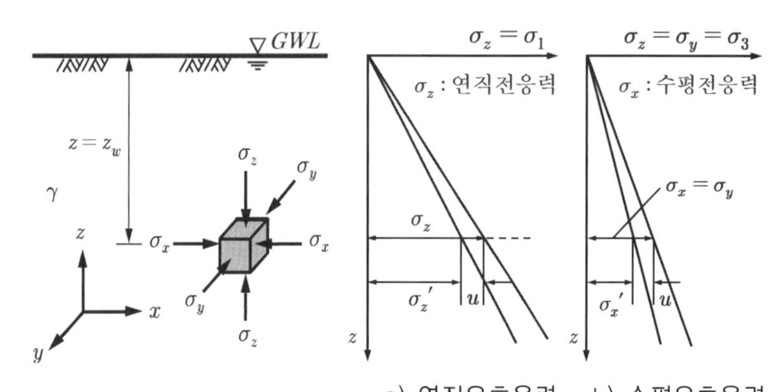

그림 3.13 포화지반 내 응력상태 (자중 + 간극수압)

1) 자중작용 상태 포화지반

중력만 작용하는 지반에서 지하수면 아래로 깊이 z_w 지점에 작용하는 간극수압은 모든 방향에서 크기가 동일 ($u = \gamma_w z_w$) 하다 (γ_w 는 물의 단위중량). 간극수는 모세관 현상에 의해 지하수면 상부에도 존재하는데, 지하수면 상부의 간극수는 '**부압상태**' (minus) 이다.

지하수위가 지표면과 일치할 때 (그림 3.13) 에는 지반 내의 한 점 (깊이 z) 에 작용하는 **연직 및 수평방향 유효응력** $\sigma_z{}'$ 및 $\sigma_x{}'$ 가 다음이 된다 (Bishop, 1960 ; Skempton, 1961).

$$\begin{aligned} \sigma_z{}' &= \sigma_z - u = (\gamma_{sat} - \gamma_w)\, z = \gamma'\, z \\ \sigma_x{}' &= \sigma_x - u = K_0\, \sigma_z{}' = K_0\, \gamma'\, z \end{aligned} \tag{3.31}$$

위 식의 $\sigma_z{}'$ 는 흙의 구조골격이 부담하는 **유효응력**이며, u 는 간극수압이다.

무한히 넓은 수평지반에서 연직응력 σ_z 가 최대주응력 σ_1 이고 수평응력 σ_x 는 최소주응력 σ_3 일 때 **임의 평면 (경사 α) 의 응력상태**는 그림 3.4 와 같고, **수직응력** $\sigma_\alpha{}'$ 은 다음이 된다.

$$\sigma_\alpha = \sigma_\alpha{}' + u \tag{3.32}$$

흙의 구조골격에는 정수압만 작용하여 $\tau_\alpha = \tau_\alpha{}'$ 이고, 흐르는 물은 침투력을 가한다.

2) 외부하중작용 상태 포화지반

그림 3.13 의 조건에서 지표면에 등분포 하중 q 가 추가로 작용할 경우 (그림 3.14) 에는 **지반응력** σ_z 및 σ_x 는 간극수압과 등분포 하중 q 의 영향을 모두 포함하는 값이다.

$$\begin{aligned} \sigma_z &= \gamma\, z + q + u \\ \sigma_x &= K_0\, (\gamma\, z + q) + u \end{aligned} \tag{3.33}$$

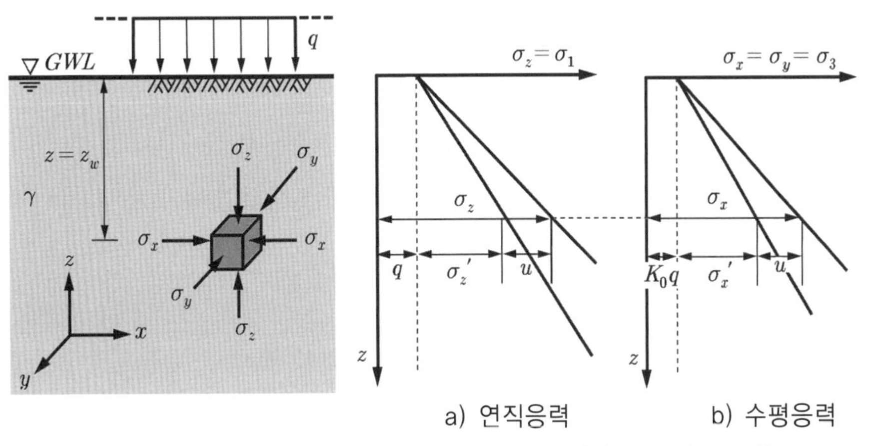

그림 3.14 포화지반 내 응력상태 (자중 + 상재하중 + 간극수압)

3.5.2 간극수압

1) 포화 지반의 간극수압

포화상태인 등방성 탄성 지반에서 등분포 상재하중 q가 작용하면 지반 내 응력이 $\Delta\sigma$ 만큼 증가하고 **과잉간극수압 Δu** (excess pore water pressure)가 발생된다. 따라서 간극수압 u는 중력에 의한 간극수압 u_g와 외력에 의한 과잉 간극수압 Δu를 합한 크기이다.

$$u = u_g + \Delta u \tag{3.34}$$

등방성 지반에서는 등방압력에 의한 과잉간극수압이 발생하고 (Bishop, 1954), 비등방성 지반에서는 등방압에 의한 과잉간극수압에 축차응력에 의한 과잉간극수압이 추가된다.

(1) 등방성 지반

등방압에 의한 과잉간극수압 Δu는 등방압력 $(\Delta\sigma_1 = \Delta\sigma_2 = \Delta\sigma_3 = \Delta\sigma)$에 비례하며, 그 비례상수는 **등방압에 의한 간극수압계수 B** (coefficient of pore water pressure)이다.

$$\Delta u = B\Delta\sigma \tag{3.35}$$

흙 구조골격 압축량 ΔV_s는 **초기 지반부피 V_o**와 **지반의 체적압축계수 K**로 계산한다.

$$\Delta V_s = \frac{1}{K}\Delta\sigma' V_o = \frac{1}{K}(\Delta\sigma - \Delta u) V_o \tag{3.36}$$

간극수 부피변화 ΔV_w는 **초기 간극부피 nV_o**와 **물의 체적압축계수 K_w**로 계산한다.

$$\Delta V_w = \frac{1}{K_w}\Delta u\, n V_o \tag{3.37}$$

흙 지반 (부피 V_o, 간극률 n)에서 흙 입자는 압축되지 않으므로, **지반의 부피변화 ΔV**는 유효응력 $\Delta\sigma'$에 의한 **구조골격의 압축량 ΔV_s** (식 3.36)이고, 포화 지반에서는 과잉간극수압 Δu에 의한 **간극수의 부피변화 ΔV_w** (식 3.37)와 같다 ($\Delta V = \Delta V_s = \Delta V_w$).

$$\Delta V = \frac{1}{K}(\Delta\sigma - \Delta u) V_o = \frac{1}{K_w}\Delta u\, n V_o = \Delta V_w \tag{3.38}$$

위 식을 정리하면 등방압 $\Delta\sigma$와 과잉간극수압 Δu의 관계식이 된다.

$$\Delta u = \frac{1}{1 + nK/K_w}\Delta\sigma = B\Delta\sigma \tag{3.39}$$

따라서 **등방압에 의한 간극수압계수 B**를 구할 수 있다 (Bishop, 1954).

$$B = \frac{1}{1 + nK/K_w} \tag{3.40}$$

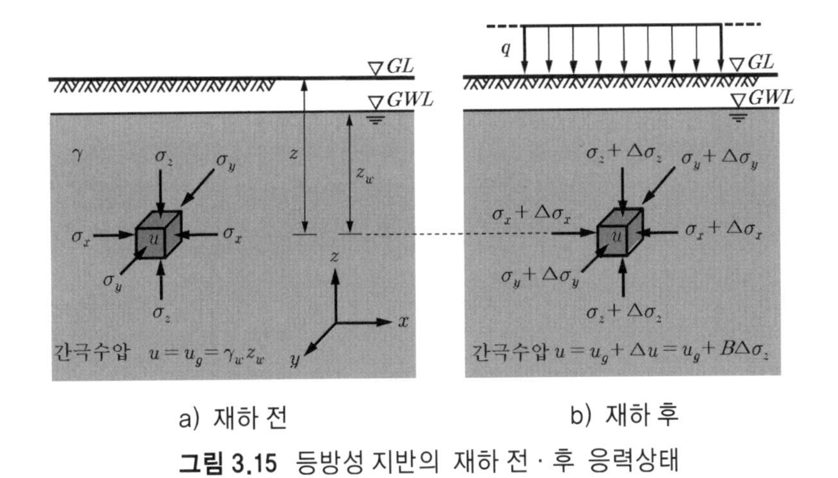

a) 재하 전　　　　b) 재하 후

그림 3.15 등방성 지반의 재하 전 · 후 응력상태

비배수 상태에서 등방압에 의한 간극수압계수 B 는 **물의 체적압축계수 K_w** 와 **지반의 체적압축계수 K** 및 간극률 n 에 의해 결정된다. 물의 체적압축계수가 $K_w \doteq 2500\ MPa$ 이고, 지반의 체적압축계수가 $K \simeq (2 \sim 200)\ MPa$ 이며, 간극률 $n \doteq (0.3 \sim 0.4)$ 이면, 간극수압계수는 $B \doteq 1$ 이다.

포화지반에 하중이 작용하면 지반응력이 $\Delta\sigma$ 만큼 증가한다 (그림 3.15). 하중재하 직후 간극수 배수 전에 간극수압계수가 $B = 1$ 이면, **간극수압**은 $\Delta\sigma$ 만큼 커지지만, **유효응력**은 변하지 않아 지반이 변형되거나 전단강도가 변하지 않는다. 시간이 지나 간극수가 배수되면, 과잉간극수압 Δu 가 소산되어 유효응력이 커지고 지반이 변형되며, 전단강도가 증가한다.

(2) 비등방성 지반

비등방성 지반에서 지반응력은 등방압력과 축차응력 형태로 발생하므로 (그림 3.16), **과잉 간극수압 Δu 는 등방압 $\Delta\sigma_3$** 에 의한 과잉 간극수압 Δu_a 와 **축차응력 $\Delta\sigma_1 - \Delta\sigma_3$** 에 의한 과잉 간극수압 Δu_d 의 합이다.

$$\Delta u = \Delta u_a + \Delta u_d \tag{3.41}$$

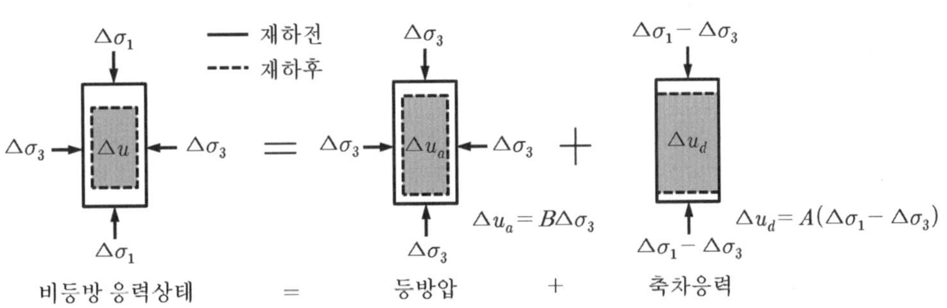

— 재하전
---- 재하후

$\Delta u_a = B\Delta\sigma_3$　　$\Delta u_d = A(\Delta\sigma_1 - \Delta\sigma_3)$

비등방 응력상태　=　등방압　+　축차응력

그림 3.16 비등방 지반의 응력상태

등방압에 의한 과잉 간극수압 Δu_a 는 식 (3.35) 와 같고, **축차응력에 의한 과잉 간극수압 Δu_d** 는 축차응력 $\Delta\sigma_1 - \Delta\sigma_3$ 와 선형비례관계이며, 지반의 전단 중 부피변화와 관계된다.

$$\Delta u_d = A(\Delta\sigma_1 - \Delta\sigma_3) \tag{3.42}$$

위 비례상수 A 는 **축차응력에 의한 간극수압계수**이다 (Skempton, 1954). 등방성 연약 점토에서는 $A \fallingdotseq 1$ 이므로 연직 전응력 증가량 $\Delta\sigma$ 만큼 과잉간극수압이 발생된다 ($\Delta\sigma = \Delta u$).

2) 불포화 지반의 간극수압

완전 포화 지반 (포화도 $S_r = 1$, 그림 3.17 a) 에 외력이 작용해서 지반응력이 $\Delta\sigma$ 만큼 증가하면, 과잉간극수압 $\Delta u = B\Delta\sigma$ 이 발생된다. 비배수 상태 포화 지반에서는 지반 종류에 상관없이 $B \fallingdotseq 1$ 이므로 과잉간극수압은 지반응력과 같은 크기로 발생된다 ($\Delta u \fallingdotseq \Delta\sigma$).

불포화 지반 ($0 < S_r < 1$) 에서는 그림 3.17 c 와 같이 간극 속에 물과 공기가 공존하는데, 간극수 (비압축성 유동체) 는 압축되지를 않지만, 공기 (물에 용해되는 압축성 유동체) 는 압축된다. 간극 공기는 압력의 크기에 비례하여 물에 용해되고 (**Henry 법칙**), 압력이 일정한 값 이상 커지면 공기가 모두 물에 용해되어 포화상태가 된다 (그림 3.17e).

대기압 p_0 상태 불포화 지반 (지반부피 V_0 , 간극 부피 V_{p0} , 간극 공기 부피 V_{ap0} , 흙 입자 부피 $V_0 - V_{p_0}$) 에서 압력이 p 로 증가하면 (그림 3.17 d) **흙 입자 부피**는 변하지 않고, **간극 공기**가 압축되거나 물에 용해되어, 그만큼 **간극의 부피**는 감소되어 V_p 로 된다.

지반 부피는 **간극공기 부피감소** ΔV_p 만큼 감소되어, **지반의 부피감소**는 **간극의 부피감소** $\Delta V_p = V_{p0} - V_p$ 이다. **압력 p 인 불포화 지반**에서 간극부피는 V_p 고, 간극공기 부피 V_{ap} 이다.

불포화 지반의 부피변화에 의한 지반침하는 실무에서는 아직 적용하지 않는 상황이다.

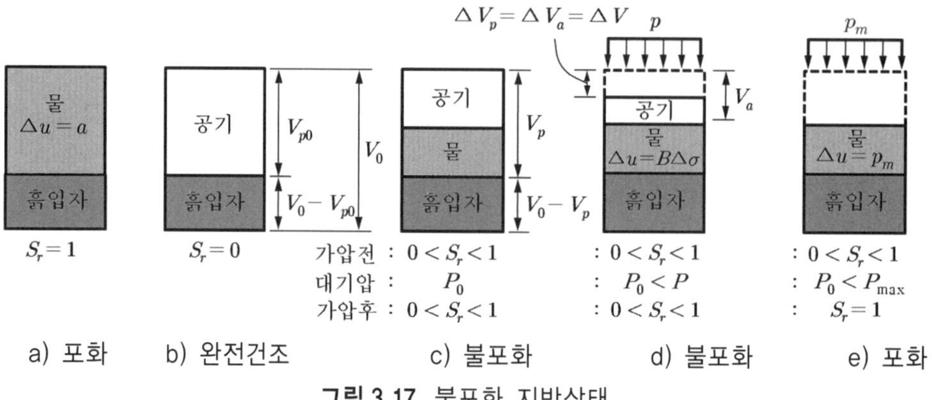

그림 3.17 불포화 지반상태

3.5.3 층상지반의 유효응력과 간극수압

다수 수평지층으로 구성된 층상지반에서 (간극수압은 지층형상에 무관하므로) 지하수위 z_w 를 알면 간극수압은 $u_0 = z_w \gamma_w$ 이고, 지반 내 연직 전응력 σ_{zo} 와 연직 유효응력 σ_{zo}' 은 각각 상부지층에 의한 영향을 합한 값이다.

그림 3.18a 와 같이 **상하 2 개 수평지층**으로 구성된 층상지반에서 **지하수위** (지표에서 깊이 z_1) 가 상부지층 (지층 1) 에 있으면, 하부지층 (지층 2) 내 **미소 지반 요소** (지표에서 깊이 z_4, 지하수면에서 깊이 z_w) 의 연직 전응력 σ_{zo} 과 간극수압 u_o 및 연직 유효응력 σ_{zo}' 는 다음이다.

$$\sigma_{z0} = \Sigma \gamma_i \, z_i = \gamma_1 \, z_1 + \gamma_{sat1} \, z_2 + \gamma_{sat2} \, z_3 \qquad (3.43)$$
$$u_0 = \gamma_w \, z_w = \gamma_w \, (z_2 + z_3)$$
$$\sigma_{z0}' = \Sigma \gamma_i' z_i = \gamma_1 z_1 + (\gamma_{sat1} - \gamma_w) z_2 + (\gamma_{sat2} - \gamma_w) z_3 = \gamma_1 z_1 + \gamma'_1 z_2 + \gamma'_2 z_3$$

그림 3.18a의 층상지반의 **지표에 등분포 하중 q가 작용**하면, 그림 3.18b 상태가 된다. 미소 지반 요소에서는 연직응력이 $\Delta\sigma = q$ 만큼 증가하여, 연직 전응력 σ_z 와 간극수압 u 및 연직 유효응력 σ_z' 는 다음이 된다.

$$\sigma_z = \sigma_{z0} + \Delta\sigma, \qquad u = u_0 + \Delta u$$
$$\sigma_z' = \sigma_z - u = \sigma_{z0} - u_0 + \Delta\sigma - \Delta u = \sigma_{z0}' + \Delta\sigma - \Delta u \qquad (3.44)$$

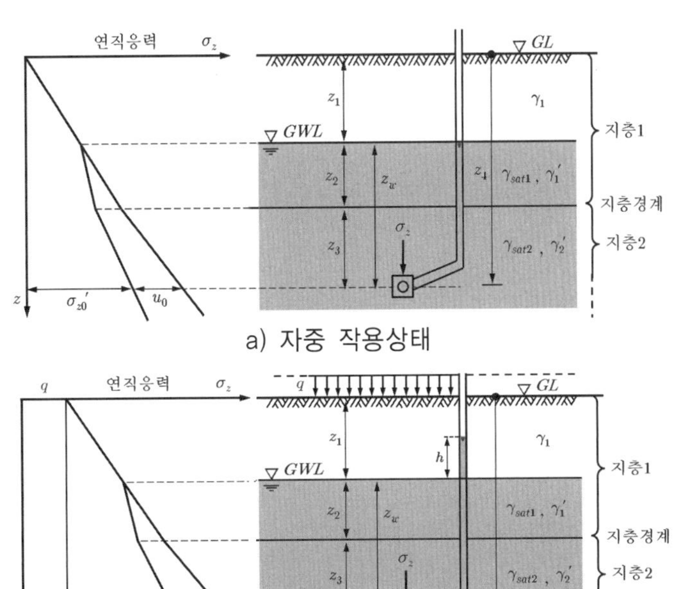

그림 3.18 수평 층상 지반의 응력상태

3.6 상재하중에 의한 응력

지반응력은 지반의 자중은 물론 상재하중에 의해서도 발생되며, 지반의 자중에 의한 지반응력은 깊이에 선형 비례증가한다. 상재하중에 의한 지반응력은 지반을 탄성체로 간주하고 구하며, 하중형태와 지반상태 및 경계조건에 따라 국한된 깊이 (영향깊이) 에서 증가한다.

등분포하중 (3.6.1 절) 에 의한 지반응력은 깊이에 무관하게 일정한 크기로 발생되고 **절점하중** (3.6.2 절) 에 의한 지반응력은 연직 절점하중이면 Boussinesq (1885) 의 이론으로 구하고, 수평절점하중이면 Cerruti (1888) 의 이론으로 구한다.

국한된 면적에 작용하는 상재하중 즉, **선하중** (3.6.3 절), **띠하중** (3.6.4 절), **단면하중** (3.6.5 절) 등에 의해 발생되는 지반응력은 절점하중에 의한 지반응력을 적분하여 구하며, 지반 내 일부 영역에 집중되고 활동파괴선의 형성에도 영향을 미친다. 지반의 자중과 상재하중에 의해 발생되는 지반응력은 각각 계산하여 중첩한다.

3.6.1 무한히 넓은 등분포 연직하중에 의한 응력

무한히 넓은 지표에 등분포 연직하중 q 가 작용하면, 전체 깊이에서 연직 및 수평응력 증가량 $\Delta\sigma_v{}'$ 및 $\Delta\sigma_h{}'$이 일정하다. 지표면에 작용하는 등분포 하중 q 는 자중에 의한 응력으로 대체할 수가 있다. 즉, 등분포 하중을 높이 h' 인 가상의 지반의 자중으로 대체하고, 실제의 지표면보다 $h' = q/\gamma$ 만큼 더 높은 **가상 지표면**을 가정하여 지반응력을 계산할 수 있다.

$$\begin{aligned} \Delta\sigma_v{}' &= q \\ \Delta\sigma_h{}' &= Kq \end{aligned} \tag{3.45}$$

3.6.2 절점하중에 의한 응력

연직 절점하중에 의해서 지반 내에 발생되는 지반응력은 Boussinesq 가 구하였고, **수평 절점하중**에 의해 지반 내에 발생되는 응력은 Cerruti 가 구하였다.

1) 연직 절점하중에 의한 응력 (Boussinesq 이론)

Boussinesq 는 다음과 같이 가정하고 지표의 연직 절점하중에 의한 지반응력을 구하다.

- 절점하중 p 는 반무한 체 (half space) 의 표면에 작용한다.
- 지반은 탄성체이다.
- 지반은 균질하고 등방성이다.
- 지반은 인장응력을 지지할 수 있다.
- 절점하중 작용 전에 반무한체에 어떤 응력도 작용하지 않는다 (지반은 무게가 없다).

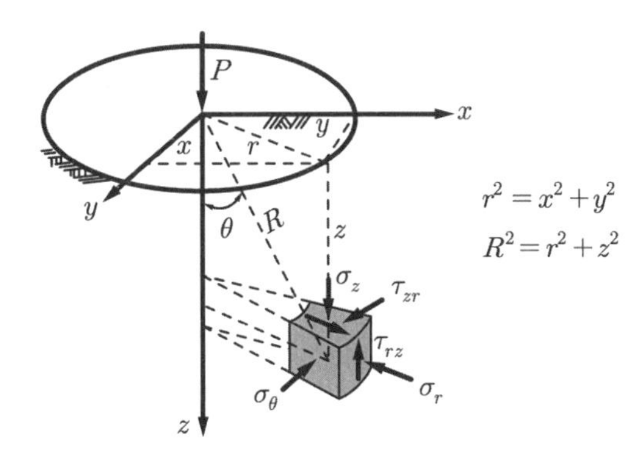

그림 3.19 연직 절점하중에 의한 지반응력 (극좌표)

Boussinesq 가 구한 지반 내 응력상태를 **극좌표**로 나타내면 다음과 같다 (그림 3.19).

$$\sigma_z = \frac{3P}{2\pi}\frac{z^3}{R^5} = \frac{3P}{2\pi z^2}\cos^5\theta$$

$$\sigma_r = \frac{P}{2\pi}\left[\frac{3zr^2}{R^5} - \frac{1-2\nu}{R(R+z)}\right] = \frac{P}{2\pi R^2}\left[3\sin^2\theta\cos\theta - \frac{1-2\nu}{1+\cos\theta}\right]$$

$$\sigma_\theta = \frac{P(1-2\nu)}{2\pi}\left[\frac{1}{R(R+z)} - \frac{z}{R^3}\right] = -\frac{P}{2\pi z^2}(1-2\nu)\left[\cos\theta - \frac{1}{1+\cos\theta}\right]$$

$$\tau_{rz} = \frac{3P}{2\pi z^2}\sin\theta\cos^4\theta = \frac{3P}{2\pi R^2}\cos^3\theta \qquad (3.46)$$

위의 σ_θ 에 대한 식에서 '−' 부호는 인장응력을 의미하고 ν 는 Poisson **의 비**이다. $\nu = 0.5$ 이면 부피가 변하지 않은 상태이고 이때는 σ_r 을 제외한 나머지 응력이 없어지므로 주응력 상태가 된다. 따라서 응력상태는 방사상 직선분포가 된다.

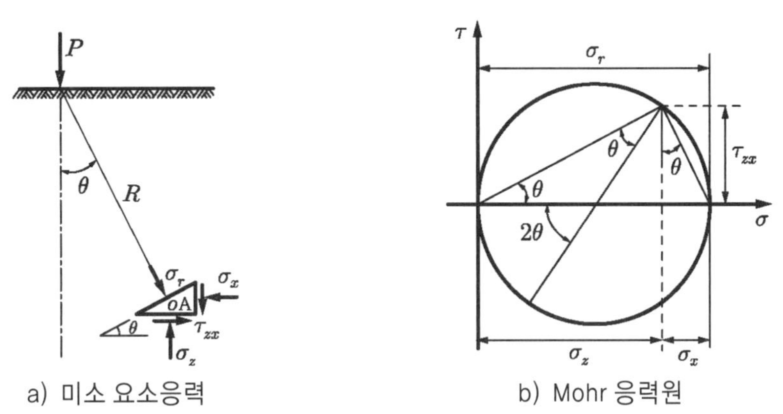

그림 3.20 Mohr 응력원을 이용한 응력의 좌표전환

극좌표로 나타낸 응력을 직각좌표로 전환하고 Mohr 응력원을 그릴 수 있다 (그림 3.20b).

$$\sigma_z = \sigma_r \cos^2\theta \qquad (3.47)$$
$$\sigma_x = \sigma_r \sin^2\theta$$
$$\tau_{zx} = \sigma_r \cos\theta \sin\theta$$

따라서 식 (3.46) 의 응력상태를 직각좌표로 나타내면 다음과 같다 (그림 3.21).

$$\sigma_z = \frac{3P}{2\pi}\frac{z^3}{R^3}$$

$$\sigma_x = \frac{3P}{2\pi}\left\{\frac{x^2 z}{R^5} + \frac{1-2\nu}{3}\left[\frac{1}{R(R+z)} - \frac{(2R+z)x^2}{R^3(R+z)^2} - \frac{z}{R^3}\right]\right\}$$

$$\sigma_y = \frac{3P}{2\pi}\left\{\frac{y^2 z}{R^5} + \frac{1-2\nu}{3}\left[\frac{1}{R(R+z)} - \frac{(2R+z)y^2}{R^3(R+z)^2} - \frac{z}{R^3}\right]\right\}$$

$$\tau_{zx} = \frac{3P}{2\pi}\frac{xz^2}{R^5}$$

$$\tau_{yz} = \frac{3P}{2\pi}\frac{yz^2}{R^5}$$

$$\tau_{xy} = \frac{3P}{2\pi}\left\{\frac{xyz}{R^5} - \frac{1-2\nu}{3}\frac{(2R+z)xy}{R^3(R+z)^2}\right\} \qquad (3.48)$$

위에서 σ_z 는 Poisson 비 ν 에 무관하여 일상적인 경우에는 $\nu = 0.5$ 로 해도 무방하다.

위 식의 σ_z 식을 $R^2 = r^2 + z^2$ 관계를 도입하여 변환하면 다음이 된다.

$$\sigma_z = \frac{3P}{2\pi z^2}\left[\frac{1}{1+(r/z)^2}\right]^{5/2} = \frac{P}{z^2} I_p \qquad (3.49)$$

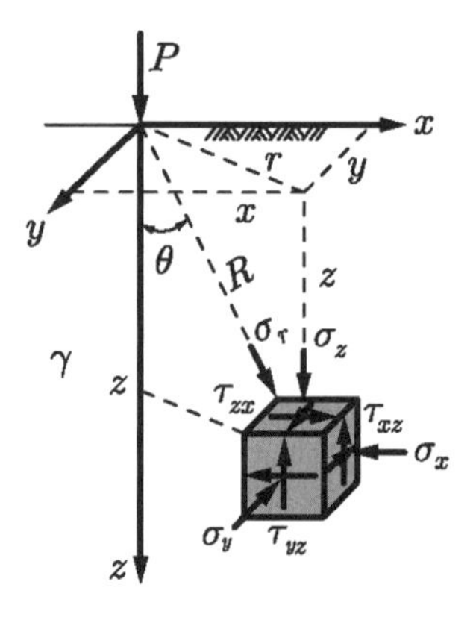

그림 3.21 연직 절점하중에 의한 지반응력 (직각좌표)

위 식에서 I_p 는 지표에 작용하는 연직 절점하중에 의한 **영향계수**이며, r/z 에 따라 결정되고 표 3.1 의 값을 갖는다.

$$I_p = \frac{3}{2\pi}\left[\frac{1}{1+(r/z)^2}\right]^{5/2} \tag{3.49a}$$

위 식에서 연직응력 증가량은 깊이 z 의 제곱에 반비례하고, 하중의 중심에서 멀어질수록 (즉, r/z 이 클수록) 감소한다. 따라서 하중의 중심선에서 가장 크고, 깊이가 깊어짐에 따라 감소하여 어느 깊이 또는 어느 거리 이상에서는 지표하중의 영향이 거의 없어진다.

연직 절점하중에 의한 지반 내 **압력구근**은 그림 3.22a 와 같고, 절점하중의 작용면 하부에 발생되는 수평응력과 수평면에 발생되는 연직응력의 분포는 그림 3.22c 와 같다.

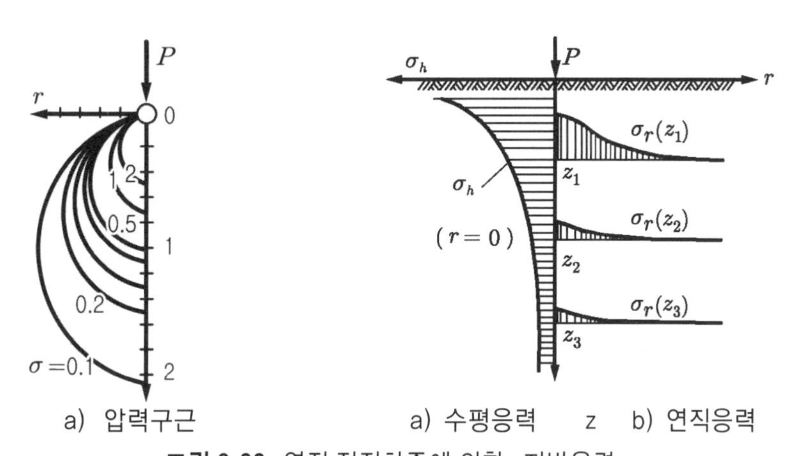

그림 3.22 연직 절점하중에 의한 지반응력

표 3.1 연직 절점하중에 의한 지반 내 연직응력의 영향계수 I_p $\left(\sigma_z = \frac{P}{z^2} I_P\right)$

깊이 x/z	I_P	깊이 x/z	I_P	깊이 x/z	I_P
0.0	0.477				
0.1	0.466	1.1	0.066	2.2	0.0061
0.2	0.433	1.2	0.051	2.4	0.0043
0.3	0.385	1.3	0.040	2.6	0.0028
0.4	0.329	1.4	0.032	2.8	0.0020
0.5	0.273	1.5	0.025	3.0	0.0015
0.6	0.221	1.6	0.020	3.5	0.0007
0.7	0.176	1.7	0.016	4.0	0.0004
0.8	0.139	1.8	0.013	4.5	0.0003
0.9	0.110	1.9	0.011	5.0	0.0001
1.0	0.084	2.0	0.0085	10.0	0.0
				∞	0.0

하중영향계수	I_P 절점하중, I_L 선하중, I_Q 등분포 연직띠하중 I_D 삼각형분포 띠하중 I_{tp} 사다리꼴 분포 띠하중	I_{qr} 등분포 직사각형 단면하중 I_{dr} 삼각형 분포 직사각형 단면하중 I_{qc} 등분포 원형 단면하중 I_{dc} 삼각형 분포 원형 단면하중 I_{qre} 등분포 직사각형 단면하중 모서리 I_{qrc} 등분포 직사각형 단면하중 c 점

2) 수평 절점하중에 의한 응력 (Cerruti 이론)

반무한 탄성지반 지표면에 수평 절점하중 H 가 작용하면 그림 3.23 과 같이 지반 내 응력이 증가하며, 이로 인한 지반 내 연직응력 σ_z 는 Poisson 의 비가 $\nu = 0.5$ 일 때 다음과 같다.

$$\sigma_z = \frac{3H}{2\pi z^2} \cos\omega \, \sin\theta \, \cos^4\theta \tag{3.50}$$

수평 절점하중이 작용하는 $x-z$ 평면 $(\omega = 0)$ 에서 발생되는 지반 응력은 다음과 같다.

$$\begin{aligned} \sigma_r &= \frac{3H}{2\pi R^2} \sin\theta \\ \sigma_z &= \frac{3H}{2\pi R^2} \sin\theta \, \cos^2\theta \\ \tau_{xz} &= \frac{3H}{2\pi R^2} \sin^2\theta \, \cos\theta \\ \sigma_x &= \frac{3H}{2\pi R^2} \sin^3\theta \end{aligned} \tag{3.51}$$

수평력 H 는 압축방향 (즉, x 축 '**양**'의 방향) 으로 작용하며, 그 반대면 (즉, x 축 '**음**'의 방향) 은 지반이 인장상태이다.

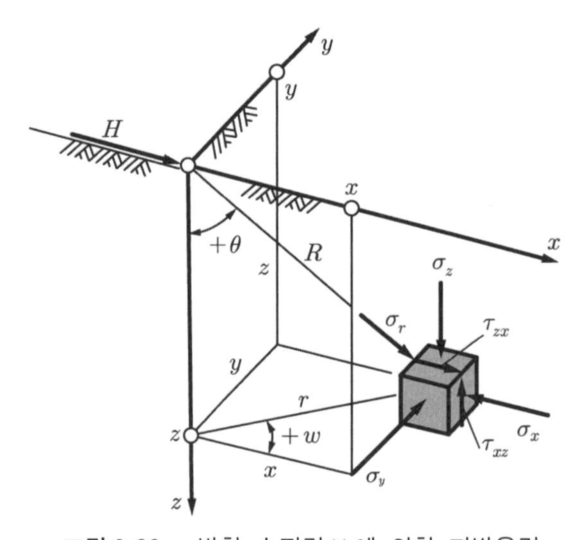

그림 3.23 x 방향 수평력 H 에 의한 지반응력

3.6.3 선하중에 의한 응력

연직 (또는 **수평**) **선하중**에 의해 발생되는 지반 내 응력은 연직 (또는 수평) 절점하중에 의한 지반 내 응력을 선하중 길이에 대해 적분하여 구할 수 있다.

1) 연직 선하중에 의한 응력

연직 선하중에 의한 지반 내 연직응력은 Boussinesq 식을 적분하여 구한다.

무한히 긴 연직 선하중 q 에 의한 지반응력은 연직 절점하중 P 에 의한 지반응력을 선하중 길이방향으로 적분하여 구한다. 그림 3.24 와 같이 선하중 길이방향 미소요소의 길이가 dy 이면 $dP = q\,dy$ 이며 $y = +\infty$ 에서 $y = -\infty$ 까지 적분하여 지반응력을 구할 수 있다.

$$\begin{aligned}\sigma_z &= \frac{2q}{\pi R^4} z^3 = \frac{2q}{\pi} \frac{z^3}{(x^2+z^2)^2} \\ \sigma_x &= \frac{q}{\pi} \frac{z}{R^2} = \frac{2q}{\pi} \frac{x^2 z}{(x^2+z^2)^2} \\ \tau_{xz} &= \frac{2q}{\pi R^4} x z^2 = \frac{2q}{\pi} \frac{x z^2}{(x^2+z^2)^2}\end{aligned} \tag{3.52}$$

위 연직응력 σ_z 를 다시 표현하면 다음과 같고,

$$\sigma_z = \frac{2q}{\pi z}\left[\frac{1}{1+(x/z)^2}\right]^2 = \frac{q}{z} I_L \tag{3.53}$$

위 식에서 I_L 은 **연직 선하중 q 에 의한 영향계수**이고, 표 3.2 와 같다.

$$I_L = \frac{2}{\pi}\left[\frac{1}{1+(x/z)^2}\right]^2 \tag{3.53a}$$

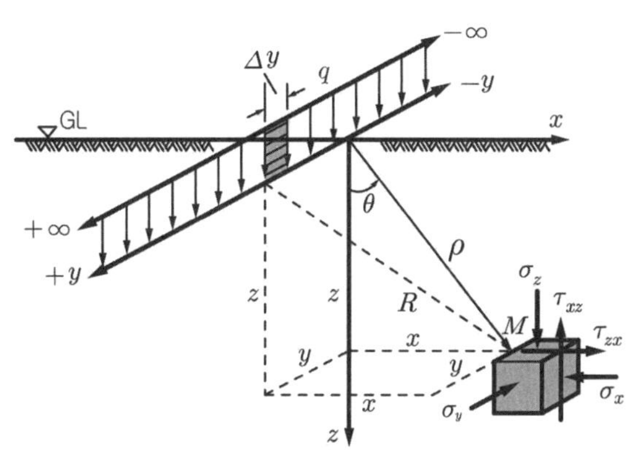

그림 3.24 연직 선 하중에 의한 지반응력

표 3.2 선하중에 대한 영향계수 I_L $\left(\sigma_z = \frac{q}{z} I_L\right)$

깊이 x/z	I_L	깊이 x/z	I_L	깊이 x/z	I_L
0.0	0.637				
0.1	0.624	1.1	0.133	2.2	0.019
0.2	0.589	1.2	0.111	2.4	0.014
0.3	0.536	1.3	0.092	2.6	0.011
0.4	0.473	1.4	0.075	2.8	0.008
0.5	0.408	1.5	0.060	3.0	0.006
0.6	0.343	1.6	0.050	3.5	0.004
0.7	0.287	1.7	0.041	4.0	0.002
0.8	0.238	1.8	0.034	4.5	0.0014
0.9	0.194	1.9	0.029	5.0	0.0009
1.0	0.159	2.0	0.025	10.0	0.0001
				∞	0.0

2) 수평 선하중에 의한 응력

그림 3.25 와 같이 x 축 '양'의 방향으로 지표에 **수평선하중 q 에 의해 발생되는 지반응력**은 수평절점하중에 의한 응력 (식 3.51) 을 적분한 다음 식으로 계산한다.

$$\sigma_x = \frac{2q}{\pi z}\sin^3\theta\cos\theta = \frac{2q}{\pi}\frac{x^3}{(x^2+z^2)^2}$$

$$\sigma_z = \frac{2q}{\pi z}\sin\theta\cos^3\theta = \frac{2q}{\pi}\frac{xz^2}{(x^2+z^2)^2}$$

$$\tau_{xz} = \frac{2q}{\pi z}\sin^2\theta\cos^2\theta = \frac{2q}{\pi}\frac{x^2 z}{(x^2+z^2)^2} \tag{3.54}$$

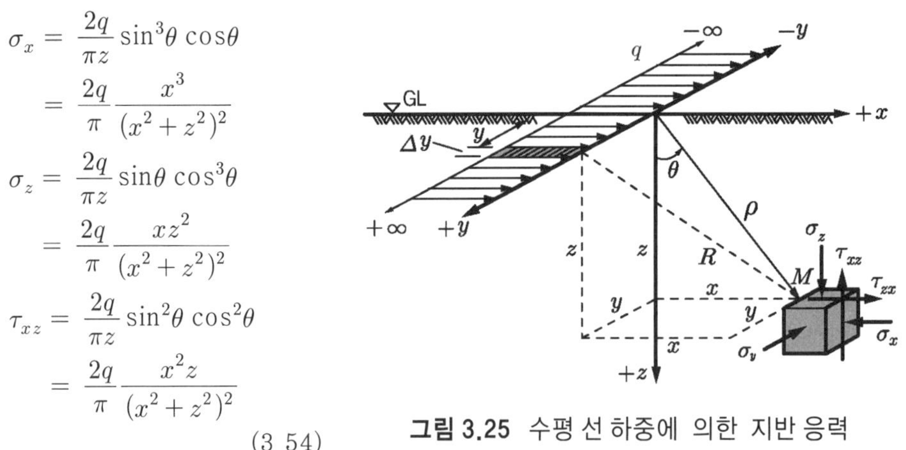

그림 3.25 수평 선 하중에 의한 지반 응력

수평 선하중이 x 축 직각 즉, x 축 '양'의 방향으로 작용하므로 지반 내 **수평응력**은 x 축 '**양**'의 영역에서 압축이고, x 축 '**음**' 의 영역에서 인장이며, 압축영역과 인장영역이 대칭이다.

지반 내 **연직응력**은 x 축 '**양**' 의 영역과 x 축 '**음**' 의 영역에서 대칭 구근형상으로 분포한다. 이때 압력구근의 대칭축은 x 축 '**양**' 의 영역에서는 수평에 대해 54.8^o 로 경사지고, x 축 '**음**'의 영역에서는 수평에 대해 125.2^o 로 경사지며, 두 개 대칭축은 서로 직각을 이룬다.

3.6.4 띠하중에 의한 응력

폭이 일정하고 무한히 긴 **연직**(또는 **수평**) **띠하중**에 의해 발생되는 지반 내의 응력은 연직(또는 수평) 선하중에 의한 지반 내 응력을 띠하중 폭에 대해 적분하여 구할 수 있다. 실무에서는 수평 띠하중에 의한 침하를 계산할 경우는 매우 드물고, 연직 띠하중이 **등분포**이거나 **삼각형 분포** 또는 **사다리꼴 분포**일 경우에 발생하는 지반응력은 구할 수 있다.

1) 등분포 연직 띠하중에 의한 응력

연직 등분포 띠하중에 의한 지반응력은 Boussinesq 식을 적분하여 구한다. Lee 등(2010)은 연직 띠하중에 의해 강성벽체에 발생되는 지중응력의 분포와 크기를 측정하였다.

폭이 B이고 무한히 긴 띠형 단면에 작용하는 크기 q의 연직등분포 띠하중에 의해 지반 내에 발생되는 지중응력(그림 3.26a)는 식(3.53)의 연직 선하중에 의한 지중응력을 폭 B에 대해 적분하여 구할 수 있다(여기에서 $\epsilon = \beta_2 - \beta_1$, $\psi = \beta_1 + \beta_2$).

$$\sigma_z = \int_{\beta_1}^{\beta_2} d\sigma_z = \int_{\beta_1}^{\beta_2} \frac{2q}{\pi R} \cos^3\beta \, dx = \frac{q}{\pi}(\epsilon + \sin\epsilon \cos\psi) = q I_Q$$

$$\sigma_x = \frac{q}{\pi}(\epsilon - \sin\epsilon \cos\psi)$$

$$\tau_{xz} = \frac{q}{\pi} \sin\epsilon \sin\psi \tag{3.55}$$

위의 연직응력 σ_z에 대한 식에서 I_Q는 **등분포 연직 띠하중의 영향계수**(표 3.3)이다.

$$I_Q = \frac{1}{\pi}(\epsilon + \sin\epsilon \cos\psi) \tag{3.55a}$$

최대 및 최소주응력 σ_1 및 σ_3의 크기는 다음 같고 주응력 방향은 그림 3.26b와 같다.

$$\sigma_{1,3} = \frac{q}{\pi}(\epsilon \pm \sin\epsilon) \tag{3.56}$$

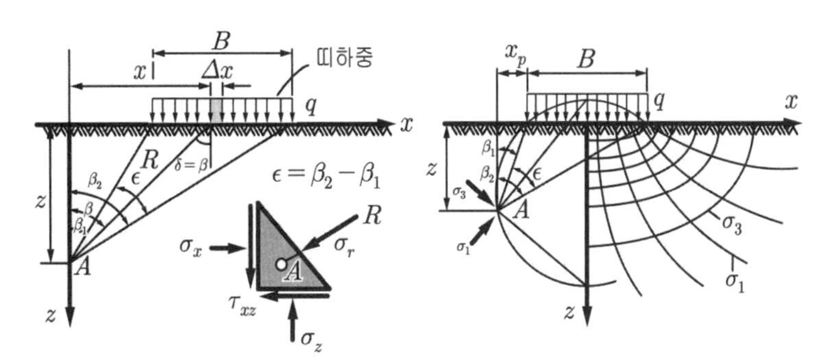

그림 3.26 등분포 연직 띠 하중에 의한 지중응력과 Mohr 응력원

표 3.3 등분포 띠하중 모서리 영향계수 I_Q $\left(\sigma_z = \frac{q}{z} I_Q\right)$

깊이 z/B	I_Q	깊이 z/B	I_Q	깊이 z/B	I_Q
0.0	0.250				
0.1	0.250	1.1	0.197	2.2	0.128
0.2	0.249	1.2	0.189	2.4	0.120
0.3	0.248	1.3	0.181	2.6	0.0113
0.4	0.245	1.4	0.174	2.8	0.0106
0.5	0.240	1.5	0.167	3.0	0.099
0.6	0.235	1.6	0.160	3.5	0.086
0.7	0.229	1.7	0.154	4.0	0.076
0.8	0.221	1.8	0.148	4.5	0.068
0.9	0.213	1.9	0.142	5.0	0.062
1.0	0.205	2.0	0.137	10.0	0.032
				∞	0.0

외력에 의하여 지반 내에 발생되는 응력이 크기가 같은 점을 따라 연결하면 구근형태가 되며 이를 **압력구근** (pressure bulb) 이라고 하는데 이는 외력의 영향권을 나타낸다.

기초의 크기 즉, 띠 하중의 폭이 클수록 영향권이 깊어지고, 이에 따라 압축영향권이 커지므로 침하량도 커진다. 그림 3.27 은 크기는 같고 폭이 다른 등분포 연직 띠하중에 의해 지반 내에 발생되는 최대 및 최소 주응력 구근 (그림 3.27a) 과 연직응력 분포에 대한 압력구근 (그림 3.27b) 을 나타낸다. 띠하중의 폭에 비례하여 외력의 영향권이 깊어지는 것 즉, 압력구근이 커지는 것을 알 수 있다.

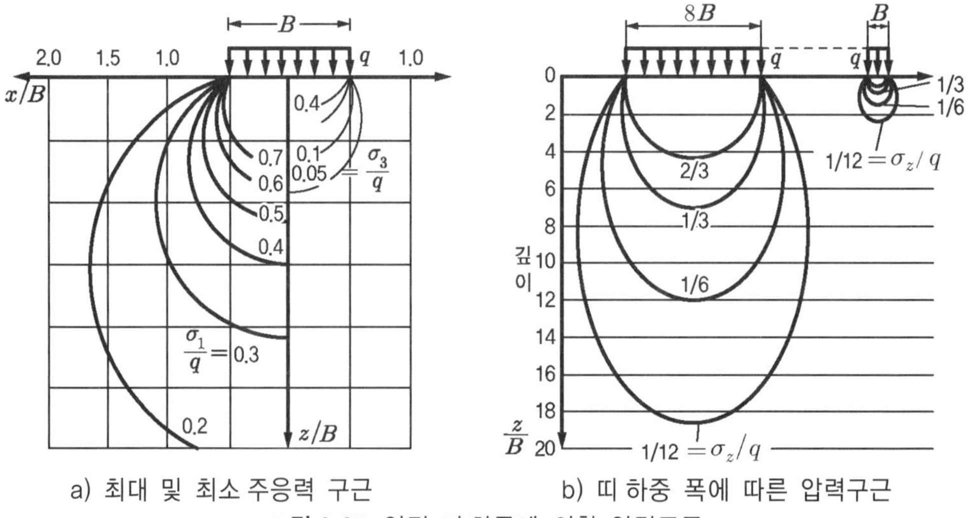

a) 최대 및 최소 주응력 구근　　b) 띠 하중 폭에 따른 압력구근

그림 3.27 연직 띠 하중에 의한 압력구근

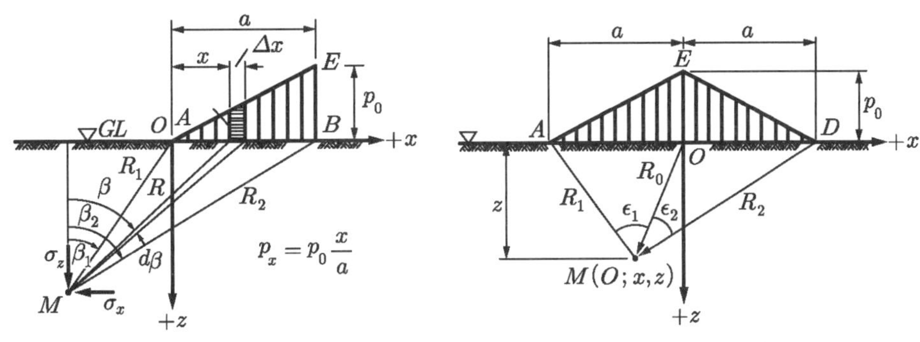

a) 직각 삼각형 분포 연직 띠 하중 b) 이등변 삼각형 분포 연직 띠 하중

그림 3.28 직각 삼각형 분포 연직 띠 하중에 의한 지중응력

2) 삼각형분포 연직 띠하중에 의한 응력

폭 a 이고 무한히 긴 띠형의 단면에 ('영' 에서부터 크기 p_o 까지 선형적으로 분포하는) 삼각형분포 연직 띠하중 (그림 3.28a) 이 작용하여 발생되는 지반 내의 응력은 다음 식으로 계산할 수 있다 (Jumikis, 1965).

$$\sigma_x = \frac{p_o z}{\pi a}\left\{(\cos^2\beta_2 - 2\ln\cos\beta_2 - \cos^2\beta_1 + 2\ln\cos\beta_1) - \tan\beta_1\left(\beta_2 - \frac{1}{2}\sin2\beta_1\right)\right\}$$

$$\sigma_z = \frac{p_o z}{\pi a}\left\{\sin^2\beta_2 - \sin^2\beta_1 - \tan\beta_1\left(\beta_2 + \frac{1}{2}\sin2\beta_2 - \beta_1 - \frac{1}{2}\sin2\beta_1\right)\right\}$$

$$\tau_{xz} = \frac{p_o z}{2\pi a}\{\sin2\beta_2 - \sin2\beta_1 + 2(\beta_1 - \beta_2) - \tan\beta_1(\cos2\beta_2 - \cos2\beta_1)\} \quad (3.57)$$

표 3.4 삼각형 분포 띠하중 모서리 영향계수 I_{Dq} , I_{D0} $(\sigma_z = 2qI_{Dq}, \sigma_z = 2qI_{D0})$

깊이 z/a	I_{Dq}	I_{D0}	깊이 z/a	I_{Dq}	I_{D0}	깊이 z/a	I_{Dq}	I_{D0}
0.0	0.250	0.0						
0.1	0.233	0.017	1.1	0.117	0.080	2.2	0.068	0.060
0.2	0.217	0.032	1.2	0.111	0.079	2.4	0.063	0.056
0.3	0.204	0.045	1.3	0.105	0.077	2.6	0.058	0.053
0.4	0.190	0.055	1.4	0.099	0.075	2.8	0.054	0.050
0.5	0.177	0.063	1.5	0.094	0.073	3.0	0.050	0.047
0.6	0.165	0.070	1.6	0.090	0.071	3.5	0.043	0.041
0.7	0.154	0.074	1.7	0.085	0.069	4.0	0.036	0.035
0.8	0.143	0.078	1.8	0.081	0.067	4.5	0.031	0.031
0.9	0.134	0.080	1.9	0.077	0.065	5.0	0.027	0.027
1.0	0.125	0.080	2.0	0.073	0.063	10.0	0.010	0.010

지표면과 최대 하중의 작용선을 x축 및 z축으로 하는 좌표계에서 임의 위치 (x, z) 의 응력은 다음과 같고, 이때 ϵ 은 $\angle AMB$ 즉, $\epsilon = \beta_2 - \beta_1$ 이다.

$$\sigma_z = \frac{p_o}{\pi}\left(\epsilon - \frac{x}{a}\epsilon + \frac{x\,z}{x^2+z^2}\right) = p_o I_D \tag{3.58}$$

위식에서 I_D 는 **삼각형 분포 연직 띠하중에 대한 영향계수**이며, 표 3.4 의 값을 갖는다.

$$I_D = \frac{1}{\pi}\left(\epsilon - \frac{x}{a}\epsilon + \frac{x\,z}{x^2+z^2}\right) \tag{3.58a}$$

3) 이등변 삼각형분포 연직 띠하중에 의한 응력

이등변 삼각형 분포 연직 띠하중에 의한 지반 응력은 **직각 삼각형 분포 연직 띠하중에 의한 지반응력**을 중첩해서 적용하여 나타낼 수 있다. 즉, 폭이 $2a$ 이고 무한히 긴 **이등변 삼각형 분포 연직 띠하중** (그림 3.28b) 에 의한 지반응력은 다음 식으로 직접 계산하거나, 폭 a 인 **직각 삼각형 분포 연직 띠하중에 의한 지반 응력** (식 3.57) 을 중첩하여 계산한다.

이등변 삼각형분포 연직 띠하중은 중심에서 크기 p_o 로 가장 크다.

$$\sigma_x = \frac{p_o}{\pi a}\left\{a(\epsilon_1+\epsilon_2) + x(\epsilon_1-\epsilon_2) - 2z\ln\frac{R_1R_2}{R_o^2}\right\}$$

$$\sigma_z = \frac{p_o}{\pi a}\{a(\epsilon_1+\epsilon_2) + x(\epsilon_1-\epsilon_2)\}$$

$$\tau_{xz} = -\frac{p_o}{\pi a}(\epsilon_1-\epsilon_2) \tag{3.59}$$

4) 사다리꼴분포 연직 띠하중에 의한 응력

제방이나 흙 댐 등과 같이 무한히 긴 **사다리꼴 분포 연직 띠 하중**은 이등변 삼각형 분포 연직 띠하중을 중복적용하거나, 직각 삼각형 분포 연직 띠하중을 중복적용하여 나타낼 수 있다. 그러나 직각삼각형 분포 연직 띠하중을 적용하면, 계산량이 배가 되기 때문에, 대개 이등변 삼각형분포 연직 띠하중을 적용하는 경우가 많다.

사다리꼴 띠 하중 (저변 $2a+2b$, 윗변 $2b$, 높이 q) 의 **중심선에서** x **만큼 이격된 지점**에서 **사다리꼴 연직 띠 하중에 의한 연직응력** σ_z 은 다음 식 (Kezdi, 1964) 으로 계산할 수 있다.

$$\sigma_z = \frac{q}{\pi}\left\{\overline{\beta} + (1+b/a)(\overline{\alpha_1}+\overline{\alpha_2}) - (x/a)(\overline{\alpha_1}-\overline{\alpha_2})\right\} = q\,I_{tp} \tag{3.60}$$

$$I_{tp} = \frac{1}{\pi}\left\{\overline{\beta} + (1+b/a)(\overline{\alpha_1}+\overline{\alpha_2}) - (x/a)(\overline{\alpha_1}-\overline{\alpha_2})\right\} \tag{3.60a}$$

위 의 부호는 그림 3.29a 와 같고, I_{tp} 는 **사다리꼴 연직 띠 하중에 의한 영향계수**이다.

사다리꼴 띠 하중 중심선 상 지반응력은 위 식에 $x = 0$ 을 대입하여 구할 수 있다. 그런데 사다리꼴(저변 $2a+2b$, 윗변 $2b$, 높이 q)은 사다리꼴과 저변이 같은 이등변 삼각형(저변 $2a+2b$, 높이 $(1+b/a)q$)에서 사다리꼴의 윗변이 저변인 이등변 삼각형(저변 $2b$, 높이 qb/a)을 제거한 모양이므로, **사다리꼴 띠 하중에 의한 연직응력 σ_z** 은 이등변 삼각형 분포 연직 띠하중에 의한 연직응력(식 3.59)을 적용하여 구할 수 있다(Osterberg, 1957).

$$\sigma_z = \frac{q}{\pi a}\{(a+b)\,\theta_a - b\,\theta_b\} = qI_{tp} \tag{3.61}$$

$$\theta_a = \arctan\left(\frac{a+b}{z}\right)$$

$$\theta_b = \arctan(b/z)$$

$$I_{tp} = \frac{1}{\pi a}\{(a+b)\,\theta_a - b\,\theta_b\} \tag{3.61a}$$

위 식에서 **사다리꼴 연직 띠 하중에 의한 영향계수 I_{tp}** 는 그림 3.29 에서 구한다.

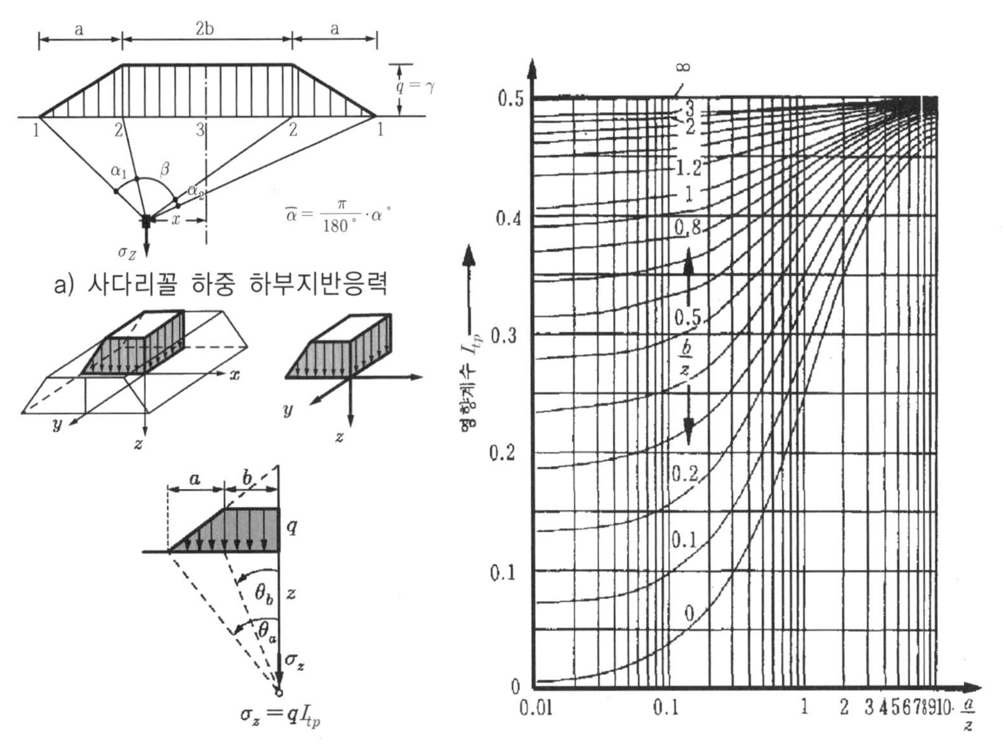

a) 사다리꼴 하중 하부지반응력

b) 사다리꼴하중 하부중심축 지반응력

c) 사다리꼴하중 하부중심축응력 영향계수

그림 3.29 사다리꼴 연직 띠하중에 의한 지반 내 연직응력(Osterberg, 1957)

3.6.5 단면하중에 의한 응력

제한된 크기의 단면 (**원형**, **직사각형**) 에 작용하는 분포하중에 의해 발생되는 지반침하는 Boussinesq 식을 적분하여 구한 지반응력으로부터 계산할 수 있다. **임의형상 단면**은 단순 형상의 단면으로 가정하고 구한 지반응력을 적용하여 침하를 계산한다.

1) 원형 단면 하중에 의한 응력

원형단면에 작용하는 등분포 또는 삼각형 분포 하중에 의해 지반 내에 발생되는 응력은 Boussinesq 식을 적분하여 구할 수 있다.

(1) 등분포 원형 단면하중에 의한 응력

그림 3.30 과 같이 반경 R 인 원형 단면에 작용하는 등분포 하중 q 에 의해서 지반 내의 깊이 z 인 지점에서 발생되는 지반응력은 크기가 q 인 절점하중에 의한 지반응력 (식 3.49) 을 (길이 R , 360° 회전) 이중 · 적분하여 구하면 다음 식이 된다.

$$d\sigma_z = \frac{3q}{2\pi}\frac{z^3}{(r^2+z^2)^{5/2}}\, r\, d\theta\, dr$$

$$\sigma_z = \int_0^{2\pi}\int_0^R d\sigma_z = \int_0^{2\pi}\int_0^R \frac{3q}{2\pi}\frac{z^3}{(r^2+z^2)^{5/2}}\, r\, d\theta\, dr$$

$$= q\left[1-\frac{1}{\{(R/z)^2+1\}^{3/2}}\right] = q\, I_{qc} \qquad (3.62)$$

위에서 I_{qc} 는 **등분포 원형 단면하중에 의한 영향계수**이며, 이는 원형 단면에 작용하는 등분포 하중에 의하여 원형 단면 중심의 아래로 깊이 z 인 점의 지중응력을 나타내는 영향계수이며 다음이 되고, Grasshoff (1959) 는 원형기초 내 · 외의 여러 지점에 대해서 영향계수 값을 구하여 그림 3.31 과 표 3.5 로 제시하였다.

$$I_{qc} = \left[1-\frac{1}{\{(R/z)^2+1\}^{3/2}}\right] \qquad (3.62a)$$

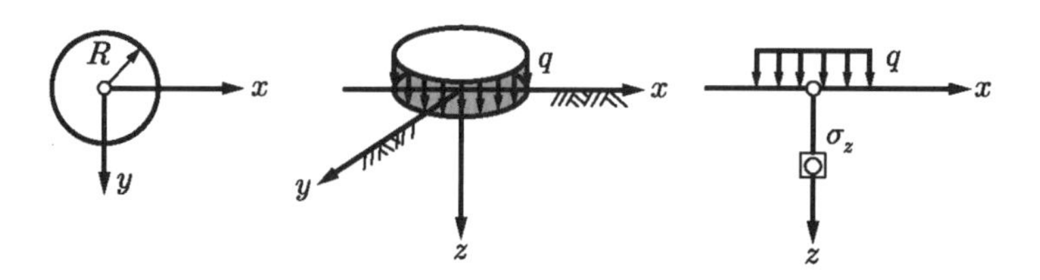

그림 3.30 원형 단면하중에 의한 지반응력

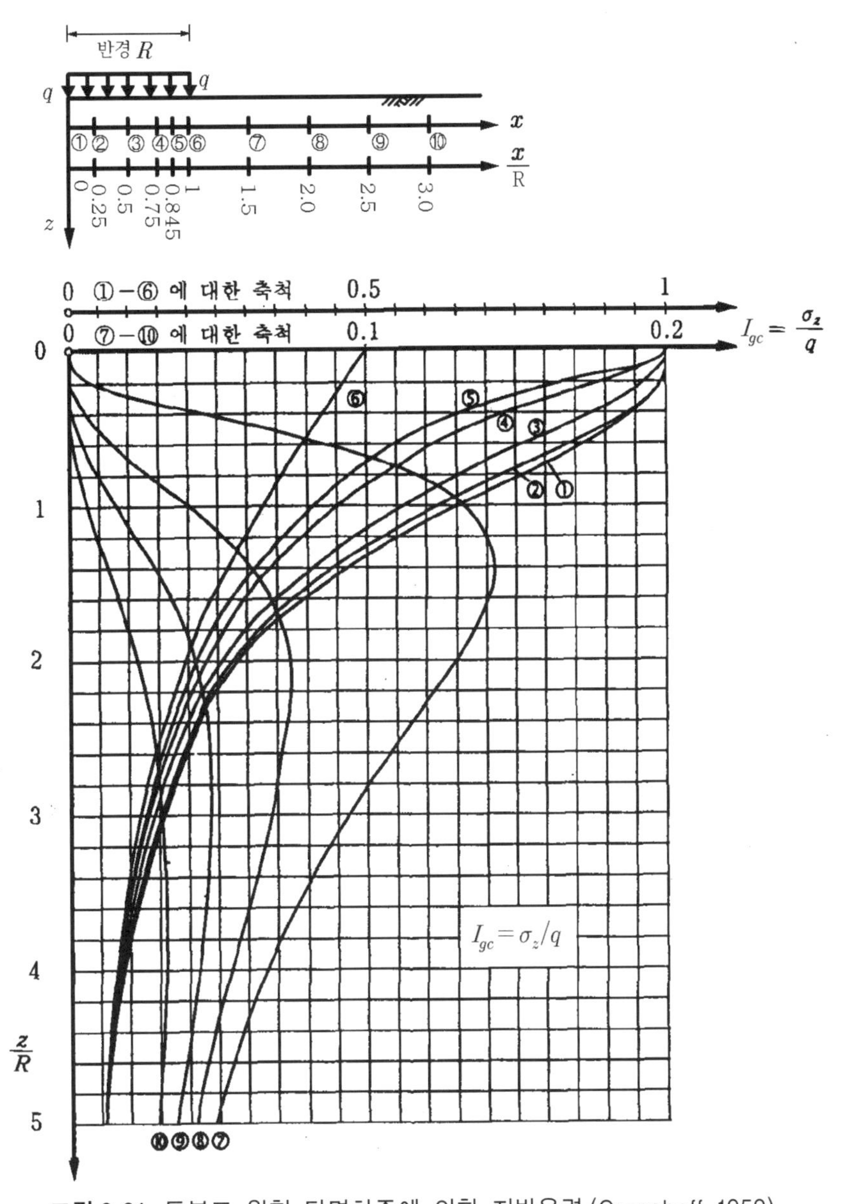

그림 3.31 등분포 원형 단면하중에 의한 지반응력 (Grasshoff, 1959)

(2) 삼각형 분포 원형 단면하중에 의한 응력

삼각형 분포 하중이 작용하는 원형 단면의 양쪽 가장자리 즉, 그림 3.32 의 A 점과 B 점의 하부지반에 발생되는 연직지중응력은 Lorenz/Neumeuer (1953) 의 **삼각형분포 원형 단면하중의 영향계수** I_{dc} 를 적용하여 구할 수 있다.

$$\sigma_p = q\,I_{dc} \tag{3.63}$$

표 3.5 등분포 재하 원형기초 하부 탄성지반 연직응력 영향계수 I_{qcr} Grasshof (1959)

깊이 z/r	a/r									
	0	0.25	0.50	0.75	0.845	1.0	1.5	2.0	2.5	3.0
0.2	0.992	0.990	0.977	0.898	0.817	0.465	0.011	0.001	0.0002	0.0001
0.4	0.949	0.936	0.885	0.735	0.650	0.430	0.047	0.006	0.0016	0.0006
0.6	0.864	0.840	0.766	0.615	0.546	0.397	0.087	0.016	0.0048	0.0017
0.8	0.756	0.727	0.652	0.523	0.470	0.363	0.115	0.028	0.0097	0.0037
1.0	0.646	0.619	0.553	0.449	0.409	0.330	0.132	0.041	0.0157	0.0064
1.2	0.547	0.523	0.469	0.388	0.358	0.298	0.140	0.052	0.0222	0.0097
1.4	0.460	0.442	0.400	0.337	0.314	0.269	0.142	0.061	0.0283	0.0132
1.6	0.390	0.374	0.342	0.294	0.276	0.241	0.140	0.067	0.0337	0.0167
1.8	0.332	0.319	0.295	0.258	0.244	0.217	0.135	0.071	0.0383	0.0200
2.0	0.284	0.274	0.256	0.227	0.216	0.195	0.129	0.073	0.0418	0.0230
2.5	0.200	0.193	0.184	0.168	0.162	0.150	0.111	0.072	0.0466	0.0286
3.0	0.146	0.142	0.137	0.128	0.124	0.118	0.093	0.067	0.0471	0.0315
4.0	0.087	0.085	0.084	0.080	0.078	0.076	0.066	0.052	0.0419	0.0316
5.0	0.057	0.056	0.056	0.054	0.053	0.052	0.047	0.041	0.0346	0.0282

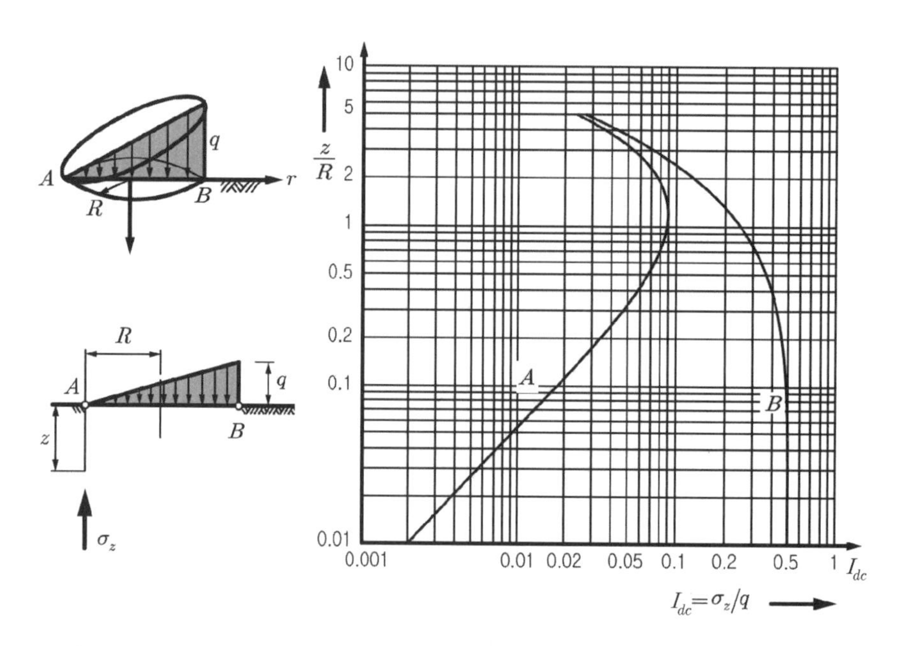

a) 삼각형분포하중 b) 영향계수 I_{dc}

그림 3.32 삼각형분포 원형하중에 의한 지중연직응력 (Lorenz/Neumeuer, 1953)

2) 직사각형 단면하중에 의한 응력

직사각형 단면에 작용하는 등분포 또는 삼각형 분포 하중에 의해 지반 내에 발생되는 응력은 Boussinesq 식을 적분하여 구할 수 있다.

(1) 등분포 직사각형 단면하중에 의한 응력

등분포 직사각형 단면하중에 의한 지반 내 응력은 Love 가 Boussineq 식을 적분하여 구했으며, Steinbrenner (1934) 는 이를 도식화하였다.

① Love 의 해

그림 3.33 과 같이 폭이 B 이고 길이가 L 인 직사각형 단면에 작용하는 등분포하중 q 에 의해 지반 내에 발생되는 지중응력 σ_p 는 Love (1928) 의 식으로 구할 수 있다. 그러나 그 식이 복잡하므로, 여기에서는 연직응력 σ_{zp} 에 대한 식만 제시한다 (단, $x_m = x + x_i$, $y_m = y + y_i$, $z_m = z + z_i$ 이다).

$$\sigma_{zp} = q\frac{BL}{2\pi}\sum_{i=1}^{4}(-1)^i\left[\frac{x_m y_m z}{R_i}\left(\frac{1}{x_m^2+z^2}+\cdots+\frac{1}{y_m^2+z^2}\right)+\arctan\frac{x_m y_m}{zR_i}\right]$$

$$R_i^2 = x_m^2 + y_m^2 + z^2 \tag{3.64}$$

여기에서 i 는 그림 3.33a 와 같이 직사각형 꼭짓점의 위치이며 x_1 과 y_1 은 각각 기초 폭 B 와 길이 L 의 절반 크기 $x_1 = B/2$, $y_1 = L/2$ 이다. 그림 3.33b 는 $B/L = 0.4$ 인 기초에 대한 Love 의 해를 나타낸다.

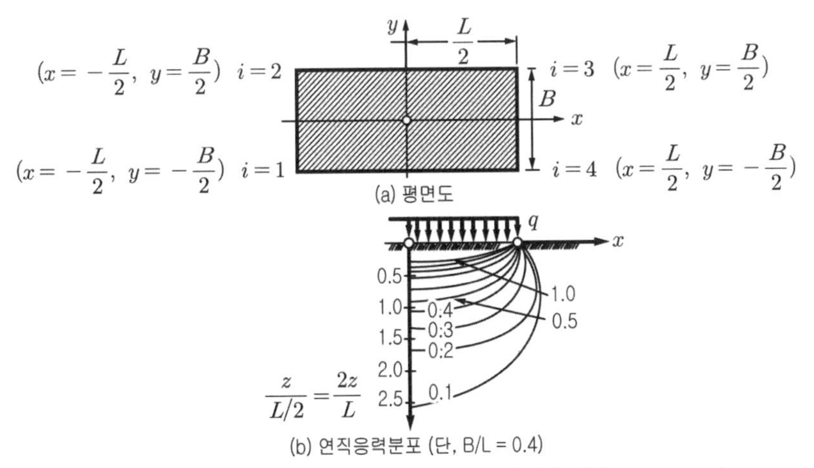

그림 3.33 등분포 직사각형 하중에 의한 연직응력 (Love, 1928)

② 연성 직사각형 기초 꼭짓점 하부 지반응력

Steinbrenner (1934) 는 직사각형 꼭짓점하부 점 (깊이 z)의 지중응력상태에 대한 Love (1928) 해로부터 기초하부 임의 위치 지중응력을 구하는 그래프 (그림 3.34) 를 제시하였다.

즉, 등분포하중 q 가 작용하는 폭 B, 길이 $L\,(B < L)$ 인 연성 직사각형 기초의 모서리 아래 임의 깊이 z 인 지점의 지중응력 σ_z 는 z/B 와 B/L 의 함수이다. 즉,

$$\sigma_{zp} = f\left(\frac{z}{B}\,;\frac{L}{B}\right) \tag{3.65}$$

이 관계를 식으로 표시하면 다음과 같다 ($r = \sqrt{B^2 + L^2 + z^2}$).

$$\sigma_{zp} = \frac{q}{2\pi}\left[\arcsin\frac{BL}{\sqrt{B^2+L^2}\sqrt{B^2+z^2}} + \frac{BLz(r^2+z^2)}{r(r^2z^2+B^2L^2)}\right] = q\,I_{qre} \tag{3.66}$$

위 식에서 I_{qre} 는 **등분포 직사각형 단면하중의 영향계수**이며, 직사각형 단면의 길이 / 폭의 비 L/B 와, 깊이 /폭의 비 z/B 에 의존하고 그림 3.34 및 표 3.6 과 같다.

$$I_{qre} = \frac{1}{2\pi}\left[\arcsin\frac{BL}{\sqrt{B^2+L^2}\sqrt{B^2+z^2}} + \frac{BLz(r^2+z^2)}{r(r^2z^2+B^2L^2)}\right] \tag{3.66a}$$

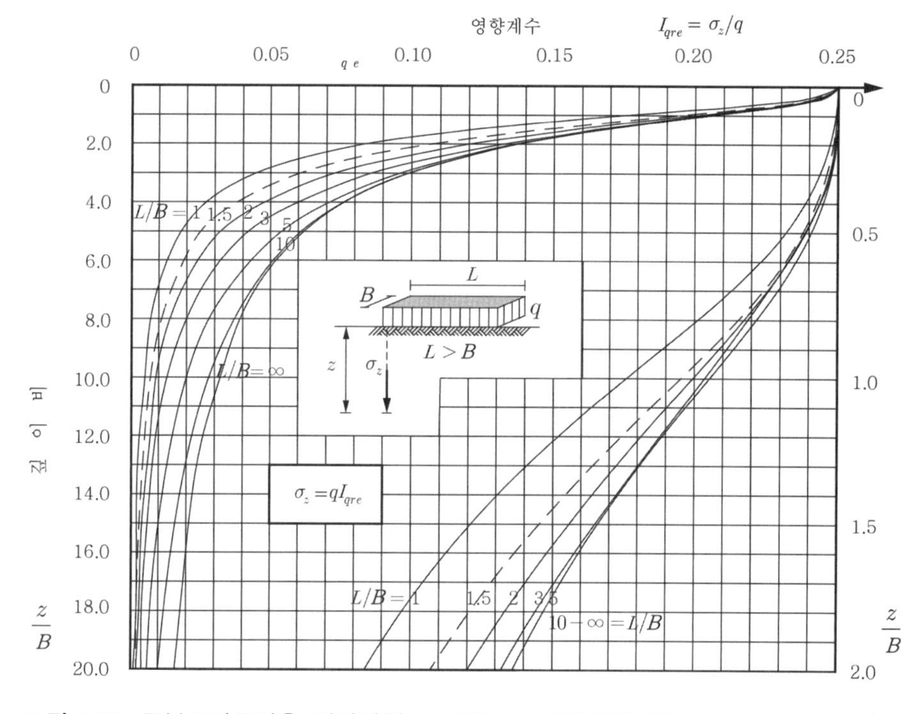

그림 3.34 등분포하중작용 직사각형 모서리하부 연직응력 (Steinbrenner, 1934)

표 3.6 등분포 직사각형 단면하중 모서리 하중영향계수 I_{qre} (Steinbrenner, 1934)

깊이	직사각형 L/B						연속기초
z/B	1.0	1.5	2.0	3.0	5.0	10.0	$\to \infty$
0	0.250	0.250	0.250	0.250	0.250	0.250	0.250
0.1	0.249	0.249	0.249	0.249	0.250	0.250	0.250
0.2	0.247	0.248	0.248	0.249	0.249	0.249	0.249
0.25	0.247	0.248	0.248	0.248	0.248	0.249	0.249
0.3	0.243	0.245	0.246	0.248	0.248	0.248	0.248
0.4	0.239	0.242	0.243	0.245	0.245	0.245	0.245
0.5	0.233	0.238	0.239	0.240	0.240	0.240	0.240
0.6	0.223	0.232	0.234	0.235	0.235	0.235	0.235
0.7	0.213	0.224	0.227	0.228	0.229	0.229	0.229
0.75	0.208	0.218	0.222	0.225	0.224	0.224	0.224
0.8	0.200	0.214	0.217	0.219	0.221	0.221	0.221
0.9	0.188	0.204	0.209	0.211	0.213	0.213	0.213
1.0	0.175	0.194	0.200	0.203	0.205	0.205	0.205
1.2	0.152	0.174	0.181	0.187	0.189	0.189	0.189
1.4	0.131	0.155	0.164	0.172	0.174	0.174	0.174
1.5	0.121	0.145	0.156	0.164	0.166	0.167	0.167
1.6	0.113	0.137	0.149	0.158	0.160	0.160	0.160
1.8	0.097	0.121	0.134	0.145	0.148	0.148	0.148
2.0	0.084	0.107	0.120	0.132	0.136	0.137	0.137
2.4	0.065	0.084	0.099	0.111	0.118	0.120	0.120
3.0	0.045	0.061	0.073	0.086	0.096	0.099	0.099
4.0	0.027	0.038	0.048	0.060	0.071	0.076	0.076
5.0	0.018	0.025	0.032	0.042	0.054	0.061	0.062
6.0	0.013	0.019	0.024	0.032	0.043	0.051	0.052
8.0	0.007	0.011	0.014	0.020	0.028	0.037	0.039
10.0	0.005	0.007	0.009	0.013	0.020	0.028	0.032
12.0	0.003	0.005	0.007	0.009	0.015	0.022	0.026
15.0	0.002	0.003	0.004	0.006	0.010	0.016	0.021
18.0	0.002	0.002	0.003	0.004	0.007	0.012	0.018
20.0	0.001	0.002	0.002	0.004	0.006	0.010	0.016
∞	0	0	0	0	0	0	0

Steinbrenner 의 결과에 **겹침의 원리**를 적용하면 등분포하중이 작용하는 직사각형 단면의 내부나 외부의 임의 점 하부의 지중응력상태를 구할 수 있다. 등분포 하중 p 가 작용하는 직사각형 abcd 에서 내부에 위치한 점 A 하부의 지중응력 σ_{zp} 는 그림 3.35a 와 같이 A 점에서 4 분할하여 각 영향을 식 (3.66) 으로 구한 후 합한다.

직사각형 단면 $abcd$ 의 외부에 위치한 점 F 의 하부 지중응력 σ_{zp} 는 그림 3.35b 와 같이 F 점을 기준으로 4 분할하여 각 영향을 식 (3.66) 으로 구한 후에 겹친다.

$$\sigma_{zp} = \sigma_{zp}(Ahae) + \sigma_{zp}(Aebf) + \sigma_{zp}(Afcg) + \sigma_{zp}(Agdh)$$

$$\sigma_{zp} = \sigma_{zp}(FEcA) - \sigma_{zp}(FEbB) - \sigma_{zp}(FDdA) + \sigma_{zp}(FDaB) \tag{3.67}$$

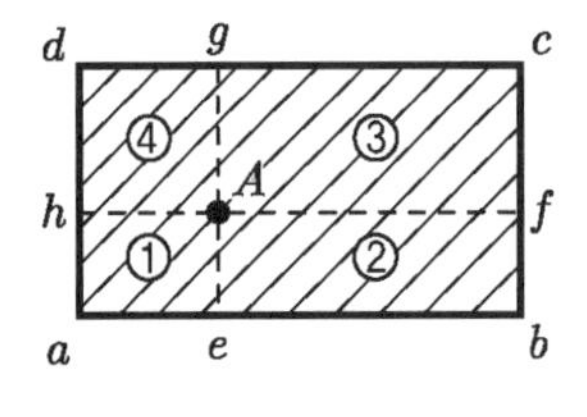

□aeAh + □ebfA + □Afcg + □ hAgd
a) 직사각형 단면 내부 A 점

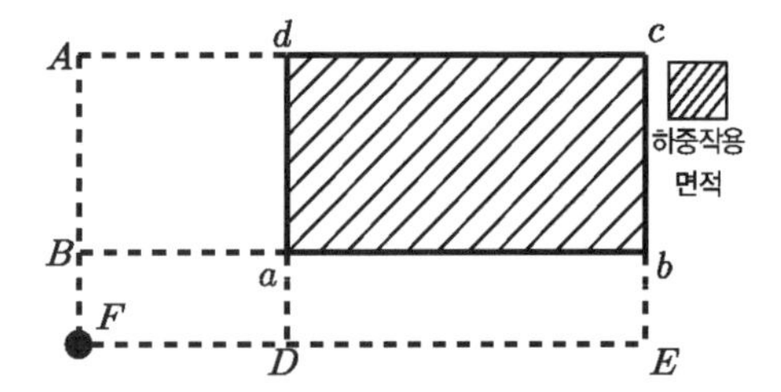

□FEcA − □FEbB − □FDdA + □FDaB
b) 직사각형 단면 외부 F 점

그림 3.35 직사각형 단면하중에 의한 지중응력 계산

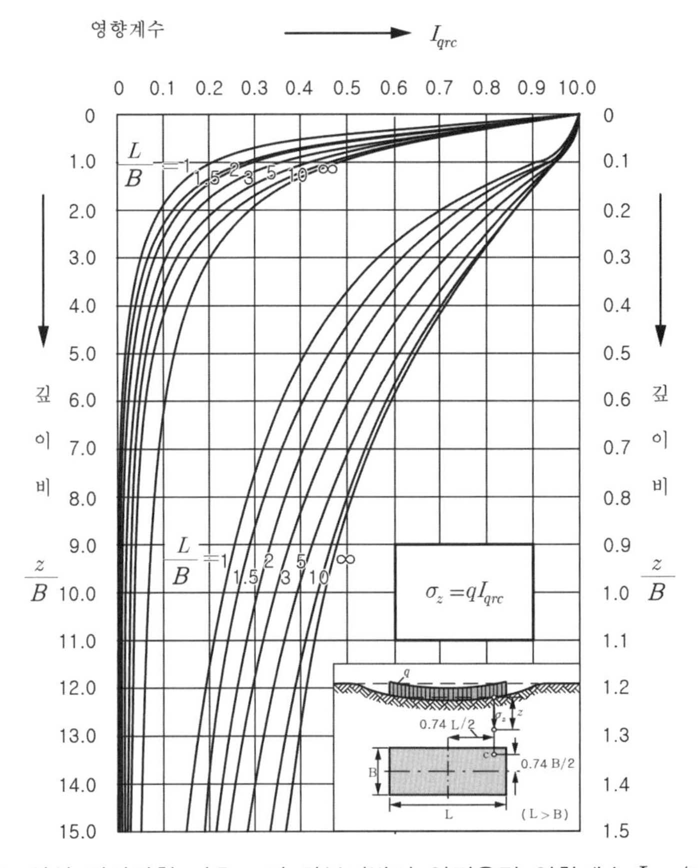

그림 3.36 연성 직사각형 기초 c 점 하부지반의 연직응력 영향계수 I_{qrc} (Kany, 1974)

③ 연성 직사각형 기초 c 점 하부 지반응력

등분포 하중이 작용하는 직사각형 단면을 c 점에 대해 4 분할하고 Steinbrenner 의 방법으로 지반응력을 구한후에 **겹침의 원리**를 적용하여 모두 합하면, 등분포하중이 작용하는 **직사각형 단면의 c 점 하부의 지반응력**이 된다. 그런데 직사각형 단면을 분할하고 각각에 대해 영향계수를 구하여 합하는 일은 시간과 노력이 상당히 필요한 일이다.

Kany (1959) 는 직사각형 기초를 분할하지 않고 **등분포 하중이 작용하는 직사각형 단면 c 점에 대한 연직응력의 영향계수** I_{qrc} 를 간편하게 구할 수 있도록 그림 3.36 의 그래프와 표 3.7 을 제시하였다. 표를 이용할 경우에 사잇 값은 보간법으로 구한다. 그래프는 값을 읽을 때 오차가 생길 수 있으므로 대개 개략적으로 이용한다.

표 3.7 등분포 재하 직사각형기초 c점 하부 연직응력 영향계수 I_{qrc} Kany (1974)

깊이 z/B	L/B						
	1.0	1.5	2.0	3.0	5.0	10.0	∞
0.05	0.9811	0.9819	0.9884	0.9894	0.9895	0.9897	0.9896
0.10	0.8984	0.9280	0.9372	0.9425	0.9443	0.9447	0.9447
0.15	0.7898	0.8351	0.8623	0.8755	0.8824	0.8830	0.8839
0.20	0.6947	0.7570	0.7883	0.8127	0.8335	0.8262	0.8264
0.30	0.5566	0.6213	0.6628	0.7053	0.7301	0.7376	0.7387
0.50	0.4088	0.4622	0.5032	0.5550	0.6032	0.6264	0.6299
0.70	0.3249	0.3706	0.4041	0.4527	0.5066	0.5473	0.5552
1.00	0.2342	0.2786	0.3078	0.3488	0.4008	0.4504	0.4674
1.50	0.1438	0.1830	0.2098	0.2387	0.2779	0.3303	0.3604
2.00	0.0939	0.1279	0.1475	0.1749	0.2057	0.2479	0.2883
3.00	0.0473	0.0652	0.0823	0.1043	0.1280	0.1575	0.2025
5.00	0.0183	0.0268	0.0345	0.0502	0.0646	0.0838	0.1251
7.00	0.0095	0.0141	0.0185	0.0264	0.0384	0.0541	0.0905
10.00	0.0045	0.0070	0.0093	0.0135	0.0210	0.0328	0.0638
20.00	0.0012	0.0015	0.0024	0.0035	0.0058	0.0105	0.0318

(2) 삼각형 분포 직사각형 단면하중에 의한 응력

그림 3.37 과 같이 직사각형 단면에 작용하는 삼각형 분포 연직하중에 의해 지반 내에 발생되는 연직응력은 Kezdi (1964) 가 식을 유도하여 계산하였고, Jelinek (1973) 이 **삼각형 분포 직사각형 단면하중의 영향계수 I_{dr}** 를 구하였다.

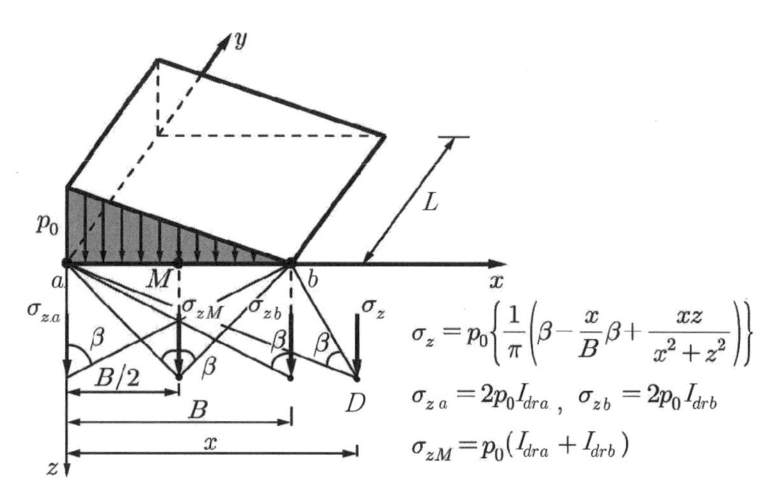

그림 3.37 삼각형분포 직사각형 단면하중에 의한 응력

삼각형 분포 연직하중이 직사각형 단면 (x 방향 폭 B, y 방향 길이 L) 에 작용할 때에 삼각형 분포 하중의 양단과 이루는 사잇각이 β 인 D 점 (위치좌표 x, z) 에 발생하는 지반 내의 연직응력 σ_z 는 다음이 된다.

$$\sigma_z = p_o\left\{\frac{1}{\pi}\left(\beta - \frac{x}{B}\beta + \frac{xz}{x^2+z^2}\right)\right\} \tag{3.68}$$

삼각형 분포 연직하중 양단 (a 점과 b 점) 의 하부로 깊이 z 인 지반 내 절점에서 연직응력 σ_{za} 와 σ_{zb} 는 각각 다음이 된다.

$$\begin{aligned} \sigma_{za} &= p_o(\beta/\pi) = 2\,p_o I_{dra} \\ \sigma_{zb} &= p_o\left(\frac{1}{\pi}\sin\beta\cos\beta\right) = 2\,p_o I_{drb} \\ \sigma_{zM} &= p_o\frac{1}{2}\left\{\frac{1}{\pi}(\beta + \sin\beta\cos\beta)\right\} = p_o\,(I_{dra} + I_{drb}) \end{aligned} \tag{3.69}$$

위 식에서 I_{dra} 와 I_{drb} 는 **삼각형 분포 직사각형 단면하중 양단 (a 점 및 b 점) 에 대한 영향계수**이고, 중간 M 점의 영향계수는 양단점에 대한 영향계수의 평균값이다.

표 3.8 은 직사각형 기초에 수직으로 작용하는 삼각형 분포 연직하중 (폭 B) 의 양단 (그림 3.37 참조)의 하부로 깊이 z 인 점의 하중영향계수 I_{dr} 을 나타낸다. 즉, 분포하중이 p_o 인 a 점 (재하 점) 및 분포하중이 '**영**' 인 b 점 (비재하 점) 에서 하부로 깊이 z 인 점의 하중영향계수 I_{dra} 와 I_{drb} 의 값을 나타낸다.

직사각형 기초에 수직으로 작용하는 삼각형 분포 연직하중의 양단에 대한 영향계수 I_{dra} 와 I_{drb} 는 그림 3.38 의 그래프에서 구할 수도 있다.

표 3.8 삼각형 하중 양단 점 하부지반 영향계수 I_{dr} Jelinek (1973)

깊이 z/B	최대 하중점 I_{dra}				최소 하중점 I_{drb}			
	직사각형 기초			연속기초	직사각형 기초			연속기초
	직사각형 기초 형상비 L/B				직사각형 기초 형상비 L/B			
	0.5	1.0	2.0	≥ 5	0.5	1.0	2.0	≥ 5
0	0.250	0.250	0.250	0.250	0	0	0	0
0.2	0.215	0.216	0.217	0.217	0.032	0.032	0.032	0.032
0.4	0.173	0.186	0.190	0.190	0.047	0.053	0.054	0.055
0.5	0.150	0.172	0.176	0.177	0.050	0.061	0.061	0.063
0.6	0.128	0.157	0.164	0.165	0.051	0.066	0.070	0.070
0.8	0.098	0.131	0.141	0.143	0.049	0.069	0.076	0.078
1.0	0.076	0.108	0.123	0.125	0.045	0.067	0.077	0.080
1.2	0.060	0.092	0.107	0.111	0.039	0.063	0.075	0.079
1.5	0.042	0.069	0.088	0.094	0.031	0.052	0.068	0.073
1.7	0.035	0.059	0.077	0.085	0.027	0.046	0.062	0.069
2.0	0.026	0.046	0.065	0.073	0.022	0.038	0.055	0.063
2.4	0.019	0.033	0.052	0.063	0.017	0.030	0.047	0.056
3.0	0.012	0.023	0.038	0.050	0.011	0.021	0.035	0.047
3.5	0.009	0.018	0.030	0.043	0.009	0.016	0.028	0.041
4.0	0.007	0.014	0.024	0.036	0.007	0.013	0.023	0.035
5.0	0.005	0.009	0.017	0.027	0.005	0.009	0.016	0.027
10.0	0.002	0.003	0.005	0.010	0.002	0.003	0.005	0.010

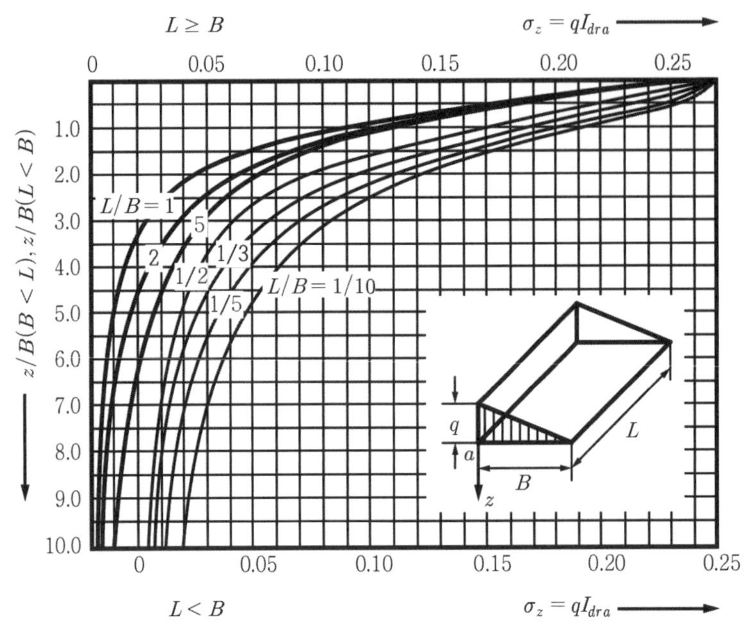

a) 재하점 하부 지반 연직응력

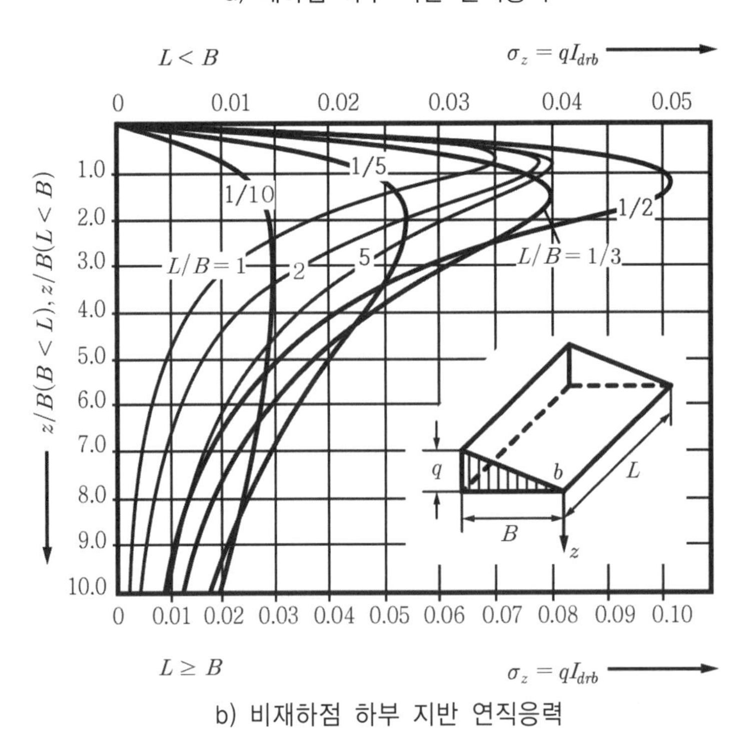

b) 비재하점 하부 지반 연직응력

그림 3.38 삼각형분포 직사각형 단면하중에 의한 연직응력 (Jelinek, 1973)

제4장 지반의 변형

4.1 개 요

물체에 외력이 작용하면 **체적변형**과 **형상변형**이 동시에 발생되는데 체적변형에 의해서는 압축되기는 하지만 항복되지 않고, **형상변형** (전단변형) 이 과도해지면 항복된다.

실제 지반의 3 차원 변형거동은 복잡하여 해석하기가 매우 어렵지만, **평면응력 상태**나 **평면 변형률 상태**로 변환하여 2 차원 해석한 후 최종단계에서 원래 상태로 변환하면 해석이 쉬워진다. 평면변형률과 평면응력상태에서는 변형률-변위 식과 힘의 평형식은 같고 구성방정식만 다르다.

비배수 상태 포화지반은 응력수준에 무관하게 **소성 체적유동**이 발생되기 때문에 유동곡선으로부터 응력 - 변형률 관계를 예측할 수 있다.

지반침하는 지반의 자중에 의한 침하가 완료된 것으로 간주하고 계산하며, 외력이 재하되면 투수계수와 배수조건에 따라 3 가지 형태 즉, 지반의 탄성변형에 의한 **즉시침하**와 (지반의 투수성과 배수조건의 영향에 의해) 시간 의존적인 침하 (**일차압밀침하** 및 **이차압축침하**) 가 단계별로 일어나고, 전체 지반침하는 이들의 합이다.

지반의 하중 - 침하거동은 선형적 탄성관계가 아니어서 겹침의 원리가 적용되지 않기 때문에 즉시침하와 압밀침하 및 이차압축침하는 합산할 수 없는 값이다. 그러나 이들을 합산한 값은 경험상 실제 침하에 상당히 근접한 값이 된다. 점토에서는 Hooke 법칙이 근사적으로 맞는다.

외력에 의한 물체의 변형 (4.2 절) 은 외력이 등방압력일 때에는 체적변형 형태로 일어나고, 축차응력일 때는 형상변형 (전단변형) 형태로 일어나며, 형상변형이 과도하면 물체는 항복된다. 물체는 (가하거나 제거하는) 하중이 탄성한계 (항복응력) 보다 작을 때에는 **탄성거동** (탄성변형) 하고, 탄성한계 보다 클 때는 **소성거동** (소성변형) 한다. 이런 물체는 (항복 전에 탄성거동하고 항복 후에는 소성 거동하는) **탄소성 물체**로 이상화하여 거동을 해석한다.

하중이 탄성한계보다 작더라도 오랫동안 지속적으로 재하되면 물체는 피로와 이완에 의해서 **크리프 거동**한다. 이때 발생되는 소성변형은 처음에는 크지만 시간이 경과하면 감소한다.

흙 지반의 변형 (4.3 절) 은 탄성변형과 소성변형의 합이다. 흙 지반에서는 **탄성거동**과 **소성거동**이 동시에 일어나기 때문에, 하중의 크기가 아무리 작더라도 **소성변형**이 잔류한다. 지반공학에서는 시험기술 발달이 미흡해서 모든 응력요소들을 구할 수 있는 시험방법이 아직 없어서 지반의 응력-변형률 관계는 실험적으로 정하기가 매우 어렵다. 따라서 실무에서는 지반은 항복하기 전에는 탄성거동하고 항복한 후에는 소성 거동하는 탄소성 물체로 이상화하여 그 거동을 해석한다. 지반 초기재하곡선의 기울기는 **변형계수**이고, 반복 재하 - 제하 곡선 변곡점의 접선 기울기는 **탄성계수**이다.

비배수 상태 포화지반에서는 (응력수준에 상관없이) **소성 체적유동**이 발생되고 유동곡선 (등체적 전단상태의 유효응력경로) 으로부터 응력 - 변형률 관계를 예측 할 수 있다.

즉시침하 (4.4 절) 는 외력이 작용하는 순간 흙 지반이 탄성 압축되어 일어나고, 외력을 제거하면 즉시 회복되는 침하이다. 즉시침하는 지반을 탄성체로 가정하고 계산하고 점성토에서는 작고, 불포화 점토나 과입밀된 점토에서는 전체침하의 대부분을 차지한다. 사질토에서는 탄성침하가 기초의 폭과 길이, 지하수위, 지반의 반력계수 등에 의해 영향을 받아 결정된다.

흙 지반은 결합되지 않은 흙 입자들이 쌓여 있는 입적체이어서 구조골격이 매우 취약하므로, 외력이 작용하면 흙 입자들이 전단저항에 유리한 위치로 이동하여 새 구조골격이 형성되고, 이 과정에서 지반이 압축되고 다져진다. **압밀침하** (4.5 절) 는 외력재하에 의한 과잉간극수압이 (간극수 배수로 인해) 소산되면서 발생되며, 지반의 배수특성에 따라서 발생속도가 달라지는 시간적 침하이고 안정상태가 되면 최종침하에 도달된다.

지반은 압축하중에 의해 압축되고 제하 또는 수분흡수에 의해 팽창되며, **지반의 일차원 압축 및 팽창 거동**은 압밀시험기로 측정할 수 있다. 압밀시험에서 구한 하중단계별 시간 - 침하 관계로부터 지반의 압축 및 팽창특성은 물론 **일차압밀침하**와 **이차압축침하**를 구할 수 있다. 교란시료의 **압밀침하**는 경계조건을 일차원 압밀조건으로 단순화하고 $\log p - e$ 곡선에서 수정압밀곡선을 유추해서 계산한다.

이차압축은 흙 입자가 휨파괴 되거나 압축 또는 재배열될 때, 또는 흡착수의 찌그러짐 등에 의해 일어나지만, 정확한 거동이 아직 완전히 밝혀져 있지 않다. 이차압축되면 선행재하효과가 생겨서 시간경과에 따라 지반의 강성이 증가된다. **이차압축침하** (4.6 절) 는 **이차압축지수**를 이용하여 계산하며, 이차압축지수는 압밀시험에서 일차압밀 완료 후에 하중을 지속재하해서 이차압축변형과 시간의 관계를 측정하여 구할 수 있다. 지반의 **이차압축침하**는 이차압축지수로 계산하며, 지층이 두꺼우면 크게 발생한다. 이차압축이 일어나면 선행재하 효과가 발생되어 시간이 경과됨에 따라 지반의 **강성이 증가**된다.

4.2 물체의 변형

외력이 작용하면 탄성물체에는 **체적변형과 전단변형 (4.2.1 절)** 이 일어나며, 하중의 크기에 따라 물체는 탄성거동하거나 소성거동하여 **탄성변형과 소성변형 (4.2.2 절)** 이 발생된다. 하중이 제거되면 탄성변형은 회복되고 소성변형은 회복되지 않는다.

4.2.1 체적변형과 전단변형

탄성물체에서는 **등방압력**에 의해 **체적변형**이 일어나며, **축차응력**에 의해서는 **형상변형 즉, 전단변형**만 일어난다. 물체의 항복은 형상변형에 의해 일어난다.

1) 체적변형

직육면체 (체적 $V = abc$) 의 각 변의 길이 a, b, c 가 각각 $a(1+\varepsilon_1)$, $b(1+\varepsilon_2)$, $c(1+\varepsilon_3)$ 로 변형되면, 직육면체의 변형 후 체적은 다음이 되어,

$$V + dV = abc\,(1+\epsilon_1)(1+\epsilon_2)(1+\epsilon_3) \tag{4.1}$$

체적변화 dV 는 (변형이 미소하여 우변의 최고차 미소항을 무시하면) 다음이 되고,

$$dV = abc(\epsilon_1 + \epsilon_2 + \epsilon_3) \tag{4.2}$$

체적변화비 dV/V 는 응력함수로 나타내면 다음이 된다.

$$\frac{dV}{V} = \frac{1}{E}(1-2\nu)(\sigma_1 + \sigma_2 + \sigma_3) = -\frac{3}{E}(1-2\nu)p \tag{4.3}$$

직육면체에 3 방향으로 **등방압축응력** $-\boldsymbol{p}$ 이 작용하면 (즉, $-p = \sigma_1 = \sigma_2 = \sigma_3$), 위 식으로부터 등방압력 $-p$ 와 체적변화 비 dV/V 의 관계식을 구할 수 있다.

$$-p = \mathrm{K}\, dV/V \tag{4.4}$$

위 식에서 K 는 **체적탄성계수**이며, 탄성계수 E 와 푸아송비 ν 에 따라 변하고, 푸아송비가 0.5 에 가까우면 (고무 등) 무한히 커져서 등방압력이 작용해도 체적은 거의 변하지 않는다.

$$\mathrm{K} = \frac{E}{3(1-2\nu)} \tag{4.5}$$

직육면체에서 각 단면의 수직선이 주응력 축과 일치하면, 각 단면의 수직응력 σ_1, σ_2, σ_3 은 주응력이고, 수직변형률 ϵ_1, ϵ_2, ϵ_3 은 주변형률이다. 수직변형률이 발생하면 체적변화 (식 4.2) 가 발생하고, 평균응력 $(\sigma_m = (\sigma_1 + \sigma_2 + \sigma_3)/3)$ 을 적용하면 체적 변화비 dV/V (식 4.3) 와 체적변형 dV (식 4.2) 는 다음과 같이 평균응력 σ_m 의 함수이다.

$$\frac{dV}{V} = \frac{\sigma_m}{\mathrm{K}} \rightarrow dV = V\frac{\sigma_m}{\mathrm{K}} \tag{4.6}$$

2) 전단변형

직사각형의 상하면 AD와 BC에는 수직인장응력 σ가 작용하고, 좌우면 AB와 DC에는 절대 값이 같고 방향이 반대인 수직압축응력 σ가 작용할 때 (그림 4.1a), 외부경계 (변 AB, BC, CD, DA)에 대해 45° 경사진 단면 $JKLM$에는 전단응력만 작용하고 그 크기는 Mohr 응력원 (그림 4.1d)에서 구할 수 있다. $JKLM$의 전단변형이 미소하면 변형 전과 후 체적은 변하지 않고, 형상만 변하여 직사각형이 평행사변형으로 변형된다 (그림 4.1b).

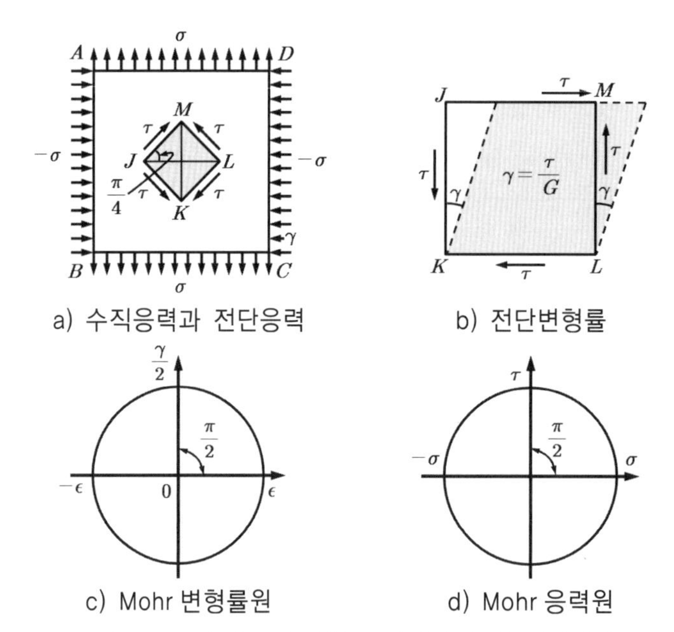

a) 수직응력과 전단응력

b) 전단변형률

c) Mohr 변형률원

d) Mohr 응력원

그림 4.1 물체의 전단변형과 전단응력 및 전단변형률

요소 $JKLM$의 각 단면에 작용하는 **최대전단응력**은 다음과 같고,

$$\tau = \sigma \tag{4.7}$$

평면 $ABCD$의 주변형률은 BC 수직방향으로는 $\varepsilon = \sigma(1+\nu)/E$이고, AB의 수직방향으로 $-\varepsilon = -\sigma(1+\nu)/E$이므로, Mohr 변형률원은 그림 4.1c와 같고, **최대 전단변형률**은 다음이 된다.

$$\frac{\gamma}{2} = \varepsilon = \frac{1+\nu}{E}\sigma \tag{4.8}$$

그런데 $\tau = \sigma$이므로 위 식은 다음이 성립된다 (G는 전단탄성계수).

$$\tau = \sigma = \frac{E}{1+\nu}\frac{\gamma}{2} = G\gamma \tag{4.9}$$

$$G = \frac{1}{2}\frac{E}{1+\nu}$$

4.2.2 탄성변형과 소성변형

재료의 구성방정식(응력-변형률의 관계)은 모든 응력-변형률 경로에 대해 재료의 거동을 예상할 수 있는 것이어야 하며, 복합재료에서는 응력 - 변형률 관계가 매우 복잡하기 때문에 이를 단순화 시켜서 개략적 구성방정식으로 나타내기가 쉽지 않다.

물체는 하중의 크기에 따라 **탄성거동**하거나 **소성거동**하며, 가하거나 제거한 하중이 탄성한계 보다 작으면 **탄성거동**하고, 탄성한계 보다 크면 **소성거동**(소성변형이 발생) 한다. 이 같은 물체는 (항복 전에 탄성거동하고 항복 후에 소성거동하는) **탄소성 거동**하는 물체로 이상화하여 물체로 간주한다. 탄성한계보다 작은 하중이라도 오랫동안 지속적으로 재하되면 피로와 이완에 의해서 물체는 **크리프 거동**한다. 하중을 가한채로 긴 시간 방치할 때 발생되는 소성변형은 처음에는 크지만 시간경과에 따라 감소한다.

1) 탄성거동

하중을 가하는 즉시 변형되고, 하중을 제거하는 즉시 원래상태로 되돌아가는 특성을 **탄성**(elasticity)이라 하고, 그 때 변형을 **탄성변형**(elastic deformation)이라 하며, 응력-변형률 곡선의 기울기를 **탄성계수**(elastic modulus)라 한다. 체적변화가 일어나지 않는 탄성거동의 한계하중을 **탄성한계** 또는 **항복하중**(yield load)이라 한다.

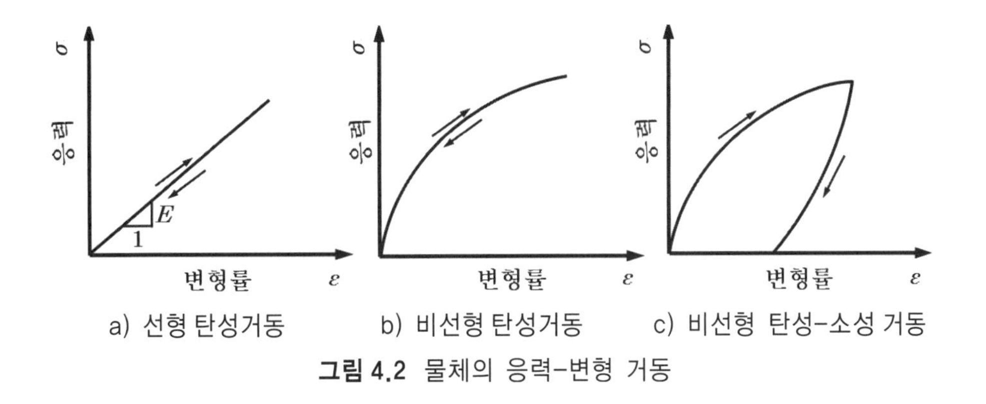

a) 선형 탄성거동　　b) 비선형 탄성거동　　c) 비선형 탄성-소성 거동

그림 4.2 물체의 응력-변형 거동

물체가 탄성 거동할 때 응력과 변형률은 서로 선형(**선형탄성**, 그림 4.2a) 또는 비선형 비례(**비선형 탄성**, 그림 4.2b) 하며, **선형 탄성거동**은 대개 (가장 고전적인 구성정식인) Hooke 법칙으로 나타내고(그림 4.3), **비선형 탄성거동**을 고려한 구성 방정식은 Duncan-Chang 의 Hyperbolic 모델이 대표적이다.

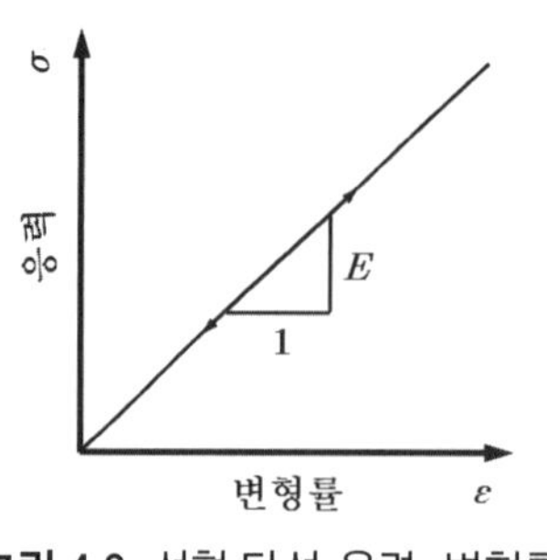

그림 4.3 선형 탄성 응력-변형률

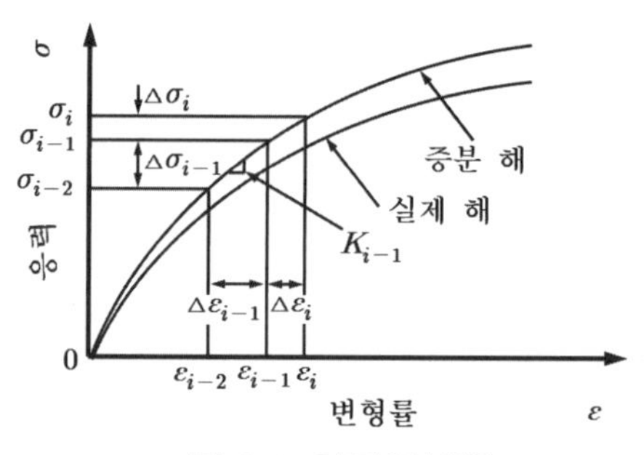

그림 4.4 하중 증분법

물체의 비선형 탄성거동은 **하중 증분법** (incremental method) 으로 해석한다. 즉, 하중을 다수의 증분하중으로 분할하고 각 증분하중에 대해 선형탄성거동 (piecewise linear elastic) 한다고 생각하고 응력수준에 맞는 탄성계수를 적용하여 해석한다. 대개 접선탄성계수 (tangential modulus) 를 적용하며 여러 개로 분할할수록 실제 비선형거동에 근접한다 (그림 4.4).

각 하중수준의 응력증분과 변형률 증분의 관계는 **접선탄성계수** $\boldsymbol{E_s}$ 로 나타낸다.

$$E_s = \left[1 - \frac{R_f(1-\sin\phi)(\sigma_1 - \sigma_3)}{2c\ \cos phi + 2\sigma_3 \sin\phi}\right]^2 K p_a \left(\frac{\sigma_3}{p_a}\right)^n \tag{4.10}$$

여기에서 p_a 는 대기압이고, K 와 n 은 (삼축 압축시험으로 결정하는) 지반의 재료상수이며, R_f 는 극한 축차응력과 파괴 시 축차응력의 비이며, 대체로 $R_f = 0.7 \sim\ 1.0$ 이다.

2) 소성거동

동일 응력에서 변형률이 증가하는 성질을 **소성**이라 하고, **소성변형**은 하중이 제거된 후에도 잔류한다. 물체는 탄성변형 없이 즉시 소성거동 (**강성 - 이상소성거동**, rigid - ideal plastic, 그림 4.5a) 하거나, 탄성거동 후에 소성거동 (**탄성-이상소성거동**, elastic-ideal plastic, 그림 4.5b) 하며, 소성거동하는 동안 응력이 증가 (**탄성-소성경화거동**, elastic-plastic hardening, 그림 4.5c) 하거나, 또는 감소 (**탄성-소성연화거동**, rigid-plastic softening, 그림 4.5d) 한다.

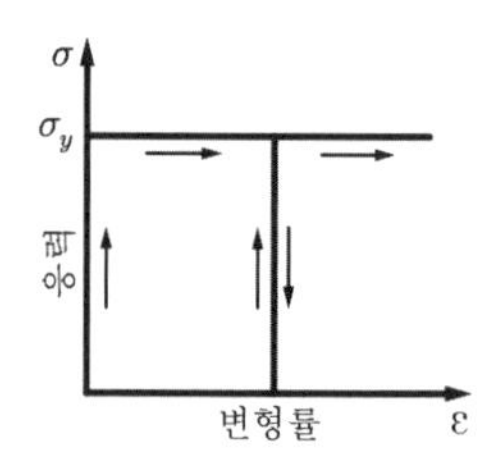

a) 강성-이상소성 거동

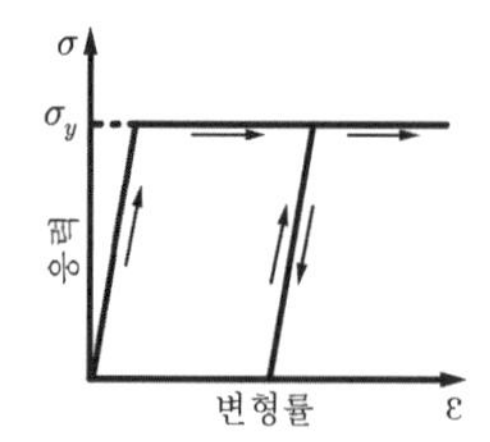

b) 탄성-이상소성 거동

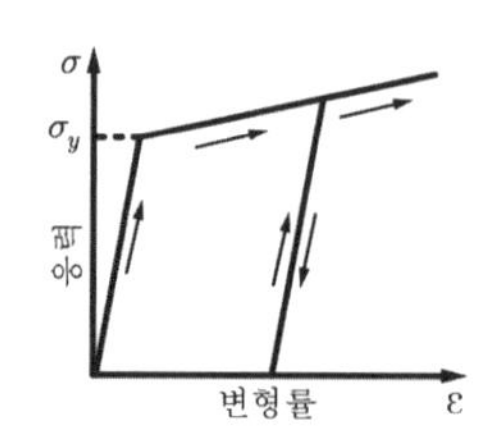

c) 탄성-소성경화 거동

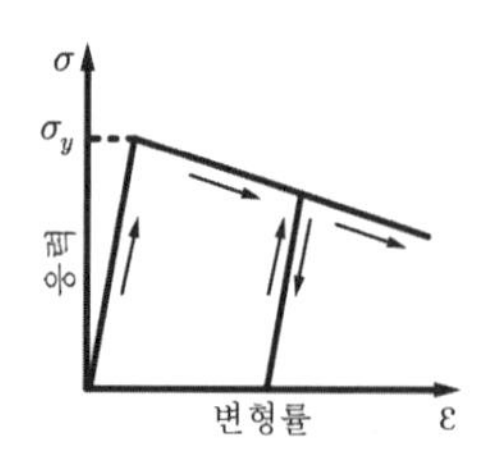

d) 탄성-소성연화 거동

그림 4.5 물체의 소성거동

3) 탄소성 거동

탄소성 물체는 응력이 항복응력 σ_y 보다 작을 때는 ($\sigma < \sigma_y$) 변형이 하중에 비례하여 증가(**탄성거동**) 하고, 항복응력에 도달된 이후에는 (응력변화 없이 변형률이 증가하는) **소성항복** (**소성유동**) 이 일어나며, 소성거동하는 동안 응력이 증가하거나 감소한다. 이와 같은 탄소성 거동은 텐서로 나타내기가 매우 복잡하다.

탄소성 물체의 거동은 (항복응력을 결정하는) **항복규준** (failure criteria) 과 (항복 후 거동을 나타내는) **유동법칙** (flow rule) 으로 나타낸다.

4) 크리프 거동

하중이 탄성한계보다 작더라도 오랜 시간동안 지속되면 물체에는 **피로** (fatigue) 와 **이완** (relaxation) 에 의해 **크리프** (creep) 가 발생된다.

물체의 변형상태는 그림 4.6 과 같이 가로축에 시간, 세로축에 하중과 변형으로 나타내어서 확인할 수 있다. 탄성한계보다 작은 하중 σ_p 를 가하면 즉시 ($t = 0$) **탄성변형** ϵ_{eo} 가 발생되고, 하중을 일정하게 유지하면 시간경과에 따라 변형률이 $\Delta\epsilon$ 만큼 증가된다.

$$\Delta\epsilon = \epsilon_{en} + \epsilon_k$$
$$\epsilon = \epsilon_{eo} + \Delta\epsilon = \epsilon_{eo} + \epsilon_{en} + \epsilon_k \qquad (4.11)$$

하중을 제거하면 (시간 t_1), 탄성변형 ϵ_{eo} 은 즉시 회복되고, 나머지 변형의 일부는 서서히 회복 (**회복변형** ϵ_{en}) 되거나 잔류 (**크리프변형** ϵ_k) 한다.

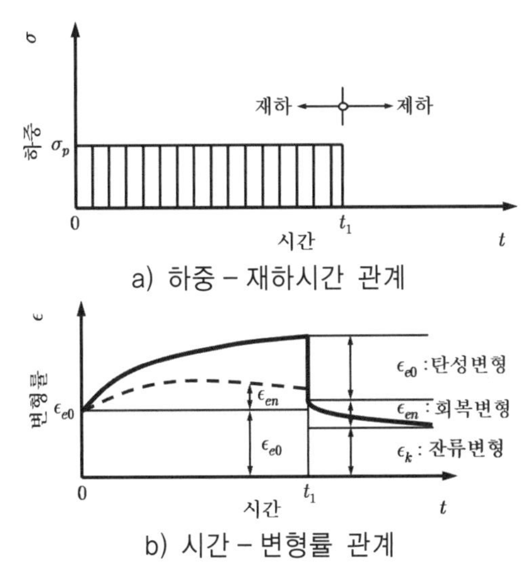

a) 하중 – 재하시간 관계

b) 시간 – 변형률 관계

그림 4.6 탄성범위 내에서 시간에 따른 변형거동

4.3 흙 지반의 변형

흙 지반은 암석이 풍화되어 생긴 다양한 흙 입자들이 원위치에 있거나 바람, 물, 빙하, 중력 등에 의해 **침식 - 운반 - 퇴적**되어 생성되므로, 형태가 다양하고 불균질한 비등방성 재료이다.

흙 지반은 결합되지 않은 흙 입자들이 쌓여 **구조골격**을 이루므로, 구조골격의 변형과 간극 부피변화에 의해 변형된다. **흙 구조골격**은 외력에 의해 흙 입자가 흐트러지고 재배치되어서 변형된다. **간극**은 간극수가 유출되거나 간극공기가 유출·압축·용해되어야 부피가 변한다.

포화지반에 외력이 작용할 때 (흙 입자와 물은 비압축성이므로) 비배수 조건에서는 체적이 변하지 않아서 **형상변형에 의한 지반침하만 발생**되고, 배수조건에서는 간극수의 배출량 만큼 체적이 감소되어서 지반이 침하된다. 수평지반에서는 수평변위는 억제되고 연직변위만 허용되어 지반체적이 변하면 연직변위가 발생된다. 이는 Terzaghi 의 일차원 압밀조건이다.

불포화지반에 외력이 작용하면 구조골격이 압축되고, 간극수가 유출되며, 간극공기가 유출 · 압축 · 용해되어 지반이 침하된다. 불포화 지반의 침하는 매우 복잡하고 연구가 부족하다.

사질토는 흙 입자들이 직접 접촉되어서 응력-변형률 거동이 **흙 입자간 접촉상태**, **구조골격 교란**, **응력이력**, **변형구속조건** 등에 의해 결정된다. **점성토**는 흙 입자가 직접 접촉되지 않고 함수비에 따라 이격거리가 달라서 응력-변형률 거동이 주로 함수비에 의해 영향을 받는다.

외력이 극한지지력에 비해 작으면 체적변형이, 근접한 크기이면 형상변형이 주로 일어난다. 사용하중상태이면 체적변형률이 발생하고, 안전율을 구할 때는 전단변형률을 주로 생각한다.

지반은 하중의 크기에 무관하게 **탄성** 또는 **소성거동** (**4.3.1 절**) 하며, 아무리 작은 하중이라도 항상 **소성변형**이 발생한다. 비배수 상태 포화지반에서는 응력수준에 무관하게 **소성체적유동** (**4.3.2 절**) 이 발생되고 유동곡선에서 응력 - 변형률 관계를 예측할 수 있다.

실제의 지반은 3 차원 거동하고 3 차원 탄성역학식이 복잡하고 어려우므로 **평면응력 상태**나 **평면변형률상태** (**4.3.3 절**) 로 변환하여 2 차원 해석할 때가 많다. **평면변형률 상태와 평면응력 상태는 변형률-변위 관계와 힘의 평형식이 일치하고 구성 방정식만 다르므로,** 평면 변형률상태나 평면 응력상태 중에서 쉬운 쪽으로 해석한 후에 최종단계에서 변환하면 계산이 쉬워진다.

지반의 변형은 응력 - 변형률 관계곡선 기울기 즉, **변형계수** (**4.3.4 절**) 로 나타내며, 반복재하곡선에서 변곡점 접선의 기울기가 탄성계수이다. 변형계수는 대개 **접선계수**나 **할선계수**로 정의하며, 실무에서는 주로 할선계수를 적용한다. 변형계수로는 압밀변형계수 E_s 와 탄성계수 E 및 평판변형계수 E_v 등이 적용되고 지반이 완전 탄소성거동하면 서로 환산된다.

4.3.1 지반의 탄성거동과 소성거동

흙 지반은 흙 입자와 물 및 공기로 이루어진 불균질한 비등방성 재료이고, 탄소성 거동하기 때문에 외부에서 하중이 작용하면 **탄성변형**과 **소성변형**이 동시에 발생한다.

그런데 외부하중이 제거되면 일부 변형 즉, 탄성변형은 회복되지만, 변형의 그 일부분 즉, 소성변형은 하중이 제거되더라도 회복되지 않고 잔류한다.

지반에 작용하는 외력이 지반의 극한지지력에 비해서 작으면 체적변형이 주로 발생하고, 근접한 크기이면 형상변형이 주로 일어난다. 따라서 사용하중상태에서는 체적변형률이 주로 발생하고, 안전율을 구할 때에는 전단변형률을 주로 생각한다.

흙 지반의 압축성은 지반의 구조골격, 상대밀도, 외력의 크기, 지반 내 하중확산 형태, Poisson 의 비 등 여러 가지 요인에 의하여 영향을 받는다.

구조물 하중에 의한 지반의 침하는 구조물의 특성과 지반의 압축 가능성에 따라 침하 크기와 형태가 다르게 발생하며, 다음 내용을 고려하여 계산한다.

① **구조물** : 구조물의 종류, 크기 및 기초의 깊이 등
② **지반의 형상과 구성** : 지반의 종류, 보링 및 사운딩의 결과
③ **지반의 물리적 특성치** : 입도분포, 컨시스턴시, 상대밀도 등
④ **지반의 압축특성** : 일축압축시험, 평판재하시험 및 기타 현장시험의 결과

외력의 재하로 인해 발생되는 지반침하는 지반의 **탄성침하**와 **소성침하**의 합이다. 그러나 실제의 구조물에서는 탄성침하와 소성침하를 분리하여 계산하고 취급하는 것은 쉽지 않은 일이다. 실무에서는 대체로 지반을 반무한 등방 탄성체로 간주하고 탄성침하만 계산해도 충분한 경우가 많다.

지반의 탄성변형은 Hooke 의 법칙을 적용하여 계산하며, 이때에 흙 지반의 Poisson 비는 대개 $\nu = 1/3$ 을 적용하고, 계산의 편의상 $\nu = 0$ 을 적용하는 경우도 많이 있다.

흙 지반에서 동상이 발생된 이후에 해빙되면서 연화작용이 일어나서 지반이 약해지거나, 함수비가 증가하거나, 그 밖의 여러 가지 요인에 의해 지지력이 감소되거나, 외력이 증가하여 지지력 파괴가 발생되면, 흙 지반이 소성 거동하여 변형되거나 지반침하가 급격한 기울기로 발생된다.

4.3.2 비배수상태 포화지반의 소성체적유동

전단 중에 부피가 변하지 않는 압밀 비배수 (CUB) 시험에서 하중이 증가하는 경우에 대한 유효응력경로를 표시하면 등체적 전단을 나타내는 곡선이 되는데 이는 역학적 관점으로 볼 때 **유동곡선** (flow curve) 이며, **소성체적유동** (plastic volumetric flow) 의 한계조건이다. 유동곡선의 좌표축은 $p-q$ 또는, $(\sigma'_1+\sigma'_3)-(\sigma'_1-\sigma'_3)$ 로 나타낸다.

그림 4.7 은 교란 점토와 비교란 점토 유동곡선인데, 응력수준에 상관없이 서로 닮은꼴이다.

또한, 유동곡선상에서 축방향 변형률이 같은 점을 연결하면, 그림 4.7a 와 같이 $p-q$ 좌표축의 원점을 지나는 방사상 직선이 된다. 그런데 여러 가지 응력수준에 대한 유동곡선들은 서로 닮은꼴이므로 가로축을 무차원화 즉, 정규화 (normalize) 하면 한 개 곡선에 거의 일치되어, 응력수준에 상관없는 응력-변형률 $(\sigma-\epsilon)$ 관계를 구축할 수 있다. 따라서 응력상태를 알면, 변형률을 예측할 수 있다. 낮은 응력수준의 유동곡선에서 높은 응력수준의 유동곡선으로의 전이는 곧, **지반의 경화** (hardening) 를 의미한다.

유동곡선 형상은 등방 압밀되었거나 비등방 압밀되었을 때에 서로 다르며 (Burland, 1971) 과압밀 상태에서는 부(負)의 간극수압이 압밀비에 따라 발생되므로 유동곡선 형상이 그림 4.8 처럼 임계점에 모아진다.

3 차원 응력상태에서는 유동곡선이 유동곡면으로 된다 (그림 4.9). 유동곡선과 파괴곡선의 교차점 외곽에서는 지반경화가 일어나지 않는 한 **소성유동** (plastic flow) 이 일어나지 않아서 결국 재료가 불안정한 상태로 되기때문에 이 교차점이 재료의 절대강도를 나타낸다. 따라서 이 교차점 (그림 4.8 의 C 점) 은 **임계점** (Critical State Point) 이라고 하며 선행하중은 물론 과압밀비와도 상관이 없는 값이다 (Roscoe/Schofield/Wroth, 1958).

Hvorslev (1937) 는 유동곡선을 흙 지반의 간극비 e 와 관련시켜 그림 4.10 과 같이 3 차원으로 나타내었다. 이때 FHLK 면은 파괴조건이고 K→F 곡선은 간극비 e 에 따른 임계점 (그림 4.10 의 C 점) 의 궤적을 나타낸 **임계상태곡선 *CSL*** (Critical State Line) 이다.

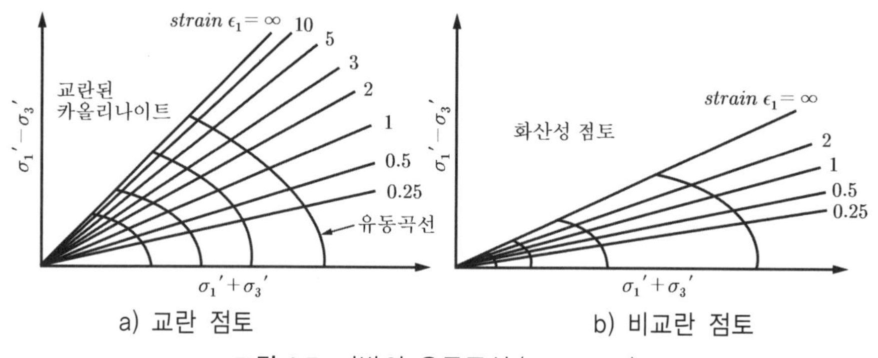

그림 4.7 지반의 유동곡선 (Lee, 1968)

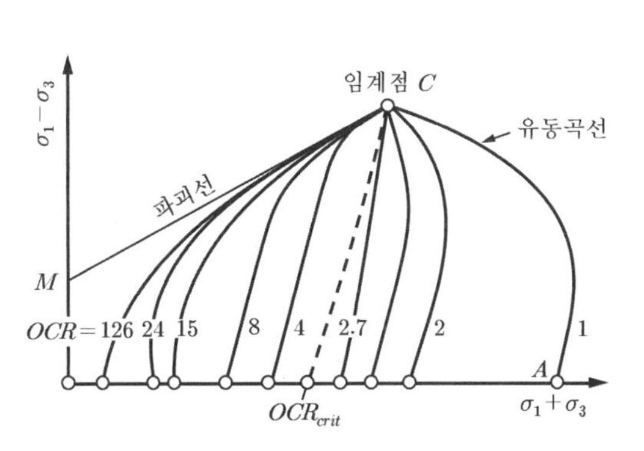

그림 4.8 과압밀 흙의 유동곡선과 파괴선 (Roscore/Schofield/Wroth, 1958)

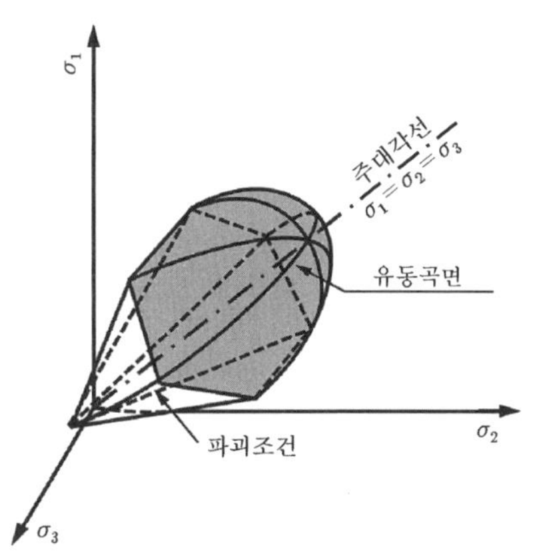

그림 4.9 유동곡면 (Laumans, 1977)

부피가 변하지 않는 즉, 간극비가 일정한 (e = constant) 평면(그림 4.10 빗금친 부분)은 삼축시험으로는 실현할 수 없다. 삼축시험에서는 제하(unloading) 중에 간극비 e 가 변하여 D→B 의 경로를 따른다. K-F 곡선을 $\tau-e$ 평면에 투영한 L-H 곡선은 완전 포화토에서 전응력으로 나타낸 전단강도 τ 와 간극비 e 의 관계를 나타낸다.

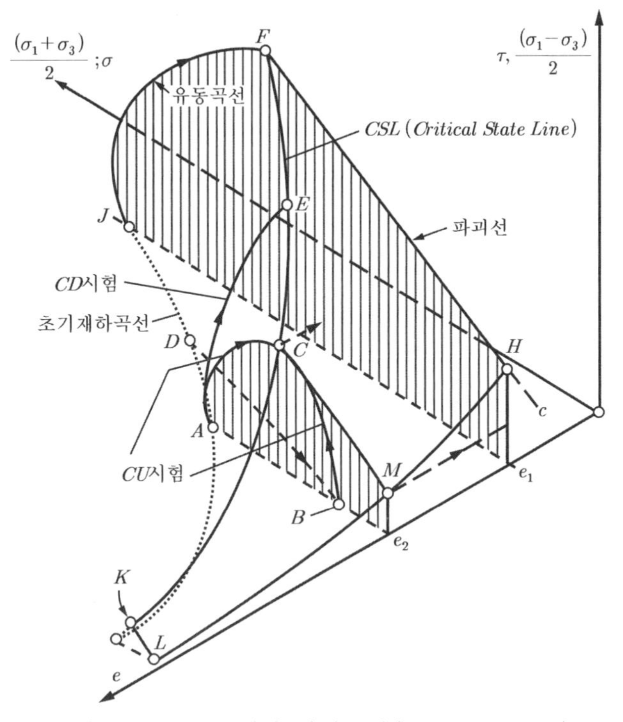

그림 4.10 유동곡선과 파괴곡선 (Hvorslev, 1937)

4.3.3 평면변형률상태와 평면응력상태

3 차원 탄성체를 직교좌표계 (x, y, z) 의 xy 평면에 평행하게 일정한 두께로 잘라낸 경우에 z 좌표에 관계되는 응력(**평면응력 상태**)이나 변형률(**평면변형률 상태**)이 일정하다면 3 차원 물체를 2 차원 탄성문제로 대체하여 해석할 수 있다.

평면변형률 상태와 평면응력 상태는 변형률-변위 관계와 힘의 평형식이 동일하고 구성식만 다르다. 따라서 평면변형률 상태인 물체를 평면응력 상태로 계산하고 그 결과를 평면변형률 상태로 변환하면 계산이 쉬워진다.

1) 평면변형률 상태

수평지반을 z 축에 수직이 되도록 일정한 폭으로 절단한 판형 물체의 표면에 평행한 xy 평면에서 z 방향 변형률이 모두 '영'$(\varepsilon_{zz} = \gamma_{zx} = \gamma_{zy} = 0)$ 이면, z 축에 관계된 모든 양$(\sigma_{zz}$ 등$)$이 z 좌표에 상관없이 일정(z 의 함수가 아님)하므로 3 차원 구성식이 단순해진다. 이런 상태를 **평면변형률 상태**라고 하고, 수평터널이나 댐체는 축이 z 축방향인 평면변형률 상태이다.

평면변형률 상태에서 $\varepsilon_{zz} = \gamma_{zx} = \gamma_{zy} = 0$ 이므로,

$$\begin{aligned} \sigma_{zz} &= \nu(\sigma_{xx} + \sigma_{yy}) \\ \tau_{zx} &= \tau_{zy} = 0 \end{aligned} \tag{4.12}$$

이고, σ_{zz} 를 탄성체 구성식의 ε_{xx}, ε_{yy} 에 대입하면 **평면변형률상태 구성방정식**이 된다.

$$\begin{aligned} \varepsilon_{xx} &= \frac{1}{E}\{\sigma_{xx} - \nu(\sigma_{yy} + \sigma_{zz})\} = \frac{1-\nu^2}{E}\left(\sigma_{xx} - \frac{\nu}{1-\nu}\sigma_{yy}\right) \\ \varepsilon_{yy} &= \frac{1}{E}\{\sigma_{yy} - \nu(\sigma_{zz} + \sigma_{xx})\} = \frac{1-\nu^2}{E}\left(\sigma_{yy} - \frac{\nu}{1-\nu}\sigma_{xx}\right) \\ \gamma_{xy} &= \frac{1}{G}\tau_{xy} \end{aligned} \tag{4.13}$$

평면변형률 상태에서 **변형률-변위 관계**는 다음과 같고,

$$\begin{aligned} \varepsilon_{xx} &= \partial u / \partial x \\ \varepsilon_{yy} &= \partial v / \partial y \\ \gamma_{xy} &= \frac{\partial u}{\partial y} + \frac{\partial v}{\partial x} \end{aligned} \tag{4.14}$$

평면변형률상태의 평형방정식은 다음이 된다.

$$\begin{aligned} \frac{\partial \sigma_{xx}}{\partial x} + \frac{\partial \tau_{yx}}{\partial y} + X = 0 \\ \frac{\partial \sigma_{yy}}{\partial x} + \frac{\partial \tau_{yx}}{\partial y} + Y = 0 \end{aligned} \tag{4.15}$$

2) 평면응력 상태

수평지반을 z 축에 수직이 되게 일정한 폭으로 절단하면 판형물체가 생기고, 이 판형물체의 표면에 평행한 xy 평면에서 z 방향으로 힘이 작용하지 않을 경우에는 xy 평면에서 응력이 '영' $(\sigma_{zz}=\tau_{zx}=\tau_{zy}=0)$ 이 된다.

따라서 x, y, z 방향의 변위 u, ν, w 도 마찬가지로 z 의 함수가 아니기 때문에 탄성체의 3 차원 구성방정식이 아주 단순해진다. 이러한 응력상태를 **평면응력 상태**라고 한다.

탄성체에 대한 구성방정식 즉, 응력-변형률 관계식에 $\sigma_{zz}=\tau_{zx}=\tau_{zy}=0$ 관계를 대입하면, **평면응력 상태 구성방정식**이 된다.

$$\varepsilon_{xx}=\frac{1}{E_0}(\sigma_{xx}-\nu_0\sigma_{yy})$$
$$\varepsilon_{yy}=\frac{1}{E_0}(\sigma_{yy}-\nu_0\sigma_{xx})$$
$$\gamma_{xy}=\frac{1}{G}\tau_{xy} \tag{4.16}$$

평면응력 상태에서 **변형률-변위 관계**는 평면변형률 상태와 동일하므로 식 (4.14) 이 된다. 그리고 **평면응력 상태에 대한 힘의 평형식**은 평면변형률 상태인 경우의 힘의 평형식과 같은 식 (4.15) 가 된다.

3) 평면응력 상태와 평면변형률 상태의 상호관계

평면응력 상태 구성 방정식 (식 4.13) 의 계수 (탄성계수 E_0 및 푸아송 비 ν_0) 와 평면 변형률 상태 구성 방정식 (식 4.16) 의 계수 (탄성계수 E 및 푸아송 비 ν) 는 상호간에 다음의 관계를 나타낸다.

$$E_0=\frac{E}{1-\nu^2}$$
$$\nu_0=\frac{\nu}{1-\nu} \tag{4.17}$$

따라서 위 식을 적용하면 **평면응력 상태 구성방정식**과 **평면변형률 상태 구성방정식**을 **상호 변환**시킬 수 있다.

4.3.4 지반의 변형계수

압밀변형상태(주 변형이 압축변형)에서 지반의 변형은 응력-변형률 곡선의 기울기(변형계수)로 나타낼 수 있고, 변형계수는 대상 구조물과 구속조건에 적합한 값을 적용해야 한다.

지반공학에서는 구속조건에 따라 다양한 **변형계수**를 적용하며, 이들은 **접선계수**(tangent modulus) 또는 **할선계수**(secant modulus)로 정의하고(그림 4.14b), 실무에서는 할선계수를 주로 적용한다.

탄성거동하는 지반에서 변형계수들은 서로 환산할 수 있다.

- **탄성계수 E** (Young's modulus) : 일축압축시험
- **압밀변형계수 E_s** : 압밀시험
- **평판변형계수 E_v** : 평판재하시험
- **실측변형계수 E_m** : 실측값

1) 탄성계수 E

탄성계수 E(Young's modulus)는 상·하 재하면에 마찰이 없고 측방향의 변형이 구속되지 않은 일축재하상태(그림 4.11) 즉, 축방향 힘(즉, 연직응력)만 작용하는 상태에 대한 응력-변형률 곡선의 기울기이며 지반의 즉시침하계산에 적용한다.

측압 $\sigma_2 = \sigma_3$을 가한 상태로 축방향으로 압축 재하하는 삼축 압축시험에서 구한 **변형계수**(즉, 응력-변형률 곡선의 기울기)는 구속응력을 가하지 않은($\sigma_2 = \sigma_3 = 0$) 일축재하상태에서 구하는 변형계수(즉, Young 률)와 다르다.

탄성계수는 일축압축시험에서 구한 축방향 응력 σ_z와 변형률 ϵ_z곡선의 기울기이다.

$$E = \sigma_z / \epsilon_z \tag{4.18}$$

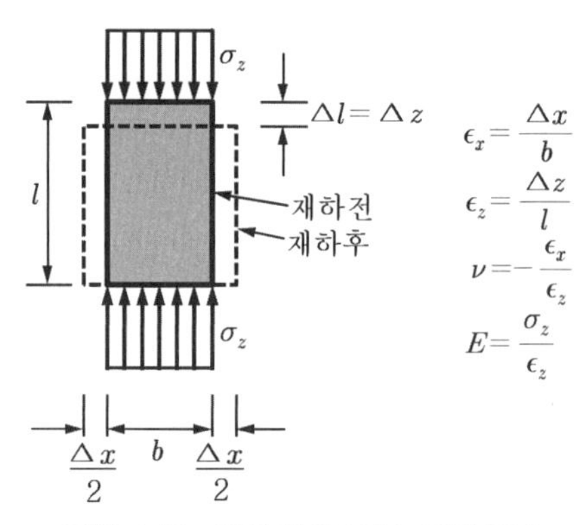

그림 4.11 일축압축시험 응력상태

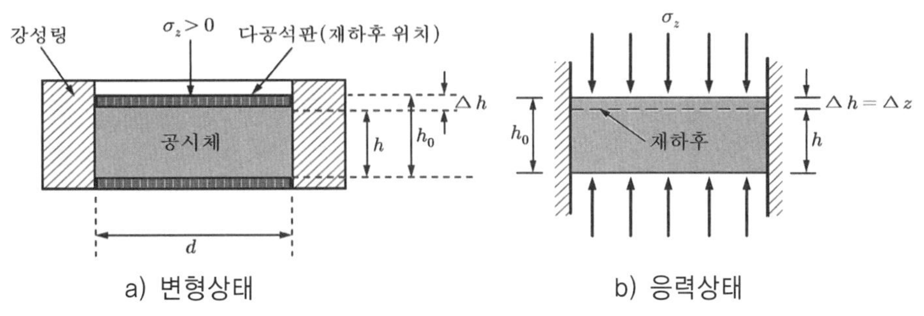

그림 4.12 압밀시험의 응력 및 변형상태

2) 압밀변형계수 E_s

압밀변형계수 E_s 는 측방변위가 억제된 상태(즉, $\epsilon_x = \epsilon_y = 0$, 단면이 변하지 않는 상태로 축 방향으로 압축재하 하여)의 공시체가 축 방향으로만 변형될 때(그림 4.12)에 응력-변형률 곡선의 기울기이며, 압밀시험에서 구한다. 압밀시험에서는 하중을 단계적(응력제어)으로 또는 등속(변형률 제어)으로 재하하며, 최종단계의 하중은 선행하중보다 커야 하고, 현장예상하중이나 구조물에 의한 압력의 1.5배 정도로 한다.

압밀시험결과는 압력 - 침하율 관계로 나타낸다. 이때 침하율은 압축량 Δh 를 초기 공시체 높이 h_o 로 나눈 값 $\Delta h / h_o$ 을 백분율로 나타낸 **비침하 s'** (specific settlement)로 표시한다. 작용압력 σ 와 비침하 s' 관계곡선(그림 4.13)의 기울기를 **압밀 변형계수 E_s** 라고 한다.

따라서 구조물 하중 재하 전후의 비침하 변화 $\Delta s'$ 는 다음이 된다.

$$\Delta s' = \Delta (\Delta h / h_o) = s'_2 - s'_1 \qquad (4.19)$$

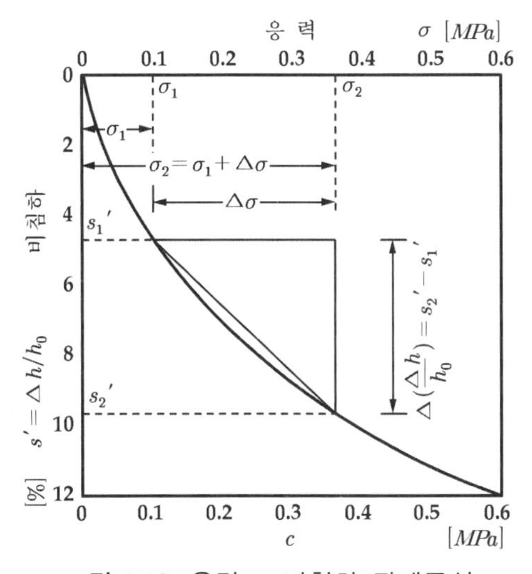

그림 4.13 응력 - 비침하 관계곡선

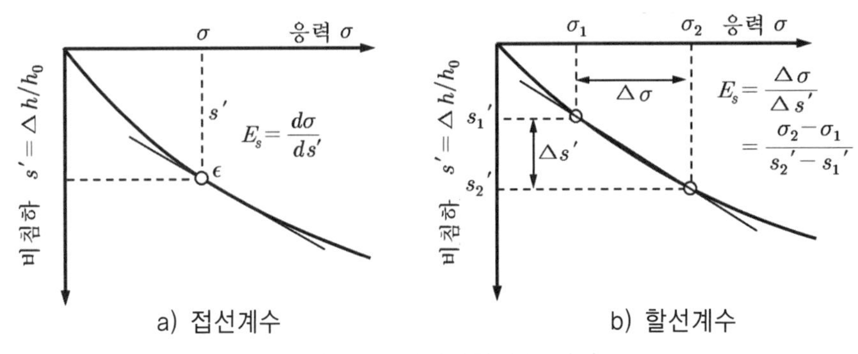

a) 접선계수 b) 할선계수

그림 4.14 압밀변형계수 결정

이는 구조물 축조로 인해 지반이 전체 두께의 $\Delta s'$ % 만큼 침하됨을 나타내며, 이로부터 지반의 침하량을 계산할 수 있다. 예를 들어 구조물의 축조로 인해 발생된 비침하가 $\Delta s' = 5\,\%$ 이면, 초기 두께가 $h_o = 1.0$ m 인 지반에서 침하량은 $\Delta h = \Delta s' h_o = 0.05 \times 100 = 5\ [cm]$ 이다.

압밀변형계수는 접선계수나 할선계수로 정의하며 할선계수를 많이 사용한다 (그림 4.14).

$$E_s = d\sigma / ds' \quad : \text{ 접선계수} \tag{4.20a}$$

$$E_s = \frac{\Delta \sigma}{\Delta s'} = \frac{\sigma_2 - \sigma_1}{s_2{}' - s_1{}'} \quad : \text{ 할선계수} \tag{4.20b}$$

할선계수로 나타낸 압밀변형계수 E_s 를 비침하 s'로 표시하면 다음이 된다.

$$E_s = \frac{\Delta \sigma}{\Delta\,(\Delta h / h_o)} = \frac{\Delta \sigma}{\Delta s' / 100} \tag{4.21}$$

탄성체에서 압밀변형계수 E_s 를 탄성계수 E 와 Poisson 비 ν 로 표시할 수 있다.

$$\epsilon_z = \frac{\sigma_z (1+\nu)(1-2\nu)}{E(1-\nu)} = \frac{\sigma_z}{E_s}$$

$$\therefore\ E_s = \frac{1-\nu}{(1+\nu)(1-2\nu)} E \tag{4.22}$$

지반에 따른 대표적인 압밀변형계수는 표 4.1과 같다.

표 4.1 지반에 따른 압밀변형계수 (Lackner, 1975) [단위 : MPa]

지반	비점착성 흙							점착성 흙						
	모래					자갈	전석	점토			롬		실트	피트
	느슨		중간		조밀									
	둥근	모난	둥근	모난				반고체	0.75<IP<1	0.5<IP<0.75	반고체	0.5<IP<0.75		
압밀변형계수	20 ~ 50	40 ~ 80	50 ~ 100	80 ~ 150	150 ~ 250	100 ~ 200	150 ~ 200	5 ~ 10	2 ~ 5	1 ~ 2.5	5 ~ 20	4 ~ 8	3 ~ 10	0.4 ~ 1.0

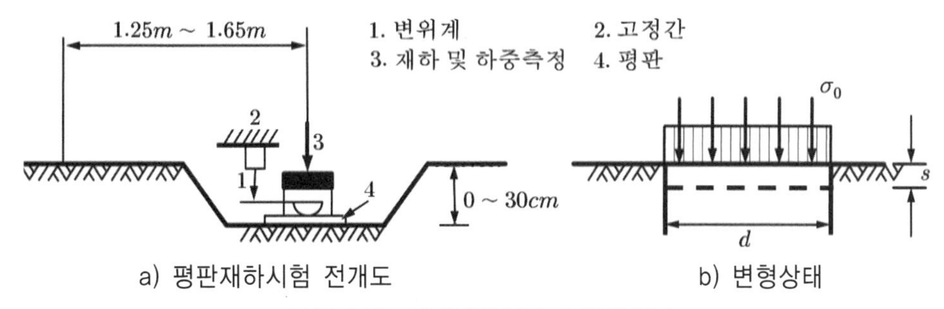

그림 4.15 평판재하시험과 변형상태

3) 평판변형계수 E_v

지표면에 원형 재하판을 설치하고 재하하는 평판재하시험 (그림 4.15) 에서 구한 평균압력-침하 관계 곡선의 기울기를 **평판변형계수 E_v** 라 한다. 평판재하시험은 재하면적이 좁아서 그 하부지반 내 영향권이 한정되므로 그 결과를 침하계산에 직접 적용하기는 어렵다. 그러나 평판변형계수는 재하상태 (초기재하, 제하, 재재하 등) 에 따른 변형계수를 구할 수 있는 장점이 있다.

평판변형계수 E_v 는 평균압력 - 침하관계곡선에서 할선계수로 정의한다 (그림 4.16).

$$E_v = \frac{\pi}{4}\frac{\Delta\sigma}{\Delta h}d \fallingdotseq \frac{\Delta\sigma}{\Delta h}d \tag{4.23}$$

평판변형계수 E_v 를 탄성계수 E (Young 율) 와 Poisson 비 ν 로 표시하면,

$$\frac{\sigma}{E}(1-\nu^2)d = \frac{\sigma}{E_v}d = \Delta h \tag{4.24}$$

이고, 이를 정리하면 평면변형계수 E_v 와 탄성계수 E 의 관계를 구할 수 있다.

$$E_v = \frac{1}{1-\nu^2}E \tag{4.25}$$

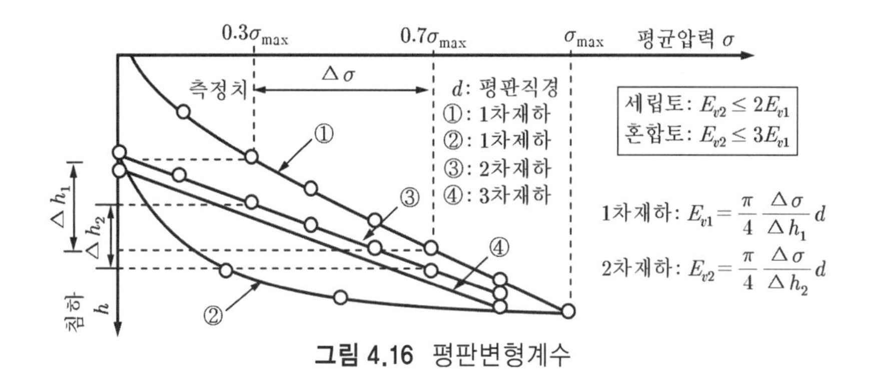

그림 4.16 평판변형계수

4) 실측변형계수 E_m

실제 구조물 (평균압력 σ_o, 폭 b) 의 침하량을 측정하여 구한 평균압력 - 침하 관계 곡선의 기울기는 **실측변형계수 E_m** (deformation modulus) 이며, 다음 식으로 나타낼 수 있다.

$$E_m = \frac{\sigma_o b}{s} f \tag{4.26}$$

위 f 는 **침하계수**이고, 압축성 지층의 두께와 Poisson 비 ν 등의 영향을 고려하는 값이다. 실측 침하량 s 는 즉시침하 s_i 와 압밀침하 s_c 및 이차압축침하 s_s 를 모두 합한 크기이다. 실측 변형계수 E_m 은 응력 크기가 제한적이고 응력에 따라 크기가 다르기 때문에 응력변화량 $\Delta\sigma$ 뿐만 아니라 초기응력상태 σ_1을 알아야 정확한 값을 구할 수 있다.

5) 변형계수의 상호 관계

압밀변형계수 E_s 와 탄성계수 E, 평판변형계수 E_v 등은 지반이 완전 탄소성 (elastio - plastic) 일 경우에는 다음 관계가 성립되어 서로 환산할 수 있다.

$$E = \frac{1-\nu-2\nu^2}{1-\nu} E_s \tag{4.27a}$$

$$E_v = \frac{1-\nu-2\nu^2}{(1-\nu)(1-\nu^2)} E_s \tag{4.27b}$$

측방 변형이 일어나지 않으면 $\nu = 0$ 이므로, 탄성계수 E 와 평판 변형계수 E_v 및 압밀 변형계수 E_s 는 크기가 같다 ($E = E_v = E_s$). 탄성 및 소성 재료에서 $0 < \nu \leq 0.5$ 이므로 그 크기가 탄성계수 〈 평판변형계수 〈 압밀변형계수의 순서로 크다 ($E < E_v < E_s$).

흙 지반의 Poisson 비는 대개 $\nu = 0.17 \sim 0.33$ 이므로 평판변형계수 E_v 와 압밀변형계수 E_s 의 관계는 $E_v = (0.75 \sim 0.96) E_s$ 이다. **평판재하시험에서 전단변형이 크게 발생될 경우에는 압축변형계수의 의미가 없기 때문에 이 관계를 적용할 수 없다.**

지반의 변형계수와 푸아송 비 ν 의 크기는 지반에 따라 대체로 표 4.2 와 표 4.3 와 같다.

표 4.2 지반의 변형계수

흙의 형태	연약 점토	점토	느슨한 모래	조밀한 모래
변형계수 $[kPa]$	1725~3450	5865~13800	10350~27600	34500~69000

표 4.3 지반의 푸아송 비

흙의 형태	모래				점토	
	느슨	중간	조밀	실트질	연약	중간
푸아송 비	0.2~0.4	0.25~0.4	0.35~0.45	0.2~0.4	0.15~0.25	0.2~0.5

4.4 지반의 즉시침하

외력에 의해 발생되는 **지반침하**는 (하중을 제거하면 회복되는) **탄성침하**와 (회복되지 않는) **소성침하**의 합이며, 지반을 탄성체로 가정하고 탄성침하만 계산해도 충분하게 정확한 경우가 많다. 탄성침하는 지반의 탄성압축에 의해 재하순간에 일어나기 때문에 **즉시침하**라고도 한다.

점성토에서 발생하는 탄성침하(탄성침하)는 대체로 크기가 작고, 불포화 점토나 과압밀 점토에서는 전체 침하의 대부분을 차지한다.

사질토에서 탄성침하(즉시침하)는 기초의 폭과 길이, 지하수위, 지반의 지반반력계수 등에 의해 영향을 받아 결정된다. 지반반력계수는 사질토의 상대밀도에 따라 다르다.

탄성침하의 크기는 지반 변형계수의 판정에 의해 좌우되며, **변형계수**는 대개 응력-변형률 곡선에서 선형부분의 접선 기울기로 정의하는데, 응력수준의 함수이므로 기초의 깊이와 상재 하중의 크기에 따라 다르다.

지반의 변형계수는 실험실에서 일축압축시험이나 삼축압축시험하여 측정하고, 현장에서는 평판재하시험(PBT, Plate Bearing Test), 표준관입시험(SPT, Standard Penetration Test), 콘 관입시험(CPT, Cone Penetration Test), 공내재하시험(PMT, Pressuremeter Test) 등으로 측정한다.

구속응력이 없는 일축압축시험에서 구한 변형계수는 현장에서 측정한 값 보다 작고, 삼축 압축시험에서는 구속응력이 작용하기 때문에 변형계수가 크게 측정된다. 시추공내에서 공내 재하시험(Pressure-meter 시험) 하면 측방향의 변형계수를 구할 수 있다. 사질토에서는 변형 계수가 이방성, 응력이력, 구조적 결합상태 등에 의해 큰 영향을 받는다.

지반의 탄성침하량은 지반을 반무한 등방 탄성체로 간주하고 외력에 의한 지중응력을 적용하고 (탄성이론식의) 지반 변형률을 적분해서 구하거나 (**직접계산법**), 연직응력의 분포형상을 가정하고, 이 압력에 대한 압력-침하 곡선상의 값(**간접계산법**)을 취해서 구할 수 있다.

직접 침하계산법(4.4.1 절)은 탄성식이나 선형 탄성 이론 또는 유한 차분식으로 나타낸 구성 방정식에서 지반의 변형률을 직접 적분해서 침하를 계산하는 방법이며, 실무에서 사용하는 침하계산 프로그램은 대개 여기에 속한다.

지반 내 연직단면에서 연직응력 분포가 지반의 종류에 무관하게 탄성이론식과 유사한 형상으로 분포한다고 가정한 후, 선형 탄성이론을 적용하여 연직응력을 구하고 이 값에 해당하는 지반침하량을 압력-침하 곡선에서 구하는 방법 또는 지반의 압축율(비침하)에 지층의 두께를 곱하여 지반침하를 구하는 방법을 **간접 침하 계산법(4.4.2 절)**이라 한다.

4.4.1 직접 침하계산법 (선형탄성이론 적용)

직접계산법은 비선형 탄성적으로 압력 - 침하 거동하는 지반을 변형계수가 일정한 (즉, 상수) 반무한 등방 탄성체로 간주하고 연직변형률을 구한 후 이를 전체깊이에 대해 직접 적분하여 침하를 구하는 방법이다. 지반의 즉시침하는 변형계수와 기초강성에 의해 큰 영향을 받는다.

직접계산법에서는 (비선형적 탄성 거동하는) 지반을 변형계수 E_s 가 일정한 반무한 등방 탄성체로 간주하고 연직변형률 ϵ_{zz} 를 구한 후 전체깊이에서 적분해서 지반침하를 계산한다.

$$s = \int_0^\infty \epsilon_{zz} dz \qquad (4.28)$$

1) 지반의 변형계수

지반의 변형계수는 지반에 따라서 즉, 조립토와 세립토에서 다르고, 응력수준의 함수이어서 깊이와 하중에 따라 변화하기 때문에 직접계산법으로 계산한 침하량은 변형계수의 판정에 의해 좌우된다. 조립토에서는 대개 (압밀침하는 제외하고) 예상 최대하중에 의한 즉시침하만 고려할 때가 많고, 점성토에서는 침하가 오랜 시간에 걸쳐 일어나고, 즉시침하가 작게 일어난다.

투수계수가 큰 **조립토**에서는 재하 즉시 배수되어 과잉간극수압이 소산되므로 압밀침하가 장시간 지속되지 않는다. 따라서 사질토에서는 예상 최대하중에 의해서 재하 즉시 일어나는 즉시 침하만 고려해도 되는 경우가 많다.

(1) 조립토의 변형계수

흙 지반의 변형계수는 흙의 구조골격에 의존하는 값이므로 비교란 상태에서 구해야 한다. 그런데 비교란 상태로 시험하기가 힘든 조립토에서는 실내시험으로 구하기가 매우 어려워서 대체로 교란되지 않은 현장지반에서 표준관입시험 (SPT) 으로 측정한 표준관입시험치 N 이나 정적 콘관입시험 (CPT) 으로 측정한 콘지수 q_c 로부터 구한다.

동일지반에서 표준관입 시험치 N 이나 콘지수 q_c 는 대체로 다음 관계를 갖는다.

$$q_c \simeq 4N \quad (\text{사질토})$$
$$q_c \simeq 2N \quad (\text{세립토}) \qquad (4.29a)$$

표준관입 시험치 N 치로부터 **변형계수 E_s** 를 판정할 수 있다 (Schmertmann, 1978).

$$E_s = 4N \quad (\text{실트, 모래질 실트})$$
$$E_s = 7N \quad (\text{세립 내지 중립 모래})$$
$$E_s = 10N \quad (\text{조립 모래})$$
$$E_s = (12 \sim 15)N \quad (\text{모래질 자갈, 자갈}) \qquad (4.29b)$$

(2) 세립토의 변형계수

세립토에서는 즉시침하가 작게 일어나고 침하는 장시간에 걸쳐 일어난다. 점성토에서 즉시 침하량은 정규압밀 또는 과압밀 상태인지 확인하여 응력-변형률 곡선에서 실제 응력수준에 적합한 기울기 즉, 변형계수를 구한 후에 이를 적용하여 계산한다.

점성토에서 **압밀 변형계수 E_s** 는 경험적으로 다음과 같이 **선행압밀압력** σ_{pc} 와 선형적 비례 관계가 있다.

$$E_s = m_s \sigma_{pc} \tag{4.30}$$

여기에서 비례상수 m_s 는 지반의 상태에 따라 다음 표 4.4 와 같다.

표 4.4 지반에 따른 비례상수 m_s

지반상태	stiff clay	firm, senstive clay	soft clay
m_s	80	60	40

콘 관입시험은 균질하고 느슨한 세립 점성토의 변형계수를 판정하기에 적합하며, **압밀변형계수 E_s** 는 **평균 콘지수** q_c 에 선형비례한다.

$$E_s = \kappa q_c \tag{4.31}$$

위 식에서 비례상수 κ 는 토질과 다짐정도에 따라서 다음 표 4.5 와 같다 (Schmertmann, 1955).

표 4.5 지반에 따른 비례상수

지반	실트 및 모래	치밀 모래	조밀 모래	모래 및 자갈
κ	1.5	2	3	4

2) 기초강성에 따른 즉시침하

휨강성이 없거나 매우 작은 **연성기초**는 기초면적 보다 넓은 침하구덩이가 형성되고, 접촉한 지반과 같은 형상으로 기초가 변형되기 때문에 기초의 위치에 따라서 침하량이 다르다. 연성기초는 접지압 분포가 균일 (등분포) 하므로 침하량을 직접 계산할 수 있다.

강성기초는 기초의 형상대로 지반이 변형되기 때문에 기초의 모든 위치에서 균등하게 침하되지만, 접지압을 결정하기가 매우 어려워서 침하량을 직접 계산할 수 없다.

(1) 연성기초의 즉시침하

① 연성 직사각형 기초 :

등분포 하중 q 가 작용하는 **연성 직사각형 기초** ($L \geq B$, 폭 B, 길이 L) 의 모서리 아래에서 침하량은 다음과 같다 (Schleicher, 1926).

$$s = q\frac{1-\nu^2}{E_s}\frac{1}{\pi}\left[B\ln\left(\frac{L+\sqrt{B^2+L^2}}{B}\right)+L\ln\left(B+\frac{\sqrt{B^2+L^2}}{L}\right)\right] \tag{4.32}$$
$$= qB\frac{1-\nu^2}{E_s}\frac{1}{\pi}\left[\ln\left(m+\sqrt{1+m^2}\right)+m\ln\left(\frac{1+\sqrt{1+m^2}}{m}\right)\right]$$
$$= qB\frac{1-\nu^2}{E_s}f_{qre}$$

위 식에서 f_{qre} 는 **침하계수**이고, m 은 **직사각형 기초의 형상비** ($m = L/B > 1$) 이다.

$$f_{qre} = \frac{1}{\pi}\left[\ln\left(m+\sqrt{1+m^2}\right)+m\ln\left(\frac{1+\sqrt{1+m^2}}{m}\right)\right] \tag{4.33}$$

위 식 (4.32) 는 푸아송 비 ν 가 '영' ($\nu = 0$) 이면 다음이 되고, Kany (1974) 는 이 경우에 대한 **등분포 재하 직사각형 기초 꼭짓점의 침하계수 f_{qre}** 를 그림 4.17 과 표 4.6 로 나타내었다.

$$s = \frac{qB}{E_s}f_{qre} \tag{4.34}$$

* Steinbrenner (1934) 는 직사각형 기초 형상비를 적용하여 **꼭짓점 하부 침하**를 구하였다.

* Kany (1974) 는 등분포 하중 q 가 작용하는 **직사각형 연성 기초 꼭짓점 침하계수 f_{qre}** 를 구하는 그래프 (그림 4.17) 를 제시하였다. 기초 ($L \geq B$) 내 임의 점의 침하는 그 점에서 4 분할한 분할기초 꼭짓점 침하 (i 번째 분할기초 꼭짓점 침하계수 f_{qrei}) 의 합이다.

$$s = \sum s_i = \sum\frac{qB_i}{E_{si}}f_{qrei} \tag{4.35}$$

Kany (1974) 는 **등분포 재하 연성기초 c 점 침하계수 f_{qrc}** (그림 4.20, 표 4.7) 도 구하였다.

$$s = \frac{qB}{E_s}f_{qrc} \tag{4.35a}$$

* Gibson (1967) 은 변형계수가 지표부터 깊이에 선형적으로 비례하여 증가하는 지반에서 $E = E'z$ 로 대체하고 계산한 결과 **연속기초의 침하**는 크기가 유한하였다.

$$s = \sigma_o\frac{2(1+\nu)}{\pi E'}\arctan\frac{B}{z} \tag{4.36}$$

* Schaak (1972) 은 **삼각형 분포 재하 직사각형기초 침하계수 f_{dr}** (그림 4.18) 을 구하였다.

$$s = \frac{qB}{E_s}f_{dr} \tag{4.37}$$

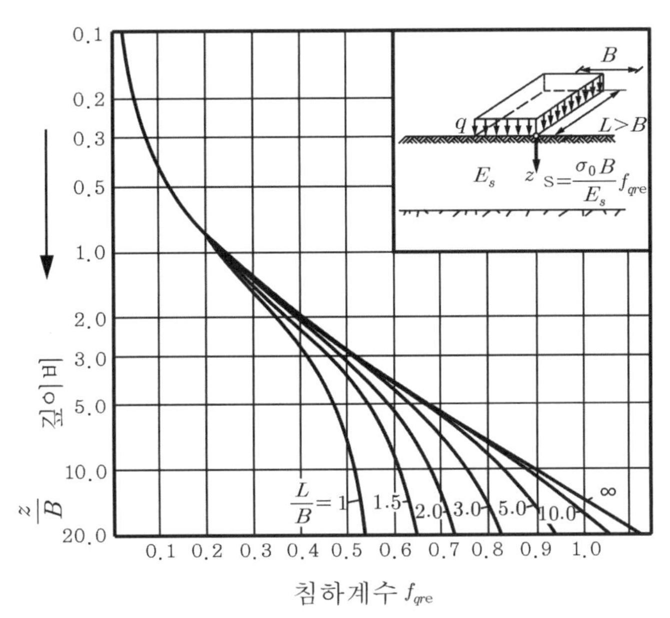

그림 4.17 등분포하중이 작용하는 연성직사각형기초 모서리의 침하 (Kany, 1974)

표 4.6 직사각형 연성기초 꼭짓점 침하계수 f_{qre} Kany(1974)

z/b	a/b						
	1.0	1.5	2.0	3.0	5.0	10.0	∞
0.0	0.0	0.0	0.0	0.0	0.0	0.0	0.0
0.125	0.0313	0.0313	0.0313	0.0313	0.0313	0.0313	0.0313
0.375	0.0931	0.0933	0.0933	0.0934	0.0934	0.0934	0.0934
0.625	0.1512	0.1528	0.1531	0.1533	0.1533	0.1534	0.1534
0.875	0.2027	0.2073	0.2085	0.2096	0.2093	0.2094	0.2094
1.250	0.2684	0.2799	0.2835	0.2859	0.2858	0.2861	0.2861
1.750	0.3289	0.3525	0.3615	0.3678	0.3691	0.3696	0.3696
2.500	0.3919	0.4328	0.4517	0.4665	0.4713	0.4726	0.4726
3.500	0.4366	0.4940	0.5249	0.5525	0.5672	0.5713	0.5716
5.000	0.4771	0.5514	0.5961	0.6431	0.6740	0.6850	0.6862
7.000	0.5025	0.5884	0.6437	0.7077	0.7602	0.7862	0.7904
9.000	0.5171	0.6098	0.6717	0.7467	0.8168	0.8596	0.8692
11.000	0.5267	0.6238	0.6901	0.7725	0.8564	0.9154	0.9324
13.500	0.5350	0.6361	0.7064	0.7960	0.8926	0.9702	0.9984
16.500	0.5413	0.6454	0.7190	0.8143	0.9217	1.0176	1.0617
19.000	0.5450	0.6509	0.7263	0.8251	0.9390	1.0471	1.1060
20.000	0.5462	0.6537	0.7286	0.8286	0.9447	1.0570	1.1219

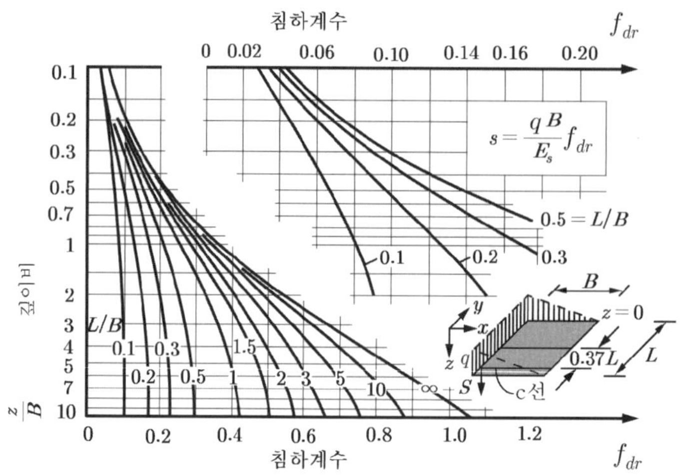

그림 4.18 삼각형 분포 하중이 작용하는 연성 직사각형 기초의 침하 (단, ν=0.5, Schaak, 1972)

② **원형기초** : 등분포 하중이 작용하는 연성 원형기초의 여러 위치에서 침하(침하계수 f_{qc}, 그림 4.19)는 Leonhardt (1963)가 구하였다.

$$s = \frac{qB}{E_s} f_{qc} \tag{4.38}$$

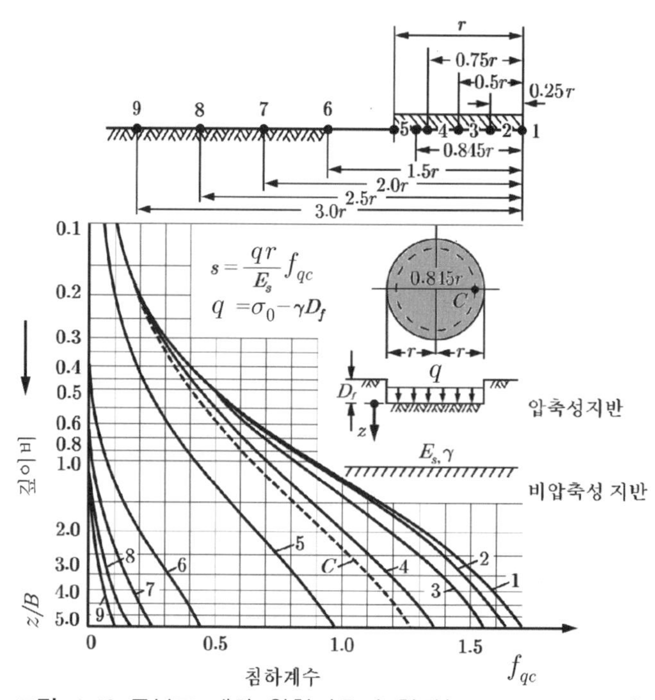

그림 4.19 등분포 재하 원형기초의 침하(Leonhardt, 1963)

(2) 강성기초의 즉시침하

강성기초 (rigid foundation) 는 전체적으로 균등하게 침하되지만, 접지압 분포가 복잡하기 때문에, 직접 계산하기가 어려워서 직사각형 강성기초의 침하량은 간접적 (또는 개략적) 으로 구할 수밖에 없다. 실제의 기초는 완전한 의미의 연성 또는 강성인 경우가 매우 드물지만, **강성도비** (식 2.16) 로부터 강성기초를 확인하고 침하를 계산한다.

강성기초의 침하는 다음 방법으로 구한다.

- 크기가 같은 연성기초의 특정 위치에서 **연성기초 침하계산법**으로 구한 값으로 대체
- **탄성침하 개략계산식**으로 계산
- **수치해석**해서 계산

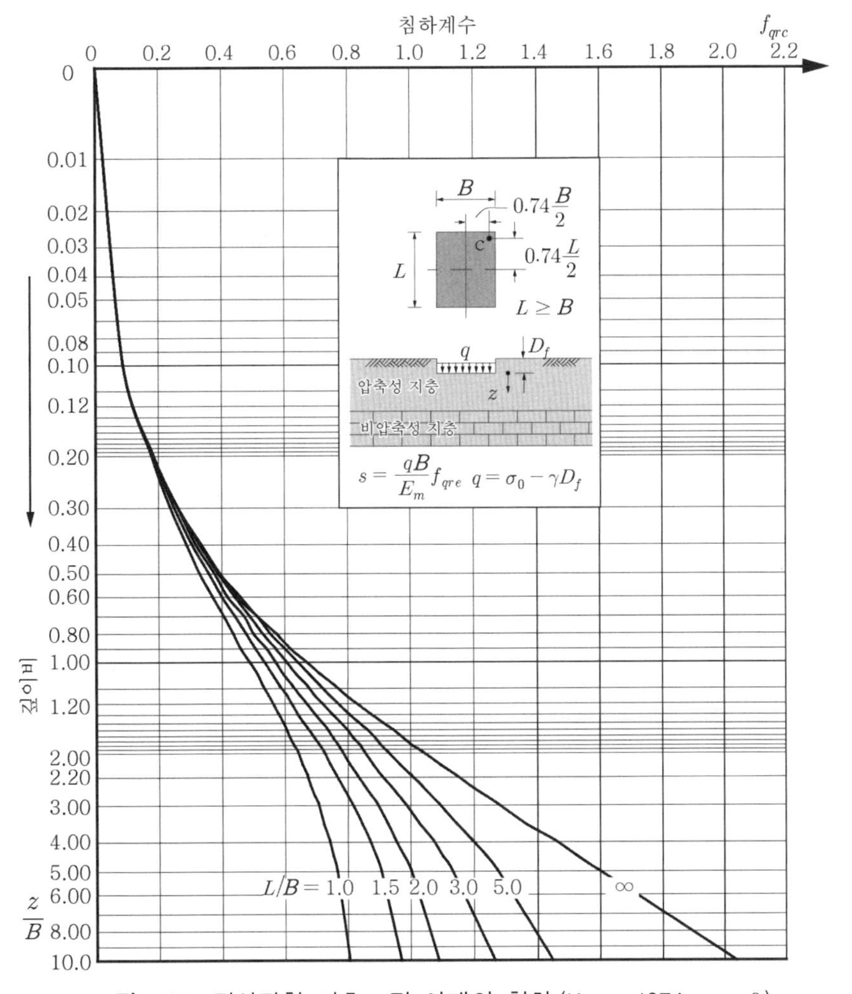

그림 4.20 직사각형 기초 c 점 아래의 침하 (Kany, 1974, $\nu = 0$)

표 4.7 직사각형 연성기초 c 점 하부지반의 침하계수 f_{qrc} (Kany, 1974)

z/b	정사각형	직사각형				연속기초
	a/b=1.0	1.5	2.0	3.0	5.0	$\to\infty$
0	0	0	0	0	0	0
0.1	0.090	0.090	0.090	0.090	0.090	0.090
0.2	0.175	0.180	0.185	0.185	0.185	0.185
0.3	0.235	0.250	0.260	0.260	0.260	0.260
0.4	0.290	0.305	0.320	0.330	0.335	0.335
0.5	0.330	0.360	0.380	0.390	0.395	0.395
0.6	0.370	0.400	0.420	0.440	0.445	0.460
0.7	0.405	0.440	0.470	0.490	0.510	0.515
0.8	0.435	0.475	0.500	0.530	0.555	0.575
0.9	0.460	0.505	0.540	0.570	0.600	0.620
1.0	0.490	0.535	0.570	0.605	0.645	0.670
1.1	0.515	0.560	0.595	0.635	0.680	0.715
1.2	0.530	0.585	0.625	0.670	0.715	0.760
1.3	0.550	0.605	0.650	0.695	0.745	0.795
1.4	0.565	0.625	0.675	0.725	0.775	0.835
1.5	0.580	0.645	0.695	0.750	0.805	0.880
1.6	0.595	0.660	0.720	0.775	0.835	0.915
1.7	0.605	0.680	0.740	0.800	0.865	0.950
1.8	0.615	0.695	0.755	0.820	0.890	0.980
1.9	0.630	0.710	0.770	0.840	0.910	1.010
2.0	0.640	0.725	0.785	0.855	0.930	1.040
2.2	0.655	0.745	0.810	0.885	0.965	1.095
2.4	0.670	0.765	0.830	0.910	1.000	1.145
2.6	0.680	0.785	0.855	0.940	1.035	1.190
2.8	0.695	0.800	0.875	0.960	1.060	1.235
3.0	0.705	0.820	0.895	0.985	1.090	1.280
3.5	0.725	0.850	0.930	1.030	1.145	1.365
4.0	0.740	0.870	0.955	1.070	1.195	1.455
4.5	0.755	0.890	0.980	1.100	1.235	1.525
5.0	0.765	0.905	1.000	1.130	1.270	1.590
6.0	0.779	0.927	1.027	1.174	1.323	1.706
8.0	0.801	0.955	1.065	1.231	1.405	1.889
10.0	0.810	0.970	1.090	1.265	1.450	2.035
14.0	0.815	0.979	1.112	1.294	1.505	2.246
20.0	0.815	0.981	1.116	1.324	1.571	2.476

① 연성기초 침하계산법 이용 ;

같은 크기의 연성기초에서 **경계부와 중심점 침하의 평균값이나 중심점 침하의 75% 또는 c 점의 침하**로 대체한다. **c 점의 침하**는 기초의 평균압력에 대해 C 점의 침하를 계산(van Hamme, 1938)하거나 c 점에 대한 침하계산표(그림 4.20, Kany, 1974)에서 구한다.

② 강성기초 침하식 이용 ;

강성기초의 침하량은 탄성침하 개략계산식으로 계산할 수 있다.

* 정사각형기초 : $s = 1.76\frac{B}{2}\sigma_o\frac{1-\nu^2}{E}$
* 원형기초 : $s = 1.57R\sigma_o\frac{1-\nu^2}{E}$ (4.39)

원형기초는 단면형상의 영향이 적은 정사각형으로 대체할 수 있다(Grasshoff, 1970). 동일 면적의 **정사각형 기초와 원형 기초의 침하비**는 위 식에서 0.880~0.886 이다.

* **연속기초** ; 강성 연속기초에서 부등침하로 인한 기울어짐은 다음 식으로 계산한다.

$$\tan\alpha = \frac{\overline{M}}{B_x^2 E_s} f_\alpha \quad (4.40)$$

위에서 f_α는 기초형상에 따라 다음과 같이 결정되는 **기울어짐 계수**이다.

연속기초 ; $f_\alpha = 16/\pi \simeq 5.09$ (Browicka, 1943).

직사각형 기초 ; f_α는 L/B 관계(그림 4.21a)에 의존하거나 (Sheriff/Koenig, 1975), f_α는 깊이 z 에 의존(그림 4.21b, $f_\alpha(z)$)한다(Gussmann 등, 1980).

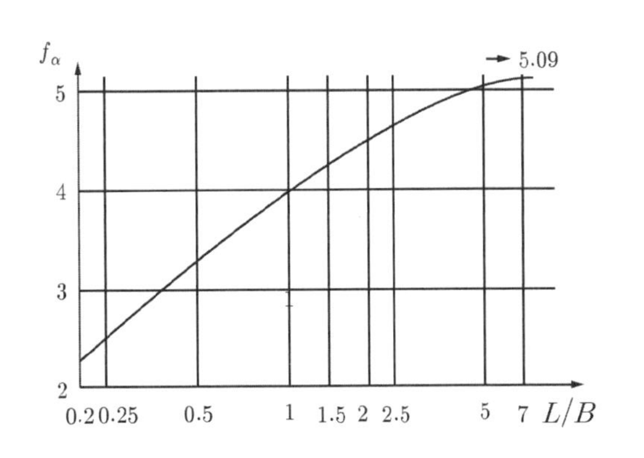

a) 형상계수와 기초형상의 관계
(Sheriff/Koenig, 1975)

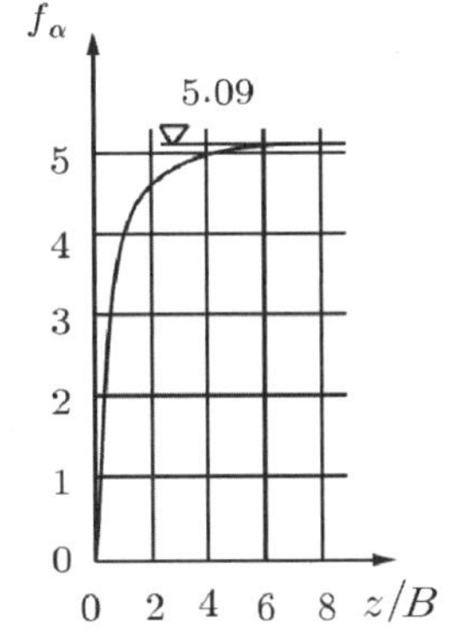

b) 형상계수-깊이관계
(Gussmann 등, 1980)

그림 4.21 강성 띠형기초의 형상계수

4.4.2 간접 침하계산법

지반 변형은 지반에 대한 구성방정식(constitutive equation)의 변형률을 직접 적분하여 구한다(**직접 침하계산법**). 그런데 지반 내 연직응력 σ_{zz} 은 구성방정식에 거의 무관하기 때문에 (식 3.49 참조) 지반 내 **연직면상 연직응력의 분포**를 지반 종류에 무관한 선형탄성 함수로 가정하고 간접적으로 침하를 계산하거나 연직압력에 대한 **압축성 지반의 압축율(비침하)**로부터 침하를 계산할 수 있다(**간접 침하계산법**, indirect method for settlement calculationd).

지반은 비선형 응력-침하 관계를 보이지만 근사적으로 고려함에도 불구하고 간접계산법으로 계산한 지반침하는 실제와 상당히 근사하다(Smoltczyk, 1993). 그것은 지반 내의 연직응력 σ_z 는 구성방정식과 거의 무관하기 때문이다. Boussinesq 식에서 연직응력 σ_z 가 푸아송비와 무관한 것으로 부터 알 수 있다.

간접 계산법에서는 경계조건이 일차원 압밀시험과 같으면, 지반의 비선형 압력-침하 거동을 압밀시험에서 측정해서 이용할 수 있다. 이때 측면변위는 완전 억제되어 있다고 생각한다.

압축성 지층이 두꺼우면 지표로부터 **한계깊이** z_{cr} (critical depth)까지만 압축되는 것으로 간주하며, 한계깊이는 보통 외력으로 인해 증가된 지반 내 연직응력(깊을수록 감소)이 자중에 의한 지반 내 연직응력(깊을수록 증가)의 20%가 되는 깊이로 한다.

미세 분할지층의 침하량 Δs 는 지반의 응력-비침하 곡선에서 구한 비침하 $\Delta s'$ 를 적용하여 계산하거나, 탄성식을 적용하여 계산한다. 간접 침하계산법은 Eurocode 7에 규정되어 있다.

1) 지반 내 연직응력 분포곡선 이용

간접 계산법에서는 기초 하부 압축성 지반을 다수의 **미세 수평지층으로 분할**하고, 각 미세 분할지층의 **침하량을 계산**한 후 전부 합하여 **총 침하량**을 구한다. 지반을 많은 수의 미세지층으로 분할할수록 계산 분량은 많아지지만 정확한 값이 계산된다(그림 4.22b).

미세 지층(두께 Δz)의 침하량 Δs 는 미세 지층에 작용하는 유효연직응력 σ_z' 을 적용하고 계산한다. 지반 침하를 유발하는 유효연직응력 σ_z' 은 자중에 의한 연직응력 $\sigma_{zg} = \gamma(D_f + z)$ (그림 4.22a)와 구조물 하중에 의한 연직응력 σ_{zp} (그림 4.22c)를 합한 크기($\sigma_{zgp} = \sigma_{zg} + \sigma_{zp}$)이며, 지반을 굴착한 후에 설치하는 기초에서는 굴착·제거한 지반의 무게 $\sigma_{ze} = B\gamma D_f$ 만큼 감소시킬 응력을 적용해야 한다.

$$\sigma_z' = \sigma_{zg} + \sigma_{zp} - \sigma_{ze} \tag{4.41}$$

실제 지반에서는 응력-침하 관계가 비선형 비례 관계이어서 변형계수 E_s 가 응력수준에 따라 다르기 때문에 침하계산에는 총 연직응력 σ_{zgp} 에 대한 변형계수 값을 적용한다.

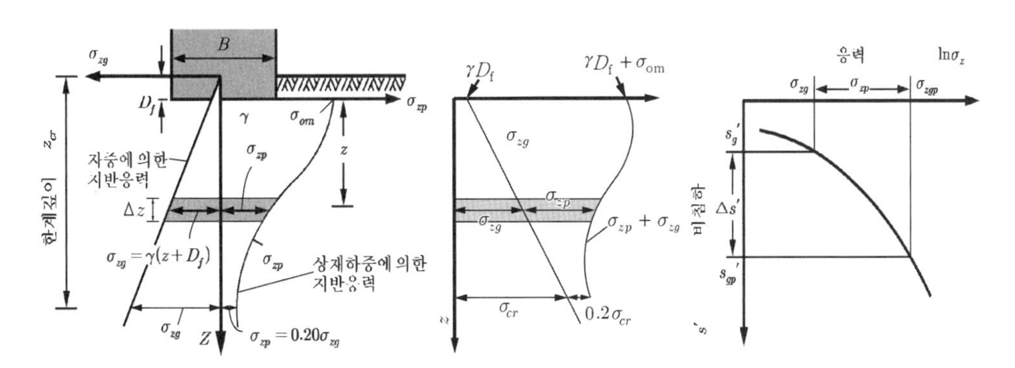

a) 자중에 의한 연직응력 b) 상재하중에 의한 연직응력 c) 총 연직응력

그림 4.22 지반 내 연직응력과 한계깊이

두께 Δz 인 **미세 수평지층의 침하량** Δs 는 현장의 연직응력수준에 해당하는 변형계수 E_s 값을 Hooke 의 법칙에 적용하여 계산한다.

$$\Delta s = \frac{\sigma_{zp} \Delta z}{E_s} \tag{4.42}$$

이 식에서 우측 항의 분자 $\sigma_{zp} \Delta z$ 는 상재하중에 의해 지반 내에 발생된 연직응력분포곡선 ($\sigma_{zp} - z$ 곡선) 의 면적 (그림 4.22b 및 c 에서 음영부분) 이다. 따라서 지반 내의 연직 단면에 대한 연직응력 분포곡선에서 미세 분할지층에 해당하는 면적 $\sigma_{zp} \Delta z$ 를 변형계수 E_s 로 나누면 침하량 Δs 가 된다.

그런데 지반의 변형계수 E_s 는 응력수준에 따라 다르므로, 현 위치 응력수준 (즉, **압축성 지층을 구성하고 있는 각 미세지층 중간부** (**깊이** z) **의 연직응력** σ_{zp}) 에 해당하는 변형계수 E_s 값을 적용하여 침하량을 계산한다.

미세 지층의 침하는 탄성 침하식으로 계산하고, 현장 상황에 따라 초기재하 또는 재재하에 대한 변형계수를 적용하며, 과압밀된 지반에서는 변형계수 선택에 신중해야 한다.

전체 침하량 s 는 각 미세지층의 침하량 Δs 를 전부 합한 값이다.

$$s = \sum \Delta s = \sum \frac{\sigma_{zp}}{E_s} \Delta z \tag{4.43}$$

2) 지반의 비침하 분포곡선 이용

지반 내 연직응력 σ_{zz} 은 구성방정식에 거의 무관하므로 (식 3.49 참조), 지반침하는 지반 내 **연직면에서 연직응력 분포**를 지반의 종류에 무관한 선형함수로 가정하고 간접적으로 계산할 수 있다. 또한, 지반침하는 연직압력에 대한 **압축성 지반의 압축율 (비침하)** 을 이용하고 계산할 수도 있다.

현장 지반의 침하에 관련된 경계조건이 압밀시험이나 평판재하시험의 경계조건과 동일한 경우에는 압밀시험이나 평판재하시험에서 구한 응력 - 비침하 관계를 이용하여 현장 지반의 침하량을 계산할 수 있다.

비침하 s' 은 발생한 침하량 s 를 지층 두께 H (압밀시험에서는 시료 두께) 로 나눈 값 (단위 두께 당 침하량, $s' = s/H$) 을 말하며, 보통 백분율로 표시한다. 따라서 비침하 s' 에 지층의 두께 H 를 곱하면 발생한 침하량이 된다.

두께 Δz 인 미세지층에서 발생하는 침하량은 지반의 응력 - 비침하 곡선 상 (그림 4.22c) 에서 자중에 의한 응력 σ_{zg} 에 대한 비침하 $s_g{}'$ 와 (지반의 자중과 구조물 하중에 의한 응력을 합한) 전체 응력 σ_{zgp} 에 해당하는 비침하 $s_{gp}{}'$ 의 차이 즉, 비침하 증분 $\Delta s' = s_{gp}{}' - s_g{}'$ 을 적용하여 계산한다.

비침하 $\Delta s'$ 은 (비침하의 정의로부터) 침하 Δs 의 압축성 지층의 두께 Δz 에 대한 백분율을 나타내므로, 비침하 $\Delta s'$ 에 압축성 지층의 두께 Δz 를 곱하면 곧, 미세지층의 침하량 Δs 가 되어 다음 식이 성립된다.

$$\Delta s = \Delta s' \Delta z \tag{4.44}$$

그런데 위 식에서 우측 항 $\Delta s' \Delta z$ 는 비침하 - 깊이 분포곡선의 미세 지층 (두께 Δz) 에 대한 비침하 분포곡선의 면적인 것을 알 수 있다. 즉, 미세지층의 침하량 Δs 는 미세지층의 비침하 $\Delta s'$ 에 미세 지층의 두께 Δz 를 곱한 크기이다.

따라서 지반 내의 연직단면에 대한 비침하 분포곡선에서 (연직단면을 구성하고 있는) 미세지층에 해당하는 비침하 분포곡선의 면적을 구하면 미세한 지층의 침하 Δs 가 되고, 압축성 지층을 이루는 모든 미세지층의 침하를 합하면 **압축성 지층의 전체침하**가 된다.

압축성 지층의 전체 침하량 s 는 각 미세지층의 침하량 Δs 를 전부 합한 값이다.

$$s = \sum \Delta s = \sum \Delta s' \Delta z \tag{4.45}$$

4.5 지반의 압밀침하

흙 지반은 **흙 입자**와 **물** 및 **공기**로 이루어져 있고 흙 입자들이 결합 없이 쌓여 구조골격을 이루고 있는 **입적체**이다. 따라서 외력이 작용하면 구조골격이 매우 취약하여 흙 지반은 쉽게 교란되고, 흙 입자들이 전단저항에 유리한 위치로 이동하여 새로운 구조골격이 형성되는데 이 과정에서 지반이 압축되고 다져진다.

흙 입자는 압축되지 않기 때문에 흙 지반 체적감소는 곧 간극 (간극률 n) 의 감소이며, 간극이 물로만 채워진 포화 지반에서는 간극의 감소를 함수비 감소로 나타낼 수 있다. 체적요소를 구성하고 있는 흙 입자에서는 탄성체적변화가 일어나고 간극에서는 소성체적변화가 일어난다.

지반의 일차원 압밀거동 (4.5.1 절) 은 주로 압밀시험기로 측정하며, 하중단계별 시간 - 침하 관계로부터 지반의 압축 및 팽창 특성과 **일차압밀침하 (4.5.2 절)** 를 구할 수 있다. **교란된 지반의 압밀침하 (4.5.3 절)** 는 경계조건을 일차원 압밀조건으로 단순화시키고 계산한다.

4.5.1 지반의 일차원 압밀거동

Terzaghi (1925) 압밀시험기를 사용하고 응력제어 (stress control) 나 변형률제어 (strain control) 하여 외력에 의한 지반압축 또는 수분흡수나 제하 (unloading) 에 의한 **지반팽창** (체적증가) 및 **팽창압력**은 측정할 수 있다.

흙 지반은 하중을 재하하면 압축되고 제하하면 팽창되는데, 완전 탄성체가 아니기 때문에 재하 및 제하 시 하중-침하곡선의 기울기가 다르다.

외력재하 후 **시간에 따른 지반의 변형특성**은 각 재하단계별 **변형-시간 관계곡선**으로부터 압밀계수와 일차압밀비를 구해서 파악한다. 그리고, **외력 (크기 변화) 에 따른 변형특성**은 전체 하중단계에 대한 **하중-변형 관계곡선**으로부터 압축계수와 체적변화계수 및 압축지수와 선행압밀하중을 구해서 파악한다.

각 단계압력에 대해 **변형량 - 시간 곡선** ($s-\log t$ 곡선과 $s-\sqrt{t}$ 곡선) 으로부터 압밀도 50 % 와 90 % 에 도달하는 시간 t_{50} 및 t_{100} 을 구할 수 있고, 이를 적용하여 **압밀계수 C_v** 를 계산할 수 있다.

전 하중단계에 대한 압밀압력과 간극비의 관계를 나타낸 $p-e$ 곡선으로부터 **압축계수 a_v** 와 **체적변화계수 m_v** 를 구할 수 있고, $\log p-e$ 곡선으로부터 **압축지수 C_c** 및 **선행압밀하중 p_c** 를 구할 수 있다.

1) 시간에 따른 변형특성

외력재하 시 **시간에 따른 변형특성**은 각 하중단계 별 **시간-침하 관계** (시간은 [min] 단위로 $\log t$ 나 $\sqrt{t}$ 로 표현) 로부터 압밀계수와 일차 압밀비를 구하여 파악할 수 있다.

압밀계수 C_v (coefficient of consolidation) 는 시간 - 압축침하량의 관계 즉, $\sqrt{t}$ 방법 (그림 4.23a) 과 $\log_{10}t$ 방법 (그림 4.23b) 으로부터 구할 수 있다.

$\sqrt{t}$ 방법에서는 배수거리 H 와 90 % 압밀소요시간 t_{90} 을 적용하여 **압밀계수 C_v** 와 **일차 압밀량 $\Delta d'$** 을 구할 수 있다. 이때 90 % 압밀도에 대한 시간계수는 $T_{90} = 0.848$ 이다.

$$\Delta d' = \frac{10}{9}(d_{90} - d_0)$$

$$C_v = H^2 \frac{T_{90}}{t_{90}} = \frac{0.848 H^2}{t_{90}} \tag{4.46}$$

$\log_{10}t$ 방법에서는 압밀도가 50 % 일 때 (d_0 와 d_{100} 의 중간 값 $d_{50} = (d_0 + d_{100})/2$) 에 대한 시간 t_{50} 을 구할 수 있고, 이를 적용하여 **압밀계수 C_v** 와 **일차압밀량 $\Delta d'$** 을 구할 수 있다. 이때 50% 압밀도에 대한 시간계수는 $T_{50} = 0.197$ 이다.

$\Delta d' = d_{100} - d_0$ 이다.

$$C_v = \frac{H^2 T_{50}}{t_{50}} = \frac{0.197 H^2}{t_{50}} \tag{4.47}$$

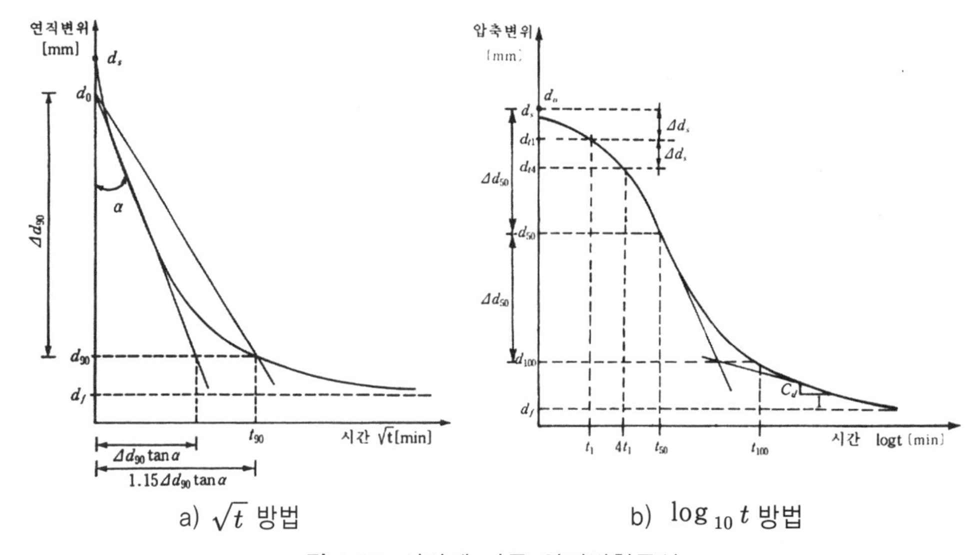

a) $\sqrt{t}$ 방법　　b) $\log_{10} t$ 방법

그림 4.23 시간에 따른 압밀변형특성

2) 외력에 따른 침하

외력의 크기에 따른 지반의 변형특성은 (전체 하중단계에 대해) 가로 축에 평균연직압밀압력을 나타내고 세로 축에 침하를 나타내어 **하중 – 침하 관계**로부터 구할 수 있고, **제하 – 재재하 관계**로부터 지반의 탄성변형거동을 파악할 수 있다. **평균 압밀압력 – 침하 관계**는 $p-s'$ **곡선**이나 $p-e$ **곡선** 또는 $\log p-e$ **곡선**으로 나타낸다.

* $p-s'$ **곡선** ; 기울기가 **압밀변형계수** E_s 이고, **체적압축계수** K 를 계산할 수 있다. 측방변형이 억제되어 재하 시 단면이 변하지 않는 포화지반의 체적변화 (즉, **침하** s') 은 간극의 변화 즉, 간극비 e 로 나타낼 수 있다.

* $p-e$ **곡선** ; 기울기가 **압축계수** a_v 이고, **체적변화계수** m_v 를 구할 수 있다.

* $\log p-e$ **곡선** ; 기울기가 **압축지수** C_c 이고, **선행압밀압력** p_c 를 구할 수 있다. 압축계수 a_v 와 압축지수 C_c 는 지반이 약할수록 크다.

(1) $p-s'$ 곡선 ;

가로 축에 하중 p 을 표시하고 세로 축에 비침하 s' 을 나타낸 **압력-비침하 곡선**은 그림 4.13 과 같이 위로 오목한 곡선이 되며, 그 기울기는 **압밀변형계수** E_s 이다. 포화상태 흙 지반의 체적변화는 간극 변화이고, 압밀시험에서는 재하중에 측방 변형이 억제 $(\epsilon_{xx}=\epsilon_{yy}=0)$ 되므로, 간극의 변화 Δn 이 연직변형과 같다 $(\Delta n=\epsilon_{zz})$.

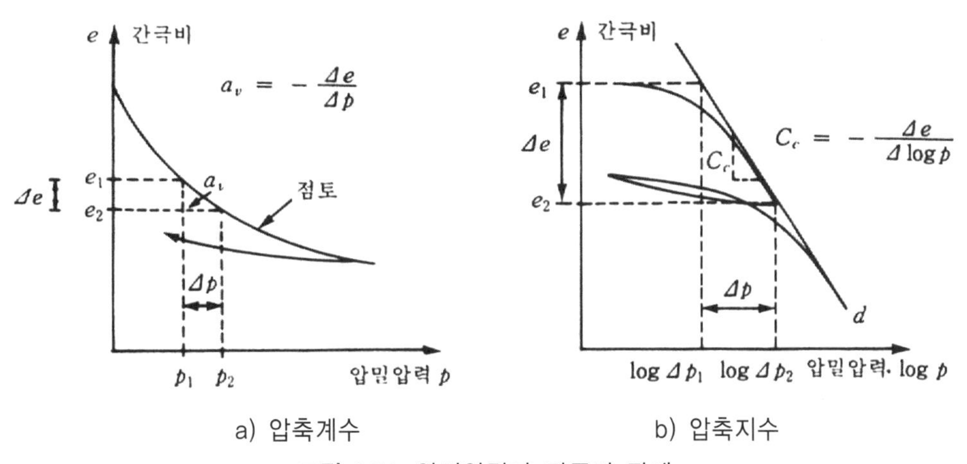

a) 압축계수 b) 압축지수

그림 4.24 압밀압력과 간극비 관계

연직방향 응력 σ_{zz} 와 변형률 ϵ_{zz} 에 대해 Hooke 법칙에서 다음이 되고 (E 는 영률),

$$\sigma_{zz} = \frac{E}{1+\nu}\left(\epsilon_{zz} + \frac{\nu}{1-2\nu}\epsilon\right) \tag{4.48}$$

측방의 변형이 억제되는 조건 ($\epsilon = \epsilon_{xx} + \epsilon_{yy} + \epsilon_{zz} = \epsilon_{zz}$) 이기 때문에, 변형계수는 **압밀 변형계수 E_s** 이고,

$$E_s = \frac{\sigma_{zz}}{\epsilon_{zz}} = E\frac{1-\nu}{(1+\nu)(1-2\nu)} = 3K\frac{1-\nu}{1+\nu} \tag{4.49}$$

이고, 위 식에서 $K = \dfrac{E}{3(1-2\nu)}$ 는 **체적압축계수**이다.

(2) $p-e$ 곡선 ; **체적변화계수 m_v**

평균 압밀압력과 간극비의 관계 ($p-e$ 곡선) 는 그림 4.24a 와 같이 위로 오목한 형상의 곡선이 되며, 그 기울기는 **압축계수 a_v** (coefficient of compressibilify) 는 초기 및 재하 후 압력과 간극비 즉, p_1, e_1 와 p_2, e_2 로부터 다음이 된 다.

$$a_v = -\frac{\Delta e}{\Delta p} = -\left(\frac{e_2 - e_1}{p_2 - p_1}\right) \tag{4.50}$$

유효응력의 증가로 인한 부피변화의 초기 부피에 대한 비율 즉, 단위체적당 체적변화를 나타내는 **체적변화계수 m_v** (coefficient of volume change) 는 상수가 아니고 압력의 범위에 따라 다르며, 단위는 압력의 역수이다.

$$m_v = \frac{1}{1+e_1}\frac{\Delta e}{\Delta p} = \frac{1}{1+e_1}\left(\frac{e_1 - e_2}{p_2 - p_1}\right) = \frac{a_v}{1+e_1} \tag{4.51}$$

(3) $\log p - e$ 곡선 ; **압축지수 C_c**

하중 - 침하 관계를 나타낸 **하중 - 간극비 관계** (**$\log p - e$** 관계) 곡선에서 직선부 기울기는 **압축지수 C_c** 이고, 기울기 급변부의 하중은 선행압밀하중 p_c 이다 (그림 4.24b).

① **압축지수 C_c** ; 간극률 n 을 간극비 e 로 변환하여 압력변화 Δp 에 대한 간극의 부피변화 (간극비 변화 Δe) 로 나타내면 다음이 된다 (간극비 $e < e_o$ 초기 간극비, 초기압력 p_{e_o}).

$$e_o - e = (1+e_o)\frac{\Delta H}{H_o} = C_c \Delta \log p = C_c \log\left\{\frac{p_{e_o} + \Delta p}{p_{e_o}}\right\} = C_c \log\left\{1 + \frac{\Delta p}{p_{e_o}}\right\} \tag{4.52}$$

하중제거 후 지반이 팽창할 때 $\log p - e$ 곡선의 기울기는 **팽창지수 C_s** 이며, 초기 재하곡선의 기울기 (압축지수 C_c) 와 다르다.

압력이 커지면 부피가 감소하므로 '−' 기호이면, 압축계수 a_v 와 압축지수 C_c 는 '+' 값이다.

$$C_c = \frac{e_o - e}{\log_{10}(p_{e_o}/p)} = \frac{\Delta e}{\Delta \log_{10} p} \tag{4.53}$$

압축지수 C_c 는 본래 압밀시험에서 구해야 되지만, Skempton (1944) 은 액성한계 w_L 로부터 개략적으로 구하였다.

$$C_c = 0.009(w_L - 10) \qquad \text{(비교란 지반)}$$
$$C_c = 0.007(w_L - 10) \qquad \text{(교란 지반)} \tag{4.54}$$

② 선행압밀압력 p_c ;

$\log p - e$ 곡선의 처음부분은 기울기가 완만하지만, 압밀압력이 어느 값 이상 커지면 거의 직선이 된다. 이때 경계 압력 즉, **선행압밀압력 p_c** 는 지반이 과거에 부담하였던 하중이고, 그 크기는 흙의 응력경로에 의존한다. Casagrande (1936) 는 그림 4.25 와 같이 선행 압밀압력 p_c 를 결정하였다.

과거에 받았던 압력이 현재 압력보다 더 크면 **과압밀** (Over Consolidate) 되었다 하며, 현재 압력과 선행압밀압력이 같으면 정규압밀상태 (Normal Consolidated State) 라 한다. 과압밀 지반은 선행압밀압력 보다 작은 하중에서는 침하가 완만하게 증가되고, 선행압밀 압력 보다 큰 하중에서는 급격히 증가한다. 선행 압밀압력 p_c 의 현재 압력 p 에 대한 비를 **과압밀비** (OCR, Over Consolidation Ratio) 라 한다.

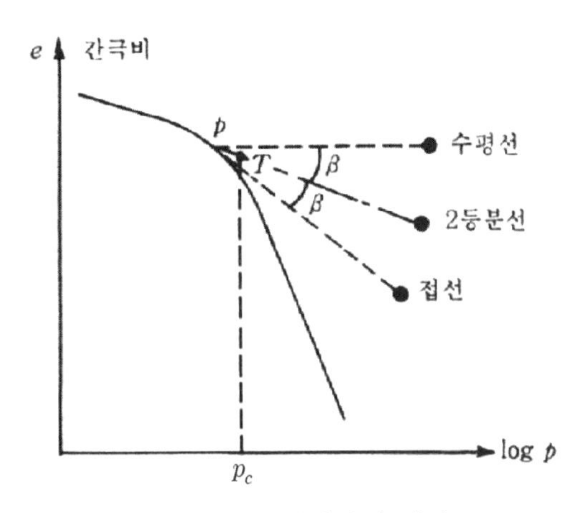

그림 4.25 선행압밀압력의 결정

4.5.2 일차원 압밀침하

포화 점성토층에 외력이 작용하면, 점성토는 투수계수가 작아서 즉각 배수되지 않으므로, 재하순간에는 **과잉간극수압**이 외력과 동일한 크기로 발생되며, 점토층 내의 **전응력**이 외력의 크기만큼 커진다. 시간이 경과하면서 배수가 진행되면 과잉간극수압은 서서히 감소하고 (전응력은 변하지 않기 때문에) 그 만큼 유효응력이 증가하여 흙의 구조골격이 압축된다.

Terzaghi (1925) 는 **일차원 압밀이론**을 유도하였고, 하중재하 후 시간경과에 따른 지반의 압밀변형과 강성변화를 예측하고, **일차원 압밀방정식의 해**를 구하였다. 하중은 대개 3 차원적으로 작용하므로 일차원 압밀이론을 적용하여 압밀 소요시간을 구하면 너무 안전측이어서 비경제적일 수 있다. Terzaghi 일차원 압밀이론은 다차원 압밀이론으로 확장되었다.

임의시간 경과 후에 임의 시점에서 압밀 진행정도 즉, 과잉간극수압의 소산정도를 나타내는 **압밀도** U (degree of consolidation) 는 하중크기와 배수조건 및 시간경과에 따라 변한다.

압밀완료 전에 임의 시간에 대한 압밀침하는 **압밀침하비** U_c (consolidation settlement ratio, 압밀도에 따른 압밀침하와 최종 압밀침하의 비)로부터 구할 수 있다.

경계조건이 복잡하거나 지반상태가 다양하여 일차원 압밀방정식을 직접 적분하기가 어려운 **임의 경계조건에서는 압밀식**을 **유한차분법**으로 풀 수 있다. 압밀이론을 적용하여 압밀침하량과 압밀소요시간 및 압밀침하의 시간에 따른 변화를 알 수 있다.

1) 일차원 압밀방정식

연직방향 압밀속도의 변화 즉, **임의시간과 임의 위치에서 과잉간극수압** u **의 변화식**은 Terzaghi **의 압밀방정식** (Terzaghi's equation of consolidation) 이라 한다.

$$\frac{\partial \Delta u}{\partial t} = \frac{k E_s}{\gamma_w}\frac{\partial^2 \Delta u}{\partial z^2} = C_v \frac{\partial^2 \Delta u}{\partial z^2} \tag{4.55}$$

위 식에서 C_v 는 **압밀계수** (coefficient of consolidation) 이고, 표 4.8 과 같고, 단위는 $[m^2/s]$ 이고, 투수계수 k 와 물 단위중량 γ_w 및 압밀변형계수 E_s 에 의해 결정된다.

$$C_v = k\, E_s / \gamma_w \tag{4.56}$$

비교란 상태 연약 (정규압밀) 점성토에서는 액성한계 w_L 로부터 구할 수 있다.

표 4.8 액성한계에 따른 압밀계수 C_v

액성한계 w_L [%]	30	60	100
압밀계수 C_v [cm²/s]	5.0×10^{-3}	1.0×10^{-3}	2.0×10^{-4}

2) 일차원 압밀방정식의 해

일차원 변형조건의 Terzaghi 압밀방정식 (식 4.55) 은 재하 순간 ($t = 0$, $\Delta u = \Delta\sigma$) 과 압밀 중 ($0 < t < \infty$, $\partial\Delta u/\partial z = 0$) 및 압밀완료 후 ($t = \infty$, $\Delta u = 0$) 의 간극수압 조건을 적용하여 풀면 다음이 된다.

$$t = T_v \frac{H^2}{C_v} = T_v \frac{H^2 \gamma_w}{k E_s} \tag{4.57}$$

여기서 H 는 **최대 배수거리** (일면 배수조건에서 압밀층 전체 두께, 양면배수조건에서 압밀층의 절반 두께) 이다. T_v 는 **시간계수** (time factor) 라고 하는 무차원수이고 배수경계조건과 압밀진행정도에 따라 다른 값을 갖는다.

3) 압밀도 U

지반 내 한 점에서 임의시간 경과 후 압밀의 진행정도 (과잉간극수압의 소산정도) 를 **압밀도** U (degree of consolidation) 라 하며, 시간이 지남에 따라 변한다. 포화 세립토에 상재하중 $\Delta\sigma$ 가 가해지면 재하순간 ($t = 0$) 에 하중 크기로 과잉간극수압 Δu_0 이 발생된다 ($\Delta u_0 = \Delta\sigma$). 시간 t 가 경과하여 과잉간극수압이 Δu_t 이면, 압밀도 U 는 $0 \le U \le 1$ 이며, 압밀 전에는 '0' 이고, 압밀이 완료되면 '1' 이다.

$$U = \frac{\Delta u_0 - \Delta u_t}{\Delta u_0} = 1 - \frac{\Delta u_t}{\Delta u_0} \tag{4.58}$$

압밀 시작 (**초기 과잉간극수압 Δu_0** 가 감소하기 시작) **상태**는 **압밀도**가 '0' ($U = 0$, $t = 0$, 그림 4.26 의 **곡선** 1) 이고, **압밀종료** (과잉 간극수압 Δu_t 가 완전히 소산된) **상태** ($\Delta u_t = 0$, $t = \infty$) 는 **압밀도**가 '1' ($U = 1$, 그림 4.26 에서 **곡선** 4) 이다.

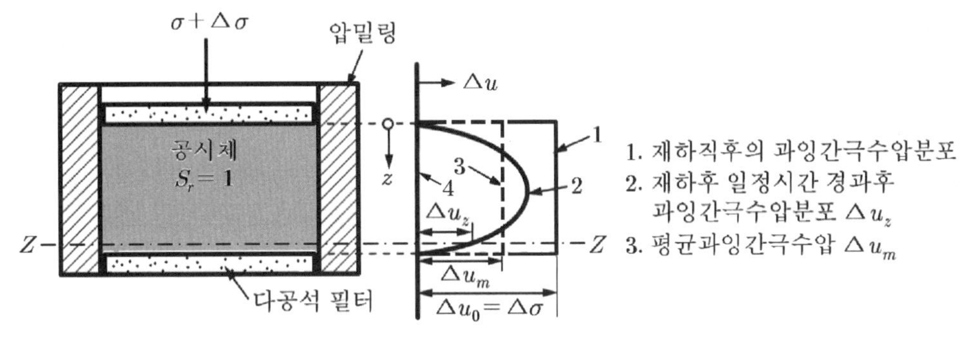

그림 4.26 압밀공시체 내 과잉간극수압 분포

압밀 층의 깊이 z 에서 시간(시간계수 T_v) 에 따른 과잉간극수압 Δu_z 의 분포곡선(**곡선 2**) 을 **아이소크론**(isochrones) 이라 하며, Δu_z 평균값 즉, **평균 과잉간극수압 Δu_m** 은 **곡선 3** 이다.

압밀도 U 는 지층깊이에 따라 다르므로 대개 평균압밀도 U_m 을 적용해서 압밀침하를 계산한다. 평균압밀도 $U_m = 50\ \%$ 의 평균과잉간극수압 Δu_m 은 시간계수 $T_v = 0.197$ 에 대한 아이소크론 평균값이고, 평균 압밀도 $U_m = 90\ \%$ 의 평균 과잉간극수압 Δu_m 은 시감계수 $T_v = 0.848$ 에 대한 아이소크론의 평균값이다(그림 4.27). 표 4.9 는 평균 압밀도 U_m 에 따른 시간계수 T_v 를 보인다.

표 4.9 평균 압밀도에 따른 시간계수

평균압밀도 U_m [%]	시간계수 T_v	평균압밀도 U_m [%]	시간계수 T_v
0	0	55	0.238
5	0.002	60	0.287
10	0.008	65	0.342
15	0.018	70	0.403
20	0.031	75	0.477
25	0.049	80	0.567
30	0.071	85	0.684
35	0.096	90	0.848
40	0.126	95	1.129
45	0.160	100	∞
50	0.197		

압밀층에서 과잉간극수압의분포는 **양면배수조건**이면 압밀층 중간에 대해 대칭이며(그림 4.27), **일면 배수조건**이면 양면 배수조건일 때 절반 층 분포와 같다.

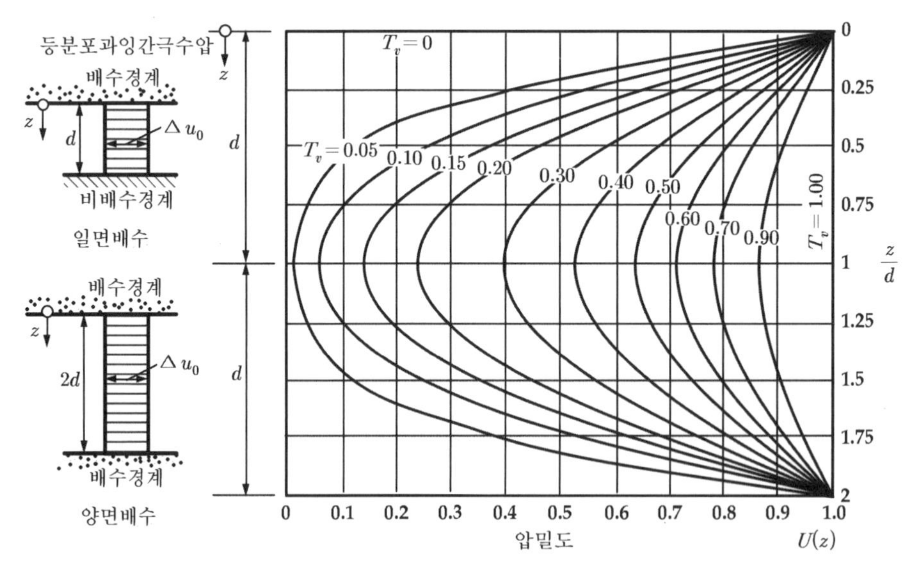

그림 4.27 초기 과잉간극수압이 등분포일 때의 아이소크론(isochrones)

4) 압밀 침하비 U_c

압밀침하비 U_c 는 임의 시간 t 에서 압밀 침하량 s_{ct} 와 최종 압밀 침하량 s_c 의 비이며,

$$U_c = s_{ct}/s_c = \frac{s_{ct}}{s_c} = 1 - \frac{8}{\pi^2}\sum_0^{\infty}\frac{2}{(2m+1)^2}\exp\left\{-\left(\frac{2m+1}{2}\pi\right)^2 T_v\right\} \quad (4.59)$$

압밀침하도 U_c 는 압밀시작상태에서 '0' 이고, 압밀이 완료되었을 때 '1' 이 된다.

압밀지층의 전체 두께에서 초기 과잉간극수압이 $u_o = p$ 로 등분포일 경우에, 시간계수 T_v 에 대한 압밀 침하도 U_c 는 그림 4.28 (Taylor, 1948) 과 같고, $T_v < 0.4$ 인 영역에서는 다음 크기로 일정하다.

$$U_c^2 = \frac{4}{\pi} T_v \quad (4.60)$$

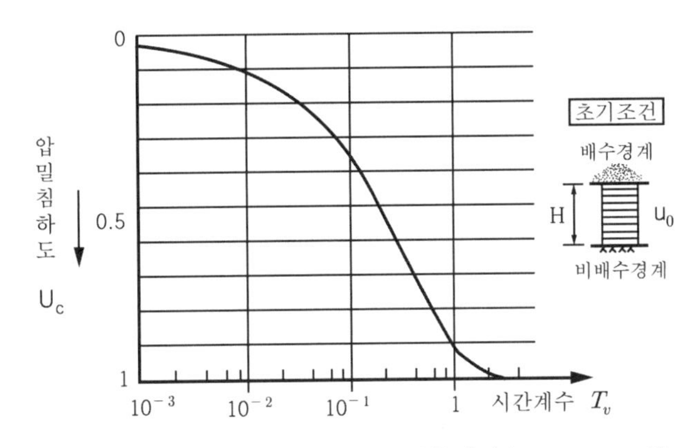

그림 4.28 시간계수에 대한 압밀침하비 (Taylor, 1948)

5) 일차원 압밀이론의 활용

일차원 압밀이론을 활용하면 외력 재하에 의한 **압밀 침하량**과 일정한 **압밀도에 도달되는데 소요되는 시간** 및 **압밀침하의 시간에 따른 변화**를 예측할 수 있다.

압밀층이 얇고 넓게 분포되며, 강성이 큰 지층사이에 끼여 있어서, 수평변위가 억제되는 경우에는 Terzaghi 일치원 압밀이론을 적용하여 침하를 계산할 수 있다. 실제 조건이 다소 차이가 있는 경우이더라도 Terzaghi 의 이론을 보완하여 적용할 수 있다.

일차 압밀침하는 단계적으로 계산한다. 즉, 일차 압밀량을 계산한 후 과잉간극수압의 3 차원 효과를 고려하여 계산치를 수정하고, 압밀에 의한 시간 – 침하 관계 추정한다.

(1) 압밀침하량 계산

자중에 의한 압밀은 하중재하 전에 완료된 것으로 간주한다. 상재하중에 의한 압밀침하량 s_c는 유효응력 크기가 같다고 볼 수 있을 만큼 압밀층을 여러 개 미세 지층으로 분할하고 각 **미세 지층의 압밀침하량** Δs_{ci}을 합한 값이다.

미세지층 (두께 Δh_i) 의 침하량 Δs_{ci}는 미세지층 중간부 지반응력증가량 $\Delta\sigma_{zi}$를 적용하고 체적 압축계수 m_v와 압축지수 C_c 및 $\log p - e$ 곡선을 이용하여 계산한다.

$$s_c = \sum \Delta s_{ci} \tag{4.61}$$

점성토의 압력-간극비 관계는 반대수 그래프로 나타내면 대개 직선이며, 그 기울기는 정규압밀과 과압밀 상태에서 다르다. 따라서 **정규압밀 상태**와 **과압밀 상태**로 구분하여 각각의 기울기를 적용하고 침하량을 계산한다.

미세지층이 정규압밀 점토이면 침하 Δs_i는 미세지층 중간부 연직압력 증가량 $\Delta\sigma_z$와 압축지수 C_c의 곱이고, 과압밀 점토이면 정규압밀하중 보다 작은 하중에서는 압축지수 C_c를, 큰 하중에서는 과압밀상태 압축지수 C_{cr}을 적용하여 계산한다.

① 미세지층의 압밀침하량

미세지층 (압밀시작 전 두께 Δh_i) 의 압밀 침하량 Δs_{ci}는 **체적 압축계수** m_v와 **압축지수** C_c 및 $\log p - e$ **곡선**을 이용하여 구하며, **총 압밀침하** s_c는 이들의 합이다.

* 체적압축계수 m_v 적용 :

미세 지층의 압밀침하 Δs_{ci}는 지반의 **체적 압축계수** m_v에 미세 지층의 두께 Δh_i와 중간부 연직응력 증가량 $\Delta\sigma_z$를 적용하여 구한다.

$$\Delta s_{ci} = m_v \,\Delta h_i \,\Delta\sigma_z$$
$$s_c = \sum \Delta s_{ci} = \sum m_v \Delta h_i \Delta\sigma_z \tag{4.62}$$

* 압축지수 C_c 적용 :

미세 지층의 압밀침하 Δs_{ci}는 **압축지수** C_c와 미세지층 중간부의 연직응력 증가량 $\Delta\sigma_z$를 적용하여 계산한다 (e_0 및 p_0는 재하 전 간극비 및 연직응력).

$$\Delta s_{ci} = \frac{C_c}{1+e_0}\Delta z \log\frac{p_0+\Delta\sigma_z}{p_0}$$
$$s_c = \sum \Delta s_{ci} = \sum \frac{C_c}{1+e_0}\Delta h \log\frac{p_0+\Delta\sigma_z}{p_0} \tag{4.63}$$

표 4.10 여러 가지 점토의 압축지수 C_c 값

흙의 종류	압축지수 C_c
예민비가 중간정도인 정규압밀점토	0.2~0.5
Chicago silty clay (CL)	0.15~0.3
Boston blue clay (CL)	0.3~0.5
Vicksburg clay (CH)	0.5~0.6
Sweden 예민점토 (CL-CH)	1~3
Canada Leda clay (CL-CH)	1~4
Mexico City clay (MH)	7~10
유기질 점토 (OH)	4 이상
피트 (Pt)	10~15
유기질 실트 및 점토질 실트 (ML-MH)	1.5~4.0
San Francisco Bay Mud (CL)	0.4~1.2
San Francisco Bay Old Clay (CH)	0.7~0.9
Bangkok clay (CH)	0.4

압축지수 C_c 는 압밀시험에서 구하지만, Skempton (1944, 식 4.54) 은 경험에 의존하여 액성한계 w_L 로부터 구하였다. 여러 가지 점토의 압축지수 값은 대체로 표 4.10 과 같다.

Terzaghi/Peck(1967) 은 압축지수 C_c 를 구할 수 있는 다음의 식을 소개하였다.

$$C_c = 0.009(w_L - 10) \quad \text{(정규압밀상태 예민비 4미만의 비교란 점토)}$$
$$C_c = 0.007(w_L - 10) \quad \text{(교란 지반)}$$
$$C_c = 0.0115 w_n \quad \text{(유기질토, 피트)}$$
$$C_c = 1.15(e - 0.35) \quad \text{(점토)} \qquad (4.64)$$
$$C_c = (1 + e_o)\{0.1 + 0.006(w_n - 25)\}$$
$$C_c = 0.007(w_L - 10) \quad \text{(교란 지반)}$$

초기 간극비 e_o 는 초기 함수비 w_o , 포화도 S_r , 지반밀도 ρ_s , 물밀도 ρ_w 로부터 구한다.

$$e_o = \frac{w_o \rho_s}{S_r \rho_w} \qquad (4.65)$$

* $\log p - e$ 곡선 적용 :

미세 지층의 압밀침하 Δs_{ci}는 $\log p$ 와 재하 후의 간극비 e 를 나타낸 **$\log p - e$ 곡선**의 간극비 변화율 $\frac{e_o - e}{1 + e_o}$ 에 미세 지층두께 Δh_i 를 곱하여 구한 값이다.

$$\Delta s_{ci} = \frac{e_0 - e}{1 + e_0} \Delta h_i$$

$$s_c = \Sigma \Delta s_{ci} = \sum \frac{e_o - e}{1 + e_o} \Delta h_i \tag{4.66}$$

② 정규압밀 점토의 압밀침하

정규압밀 지반에서 **미세 지층의 압밀침하 Δs_{ci}**는 **압축지수 C_c**와 미세지층 중간부의 연직 응력 증가량 $\Delta\sigma_z$ 를 적용하여 계산한다 (식 4.62).

③ 과압밀점토의 압밀침하

과압밀 지반에서 미세 지층의 압밀침하 Δs_{ci}는 **선행 압밀하중 p_c**를 경계로 앞에서는 정규압밀 지반의 **압축지수 C_c**를 적용하고, 배후에서는 과압밀 지반의 **압축지수 C_{cr}** 을 적용하여 계산한다.

$$s_c = \Sigma \Delta s_{ci} = \Sigma \frac{\Delta h_i}{1 + e_0} \left(C_{cr} \log \frac{p_c}{p_o} + C_c \log \frac{p_{o+\Delta}\sigma_z}{p_c} \right)_i \tag{4.67}$$

(2) 압밀 소요시간

일정 압밀도 U 에 도달되는데 소요되는 시간 t 는 압밀계수 C_v 와 배수거리 H 및 시간계수 T_v 로부터 계산한다. 시간계수 T_v 는 압밀도가 $U = 50\%$ 일 때 $T_v = 0.197$이고, 압밀도가 $U = 90\%$ 일 때 $T_v = 0.848$ 이다.

$$t = \frac{T_v H^2}{C_v} \tag{4.68}$$

(3) 압밀침하의 시간에 따른 변화

재하 후 t 시간 경과 시 **압밀침하량 s_{ct}** 는 압밀완료 후 **총압밀침하량 s_c** 에 압밀침하도 U_c 를 곱한 값이다. **압밀침하도 U_c** 는 압밀계수 C_v 와 배수거리 H 로부터 시간계수 $T_v = C_v t / H^2$ 를 구한 후 시간계수 - 압밀 침하도 관계 즉, $T_v - U_c$ 곡선에서 구한다 (그림 4.28).

$$s_{ct} = s_c U_c \tag{4.69}$$

4.5.3 교란지반의 압밀침하

경계조건이 Terzaghi 의 일차원 압밀이론의 기본 가정과 다른 **교란 지반**의 압밀침하는 압밀 기본이론을 수정하여 해결한다.

흙 지반의 압축특성은 (구조골격에 의해 영향을 받으므로) **비교란 지반** (undisturbed soil) 과 **교란 지반** (disturbed soil) 에서 다르다. 구조골격을 제외한 성질이 같은 교란 (재성형) 지반의 압밀시험결과로부터 교란 전 압밀곡선 (**수정압밀곡선**) 을 유추할 수 있다.

현장시료는 채취와 운반 및 실내시험 준비과정에서 온도나 함수비 변화 등에 의해 불가피하게 교란되면 실내실험결과가 현장치와 다를 수 있으므로 교란에 의한 영향을 보정해야 한다.

교란지반의 압밀곡선은 비교란 지반의 압밀곡선 보다 경사가 더 완만해서 실제보다 작은 압축지수 C_c 가 구해지므로 이를 그대로 적용하면 실제보다 작은 침하가 계산된다. 이에 대해 $\log p - e$ 곡선에서 수정압밀곡선을 유추할 수 있다 (그림 4.29).

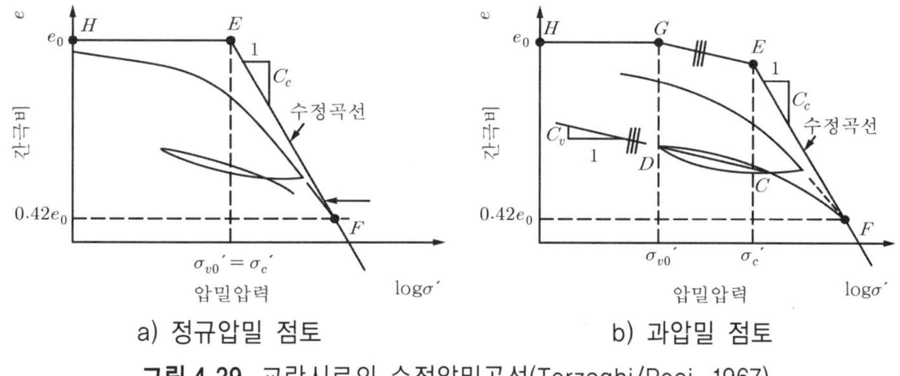

a) 정규압밀 점토 b) 과압밀 점토

그림 4.29 교란시료의 수정압밀곡선(Terzaghi/Peaj, 1967)

1) 정규압밀점토

교란된 정규압밀점토에 대한 $\log\sigma' - e$ 곡선에서 간극비가 초기 간극비 e_0 의 42 % ($0.42\,e_0$) 인 점 F 에서 초기재하곡선을 연장하여 선행압밀압력 σ_c' 와 만나는 점 E 를 연결하고 다시 점 E 에서 초기간극비 e_0 를 연결하면 **수정압밀곡선** (***HEF*** **곡선**) 이 된다 (그림 4.29a).

2) 과압밀점토

정규압밀 점토처럼 간극비가 $0.42\,e_0$ 인 점 F 에서 초기재하곡선을 연장해서 선행압밀압력 σ_c' 에 대한 점 E 를 구하면 **수정 압밀곡선** ***EF*** 가 된다. E 점에서 압밀시험의 제하 - 재재하 곡선 $\overline{CD}$ 에 평행하게 직선 $\overline{EG}$ 를 그리고 G 점과 초기 간극비 e_0 를 연결하면 **과입밀점토의 수정압밀곡선** (***HGEF*** **곡선**) 이 된다 (그림 4.29b).

4.6 지반의 이차압축 침하

외력에 의해 과잉간극수압이 소산되어 발생되는 **일차압밀**(primary consolidation)이 완료된 이후에 지반압축이 완만한 속도(매우 작은 침하율과 침하속도)로 오래 계속되는 현상을 **이차압축**(secondary compression)이라고 한다. 일차압밀이 완료된 상태에서는 이론적으로 과잉간극수압이 존재하지 않지만, 실제로는 배수가 진행되므로 측정하기가 어려울 만큼 작은 과잉간극수압이 존재하는 것으로 추정할 수 있다.

이차압축은 흙 입자의 휨 등에 의한 파괴, 흙 입자의 압축이나 재배열, 흡착수 압축에 의한 찌그러짐 등에 의해 일어난다. 이차압축은 Terzaghi 압밀이론을 따르지 않으며, 흙의 상태에 따라 다르고, 그 정확한 거동이 아직 완전히 밝혀져 있지 않다. **이차압축에 의한 침하량**은 $\log t - s$ 곡선의 기울기 즉, **이차압축지수**를 이용하여 계산한다. 이차압축지수는 일차압밀이 완료된 후에 압밀시험기로 일정한 크기의 하중을 지속적으로 가해서 이차압축변형과 시간의 관계를 측정해서 구할 수 있다.

이차압축이 일어나면 선행재하효과가 발생되어 시간경과에 따라 지반의 **강성이 증가**(4.6.1) 된다. 이차 압축상태에서 $\log t - s$ 곡선은 거의 직선을 나타나며, 그 기울기를 **이차압축지수 C_α**(4.6.2) 라 한다. 지반의 **이차압축침하**(4.6.3)는 이차압축지수로 계산하며, 지층이 두꺼우면 크게 발생한다.

4.6.1 이차압축에 의한 강성증가

이차압축은 지반에 따라 다르게 발생되며 보통의 흙에서는 작게 발생되고, 유기질을 많이 함유하거나 소성성이 큰 점성토에서는 크게 발생된다. 이차압축이 일어나면 선행재하효과가 있어서 시간이 지남에 따라 지반의 강성이 증가된다. 현장에서는 일차압밀침하나 이차압축 침하가 명확히 구분되지 않으며, 대개 동시에 진행되는 경우가 많으므로 실측한 지반침하는 이들을 합한 값이다(그림 4.30).

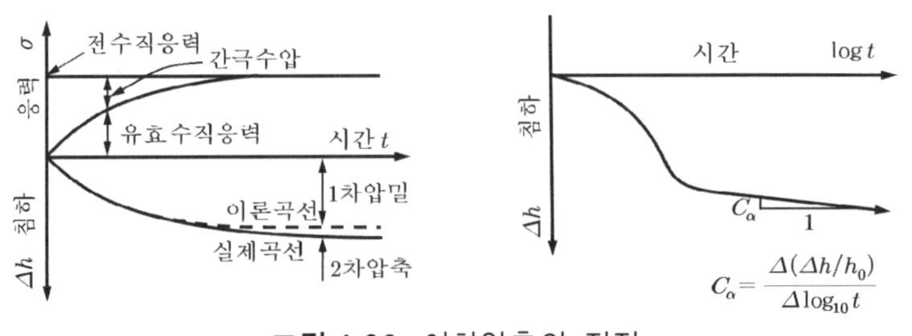

그림 4.30 이차압축의 진전

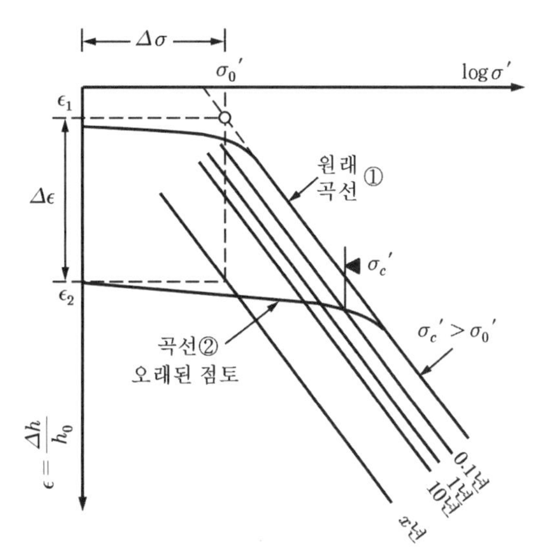

그림 4.31 점토의 이차압축에 따른 강성증가

이차압축침하는 일차압밀이 완료된 이후에도 지속되므로 하중이 추가로 재하되면 지반이 과압밀 지반처럼 거동하게 된다(그림 4.31). 응력 σ_o 가 가해진 상태로 오랜 시간(x year) 이 경과되면 이차압축침하량이 커짐에 따라 압축변형이 ϵ_1 에서 $\Delta\epsilon$ 만큼 증가하여 전체변형은 $\epsilon_2 = \epsilon_1 + \Delta\epsilon$ 이 된다. 이런 상황에서 하중이 추가로 재하되면 응력 - 침하곡선 ② 는 원래의 곡선 ① 로 복귀되어 형상이 전형적인 과압밀 흙의 응력 - 침하곡선과 유사해진다.

따라서 이러한 지반은 응력-침하곡선만 놓고 판정하면 과압밀 지반으로 오판할 가능성이 크다. 그렇지만 그 거동은 아직 완전하게 해명되지 않았으며, 이와 같은 **겉보기 선행하중**은 지질학적 선행재하, 선행다짐, 시간흐름에 의한 겉보기 선행재하 등에 의해 발생된다.

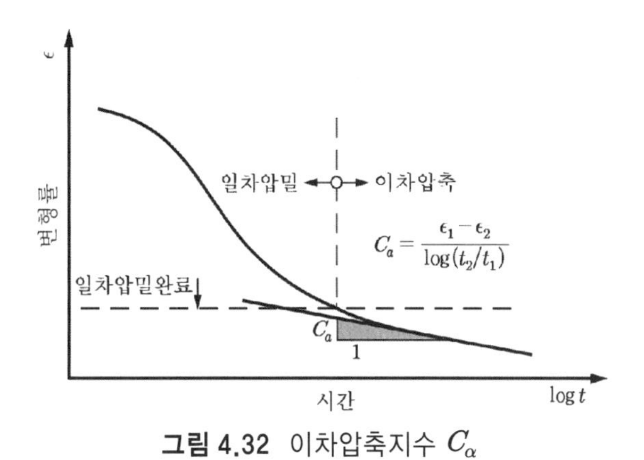

그림 4.32 이차압축지수 C_α

4.6.2 이차압축지수

이차압축침하는 $\log t - s$ 그래프에서 거의 직선이며 (그림 4.32), 그 기울기가 **이차압축지수 C_α** (coefficient of secondary compression) 이다. 이때 일차압밀종료 시 시료높이는 h_0 이고 변형량은 Δh 이다. 여기에서 ϵ_1 과 ϵ_2 는 각각 시간 t_1 과 t_2 일 경우의 변형률을 의미한다.

$$C_\alpha = \frac{\Delta(\Delta h/h_0)}{\Delta \log t} = \frac{\epsilon_1 - \epsilon_2}{\log(t_2/t_1)} \tag{4.70}$$

이차압축지수 C_α 는 지반이 소성성이 크고 유기질의 함량이 많을수록 크며 하중변화나 과재하중의 영향을 받는다. 이차압축지수는 지반에 따라 다음과 같다.

$$\begin{aligned} C_\alpha &= 0.04 \sim 0.1 \ (\text{유기질토와 피트}) \\ &= 0.005 \sim 0.02 \ (\text{정규압밀 점토}) \\ &= 0.0005 \sim 0.0015 \ (\text{과압밀 점토}) \\ &\fallingdotseq 0.001 \ (\text{OCR} > 2\text{, 과압밀 점토}) \\ &= 0.03 \ (\text{소성성이 매우 크거나 유기질 함량 많은 흙}) \end{aligned} \tag{4.71}$$

지반은 함수비가 커지면 팽창되어 부피가 증가되고 구조골격이 느슨해지며, 팽창을 억제하면 팽창압이 작용한다. 심한 과압밀토나 경석고 또는 점토가 굳은 점판암 등에서는 팽창이 발생할 수 있다. 상대밀도가 낮은 불포화 실트나 미세 모래는 포화시 급격히 부피가 감소한다.

4.6.3 이차 압축량

과잉간극수압이 완전하게 소산 (일차압밀 완료된 시간 t_{100}) 되고 시간 Δt 가 지난 후에 발생되는 **이차 압축량 ΔH_s** 는 일차압밀이 완료된 후의 공시체 두께 H_p 와 시간 - 침하 곡선 ($\log_{10} t - d$ 곡선) 의 기울기 이차압축지수 C_a 로부터 구할 수 있다.

$$\Delta H_s = C_a H_p \log_{10}\left(\frac{t_{100} + \Delta t}{t_{100}}\right) \tag{4.72}$$

이차압축지수가 $C_a = 0.01$ 인 정규압밀 지반 (두께 $H = 10\ m$) 에 건축물 축조 후 10 년이 지나 일차압밀이 완료된 상태 (압밀종료 후 지반두께 10 m) 이다. 향후 90년 후에 이 건물이 경험할 추가 침하량은 장차 90 년 동안 발생될 이차압축 침하량이고 식 (4.72) 로 계산한다.

$$\begin{aligned} S_s &= H_p C_a \log \frac{t_1 + \Delta t}{t_1} \\ &= (10)(0.01)\log \frac{(10)(365)(24)(60) + (90)(365)(24)(60)}{(10)(365)(24)(60)} \\ &= (10)(0.01)\log \frac{100}{10} = 0.10m = 10cm \end{aligned} \tag{4.73}$$

문제 4-1

탑 구조물의 기초 바닥에서 상부로 25.0 m 에 정적하중 $G=9.6\ MN$ 이 편심으로 작용하는 경우에 다음을 구하시오. 기초는 한 변의 길이가 8.0 m 인 정사각형이다.

1. 탑 구조물의 부등침하량과 그로 인해 기울어진 각도를 구하시오.
2. 강성기초일 경우에 지지력에 대한 안전율 $\eta=2.0$ 을 유지하기 위해 허용할 수 있는 최대 부등침하를 계산하시오.

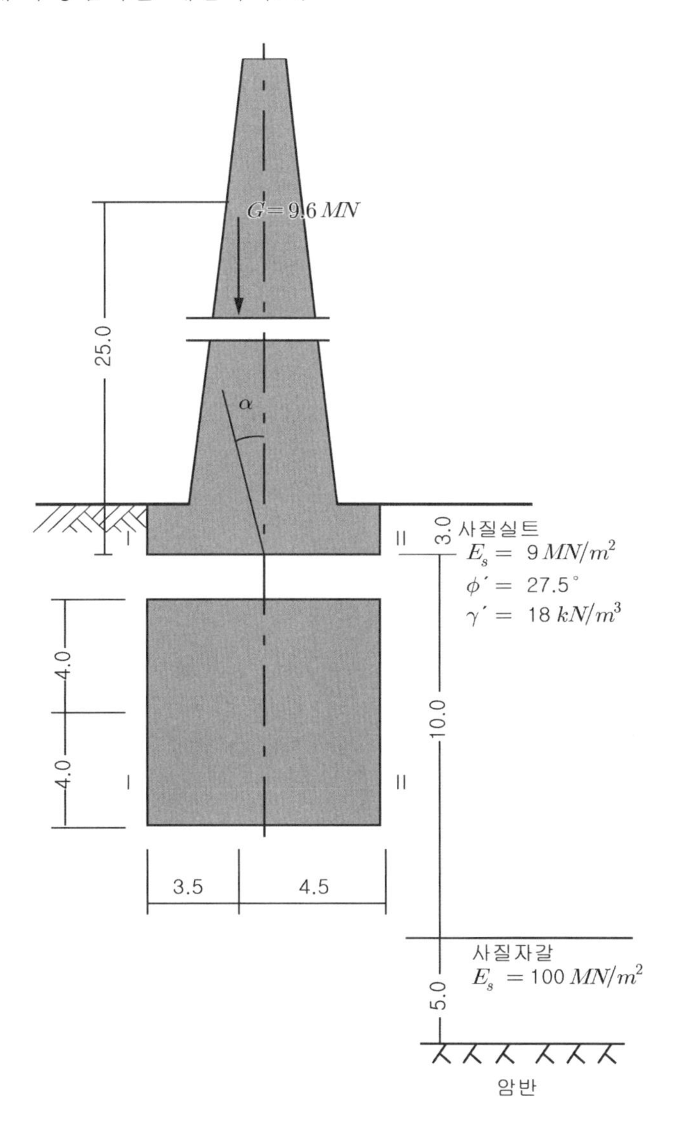

그림 4-1.1 탑 구조물 상태

풀 이

① 부등침하로 인한 탑 구조물의 기울어짐

탑 구조물에 편심하중이나 수평력이 작용하면, 바닥 접지압이 사다리꼴 분포하중이 되고 기초가 부등침하 된다. 사질 자갈 층의 변형계수는 사질 실트 층의 변형계수 보다 매우 커서 침하는 주로 사질 실트에서 발생할 것이므로, 상부 사질 실트 층에서만 침하를 계산한다.

1) 접지압 계산

탑 구조물에 편심하중이 작용하면 기초 바닥에서 삼각형 분포 접지압이 발생되어서 기초가 부등침하된다. 이때 강성기초이면 c 단면에서 침하를 검토한다.

· **평균압력** ; $\sigma_m = N/A = 9600/(8\times 8) = 150.0\ kPa$

· **편심** ; 편심을 계산하여 합력 작용위치가 내핵 내 $(B/6)$ 인지 검토.

$e = B/2 - 3.5 = 8.0/2 - 3.5 = 0.5\ m < 1.33\ m = 8.0/6 = B/6$

∴ OK 내핵에 위치

· **접지압** ; 강성기초의 편심 크기가 $e < (B/6)$ (합력이 내핵에 작용) 이면, 접지압이 사다리꼴 분포가 되며, 기초 양단 접지압 $\sigma'_{1,2}$ 는 식 (2.20) 으로 계산.

$$\sigma'_{1,2} = \frac{N}{A} \pm \frac{Ne}{W} = \frac{N}{BL} \pm \frac{Ne}{LB^2/6}$$

$$= \frac{9600}{(8.0)(8.0)} + \frac{(9600)(0.5)}{(8.0)(8.0^2)/6} = 150.0 \pm 56.3\ kPa$$

$\sigma'_1 = 206.3\ kPa,\ \sigma'_2 = 93.7\ kPa$

· **지반굴착에 의한 제거응력 σ_a** ; 기초의 근입깊이가 $D_f = 3.0\ m$ 이므로,

$\sigma_a = \gamma D_f = (18.0)(3.0) = 54.0\ kN/m^2$

· **침하 유발 압력 σ_1 및 σ_2** ;

$\sigma_1 = \sigma_1' - \sigma_a = 206.3 - 54.0 = 152.3\ kN/m^2$

$\sigma_2 = \sigma_2' - \sigma_a = 93.7 - 54.0 = 39.7\ kN/m^2$

· **부등침하 유발 접지압 $\Delta\sigma$** ; 강성기초의 부등침하 유발 접지압은 사다리꼴에서 직사각형을 뺀 나머지 삼각형 분포 접지압이다.

$\Delta\sigma = \sigma_1 - \sigma_2 = 152.3 - 39.7 = 112.6\ kN/m^2$

2) 부등침하 계산

기초 부등침하는 삼각형 하중에 의해 발생되고, 그 크기는 c 단면(charateristic section)에 대해 표 3.2의 영향계수 I_{dr} 로 계산한다.

(1) 접지압 계산

직사각형 단면에 작용하는 삼각형 분포 연직하중에 의한 지반 내의 연직응력은 Jelinek (1973)의 영향계수 I_{dr} (표 3.7)로 계산한다.

삼각형 분포 연직하중(최대크기 $p_o = \Delta\sigma$)이 직사각형 단면(x 방향 폭 B, y 방향 길이 L)에 작용할 때 삼각형 하중의 양단과 이루는 사잇각이 β 인 D 점(위치좌표 x, z, 그림 3.37)에 발생하는 지반 내의 연직응력 σ_z 는 식(3.68)로 계산한다.

$$\sigma_{zD} = p_o \left\{ \frac{1}{\pi} \left(\beta - \frac{x}{B} \beta + \frac{xz}{x^2 + z^2} \right) \right\}$$

삼각형 분포하중의 양단 즉, a 점과 b 점의 하부로 깊이 z 인 지반 내 절점에서 연직응력 σ_{za} 와 σ_{zb} 는 표 3.7의 영향계수 I_{dra} 와 I_{drb} 를 적용하여 계산한다.

$$\sigma_{za} = p_o(\beta/\pi) = 2\,p_o I_{dra}$$

$$\sigma_{zb} = p_o \left(\frac{1}{\pi} \sin\beta \cos\beta \right) = 2\,p_o I_{drb} \tag{3.71}$$

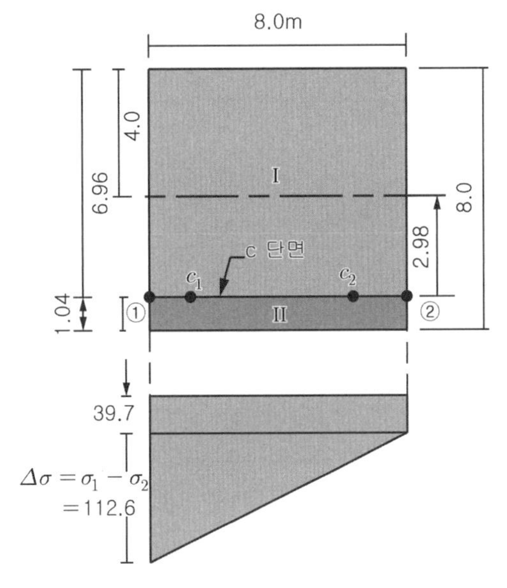

그림 4-1.2 기초단면과 접지압

(2) 부등침하 계산

· **c 단면의 위치** : $0.74\,(B/2) = (0.74)(8.0/2) = 2.96\;m$

· **기초분할** : 직사각형 기초를 c 단면을 경계로 I 면과 II 면으로 분할 (그림 4-1.2)

· **분할 기초의 치수** ;

분할기초 I : $L = 8.0\;m$, $B = 6.96\;m$, $L/B = 8.0/6.96 = 1.15$

분할기초 II : $L = 8.0\;m$, $B = 1.04\;m$, $L/B = 8.0/1.04 = 7.7$

· **부등침하** ; 각 분할기초의 c 단면 양쪽 끝점 즉, a 점과 b 점 침하량의 차이.
근입깊이 3.0 m, 사질 실트층의 하부경계는 기초하부 10.0 m

① a 점의 침하 :

기초하부깊이	분할기초 I $B=6.96\,[m]$		분할기초 II $B=1.04\,[m]$		$\sum I_{dr}$	$\Delta\sigma = I_{dr}p_o$ $[kPa]$	$\Delta\sigma_m^i = \frac{\Delta\sigma_o^i + \Delta\sigma_u^i}{2}$ $[kPa]$	Δz $[m]$	$\Delta\sigma_m^i \Delta z$ $[kPa]$	$s_1 = \frac{\sum \Delta\sigma_m^i \Delta z}{E_s}$ $[m]$
	z/B	I_{dra}	z/B	I_{drb}						
0	0	0.250	0	0.250	0.500	56.3				
							47.6	1.0	47.6	
1.0	0.144	0.233	0.962	0.113	0.346	39.0				$\frac{222.7}{9000}$
							28.2	4.0	112.6	
5.0	0.718	0.144	4.808	0.010	0.154	17.3				=
							12.5	5.0	62.5	0.0247
10.0	1.437	0.064	9.615	0.004	0.068	7.7		$\sum$222.7		

② b 점의 침하

기초하부깊이	분할기초 I $B=6.96\,[m]$		분할기초 II $B=1.04\,[m]$		$\sum I_{dr}$	$\Delta\sigma = I_{dr}p_o$ $[kPa]$	$\Delta\sigma_m^i = \frac{\Delta\sigma_o^i + \Delta\sigma_u^i}{2}$ $[kPa]$	Δz $[m]$	$\Delta\sigma_m^i \Delta z$ $[kPa]$	$s_2 = \frac{\sum \Delta\sigma_m^i \Delta z}{E_s}$ $[m]$
	z/B	I_{dra}	z/B	I_{drb}						
0	0	0	0	0	0	0				
							2.3	1.0	2.3	
1.0	0.144	0.024	0.962	0.016	0.040	4.5				$\frac{90.0}{9000}$
							9.1	4.0	36.5	
5.0	0.718	0.066	4.808	0.056	0.122	13.7				=0.0100
							10.2	5.0	51.2	
10.0	1.437	0.056	9.615	0.004	0.060	6.8			$\sum$90.0	

③ 부등침하 ; $\Delta s = s_1 - s_2 = 0.0247 - 0.0100 = 0.0147\;m = 1.47\;cm$

④ 기울음 각도 ; $\tan\alpha = \dfrac{1.47}{800} = \dfrac{1}{544} = 0.0018 \;\rightarrow\; \alpha = 0.105^o$

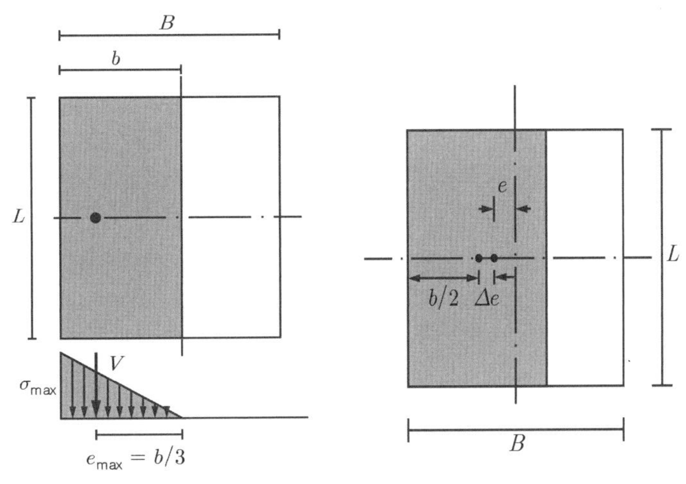

그림 4-1.3 접지면 상태 **그림 4-1.4** 기초 유효면적

2 허용 부등침하

기초가 부등침하 되면, 이로 인해 편심이 커지고 지지력에 대한 안전율이 감소하기 때문에 편심하중에 의해 극한상태가 될 경우에 대해 접지면과 접지압의 크기가 허용치 이내인지 검토한다. 즉, 기초 허용 지지력 (허용 접지압) 을 적용하고 최대 허용 편심량에 대한 접지면 폭 b (그림 4-1.3 및 4-1.4) 를 계산하여 최대 편심량을 정한다.

1) **기초의 최대 허용 편심량 ;** $e_{\max} = B/8 = b/3$

2) **기초의 허용지지력 ; 극한지지력을 안전율로 나눈 값**

- **형상계수 ;** F_{qs}, $F_{\gamma s}$; 점착력이 없는 지반이므로 점착력항이 없다.

  $F_{qs} = 1 + 0.3\,B/L = 1 + (0.3)(4.0)/8.0 = 1.15$

  $F_{\gamma s} = 0.5 - 0.1\,B/L = 0.5 - (0.1)(4.0)/8.0 = 0.45$

- **지지력 계수 ;** $\phi = 27.5^o$ 일 때 $N_q = 13.9$, $N_\gamma = 10.4$
- **경사계수 ;** $F_{qi} = F_{\gamma i} = 1.0$
- **기초의 허용하중 ;** 극한하중 (극한 지지력×접지면적) 을 안전율로 나눈 값

$$Q_a = \frac{b\,L}{\eta}\{\gamma_2 b\,N_\gamma F_{\gamma s} F_{\gamma i} + \gamma_1 D_f N_q F_{qs} F_{qi}\}$$

$$= \frac{b\,(8.0)}{2.0}\{(18.0)(b)(10.4)(0.45)(1.0) + (18.0)(3.0)(13.9)(1.15)(1.0)\}$$

$$= 4b\{84.24\,b + 863.19\} = 9600.0\;kN$$

3) **기초 접지면의 폭 b ;**

위 식은 $336.96\,b^2 + 3452.7\,b = 9600.0$ 이 되고 그 해는 $b = 2.28\;m$ 이다.

∴ 따라서 편심하중 재하시 접지면의 폭은 $b = 2.28\;m$ 이다.

4) **편심 증가량 ;**

$$\Delta e = B/2 - e - b/2 = 8.0/2 - 0.5 - 2.28/2 = 2.36\ m$$

기초지지력에 대한 안전율이 2.0 일 때 침하에 의해 증가된 편심량 $\Delta e_x = 2.36\ m$ 를 적용하고 탑 구조물의 추가 기울어짐 α_a 를 구해서 부등침하량을 계산한다.

5) **구조물의 추가 기울어짐 α_a ;** 편심 증가량 Δe 로부터 구한다.

$$\tan\alpha_a = \frac{\Delta e}{25.0} = \frac{2.36}{25.0} = 0.0944\ , \quad \alpha_a = 5.39^o$$

· **구조물의 추가 부등침하량 Δs_a** ; $\tan\alpha_a \fallingdotseq \sin\alpha_a = \Delta s_a / B$ 이므로

$$\Delta s_a = B\tan\alpha_a \fallingdotseq B\sin\alpha_a = (8.0)(2.36)/(25.0) = 0.76\ m$$

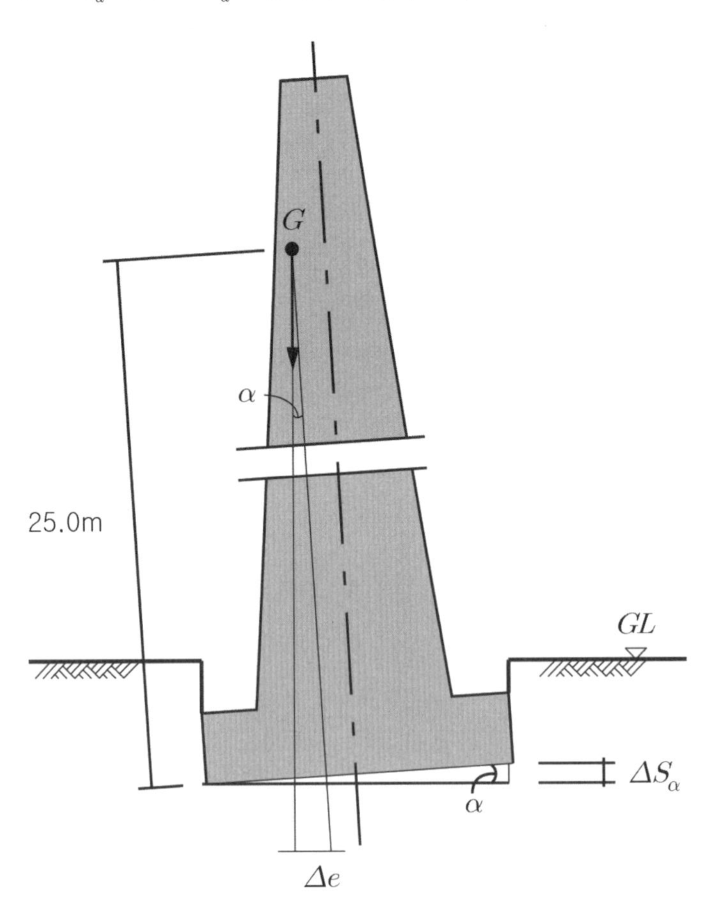

그림 4-1.5 편심재하에 의한 기초의 기울어짐

문제 4-2

기존 송전탑에 인접하여 긴 제방을 건설하는 경우에 다음을 답하시오. 단, 제방의 성토에 의한 하중은 100.0 kPa 이고, 폭 20 m 인 등분포 하중으로 간주한다.

송전탑 구조물의 기초는 8.0 m 깊이로 근입되어 있고, 바닥의 폭이 25.0 m 인 정사각형이다. 새로 건설하는 제방은 길이가 무한히 길고 폭이 20.0 m 이며, 송전탑 기초의 전방 선단 A 점으로부터 순간격이 20.0 m 만큼 이격되어 있다.

깊이에 따른 연직응력분포를 구하고, 연직응력 분포곡선의 면적을 변형계수로 나누어 침하를 계산한다.

구조물이 설치된 지반의 압밀변형계수는 $E_s = 30.0\ MPa$이다.

1 제방 성토하중의 재하로 인해 기초의 제방 쪽 선단 A 점과 반대 쪽 후단 B 점에서 연직응력 σ_z 의 증가량을 구하시오,

2 성토하중 재하로 인해 발생되는 송전탑의 침하를 구하시오.

3 성토하중 재하로 인한 송전탑의 기울어짐량을 계산하고, 이에 대한 대책을 수립하시오.

4 띠형 제방하중을 제방 중심에 작용하는 선형하중으로 대체하여 계산하는 경우에 A 점과 B 점의 추가응력이 달라지는지 확인하시오

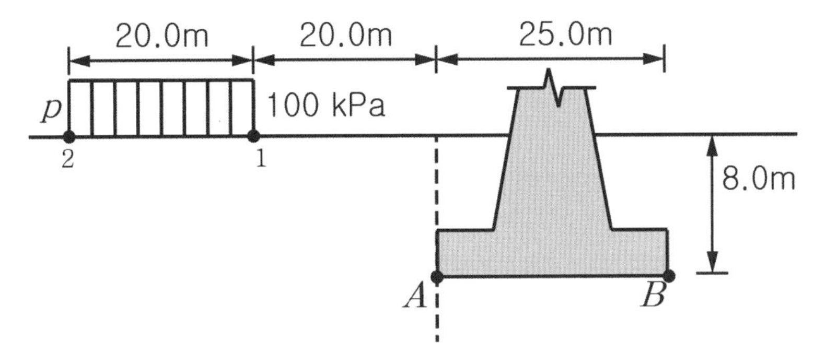

그림 4-2.1 구조물에 인접한 하중재하

풀 이

1 A 점과 B 점의 연직응력 증가량

1) 기본 계산 :

제방의 성토하중은 무한히 긴 연성 등분포 띠하중으로 간주한다. 기초의 제방 쪽 선단 A 점과 반대 쪽 후단 B 점의 하부지반의 연직응력 σ_z 는 식 (3.55) 로 계산하며, 제방 하중 즉, 무한히 긴 등분포 띠 하중 선단 점과 후단 점이 송전탑 기초의 A 및 B 점과 이루는 각도를 적용한다.

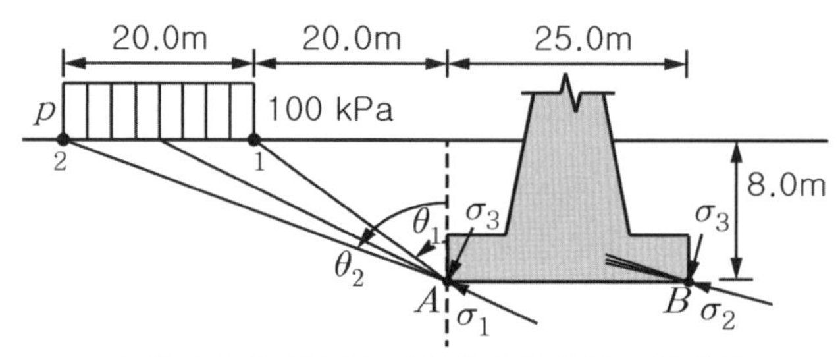

그림 4-2.2 등분포 띠형하중에 의한 지반응력

(1) 각도 계산

$$\theta_{1A} = \arctan(20/8) = 1.190\ [rd] = 68.2^o$$
$$\theta_{2A} = \arctan(40/8) = 1.373\ [rd] = 78.7^o$$
$$\theta_{1B} = \arctan(45/8) = 1.395\ [rd] = 79.9^o$$
$$\theta_{2B} = \arctan(65/8) = 1.448\ [rd] = 83.0^o$$
$$\theta_0 = (\theta_2 - \theta_1)/2, \quad \theta_m = (\theta_2 + \theta_1)/2$$

(2) 점 A 와 B 에서 추가응력 계산 ; 연직응력 σ_z 는 식 (3.55) 로 계산

$$\sigma_z = (q/\pi)(2\theta_0 + 2\sin\epsilon\cos\theta_m)$$

대상	① θ_1	② θ_2	③ $\theta_2-\theta_1$	④ $\theta_2+\theta_1$	⑤ 2×③	⑥ 2×④	⑦ $2\theta_0$	⑧ $2\theta_m$
σ_{zA}	68.2	78.7	10.5	146.9	21	293.8	10.5deg(0.18rad)	146.9(2.56rad)
σ_{zB}	79.9	83.0	3.1	162.9	6.2	325.8	3.1deg(0.054rad)	162.9(2.84rad)

대상	⑨ $\cos 2\theta_m$	⑩ $\sin 2\theta_0$	⑪ $2\theta_0 + \cos 2\theta_m \sin 2\theta_0$	⑫ $\sigma_z = (2\theta_0 + 2\sin\epsilon\cos\theta_m)q/\pi$
σ_{zA}	−0.84	0.182	0.18+(−0.84)(0.18)=0.03	$(0.03)100/\pi = 0.96$
σ_{zB}	−0.96	0.054	0.054+(−0.96)(0.054)= 0.002	$(0.002)100/\pi = 0.064$

점 A 와 B 의 추가응력 ; $\sigma_{zA} = 0.96\ kPa$, $\sigma_{zB} = 0.064\ kPa$

2) A 점과 B 점 하부지반 내 응력 :

A 점과 B 점 하부지반 내 응력 ; 다음 3 가지 방법이나 선하중으로 간주하고 구할 수 있다. 띠 하중을 선 하중으로 대체하는 계산은 문제 4 에서 별도로 설명한다.

- 띠하중에 대한 방법
- Streinbrenner 방법

(1) 띠 하중에 대한 방법

띠 하중에 의해 A 점과 B 점에 발생되는 응력 ; 식 (3.55) 로 계산 (그림 3.26, 표 3.3)

A 점에 대해 계산

깊이 m	① θ_1	② θ_2	③ $\theta_1-\theta_2$	④ $\theta_1+\theta_2$	⑤ ③/2	⑥ ④/2	⑦ $2\theta_0$	⑧ $2\theta_m$
8.0	68.2	78.7	10.5	146.9	5.3	73.5	10.5(0.18)	146.9(2.56)
16.0	51.3	68.2	16.9	119.5	8.4	59.8	16.9(0.29)	119.5(2.09)
33.0	31.3	50.4	19.1	81.7	9.6	40.9	19.2(0.33)	81.7(1.43)
50.0	21.8	38.7	16.9	60.5	8.5	30.3	16.9(0.29)	60.5(1.06)

깊이 m	⑨ $\cos 2\theta_m$	⑩ $\sin 2\theta_0$	⑪ $2\theta_0+\cos 2\theta_m \sin 2\theta_0$	⑫ $\sigma_z=(2\theta_0+2\sin\epsilon\cos\theta_m)q/\pi$
8.0	−0.84	0.18	0.18+(−0.15)=0.03	1.0
16.0	−0.49	0.29	0.29+(−0.14)=0.15	4.8
33.0	0.14	0.33	0.33+0.05=0.38	12.1
50.0	0.49	0.29	0.30+0.14=0.44	13.9

B 점에 대해 계산

깊이 m	① θ_1	② θ_2	③ $\theta_1-\theta_2$	④ $\theta_1+\theta_2$	⑤ ③/2	⑥ ④/2	⑦ $2\theta_0$	⑧ $2\theta_m$
8.0	79.9	82.3	2.4	162.2	1.2	81.1	2.4(0.04)	162.2(2.83)
16.0	70.4	76.2	5.8	146.6	2.9	73.3	5.8(0.10)	146.6(2.56)
33.0	53.25	63.1	9.9	116.4	4.9	58.2	9.9(0.17)	116.9(2.03)
50.0	42.0	53.4	11.4	95.4	5.7	47.7	11.4(0.2)	95.4(1.67)

깊이 m	⑨ $\cos 2\theta_m$	⑩ $\sin 2\theta_0$	⑪ $2\theta_0+\cos 2\theta_m \sin 2\theta_0$	⑫ $\sigma_z=(2\theta_0+2\sin\epsilon\cos\theta_m)q/\pi$
8.0	−0.95	0.04	0.04+(−0.038)=0.002	0.064
16.0	−0.83	0.10	0.10+(−0.084)=0.017	0.54
33.0	−0.44	0.17	0.17+(−0.076)=0.096	3.06
50.0	−0.09	0.20	0.20+(−0.019)=0.180	5.74

(2) Steinbrenner 방법 ;

연성 기초 모서리점 하부의 지반응력 ; 그림 3.34 와 표 3.6 을 아용하여 계산

절점 A 하부

기초 하부 깊이z	$B_x = 40.0m$		$B_x = 20.0m$		σ_z ⑤
	① z/B_x	② I_Q	③z/B_x	④I_Q	(②−④)2(100)
8.0	0.20	0.249	0.40	0.245	0.8
16.0	0.40	0.245	0.80	0.221	4.8
33.0	0.825	0.218	1.65	0.155	12.6
50.0	1.250	0.185	2.50	0.115	14.0

절점 B 하부

기초 하부 깊이z	$B_x = 65.0m$		$B_x = 45.0m$		σ_z ⑤
	①z/B_x	②I_Q	③z/B_x	④I_Q	(②−④)2(100)
8.0	0.123	0.250	0.178	0.249	0.2
16.0	0.246	0.249	0.356	0.246	0.6
33.0	0.508	0.239	0.733	0.226	2.6
50.0	0.770	0.222	1.111	0.196	5.2

위에서 계산한 띠형 하중에 의한 추가응력을 표시하면 그림 4-2.3 과 같다.

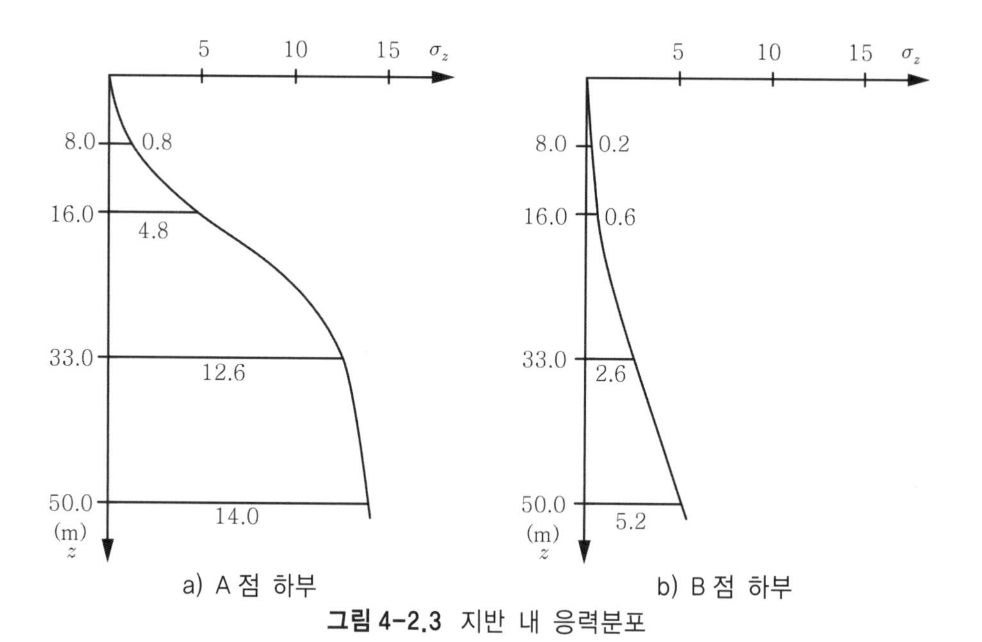

그림 4-2.3 지반 내 응력분포

[2] 구조물의 연직침하 계산

각 방법으로 구한 깊이에 따른 응력분포곡선 면적을 압밀변형계수로 나누면 침하량이 되며, 여기에서는 Steinbrenner **방법으로 계산한 결과를 활용**한다.

1) 연직응력 분포 곡선의 면적

· A 점 하부 ;

$$A_{s_A} = \left\{ \frac{(0.8+4.8)}{2}(8.0) + \frac{(4.8+12.6)}{2}(17.0) + \frac{(12.6+14.0)}{2}(17.0) \right\}$$

$$= 22.4 + 147.9 + 226.1 = 396.4$$

· B 점 하부 ;

$$A_{s_B} = \left\{ \frac{(0.2+0.6)}{2}(8.0) + \frac{(0.6+2.6)}{2}(17.0) + \frac{(2.6+5.2)}{2}(17.0) \right\}$$

$$= 3.2 + 27.2 + 66.3 = 96.7$$

2) 침하량 ; 압밀변형계수 ; $E_s = 30.0\ MPa$

· A 점 침하 ; $s_A = \dfrac{A_{s_A}}{E_s} = \dfrac{396.4}{30000} = 0.0132\ m = 1.32\ cm = 13.2\ mm$

· B 점 침하 ; $s_B = \dfrac{A_{s_B}}{E_s} = \dfrac{96.7}{30000} = 0.003\ m = 0.3\ cm = 3.0\ mm$

[3] 구조물의 기울어짐 계산

1) 기울어짐 계산 ; A 점과 B 점의 침하량 차이에 의한 기울어짐 각도에 구조물의 높이를 곱하면 부등침하가 계산된다.

· **구조물의 기울어짐 ;** $\tan\alpha = \dfrac{13.2-3}{(1000)(25)} = \dfrac{10.2}{(1000)(25)}$

· **부등침하 ;** 높이가 103m 이므로

$$\triangle S = (103)\frac{10.2}{(1000)(25)} = \frac{42.0}{1000}\ m = 0.042\ m = 42.0\ mm$$

2) 기울어짐에 대한 대책 ;

부등침하 구덩이가 상쇄되도록 다음 방법을 적용할 수 있다.

- 제방 반대편 쪽에 하중을 재하
- 사하중을 쌓아올리기
- 앵커를 설치하고 긴장력을 재하

4 띠 하중을 선 하중으로 대체하여 계산 ;

무한히 긴 연직 띠 하중을 연직 선 하중으로 대체하여 지반응력 (식 3.52) 을 계산한 후 띠 하중에 의한 지반응력과 비교한다.

· **연직 선하중에 의한 연직응력 ;** $\sigma_z = \frac{2p}{\pi R}\frac{z^3}{R^3} = \frac{2p}{\pi R}\cos^3\theta$ (식 3.52)

절점 A 하부 ;

깊이	θ	$\cos^3\theta$	R	$\frac{2}{\pi R}\cos^3\theta$	σ_z
8.0	75.0	0.017	31.04	3.51×10^{-4}	0.7
16.0	62.0	0.104	34.0	1.95×10^{-3}	3.9
33.0	42.3	0.405	44.6	5.78×10^{-3}	11.6
50.0	31.0	0.630	58.3	6.88×10^{-3}	13.8

절점 B 하부 ;

깊이	θ	$\cos^3\theta$	R	$\frac{2}{\pi R}\cos^3\theta$	σ_z
8.0	82.0	0.003	55.6	3.41×10^{-5}	0.07
16.0	73.8	0.022	57.9	2.40×10^{-4}	0.48
33.0	59.0	0.136	64.1	1.35×10^{-3}	2.71
50.0	47.7	0.304	74.3	2.61×10^{-3}	5.22

띠 하중을 선 하중으로 대체하고 계산한 추가 지반응력은 그림 4-2.4 의 실선이며, 점선은 띠 하중으로 계산한 결과이다. 따라서 **연직 띠 하중**을 **연직 선 하중**으로 대체하여 지반응력 (식 3.52) 을 구하더라도 결과가 상당히 근사하였다.

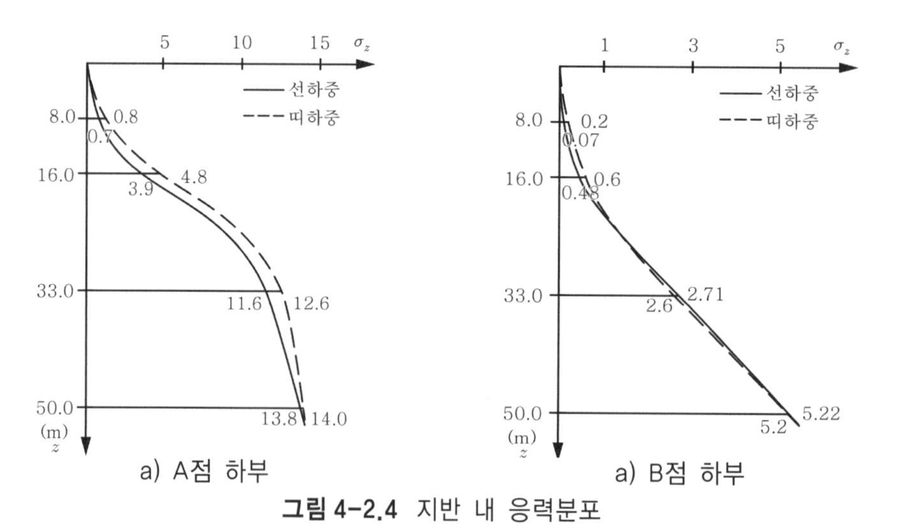

그림 4-2.4 지반 내 응력분포

문제 4-3

폭이 $B = 2.0\ m$ 이고, 길이가 $L = 3.0\ m$ 인 기초에 연직하중 $V = 2.4\ MN$ 가 작용한다. 다음 조건에서 직사각형 강성기초의 즉시침하량을 계산하시오. 압축성 지층은 두께 $20.0\ m$ 이고, 토질정수는 점착력 $c = 20.0\ kPa$, 내부 마찰각 $\phi = 30^o$, 단위중량이 $\gamma = 20.0\ kN/m^3$ 이다. 지반 변형계수는 $E = 20.0\ MPa$ 이고, 푸아송 비는 $\nu = 0.3$ 이다.

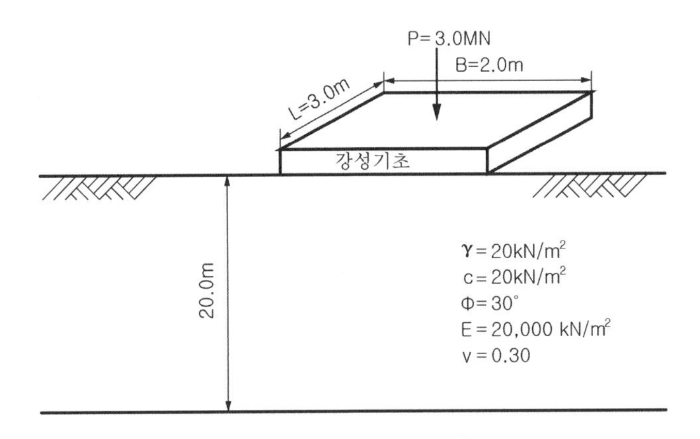

그림 4-3.1 직사각형 강성기초의 조건

풀 이

1 직접 계산식 적용

강성 정사각형 기초 (폭 B) 의 즉시침하 ; $s_1 = 1.76\,\dfrac{B}{2}\,\sigma_0\,\dfrac{1-\nu^2}{E}$ 식 (4.39)

직사각형 기초 (폭 $B = 2.0\ m$, 길이 $L = 3.0\ m$) 를 폭 $B = 2.0\ m$ 인 정사각형 기초로 간주하거나, 동일한 면적의 등가 정사각형 기초 ($B = \sqrt{(2.0)(3.0)}$) 로 대체하고 그 침하량을 계산한다.

정사각형 기초에 작용하는 평균압력 (상재하중) ; $\sigma_0 = \dfrac{2400}{(2.0)(3.0)} = 400.0\ kN/m^2$

직사각형으로 계산 B =2.0 m	등가 정사각형으로 계산 B= $\sqrt{6.0}$ m
$s_1 = 1.76\,\dfrac{B}{2}\sigma_0\,\dfrac{1-\nu^2}{E}$ $= (1.76)\dfrac{2.0}{2}(400)\dfrac{1-0.3^2}{20000}$ $= 3.20\ cm$	$s_1{}' = 1.76\,\dfrac{B'}{2}\,\sigma_0\,\dfrac{1-\nu^2}{E}$ $= (1.76)\dfrac{\sqrt{6.0}}{2}(400)\dfrac{1-0.3^2}{20000}$ $= 3.92\ cm$

∴ **등가 정사각형**으로 계산한 즉시침하는 $s_{r1} = 4.9\ cm$ 이다.

2 연성기초 C 점의 침하량을 계산

자중에 의한 지반응력 σ_{ue} 는 지반의 단위중량에 깊이를 곱한 값 γz 이다.

직사각형 기초 중앙점 하부 지반응력 σ_b 는 기초를 중앙점에서 4 분할하고 각 분할 기초의 꼭짓점 하부지반에 대한 영향계수 I_{qre} (그림 3.34, 표 3.6) 를 적용하여 구한다. 각 분할기초 꼭짓점 하부 지반응력을 모두 합하면 **구조물 하중에 의한 기초 중앙점 하부의 지반응력** σ_b 가 된다.

연성기초 c 점의 침하량은 **한계깊이** z_{gr} 내에서 계산한다. 기초하부 $z = 5\ m$ 까지 두께 $\Delta z = 1.0\ m$ 로 분할하고 자중에 의한 지반응력 σ_{ue} 와 하중에 의한 지반응력 σ_b 를 구하여, 한계깊이조건 $(\sigma_b = 0.2\sigma_{ue})$ 인 깊이 z_{gr} 을 그림 4-3.2 와 같이 구한다.

이상의 계산과정은 표 4-3.1 에 기록하면 편리하다.

이상에서 한계깊이를 산정한 결과 $z_{gr} = z_c = 4.3\ m$ 이었다.

표 4-3.1 등분포 하중 작용 시 직사각형 꼭짓점 하부 연직 지반응력

L/B	$z\ (m)$	Δz (m)	I_p	$\sigma_{zp}\ (kPa)$	$\sigma_{zg}\ (kPa)$	$0.2\sigma_{zg}\ (kPa)$
1.5	1	1	0.238	95.2	20	4
1.5	2	1	0.194	77.6	40	8
1.5	3	1	0.145	58.0	60	12
1.5	4	1	0.107	42.8	80	16
1.5	5	1	0.082	32.8	100	20
1.5	6	1	0.061	24.4	120	24
1.5	6.1	1	0.059	23.6	122	24.4
1.5	7	1	0.015	6	140	28

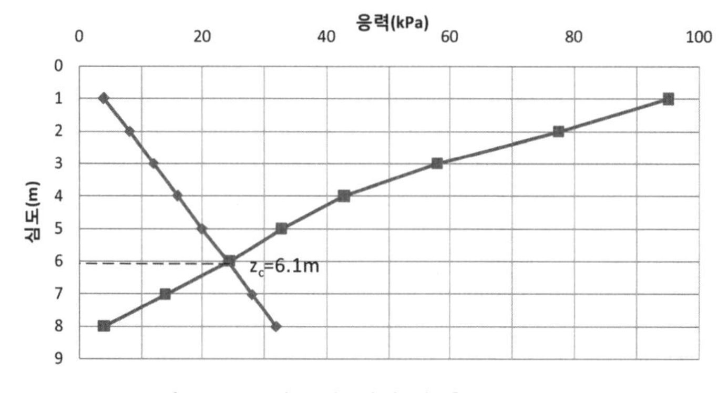

그림 4-3.2 심도별 지반 내 응력의 크기

· **직사각형 기초** ; 한계깊이 $z_{gr} = 6.1\ m$, $L = 3.0\ m$, $B = 2.0\ m$, $L/B = 3/2 = 1.5$

· **기초 c 점 침하계수** ; $z = 6.1\ m$, $z/B = 3.05 \ \rightarrow\ f_{qrc} = 0.81$ (그림 4.20, 표 4.7)

· **연성기초 c 점의 침하량 s_{r2}** ; 이는 **강성기초의 침하량 s_{r2}** 이다.

$$s_{r2} = \frac{\sigma_0}{E} B f_{qrc} = \frac{400}{20000}(2.0)(0.81) = 0.0324\ m = 3.24\ cm$$

∴ **연성기초 c 점의 침하량은 $s_{r2} = 3.24\ cm$** 이다.

3 연성기초 중앙점의 침하를 이용하여 계산

직사각형 연성기초를 4 개 직사각형으로 분할하고 계산한 꼭짓점 침하량을 모두 합한 중앙점의 침하량 s_M 의 75% 를 취하면, 강성기초의 침하량 s_{rM} 이다.

· **직사각형 분할기초** ; $L = 1.5\ m$, $B = 1.0\ m$, $L/B = 1.5$

· **분할기초 꼭짓점의 침하계수** ; $z = 6.1\ m$, $z/B = 6.1/1.0 = 6.1 \ \rightarrow\ f_{qre} = 0.55$

· **분할기초 꼭짓점의 침하량 s_i** ; (식 4.39)

$$s_i = \sigma_0 B \frac{1-\nu^2}{E_s} f_{qre} = (400)(1.0)\frac{1-0.3^2}{20000}(0.55) = 0.010\ m = 1.00\ cm$$

· **직사각형 연성기초 중앙점 침하 s_M** ; **분할기초 침하량 s_i 의 4 배**

$s_M = 4s_i = (4)(1.00) = 4.00\ cm$

· **강성기초의 침하 s_{r3}** ; **연성기초 중앙점 침하 s_M 의 75%**

$s_{r3} = 0.75\, s_M = (0.75)(4.00) = 3.00\ cm$

∴ **연성기초 중앙점 침하량 s_M 의 75% 는 $s_{r3} = 3.00\ cm$** 이다.

4 연성기초의 중앙과 모서리 침하량의 평균값을 이용하여 계산

· **직사각형 기초 꼭짓점 침하량 s_E** ; $B = 2.0\ m$, $L = 3.0\ m$, $L/B = 3.0/2.0 = 1.5$

· **직사각형 기초 침하계수** ; $z = 6.1\ m$, $z/B = 6.1/2 = 3.05 \rightarrow f_{qre} = 0.46$ (그림 4.17)

· **꼭짓점 침하량 s_E** ;

$$s_E = \sigma_0 B \frac{1-\nu^2}{E_s} f_{qre} = (400)(2)\frac{1-0.3^2}{20000}(0.46) = 0.0167\ m = 1.67\ cm$$

· **직사각형 기초 중앙점 침하량 s_M** ; 앞에서 계산한 값 $s_M = 4.00\ cm$ 적용

· **강성기초 침하량 s_{r4}** ; **연성기초 중앙점 s_M 과 꼭짓점 s_E 의 평균 평균침하량**

$s_{r4} = (s_M + s_E)/2 = (4.00 + 1.67)/2 = 2.83\ cm$

∴ **연성기초 중앙점 s_M 과 꼭짓점 s_E 의 평균 평균침하량은 $s_{r4} = 2.83\ cm$**

5 종합 ; 다소 차이가 있으나 수용가능할 수도 있는 크기이다.

$s_{r1} = 3.20\ cm$, $s_{r1}{}' = 3.92\ cm$, $s_{r2} = 3.24\ cm$, $s_{r3} = 3.00\ cm$, $s_{r4} = 2.83\ cm$ ///

문제 4-4

건물기둥 하부 정사각형 독립기초 (폭 $L = B = 3.0\,m$, 근입깊이 $D_f = 2.5\,m$) 에 연직 하중 $V = 4.5\,MN$ 이 작용한다. 콘크리트 기초 두께는 $d_B = 1.0\,m$ 이고, 콘크리트의 단위중량은 $\gamma_B = 25.0\,kN/m^3$ 이다. 다음 경우에 기초의 침하를 구한다.

[1] 지반이 층상구조이고, 지표부터 깊이 $z_s = 5.0\,m$ 까지 상부는 양호한 모래 지반 (압축변형계수 $E_{m1} = 90.0\,MPa$, 단위중량 $\gamma_1 = 18.0\,kN/m^3$) 이 분포하고, 그 하부에는 점토질 실트 지반 ($E_{m2} = 8.0\,MPa$, 단위중량 $\gamma_2 = 20.0\,kN/m^3$) 이 분포한다.

[2] 초기 지하수위가 $GWL_1 = -3.0\,m$ 이었고 $2.0\,m$ 강하되어 $GWL_2 = -5.0\,m$ 로 되었다. 지하수위 강하에 기인한 강성 정사각형 기초의 침하량을 계산한다. 실트 층은 단위중량이 지하수위 상부에서 $\gamma = 20.0\,kN/m^3$ 이고 하부에서 $\gamma' = 11.0\,kN/m^3$ 이며, 압축변형계수는 $E_m = 8.0\,MN/m^2$ 이다. 지표면 아래로 깊이 $9.5\,m$ 의 하부에는 비압축성 지층이 있다.

[3] 지반이 상부는 점토질 실트 층이고 하부는 조밀하고 양호한 모래층인 층상지반이다. 실트 층과 모래 층의 경계면이 경사져 있어서 압축성 점토질 실트 층의 두께는 깊은 쪽은 $h_L = 3.8\,m$, 얕은 쪽은 $h_R = 2.4\,m$ 이다. 실트 층은 압밀변형계수 $E_s = 6.0\,MPa$ 이고, 단위중량 $\gamma = 20.0\,kN/m^3$ 인 압축성 지층이며, 모래층은 비압축성 지층 ($E_s = \infty$) 이다.

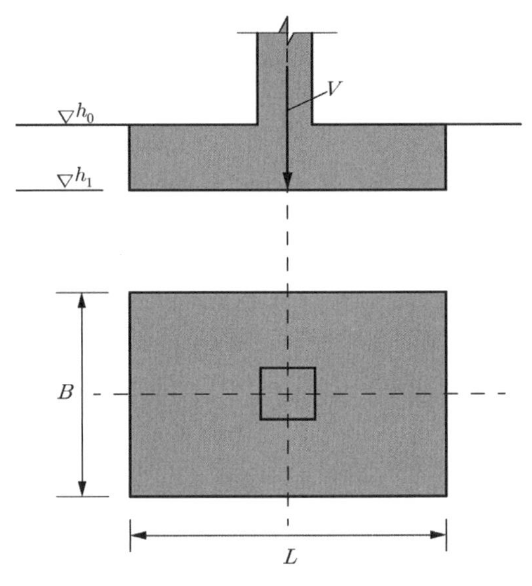

그림 4-4.1 얕은 기초 재하상태

풀 이

[1] 하부 지층이 압축성 지반인 층상지반의 침하

· 점토질 실트 층의 깊이 ; 지표로부터 $z_s = 5.0\,m$,
· 콘크리트 기초판의 두께 ; $d_B = 1.0\,m$

1) 침하유발 지반응력

· 기초 접지압 ; $\sigma_o = V/B^2 + \gamma_B/d_B = 4500/3.0^2 + 25.0/1.0 = 525.0\,kN/m^2$
· 지반굴착에 의한 감압 ; $\sigma_a = \gamma_1 D_f = (18.0)(2.5) = 45.0\,kN/m^2$
· 침하유발 지반응력 ; $q = \sigma_o - \sigma_a = 525.0 - 45.0 = 480.0\,kN/m^2$

2) 한계깊이 z_{gr} ; 연직응력 영향계수 I_{qre} (그림 3.34, 표 3.6)

① 기초바닥 하부 $z = 4.0\,m$; $z' = D_f + z = 2.5 + 4.0 = 6.5\,m$

· 하중계수 ; $L/B = 3.0/3.0 = 1.0$, $z/B = 4/3 = 1.33$ → 하중계수 $I_{qre} = 0.138$
· 구조물 하중에 의한 응력 ; $\sigma_b = I_{qre}\, q = (0.138)(480.0) = 66.2\,kPa$
· 지반 자중에 의한 응력 σ_{ue} 의 20% ;

$\sigma_{ue} = \gamma_1 z_s + \gamma_2 (z' - z_s) = (18)(5.0) + (20)(6.5 - 5.0) = 90.0 + 30.0 = 120.0\,kPa$

$0.2\sigma_{ue} = (0.2)(120.0) = 24.0\,kPa$

· 한계깊이 조건 ; (구조물 하중에 의한 응력 = 지반의 자중에 의한 응력의 20%)

$0.2\sigma_{ue} = 24.0 < 66.2 = \sigma_b$ → 〈불만족〉 ∴ $4.0\,m$ 보다 깊다.

② 기초바닥 하부 $z = 6.8\,m$; $z' = D_f + z = 2.5 + 6.8 = 9.3\,m$

· 하중계수 ; $L/B = 3.0/3.0 = 1.0$, $z/B = 6.8/3 = 2.27$ → 하중계수 $I_{qre} = 0.071$
· 구조물 하중에 의한 응력 ; $\sigma_b = I_{qre}\, q = (0.071)(480.0) = 34.08\,kPa$
· 지반 자중에 의한 응력 σ_{ue} 의 20% ;

$\sigma_{ue} = \gamma_1 z_s + \gamma_2 (z' - z_s) = (18)(5.0) + (20)(9.3 - 5.0) = 90.0 + 86.0 = 176.0\,kPa$

$0.2\sigma_{ue} = (0.2)(176.0) = 35.2\,kPa$

· 한계깊이 조건 ; (구조물 하중에 의한 응력 = 지반의 자중에 의한 응력의 20%)

$0.2\sigma_{ue} = 35.2 \simeq 34.08 = \sigma_b$ → 〈만족〉

∴ **한계깊이**는 기초하부 $z_{gr} = 6.8\,m$, $z' = 9.3\,m$ (실트 층 중간 깊이) 로 한다.

이상을 종합하면 다음 표와 같다.

수준 z' [m]	z [m]	$D_f + z$ [m]	σ_{ue} [kN/m^2]	$0.2\sigma_{ue}$ [kN/m^2]	z/B	I_{qre}	$I_{qre}\,q$ [kN/m^2]
-9.3	6.8	9.3	176.0	35.2	2.27	0.071	34.08

3) **침하계수 f ;** 기초의 바닥을 기준 ; 그림 3.34 ;

$$L/B = 3.0/3.0 = 1.0,\ z_1 = z_s - D_f = 5.0 - 2.5 = 2.5\ m,\ z_2 = z_{gr} = 6.8\ m$$

실트 층 상부경계 깊이 z_1 ; $z_1/B = 2.5/3.0 = 0.833 \rightarrow f_{qreo} = 0.197$

실트 층 한계 깊이 z_2 ; $z_2/B = z_{gr}/B = 6.8/3.0 = 2.27 \rightarrow f_{qreu} = 0.306$

4) **기초침하 s ;** $f_{qre} = f_{qreu} - f_{qreo}$

$$\begin{aligned} s &= \frac{qB}{E_{m1}} f_{qreo} + \frac{qB}{E_{m2}} f_{qre} \\ &= \frac{(480.0)(3.0)}{(90000)}(0.197) + \frac{(480.0)(3.0)}{(8000)}(0.306 - 0.197) \\ &= 0.0032 + 0.0196\ m = 0.0228\ m = 2.28\ cm \qquad /// \end{aligned}$$

② 지하수위 강하로 인한 침하

· **지하수위 : 초기 ;** $GWL_1 = -3.0\ m$, **강하 후 ;** $GWL_2 = -5.0\ m$

강하량 ; $\Delta h_w = GWL_1 - GWL_2 = -3.0 - (-5.0) = 2.0\ m$

· **실트 지반 ; 압축변형계수** ; $E_m = 8.0\ MPa$

단위중량 ; 지하수위 상부 $\gamma = 20.0\ kN/m^3$, 지하수위 하부 $\gamma' = 11.0\ kN/m^3$

· **기초 구조물 ;** 연직력 $V = 4.5\ MN$, 정사각형 $L = B = 3.0\ m$, 근입깊이 $D_f = 2.5\ m$

1) 침하유발 지반응력

· **기초 접지압** ; $\sigma_o = 4.500/3.0^2 = 500.0\ kN/m^2$

· **지반굴착으로 인한 감압** ; $\sigma_a = (20.0)(2.5) = 50.0\ kN/m^2$

· **침하유발 지반응력** ; $q = \sigma_o - \sigma_a = 500.0 - 50.0 = 450.0\ kN/m^2$

2) 한계깊이 z_{gr} : 한계깊이는 기초하부 깊이 $10.0\ m$ (지표하부 $12.5\ m$) 로 검토

상재하중에 의한 지반 내 응력에 기인하여 지반이 압축되어 발생되는 지반 침하는 상재하중에 의한 지반응력의 크기가 **지반의 자중에 기인한 지반응력의 20%**가 되는 깊이로 한정하여 계산한다. 이 같이 침하를 계산하는 깊이의 한계를 **한계깊이**라고 한다.

지하수위가 강하되는 경우에도 지반 내의 유효응력이 증가되며, 한계깊이를 계산할 때에는 지하수위의 강하에 의한 유효응력을 상재하중에 의한 지반응력에 포함해서 검토해야만 한다. 따라서 지하수위가 강하되는 경우에는 한계깊이가 깊어진다.

(1) 상재하중에 의한 지반응력 ; $L/B = 3.0/3.0 = 1.0$

· 하중영향계수 ;
$z = 7.0\ m$, $z/B = 7.0/3.0 = 2.33 \rightarrow I_{qre} = 0.07$ (그림 3.34, 표 3.6)

· 상재하중에 의한 지반응력 ; $\sigma_b = I_{qre}\, q = (0.07)(450.0) = 31.5\ kPa$

· 지하수 강하에 의한 지반응력 ; $\sigma_w = \Delta h_w \gamma_w = 20.0\ kN/m^2$

· 지하수위 강하 후 지반응력 ; $\sigma_z = \sigma_b + \sigma_w = 31.5 + 20.0 = 51.5\ kPa$

(2) 자중에 의한 토피압

· **지하수위 강하 전** ; 지하수위가 $GWL_1 = -3.0\ m$ 인 경우

$\sigma_{ue} = \gamma h + \gamma' \Delta h = (20.0)(3.0) + (11.0)(9.5 - 3.0) = 131.5\ kPa$
$0.2\sigma_{ue} = (0.2)(131.5) = 26.3\ kPa$

· **지하수위 강하 후** ; 지하수위가 $GWL_1 = -5.0\ m$ 인 경우

$\sigma_{ue} = \gamma h + \gamma' \Delta h = (20.0)(5.0) + (11.0)(9.5 - 5.0) = 149.5\ kPa$
$0.2\sigma_{ue} = (0.2)(149.5) = 29.9\ kPa$

(3) 한계깊이 조건 ; $0.2\sigma_{ue} \simeq I_{qre}\, q + \sigma_w$

· 지하수 강하 전 ; $0.2\sigma_{ue} = 26.3 < 51.5 = \sigma_b + \sigma_w$ 〈불만족〉

· 지하수 강하 후 ; $0.2\sigma_{ue} = 29.9 < 51.5 = \sigma_b + \sigma_w$ 〈불만족〉

→ 위 조건에서 **한계깊이**가 압축성지층 하부에 있지만, 아래지반이 비압축성이어서 한계깊이는 **압축성지층 하부경계**(지표면 아래 $9.5\ m$ 즉, 기초아래 $7.0\ m$) 로 한다.

3) 상재하중에 의한 지반응력 증가

한계깊이 즉, 기초의 하부로 깊이 $7.0\ m$ 에 대해 지반응력을 검토

정사각형 기초 ; $L = B = 3.0\ m$, $L/M = 3.0/3.0 = 1.0$

· 하중영향계수 ; $z = 7.0\ m$, $z/B = 7.0/3.0 = 2.33 \rightarrow I_{qre} = 0.07$ (그림 3.34, 표 3.6)

· 상재하중에 의해 증가되는 지반응력 ; $\sigma_b = I_{qre}\, q = (0.07)(450.0) = 31.5\ kN/m^2$

· 지하수위 강하로 인한 응력 ; $\sigma_w = \Delta h_w \gamma_w = (2.0)(10.0) = 20.0\ kN/m^2$

· 지하수위 강하 후 지반응력 ; $\sigma_z = \sigma_b + \sigma_w = 31.5 + 20.0 = 51.5\ kPa$

이상의 계산과정을 정리하면 아래 표 4-4.1 이 된다.

표 4-4.1 압축성 지층 하부경계의 응력 계산

수준 [m]	z [m]	σ_{ue} [kN/m^2]	$0.2\sigma_{ue}$ [kN/m^2]	z/B	I_{qre}	$\sigma_b = I_{qre}\, q$ [kN/m^2]	σ_w [kN/m^2]	$\sigma_z = I_{qre}\, q + \sigma_w$ [kN/m^2]
−9.5	7.0	131.5	26.3	2.33	0.07	31.5	20.0	51.5

3) 지하수위 강하 후 응력분포곡선의 면적

지하수위 강하로 인한 응력증가 ; $\sigma_w = \Delta h_w \gamma_w = (2.0)(10.0) = 20.0\ kN/m^2$

지하수위 강하로 인해 증가된 지반응력의 분포형상 및 분포면적

지하수위 강하로 인해서 증가된 지반응력은 초기 지하수위 $-3.0\ m$ 부터 지하수위 강하고 2.0 m 아래 즉, 강하 후 수위 $-5.0\ m$ 까지는 선형적으로 비례 증가하므로 삼각형 분포 (첫째 항) 가 되고, 강하 후 지하수위의 하부에서는 $\sigma_w = 20.0\ kPa$ 로 일정한 직사각형 분포 (둘째 항) 가 된다. 따라서 지하수위의 강하로 인해서 증가된 지반응력은 연직면상에서 사다리꼴 분포가 되고, 한계깊이까지 분포면적은 다음이 된다. 지하수위 변화로 인한 지반응력의 변화는 넓은 영역에서 일어난다.

$A_{\sigma_w} = (1/2)(2.0)(20.0) + (9.5 - 5.0)(20.0) = 110.0\ kN/m$

4) 지하수위 강하에 의한 침하

$$s = \frac{A_{\sigma_w}}{E_m} = \frac{110.0}{8000} = 0.0138\ m = 1.38\ cm \qquad ///$$

3 압축성 지층의 두께가 일정하지 않은 경우

기초 판 c 단면에서 양쪽 c 점 (c_L 과 c_R) 에서 침하량을 구하여 기울어짐 경사를 계산한다. 점토질 실트 지반은 압밀변형계수 $E_s = 6.0\ MN/m^2$, 단위중량 $\gamma = 20.0\ kN/m^3$ 이고, 모래는 압밀변형계수는 $E_s = \infty$ 이다. 점토질 실트 층은 하부경계가 경사져서, 그 두께가 깊은 곳은 $h_L = 3.8\ m$ 이고, 얕은 쪽은 $h_R = 2.4\ m$ 이다.

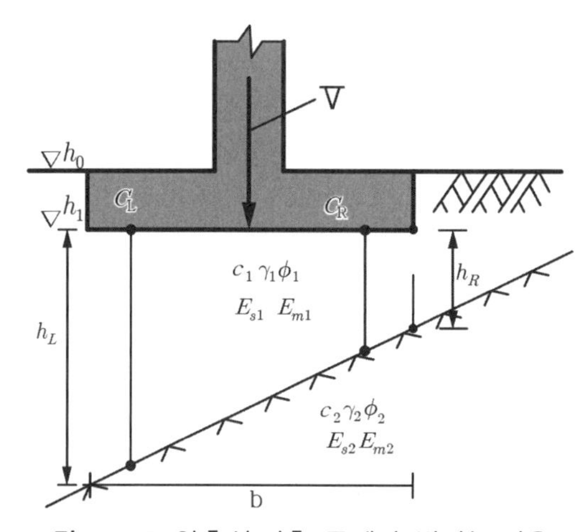

그림 4-4.2 압축성 지층 두께가 변하는 경우

1) 지반응력

· 기초바닥응력 ; $\sigma_o = 4500/3.0^2 = 500.0\ kN/m^2$

· 지반굴착으로 인한 감압 ; $\sigma_a = (20.0)(2.5) = 50.0\ kN/m^2$

· 침하 유발응력 ; $q = \sigma_o - \sigma_a = 500.0 - 50.0 = 450.0\ kN/m^2$

2) 한계깊이 z_{gr}

한계깊이는 기초 크기와 압축성 지층의 두께를 고려하여 계산한다.

가장 깊은 곳이 $h_L = 3.8\ m$ 인데, **기초저면 폭의 1.5 배** $(1.5B = (1.5)(3.0) = 4.5\ m)$ 보다 얕아서 한계깊이는 하부 모래층에 있을 것이다. 또한, 모래는 압밀변형계수가 $E_s = \infty$ 즉, 비압축성이므로 점토질 실트 **층과 모래 층 경계를 한계깊이로 간주**한다.

3) 침하계수 f

$L/B = 3.0/3.0 = 1.0$

· c 점의 위치 ; $0.13B = (0.13)(3.0) = 0.39\ m$

좌우측 c 점 즉, c_L 과 c_R 의 위치는 그림 4-5.2 를 참조한다.

· 좌측 c_L 점의 침하계수 ; (그림 4.20, 표 4.7)

좌측 한계깊이 ; $z_{grL} = h_R + (B - 0.13B)(h_L - h_R)/B$
$= 2.4 + (3 - 0.39)(3.8 - 2.4)/3 = 2.4 + 1.22 = 3.62\ m$

침하계수 ; $z_{grL}/B = 3.62/3.0 = 1.21 \quad \rightarrow \ f_{qrcL} = 0.532$

· 우측 c_R 점의 침하계수 ; (그림 4.20, 표 4.7)

좌측 한계깊이 ; $z_{grR} = h_R + (0.13B)(h_L - h_R)/B$
$= 2.4 + (0.39)(3.8 - 2.4)/3.0 = 2.4 + 0.18 = 2.58\ m$

침하계수 ; $z_{grR}/B = 2.58/3.0 = 0.86 \quad \rightarrow \ f_{qrcR} = 0.450$

4) 기초침하 s ; 보정계수 $\kappa = 1.0$

· 좌측 c_L 점 침하 ; $s_{cL} = \dfrac{qB}{E_{m1}} f_{qrcL}\, \kappa = \dfrac{(450.0)(3.0)}{(6000)}(0.532)(1.0) = 0.12\ m = 12.0\ cm$

· 좌측 c_R 점 침하 ; $s_{cR} = \dfrac{qB}{E_{m1}} f_{qrcR}\, \kappa = \dfrac{(450.0)(3.0)}{(6000)}(0.45)(1.0) = 0.101\ m = 1.01\ cm$

· 부등침하 ; $\Delta s = s_{cL} - s_{cR} = 0.120 - 0.101 = 0.019\ m = 1.9\ cm$

5) 기울어짐

$$\tan\alpha = \frac{\Delta s}{0.74B} = \frac{0.019}{(0.74)(3.0)} = 0.0086$$

$\rightarrow \ \alpha = 0.46^o \ \rightarrow \ 1 : 116$ ///

문제 4-5

얕은 기초로 설치한 교각의 자중이 $G = 36.0\,MN$ 이고, 교각 상부 상판의 자중은 $V = 8.0\,\mathrm{MN}$ 이며, 풍력 $H_W = 800\,kN$ 이 횡방향으로 작용하고, 구조적 특성과 차량 등에 의해 횡방향 수평력 $H_Q = 400\,\mathrm{kN}$ 과 종방향 수평력 $H_L = 2500\,\mathrm{kN}$ 이 추가된다.

다음 물음에 답한다.

[1] 교각이 완성되어 모든 하중$(G + H_L + H_Q + H_W + V)$이 작용하는 A 단계에서 활동과 전도 및 지지력에 대한 안정을 검토한다.

[2] 교각만 완성되어 교각자중 G 만 작용하는 B 단계에 대해 ⓐ와 ⓑ 점의 침하를 구한다. 이때 교각의 기초는 강성으로 간주한다.

[3] 교각에 상부 구조물을 설치한 단계에서 추가침하 즉, 하중 B 에 하중 C $(H_Q + H_W + V)$ 를 추가함으로 인해 ⓑ 점에서 발생되는 침하를 구한다.

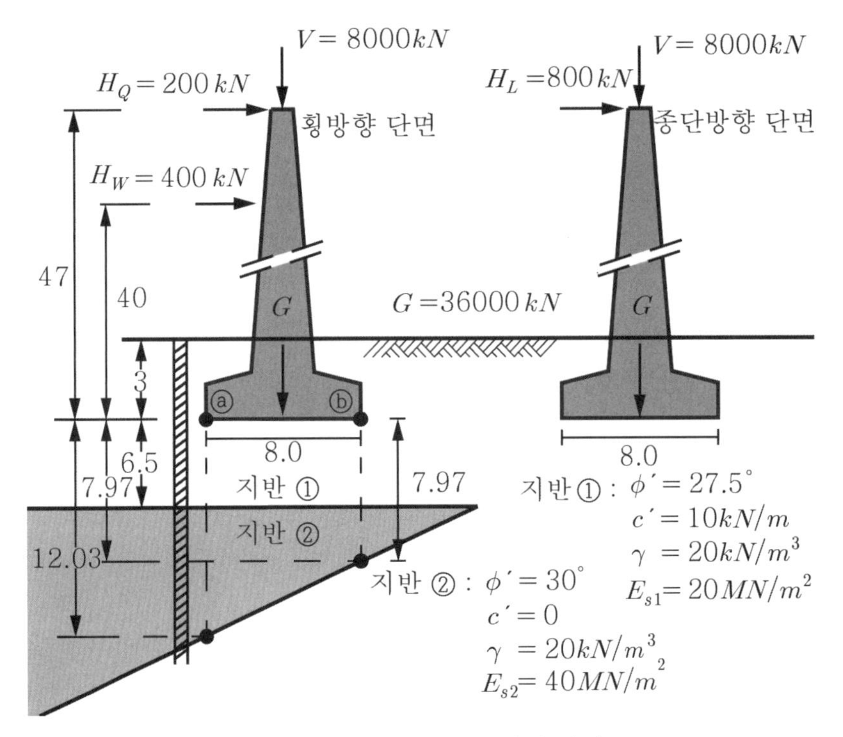

그림 4-5.1 교각기초의 설치 상태

풀 이

1 안정성 검토 ; 모든 하중 작용상태

1) 활동에 대한 안정

· **수평외력의 합력** : H_R

$$H_R = \sqrt{(H_Q + H_W)^2 + H_L^2} = \sqrt{(200.0 + 400.0)^2 + 800.0^2} = 1000\ kN$$

· **연직외력의 합** : $V_R = V + G = 8000 + 36000 = 44000\ kN = 44.0\ MN$

· **활동에 대한 안전율** : $\eta_G = \dfrac{V_R \tan\phi}{H_R} = \dfrac{44000 \tan 27.5^o}{1000} = 22.9 > 1.5$

$\therefore\ \eta_G = 22.9 > 1.5$ OK

2) 전도에 대한 안정

· **바닥면의 모멘트** ;

횡방향 모멘트 : $M_Q = H_Q h_H + H_W h_W = (200)(47) + (400)(40) = 25400\ kNm$

종방향 모멘트 : $M_L = H_L h_H = (800)(47) = 37600\ kNm$

· **편심** ; $(e_x/B)^2 + (e_y/L)^2 < 1/9$ 이면 O.K

횡방향 편심 : $e_Q = M_Q / V_R = 25400/44000 = 0.58\ m < 1.33\ m = 8/6 = B_Q/6$

종방향 편심 : $e_L = M_L / V_R = 37600/44000 = 0.85\ m < 2.67\ m = 8/3 = B_L/3$

· **외핵 내부확인** ; $(0.58/8)^2 + (0.85/8)^2 = 0.01 < 0.11 = 1/9$

∴ 외핵 내부이므로 전도에 대해서 안정

3) 지지력에 대한 안정

· **유효 폭** ; 최대 수평력의 작용할 때에 작은 폭으로 계산한다.

횡방향 ; $B_Q' = B_Q - 2e_Q = 8.0 - 2(0.58) = 6.84\ m$

종방향 ; $B_L' = B_L - 2e_L = 8.0 - 2(0.85) = 6.30\ m$

· **지지력계수** ; $N_c = 25,\ N_q = 14,\ N_\gamma = 7$ 내부마찰각 $\phi = 27.5^o$ 에 대해 (DIN 4017)

· **형상계수 (직사각형)** ;

$$F_{qs} = 1 + (B_Q'/B_L')\sin\phi = 1 + (6.84/6.30)\sin 27.5 = 1 + 0.5013 = 1.50$$

$$F_{\gamma s} = 1 - 0.3B_Q'/B_L' = 1 - 0.3(6.84/6.30) = 1 - 0.326 = 0.670$$

$$F_{cs}' = F_{cs} = F_{qs} - \frac{1 - F_{qs}}{N_q - 1} = 1.50 - \frac{1 - 1.50}{14 - 1} = 1.50 + 0.038 = 1.54$$

· **경사계수 ;** 수평력 H가 짧은 면에 평행으로 작용

$$F_{qi} = \left(1 - 0.7\frac{\eta H}{\eta V_R + B_Q{}'B_L{}'c'\cot\phi'}\right)^3 = 0.952$$

$$F_{\gamma i} = \left(1 - \frac{\eta H}{\eta V_R + B_Q{}'B_L{}'c'\cot\phi'}\right)^3$$

$$= \left(1 - \frac{(2.0)(1000)}{(2)(44000) + (6.84)(6.30)(10)\cot 27.5}\right)^3 = 0.931$$

$$F_{ci} = F_{qi} - \frac{1 - F_{qi}}{N_q - 1} = 0.952 - \frac{1 - 0.952}{14 - 1} = 0.948$$

· **지지력 ;**

$$Q_u = B_Q{}'B_L{}'\{cN_cF_{cs}F_{ci} + \gamma_2 B_L{}'N_\gamma F_{\gamma s}F_{\gamma i} + \gamma_1 D_F N_q F_{qs} F_{qi}\}$$

$$= (6.80)(6.22)\left\{\begin{matrix}(10)(25)(1.54)(0.948) + (20)(6.30)(7)(0.67)(0.931) \\ + (20)(3)(14)(1.50)(0.952)\end{matrix}\right\}$$

$$= 91321.41\ kN$$

· **안전율 ;** $\eta = \dfrac{91321}{44000} = 2.08 \simeq 2.1 > 2.0 \qquad \therefore\ \eta = 2.1 > 2.0 \qquad$ O.K

② 교각의 자중 G 에 의한 침하

교각의 자중에 의한 침하는 교각 기초가 강성기초이므로 연성기초 c 점에 대해서 직접 계산 (Kany 방법) 한다. 그밖에 c 점이나 중앙점에서 분할하여 계산한 각 분할기초의 침하를 합한 값으로 대체할 수도 있다.

· **평균접지압 ;** $\sigma_o = G/A = 36000/\{(8)(8)\} = 5562.5\ kN/m^2$
· **지반굴착으로 인한 감압 ;** $\sigma_a = \gamma H = (20)(3.0) = 60.0\ kN/m^2$
· **침하 유발하중 ;** $q = \sigma_o - \sigma_a = 562.5 - 60 = 502.5\ kN/m^2$

1) Kany 의 방법 ; 연성기초로 간주하고 c 점의 침하량을 계산한다. (그림 4.20)

압축성 지층은 그 두께가 두꺼운 a 점에서는 12.03 m이고, 얇은 b 점에서는 7.97 m 이다. 침하는 c 단면상에 있는 좌·우 측의 c 점 즉, c_L과 c_R 점에서 구한다.

· **a 점과 b 점의 하부 지층깊이 t_L과 t_R ;** $t_L = 12.03\ m,\ t_R = 7.97\ m$

· **c_L과 c_R의 하부 지층깊이 t_{cL}과 t_{cR} ;**

$$t_{cL} = t_L - (0.13B)(t_L - t_R)/B = 12.03 - (1.04)(12.03 - 7.97)/8.0 = 11.5\ m$$

$$t_{cR} = t_R + (0.13B)(t_L - t_R)/B = 7.97 + (1.04)(12.03 - 7.97)/8.0 = 8.5\ m$$

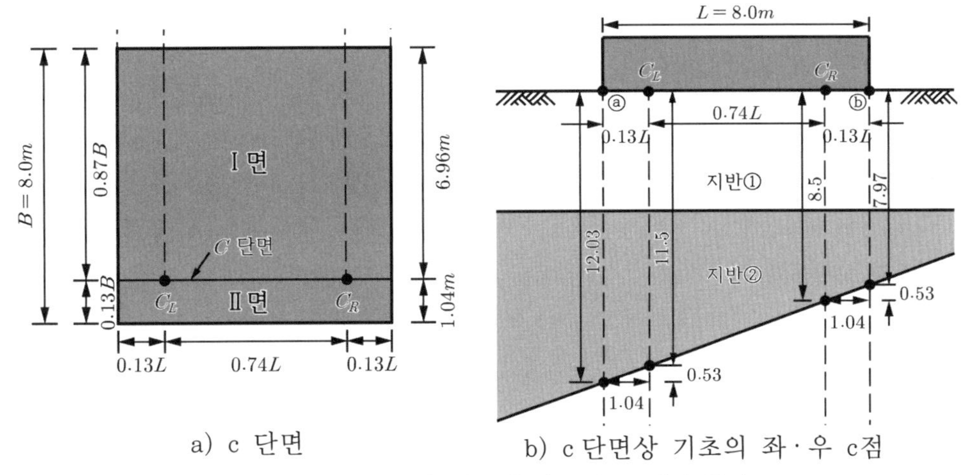

그림 4-5.2 c 단면상 기초의 좌 · 우 c 점의 위치

(1) **c_L 점의 침하 ;** $L = 8.0\ m$, $B = 8.0\ m$, $L/B = 8/8 = 1.0$

· **실트 층 상부경계** : $z_1 = 6.5\ m$, $z_1/B = 6.5/8 = 0.813 \rightarrow f_{qrc1} = 0.44$

· **실트 층 하부경계** : $z_2 = 11.5\ m$, $z_2/B = 11.5/8 = 1.438 \rightarrow f_{qrc2} = 0.57$

· **침하량 ;**

$$s_a = qB\left(\frac{f_{qrc1}}{E_{s1}} + \frac{f_{qrc2} - f_{qrc1}}{E_{s2}}\right)$$
$$= (502.5)(8)\left(\frac{0.44}{20000} + \frac{0.57 - 0.44}{40000}\right) = 0.1015\ m$$

(2) **c_R 점의 침하**

· 실트 층 상부경계 : $z_1 = 6.5\ m$, $z_1/B = 6.5/8 = 0.813 \rightarrow f_{qrc1} = 0.44$

· 실트 층 하부경계 : $z_2 = 8.5\ m$, $z_2/B = 8.5/8 = 1.063 \rightarrow f_{qrc2} = 0.51$

· **침하량 ;**

$$s_b = qB\left(\frac{f_{qrc1}}{E_{s1}} + \frac{f_{qrc2} - f_{qrc1}}{E_{s2}}\right)$$
$$= (502.5)(8)\left(\frac{0.44}{20000} + \frac{0.51 - 0.44}{40000}\right) = 0.0956\ m$$

(3) **부등 침하량 ;** 좌·우 측 c 점 즉, c_L 과 c_R 점의 침하량 s_a 및 s_b 의 차이.

$$\Delta s = s_a - s_b = 0.1015 - 0.0956 = 0.0059\ m = 5.9\ mm$$

$$\therefore\ \Delta s = 5.9\ mm$$

2) Steinbrenner 의 방법

Steinbrenner 방법에서는 연성기초로 간주하고 c 단면에서 양쪽 끝점의 침하량을 계산하여 합한다.

· **c 단면 의 결정 :**

$0.74B = (0.74)(8.0) = 5.92\,m, \quad B - 0.26B = 8 - 5.92 = 2.08\,m$

· **지층 수평분할 ;**

지층을 4 개의 미세 수평지층으로 분할하여 즉, 지층 ① 층과 ② 층을 각각 2 개 미세 수평지층으로 분할하여 계산하다.

· **침하계산 :**

지층		지층 중앙 깊이	ⓐ $L=5.92$ [m] $B=8$ [m]		ⓑ $L=8$ [m] $B=2.08$ [m]		ⓐ+ⓑ		E_s	Δs_a	Δs_b
깊이 [m]		z [m]	z/B	f_{qrc}	z/B	f_{qrc}	$\sum f_{qrc}$	σ_{zz}	[MPa]	[mm]	[mm]
①	0~3.0	1.50	0.19	0.248	0.72	0.228	0.476	239.2	20	35.9	35.9
	3.0~6.5	4.75	0.59	0.232	2.28	0.118	0.350	195.9	20	30.8	30.8
②	6.5~8.5	7.50	0.94	0.197	3.61	0.079	0.276	138.7	40	6.9	6.9
	8.5~11.5	10.0	1.25	0.147	4.81	0.051	0.198	99.5	40	7.5	0
									$\sum$	76.8	73.6

· **부등침하 :** $\Delta s = \sum \Delta s_a - \sum \Delta s_b = 81.1 - 73.6 = 7.5\,mm \quad \therefore\ \Delta s = 7.5\,mm$

3 하중 B 에 하중 C 가 추가로 작용 ; $C = H_Q + H_W + V$

· **구조물 기초에 하중 C 가 추가로 작용하는 경우 ;**

수평력 ; $H = H_Q + H_W = 200 + 400 = 600\,kN$

모멘트 ; $M = 47\,H_Q + 40\,H_W = (47)(200) + (40)(400) = 25400\,kNm$

연직력 ; $V = 8000\,kN$

· **증가된 외력에 의한 접지압** ; (식 2.20)

$$\sigma_{1,2} = \frac{V}{BL} \pm \frac{M}{LB^2/6} = \frac{8000}{(8)(8)} \pm \frac{25400}{(8)(8^2)/6} = 125.0 \pm 297.7$$

$$\therefore\ \sigma_1 = -172.7\,kN/m^2$$

$$\sigma_2 = 422.7\,kN/m^2$$

· **침하량** : $L/B = 8/8 = 1.0$, 삼각형 하중에 대하여 영향계수를 적용한다.

$z_1/B = 6.5/8 = 0.813 \rightarrow f_{qrc1} = 0.24$

$z_2/B = 11.5/8 = 1.4375 \rightarrow f_{qrc1} = 0.28$

$$s = qB\left(\frac{f_{qrc1}}{3E_{s1}} + \frac{f_{qrc2} - f_{qrc1}}{3E_{s2}}\right)$$

$$= (595.4)(8)\left(\frac{0.24}{(3)(20000)} + \frac{0.28 - 0.24}{(3)(40000)}\right) = 0.0206\ m = 2.06\ cm$$

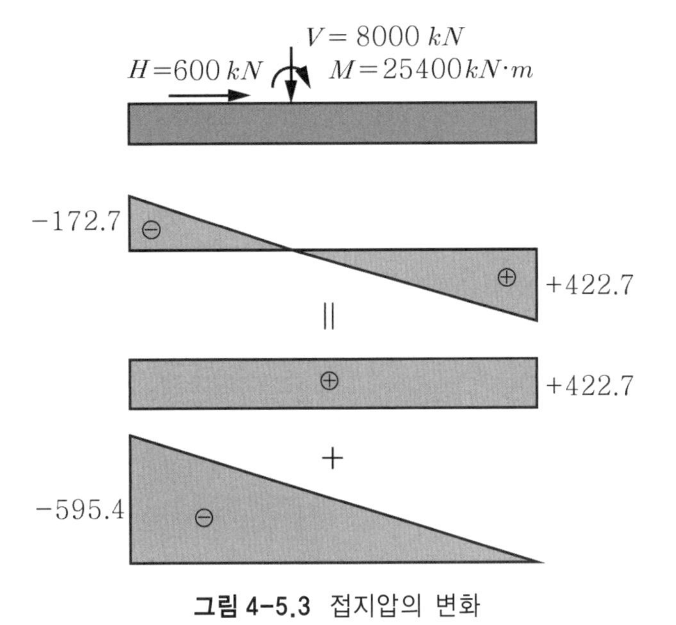

그림 4-5.3 접지압의 변화

문제 4-6

기존 구조물에 인접하여 건설자재를 야적하면 기존 구조물 하부지반에 지반응력이 증가하여 침하가 발생할 것이 우려된다.

기존 구조물은 무게 30.0 MPa 이고, 기초는 변의 길이가 8.0 m 인 정사각형이고 3.0 m 근입되어 있다. 추가하중은 60.0 kPa 이고 폭이 20.0 m 로 무한히 긴 구조물과 순간격 4.0 m 이다. 깊이 $-6.0\ m$ 까지 사질토 ($\gamma = 19.0\ kN/m^3$, $E_s = 50.0\ MPa$) 이고, 그 하부 $-9.0\ m$ 까지 실트 층 ($\gamma = 10.0\ kN/m^3$, $E_s = 5.0\ MPa$) 이며, 그 아래로는 암반층이 분포한다.

다음을 구하시오.

1 구조물 하중에 의해 기초 중앙의 하부 실트지반에 발생되는 연직응력이 다음과 같을 때 **실트 층의 압밀변형계수 E_s** 를 구하시오. **추가 하중 + 구조물 하중 + 지반 자중**에 의한 지반응력에 대한 압력-비침하 곡선을 참조한다.

지표에서 깊이 $[m]$	-3.0m	-4.5m	-6.0m	-7.5m	-9.0m
하중에 의한 응력 $[kPa]$	469	454	386	301	227

2 기존 구조물의 c 단면과 추가하중 작용부지의 중앙에서 **추가하중 작용에 의해 발생되는 지표침하**를 구하시오 (단, $E_s = 5.0\ MPa$ 적용).

3 **추가하중 재하로 인한 구조물의 기울어짐**을 계산하시오. 단, 간접법을 적용할 경우에는 지층을 더 세분할 필요가 없다 (단, $E_s = 5.0\ MPa$ 적용).

4 합력이 외핵 내부에 작용하고, 접지압의 크기가 1000 kPa 을 초과하지 않는 상태로 **지지할 수 있는 최대풍력**을 구하시오. 단, 이때는 야적에 의한 추가하중을 고려하지 않는다 (단, $E_s = 5.0\ MPa$ 적용, 구조물 높이 $h_w = 14.0\ m$).

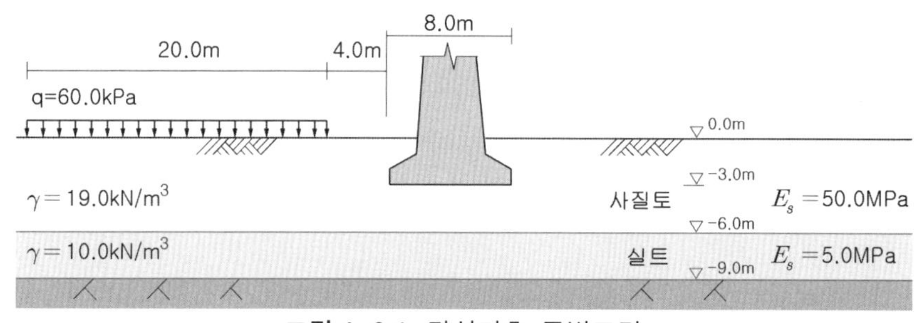

그림 4-6.1 강성기초 주변조건

풀 이

1 압밀변형계수 E_s

압밀변형계수는 응력수준에 따라 다르므로 현장지반의 초기하중상태 (지반자중 + 구조물의 하중) 와 추가 재하상태 (지반 자중 + 구조물 하중 + 추가하중) 에 대한 지반응력을 포함하는 응력범위 내에서 변형계수를 구한다. 즉,

- 추가하중 재하 전 초기응력을 구하고,
- 띠 하중에 의한 추가응력을 구한 후,
- 전체 응력을 구한다.
- 압밀변형계수를 구한다.

지반의 자중 + 구조물의 하중 + 추가 하중에 의한 지반응력으로부터 압력 - 비침하곡선을 구하여, 기초중심 하부 실트 층의 중간위치에 대해 압밀변형계수를 구한다.

1) 추가하중 재하 전 초기응력

추가하중 재하 전 초기응력은 지반 자중과 구조물 하중 G 에 의한 응력의 합이다.

(1) 지반자중에 의한 지반응력

기초 하부 실트 층 중간위치 (지표하부 $-7.5\,m$) 에서 지반 자중에 의한 응력 σ_{ue} ;

$$\sigma_{ue} = \sum \gamma z = (19.0)(6.0-3.0)+(10.0)(7.5-6.0) = 57.0+15.0 = 72.0\,kPa$$

(2) 구조물 하중 G 로 인한 하중

구조물 하중 G 로 인한 기초중심 하부 지반응력의 분포는 그림 4-6.2 와 같다.

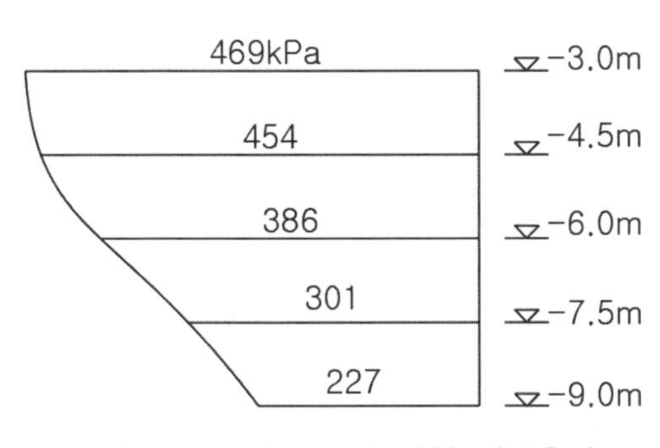

그림 4-6.2 하중 G 에 의한 지반응력

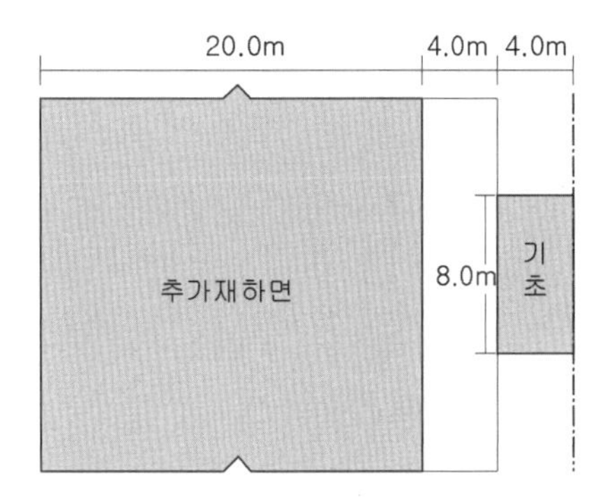

그림 4-6.3 구조물기초와 추가재하면

기초중심 하부 실트 층의 중간은 깊이가 지표로부터 $-7.5\,m$ 이며, 이 깊이에서 하중 G 에 의한 지반응력은 $\sigma_b = 301\,kPa$ 이다.

(3) **추가하중 재하 전 초기응력**

$\sigma = \sigma_{ue} + \sigma_b = 72.0 + 301.0 = 373.0\ kPa$

2) 띠형 추가하중으로 인한 지반응력

추가하중의 폭이 20.0 m 이고, 구조물 기초로부터 순 간격 4.0 m 이며, 기초 폭의 절반은 4.0 m 이다. 기초 중앙의 하부지반에서 실트 층이 깊이 -6.0~9.0m 에 분포하므로 **실트 층 중간깊이**는 $-7.5\ m$ 이다.

추가하중이 기초 끝에서 순 간격 4.0 m 이격되어 구조물에 나란하게 작용하므로, 기초중심이 추가하중의 모서리가 되도록 폭 28.0 m 의 하중 p 에 의한 영향과 폭 8.0 m 의 하중 $-p$ 가 동시에 작용한다 보고 그 영향을 중첩하면 폭 20.0 m 의 하중에 의한 영향이 된다.

띠형 추가하중에 의한 영향은 다음 방법으로 구한다.

- Steinbrenner 의 방법 (표 3.6)
- 띠하중에 의한 지반응력 계산 방법 (식 3.35)

(1) **Steinbrenner 방법에 의한 응력**

추가하중의 영향은 Steinbrenner 의 방법 (표 3.6) 으로 파악할 수 있다. 즉, 기존 구조물의 c 단면에 대해서 직사각형 기초의 중심선이 모서리가 되는 분포하중 즉, 순 간격 4.0 m 떨어진 폭 20.0 m 의 등분포 하중에 의한 영향을 구할 수 있다.

순 간격 4.0 m 떨어진 폭 20.0 m 의 등분포하중에 의한 영향은 28 m 폭의 추가하중 p 와 8.0 m 폭의 추가하중 $-p$ 에 대한 Steinbrenner 영향계수를 합하여 고려한다.

$B_1 = 28.0\ m,\quad B_2 = 8.0\ m,\ L = \infty,\ L/B_1 = \infty$ (연속기초), $L/B_2 = \infty$ (연속기초)

① 28 m **폭의 추가하중** p ; 분포하중 $q_1 = 60\ kPa$

$z_1/B_1 = 7.5/28.0 = 0.27$ 에 대해 $I_{qre1} = 0.248$ (표 3.6)

$\therefore\ \sigma_1 = 2 I_{qre1} q_1 = 2(0.248)(60) = 29.77\ kPa$

② 8.0 m **폭의 추가하중** $-p$; 분포하중 $q_2 = -60\ kPa$

$z_1/B_2 = 7.5/8.0 = 0.9375 \simeq 0.94$ 대해 $I_{qre2} = 0.210$ (표 3.6)

$\sigma_2 = 2 I_{qre2} q = 2(0.210)(-60) = -25.20\ kPa$

③ 이상에서 구한 두 하중의 합하면, **추가하중에 의한 지반응력** σ_p 이 된다.

$\sigma_P = \sigma_1 + \sigma_2 = 29.77 - 25.20 = 4.6\ kPa \qquad \therefore\ \sigma_p = 4.6\ kPa$

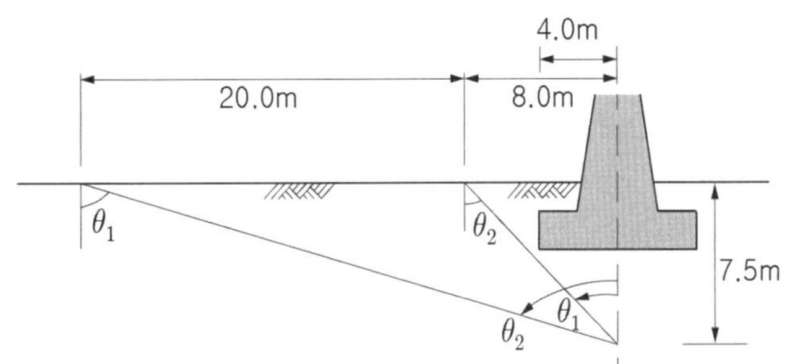

그림 4-6.4 띠하중에 의한 응력의 증가 계산

(2) **띠하중에 의한 지반응력 계산 방법**

기초의 중앙 하부에 실트 층이 -6.0~9.0m 에 분포하고 그 중간위치 $-7.5\,m$ 에 대해 폭 $20.0\,m$ 의 등분포 띠하중에 의한 영향을 검토한다.

기초 중앙 하부 **실트** 층 중간 점 (위치 $-7.5\,m$) 과 추가하중 양 모서리의 경사각 θ_1 과 θ_2 로 상대적 위치를 나타내고, **띠하중에 의한 응력** σ_p 를 식 (3.55) 로 구한다.

$$\theta_1 = \arctan(B_2/z_1) = \arctan(8/7.5) = 0.8176 \rightarrow 46.8^o$$
$$\theta_2 = \arctan(B_2/z_1) = \arctan(28/7.5) = 1.3090 \rightarrow 75.0^o$$
$$\theta_m = (\theta_2 + \theta_1)/2 = 1.0633\ [rad]$$
$$\theta_0 = (\theta_2 - \theta_1)/2 = 0.4915/2 = 0.2457\ [rad]$$
$$\sigma_p = (2\theta_o + \cos 2\theta_m \sin 2\theta_o)p/\pi$$
$$= [2(0.2457) + \cos\{(2)(1.0633)\}\sin\{(2)(0.2457)\}]60/\pi = 4.63\,kPa$$

$\therefore\ \sigma_p = 4.63\,kPa$; Steinbrenner 방법으로 구한 값과 큰 차이가 없다.

(3) **추가하중으로 인한 지반응력**

띠하중에 의한 응력 σ_p 를 Steinbrenner 의 방법 (표 3.6) 과 띠하중에 의한 지반응력 계산 방법 (식 3.35) 으로 계산한 결과 $\sigma_p = 4.6\,kPa$ 로 동일한 값이 구해졌다.

3) 전체 지반응력

지반 자중과 구조물 하중만 작용하는 상태에서 추가하중 재하 후 실트 층 중간 (깊이 $-7.5\,m$) 의 지반응력에 대한 압밀변형계수 (압력 - 비침하 곡선 기울기) 를 계산한다.

재하 전 응력 ;

- 자중에 의한 지반응력 ; $\sigma_{ue} = 72.0\,kPa$
- 구조물 하중 G 에 의한 지반응력 ; $\sigma_b = 301.0\,kPa$
- 재하 전 초기응력 ; $\sigma_b + \sigma_{ue} = 251 + 72 = 323.0\,kPa$

재하 후 응력 ; $\sigma = \sigma_{ue} + \sigma_b + \sigma_p = 72.0 + 301.0 + 4.6 = 377.6\,kPa$

4) **압밀변형계수** ; 지반응력은 200 ~ 400 kPa 범위에 포함된다.

비침하 ; 압력-비침하 곡선에서 200 kPa 과 400 kPa 에 대한 비침하 ;

200 $kPa \rightarrow s' = 10.1\,\%$, 400 $kPa \rightarrow s' = 14.7\,\%$

변형계수 ; $\Delta\sigma = 400 - 200 = 200\ kPa$, $\Delta\epsilon = 14.7 - 10.1 = 4.6\,\%$

$$E_s = \frac{\Delta\sigma}{\Delta\epsilon} = \frac{200}{0.046} = 4.3\times 10^3\ kPa = 4.3\ MPa$$

$\therefore\ E_s = 4.3\ MPa$

② 추가하중 재하에 의한 지표면의 침하

연속기초는 무한히 긴 직사각형이므로 **띠형하중 추가재하에 의한 지표면 침하는** 직사각형기초 c 점에 대해 **Kany 의 방법으로 계산한다.** 지층의 세분이 필요 없다.

① **강성기초의 침하량** ; 연성기초 c 점의 침하량을 Kany 의 방법으로 계산

침하계수 ; 무한히 긴 연속기초 ($B_{\min} = 20.0\ m$) $B_{\max}/B_{\min} \rightarrow \infty$

실트 상부경계 ; $z_1 = 6.0\ m$, $z_1/B_{\min} = 6/20 = 0.3 \rightarrow$ 침하계수 $f_1 = 0.26$

실트 하부경계 ; $z_2 = 8.0\ m$, $z_2/B_{\min} = 8/20 = 0.4 \rightarrow$ 침하계수 $f_2 = 0.335$

침하량 ; 전체 침하는 사질 층과 실트 층 침하량의 합

압밀변형계수 ; 사질층 $E_s = 50.0\ MPa$, 실트층 $E_s = 5.0\ MPa$

연속기초 c 점의 침하량 ; 추가 분포하중 $q = 60.0\ kPa$,

$$\begin{aligned} s &= B_{\min}\,q\left(\frac{f_1}{E_{s1}} + \frac{f_2 - f_1}{E_{s2}}\right) \\ &= (20.0)(60.0)\left(\frac{0.26}{50000} + \frac{(0.335-0.26)}{5000}\right) \\ &= 0.024\ m = 2.4\ cm \end{aligned}$$

$\therefore$ **강성기초 침하량 s_r 은** $s_r = 3.0\ cm$ 이다.

② **연성기초의 최대 침하량 $s_{\max}$** ; 강성기초 침하량 s_r 을 0.75 로 나눈 크기이다.

$$s_{\max} = \frac{s}{0.75} = \frac{0.024}{0.75} = 0.032\ m = 3.2\ cm$$

$\therefore$ 연성기초의 최대 침하량은 $s_{\max} = 3.2\ cm$

3 구조물의 기울어짐

추가하중의 재하에 의한 구조물의 기울어짐은 추가 하중에 근접한 쪽의 꼭짓점 A 점과 먼 쪽의 꼭짓점 B 점의 침하량을 구해서 계산한다.

이때 침하량은 다음 방법으로 구한다.

- 깊이에 따른 연직응력의 분포곡선이용
- 직사각형 기초 꼭짓점의 침하에 대한 Kany 의 방법으로 계산
- 지층 중간의 평균응력을 적용하여 계산

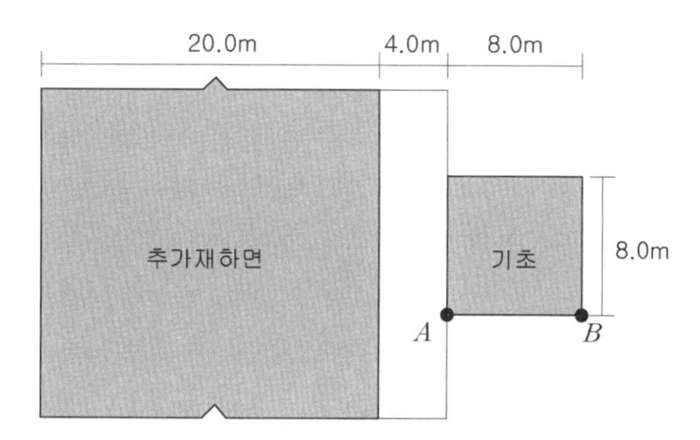

그림 4-6.5 추가재하에 의한 기초 부등침하 검토단면

1) 연직응력 분포곡선 이용

추가하중에 의해 꼭짓점 A 점과 B 점 하부지반에 발생되는 응력을 계산 ;

표 4-6.2 꼭짓점 A 점과 B 점 하부지반에 발생되는 응력

z	$2I_{qre1}$	$2I_{qre2}$	σ_A	$2I_{qre1}$	$2I_{qre2}$	σ_B
3.0	0.4996	−0.4480	3.10	0.4998	−0.4969	0.17
6.0	0.4969	−0.841	9.77	0.4987	−0.4799	1.14
9.0	0.4904	−0.513	14.35	0.4957	−0.4480	2.86
	$B_x = 24\ m$ $B_y = \infty$	$B_x = 4\ m$ $B_y = \infty$		$B_x = 32\ m$ $B_y = \infty$	$B_x = 12\ m$ $B_y = \infty$	

① 꼭짓점 A 점의 침하량 ;

$$s_A = \sum_{i=1}^{n} \frac{\Delta z_h}{E_{sk}} \sigma_z(p)_k = \frac{3}{50000}\left(\frac{3.10+9.77}{2}\right) + \frac{3}{5000}\left(\frac{14.35+9.77}{2}\right)$$

$$= 0.000386 + 0.00724 = 0.00762m$$

② 꼭짓점 B 점의 침하량 ;

$$s_B = \sum_{i=1}^{n} \frac{\Delta z_h}{E_{sk}} \sigma_z(p)_k = \frac{3}{50000}\left(\frac{0.17+1.14}{2}\right) + \frac{3}{5000}\left(\frac{1.14+2.86}{2}\right)$$
$$= 0.000039 + 0.0012 = 0.001239\ m$$

③ 구조물의 기울어짐 ;

$$\tan\alpha = 0.00762 - 0.001239 = 0.000638$$
$$\rightarrow \quad \alpha = 0.000638\ [rad] = 0.036\ [\deg]$$

2) 연성기초 꼭짓점 (Kany 방법)

기존 구조물과 일정 거리 이격된 등분포 띠형 하중에 의한 영향은 등분포 하중 재하 직사각형 기초 꼭짓점 침하에 대한 Kany 방법으로 계산한다.

기존 구조물과 순 간격 4.0 m 만큼 이격된 폭 20.0 m 의 등분포 하중에 의한 영향은 A 점에서는 24.0 m 폭의 추가하중 p 와 4.0 m 폭의 추가하중 $-p$ 에 대한 침하계수를 합하면 구할 수 있다. 마찬가지로 B 점에서는 32.0 m 폭의 추가하중 p 와 12.0 m 폭의 추가하중 $-p$ 에 대한 침하계수를 합하여 구할 수 있다.

침하는 그림 4-6.6 과 같이 $\overline{AB}$ 선, $\overline{A'B'}$ 선, $\overline{A''B''}$ 등의 단면을 선택하여 검토할 수 있으나 각 단면은 특별한 의미가 없으므로 여기에서는 $\overline{AB}$ 선을 선택한다.

침하량은 하부 지층을 기초 바닥면부터 3 m 깊이 마다 나누어 즉, 1 개 사질토 층과 1 개 실트 층으로 총 2 개 층으로 나누어 계산하며, 각각의 지층에 대해서 변형계수와 침하계수를 적용한다.

이때 침하계수는 등분포 하중이 작용하는 직사각형 기초 꼭짓점의 침하에 대한 Kany 의 방법 (그림 4.17, 표 4.6) 으로 구하며, 한다.

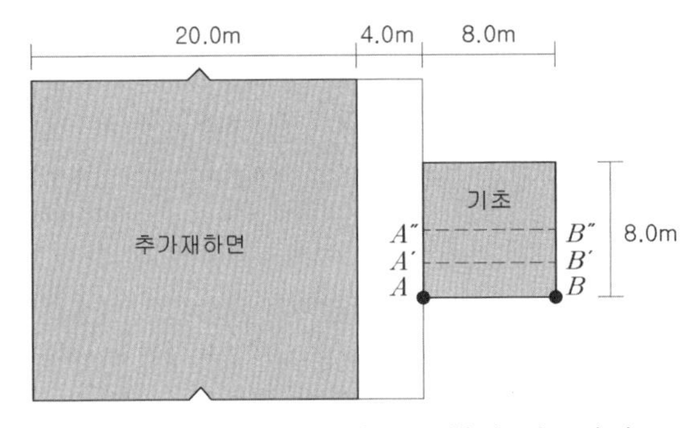

그림 4-6.6 연성기초의 부등침하 검토단면

표 4-6.3 꼭짓점 A 점과 B 점의 침하계수

A 점 $(B_1 = 24\,m, B_2 = 4\,m)$					B 점 $(B_1 = 32\,m, B_2 = 12\,m)$				
z	z_i/B_1	f_{1i}	z_i/B_2	f_{2i}	z	z_i/B_1	f_{1i}	z_i/B_2	f_{2i}
3.0	0.125	0.03	0.75	0.17	1.0	0.0938	0.02	0.25	0.060
6.0	0.25	0.06	1.50	0.30	2.0	0.1875	0.04	0.50	0.125
9.0	0.375	0.09	2.25	0.43	3.0	0.2813	0.06	0.75	0.170

침하량 계산식 ; $s_1 = 2qB\left(\frac{f_1}{E_{s1}} + \frac{f_2 - f_1}{E_{s2}} + \frac{f_3 - f_2}{E_{s3}}\right)$

압밀변형계수 : 사질토 $E_{s1} = 50.0\,MPa$, 실트 $E_{s2} = 5.0\,MPa$

침하계수 ; 깊이와 위치별 침하계수는 그림 4.17 이나 표 4.6 에서 구하며, 이를 정리하면 표 4-6.3 과 같다.

① A 점의 침하량 ;

$$s_{A1} = 2(60)(24)\left(\frac{0.06 - 0.03}{50000} + \frac{0.09 - 0.06}{5000}\right) = 0.019\,m$$

$$s_{A2} = 2(-60)(4)\left(\frac{0.32 - 0.17}{50000} + \frac{0.43 - 0.32}{5000}\right) = -0.0120\,m$$

$$s_A = s_{A1} + s_{A2} = 0.019 + (-0.012) = 0.0070\,m$$

② B 점의 침하량 ;

$$s_{B1} = 2(60)(32)\left(\frac{0.04 - 0.02}{50000} + \frac{0.06 - 0.04}{5000}\right) = 0.0169\,m$$

$$s_{B2} = 2(-60)(12)\left(\frac{0.125 - 0.06}{50000} + \frac{0.17 - 0.125}{5000}\right) = -0.0148\,m$$

$$s_B = s_{B1} + s_{B2} = 0.0169 + (-0.0148) = 0.0021\,m\ (\simeq 0)$$

③ 구조물의 기울어짐 ;

$$\tan\alpha = \frac{s_A - s_B}{l} = \frac{0.007 - 0.0021}{8.0} = 0.00061\ [rad] = 0.035\ [\deg]$$

∴ 이 결과는 연직응력 분포곡선으로 구한 값과 큰 차이가 나지 않는다.
이상의 숫자는 도표에서 읽을 때 정확성에 따라 매우 민감하게 변한다.

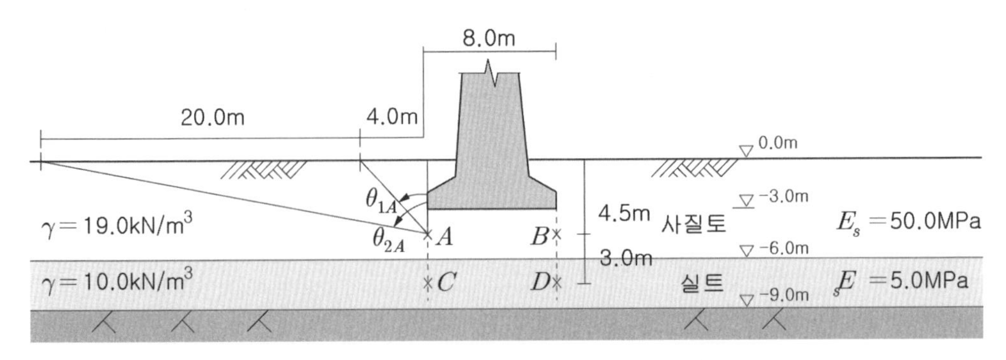

그림 4-6.7 지층의 평균응력 계산할 위치선정

3) 지층 평균응력을 적용

추가하중의 재하에 의한 구조물의 기울어짐을 지층 중간의 평균응력을 적용하여 계산한다. 직접계산법을 적용할 때에는 지층을 더 세분할 필요가 없으며, 중간위치에서 평균 변형계수를 적용한다.

추가하중 쪽의 기초 모서리 단면 I 의 하부지반 (A 점과 C 점) 과 그 반대쪽의 기초 모서리 단면 II 의 하부지반 (B 점과 D 점) 에서 연직응력을 구하여 탄성변형식으로 압축량을 구해서 구조물의 기울기를 구한다. 이때 A 점과 B 점은 사질토층의 중간 위치이고, C 점과 D 점은 실트 층의 중간 위치이다.

각 절점에 대해 다음을 계산한다 (평균압력은 $p = 60\ kN/m^2$).

$$\theta = \arctan(s/l)\ ;\ \theta_0 = (\theta_2 - \theta_1)/2,\ \theta_m = (\theta_1 + \theta_2)/2,$$
$$\sigma_z = (2\theta_0 + \cos 2\theta_m \sin 3\theta_0)p/\pi$$

A 점 ; $\theta_{1A} = \arctan(4.0/4.5) = 0.7266 \qquad \theta_{2A} = \arctan(24.0/4.5) = 1.3854$

$\theta_{0A} = (\theta_{2A} - \theta_{1A})/2 = 0.3294$

$\theta_{mA} = (\theta_{1A} + \theta_{2A})/2 = 1.0560$

$\sigma_{zA} = (2\theta_{0A} + \cos 2\theta_{mA} \sin 2\theta_{0A})p/\pi = 6.56$

B 점 ; $\theta_{1B} = \arctan(12.0/4.5) = 1.2120 \qquad \theta_{2B} = \arctan(32.0/4.5) = 1.3854$

$\theta_{0B} = (\theta_{2B} - \theta_{1B})/2 = 0.1095$

$\theta_{mB} = (\theta_{1B} + \theta_{2B})/2 = 1.3216$

$\sigma_{zB} = (2\theta_{0B} + \cos 2\theta_{mB} \sin 2\theta_{0B})p/\pi = 0.54$

C 점 ; $\theta_{1C} = \arctan(4.0/7.5) = 0.4900$ $\theta_{2C} = \arctan(24.0/7.5) = 1.2679$

$\theta_{0C} = (\theta_{2V} - \theta_{1C})/2 = 0.3890$

$\theta_{mC} = (\theta_{1C} + \theta_{2C})/2 = 0.8789$

$\sigma_{zA} = (2\theta_{0C} + \cos 2\theta_{mC} \sin 2\theta_{0C}) p/\pi = 12.36$

D 점 ; $\theta_{1D} = \arctan(12.0/7.5) = 1.0122$ $\theta_{2D} = \arctan(32.0/7.5) = 1.3406$

$\theta_{0D} = (\theta_{2D} - \theta_{1D})/2 = 0.1642$

$\theta_{mD} = (\theta_{1D} + \theta_{2D})/2 = 1.1764$

$\sigma_{zA} = (2\theta_{0D} + \cos 2\theta_{mD} \sin 2\theta_{0D}) p/\pi = 1.93$

이상에서 계산한 결과를 정리하면 다음 표와 같다.

표 4-6.4 지층 중간위치 연직응력

P_t	θ_1	θ_2	θ_0	θ_m	z	$\sigma_z = (2\theta_0 + \cos 2\theta_m \sin 2\theta_0)p/\pi$
A	0.7266	1.3854	0.3294	1.0560	4.5	6.56
B	1.2120	1.3854	0.1096	1.3216	4.5	0.54
C	0.4900	1.2679	0.3890	0.8789	7.5	12.36
D	1.0122	1.3406	0.1642	1.1764	7.5	1.93

단면 I 에 대한 침하 ; $s_I = \sum \frac{3}{E_s} \sigma_Z = \frac{3}{50000}(6.56) + \frac{3}{5000}(12.36) = 0.00781\, m$

단면II 에 대한 침하 ; $s_{II} = \sum \frac{3}{E_s} \sigma_Z = \frac{3}{50000}(0.54) + \frac{3}{5000}(1.93) = 0.001190\, m$

구조물 기초 기울어짐 ; $\tan\alpha = (s_I - s_{II})/l = (0.00781 - 0.001190)/8.0 = 0.000828$

$\rightarrow \alpha = 0.000828\ [rad] = 0.047\ [\deg]$

4 풍력 H_w 에 대한 계산

구조물이 풍력에 대해 안정하려면, **풍력에 의한 모멘트와 접지압에 의한 모멘트가 평형**을 이루어, 최대 접지압 $\sigma_b \le 1000\, kPa$ 이고, 합력 작용점이 외핵 안에 위치한다.

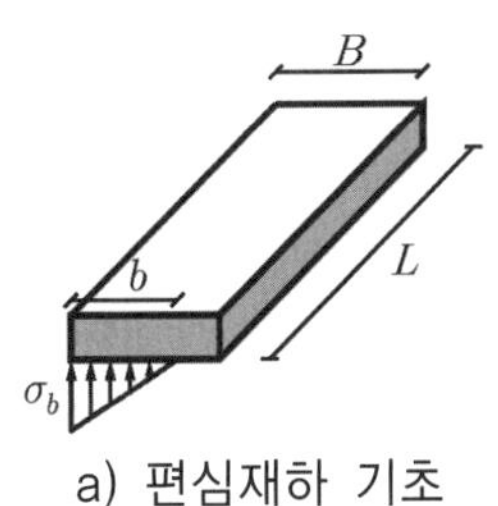

a) 편심재하 기초

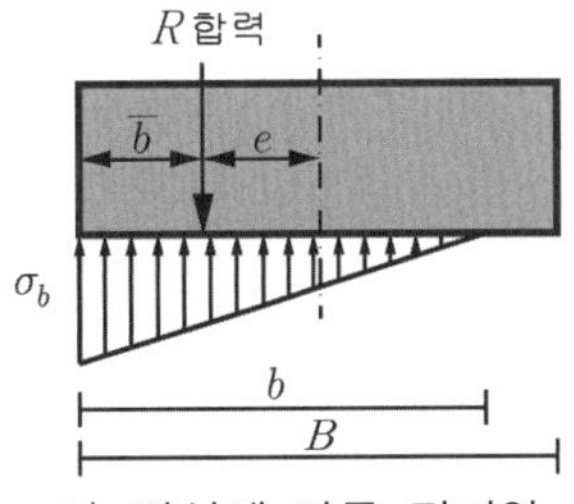

b) 편심에 따른 접지압

그림 4-6.8 편심하중과 접지압

1) **접지압 조건** $\sigma_b \le 1000\ kPa$ **에 대한 검토**

접지압 합력 R ; $R = (1/2)\sigma_b bL$

접지압 분포 폭 b ; 편심 $e = M/R$ 일 때에, $\bar{b} = B/2 - e = B/2 - M/R$ 이므로,

$b = 3\bar{b} = 3(B/2 - M/R)$; 압축면적

접지압 최대값 σ_b ; 접지압 합력식을 변환하고, 접지압 분포 폭 b 를 대입

$$\sigma_b = \frac{2R}{bL} = \frac{2R}{3(B/2 - M/R)L} = \frac{4R^2}{3L(BR - 2M)}$$

$$\rightarrow \quad \sigma_b 3L(BR - 2M) = 4R^2$$

모멘트 ; $M = \frac{1}{2}BR - \frac{2}{3}\frac{R^2}{L\sigma_b} = \frac{R}{6}\left(3B - \frac{4R}{L\sigma_b}\right)$

$$M = \frac{R}{6}\left(3B - \frac{4R}{L\sigma_b}\right) = \frac{2500}{6}\left\{(3)(8.0) - \frac{(4)(2500)}{(8.0)(1000)}\right\} = \frac{2500}{6}(24 - 1.25) = 9479.16\ kNm$$

풍력에 의한 모멘트 ; $M = h_w H_w$ 이므로 (풍력 H_w 는 $h_w = 14.0\ m$ 에 작용)

풍력 H_w ; $H_w = M/h_w = 9479.16/14 = 677.08\ kN$

$\therefore\ H_w = 677.08\ kN$

2) **전도조건 즉, 합력의 작용점** $b \ge 4.0\ m$ **에 대한 검토**

전도에 대한 안전 ; 합력 작용점이 기초 외핵 (기초 폭의 2/3) 내에 있어야 한다.

외핵 ; 합력의 작용점이 외핵 안에 있어야 한다.

기초 폭의 2/3 즉, $\bar{b} \ge B/6$ 이어서 $b \ge 3\bar{b}$ 이다 (기초크기 $8.0\ m$)

$b \ge 3\bar{b} = 3B/6 = B/2 = 8.0/2 = 4.0\ m$

$\therefore\ b \ge 4.0\ m$ 이어야한다.

합력 R 에 대한 **접지압 분포 폭** a ; 최대접지압 $\sigma_b = 1000\ kPa$ 를 적용

$$b = \frac{2R}{L\sigma_b} = \frac{(2)(2500)}{(8)(1000)} = 6.25\ m$$

$\therefore\ 4.0\ m \le b < 8.0\ m$ 로 $\sigma_b = 1000\ kPa$ 은 적합

제5장 하중에 의한 얕은 기초의 침하

5.1 개 요

하중재하나 지하수위 강하에 의해 지반 내 응력이 증가됨에 따라 지반이 압축되어 일어나는 지반침하는 (간극수 배수속도가 지반의 투수계수에 따라 다르기 때문에) 시간 의존적으로 발생한다. 조립토의 침하는 주로 외력에 의해 **흙의 구조골격**이 압축되어 일어나고, 그밖에 지진이나 기계진동 및 흡수나 침수에 의해 흙 입자가 재배치되어서 일어나는 경우도 있다.

구조물 기초의 **침하**는 흙의 구조골격 특성(재하 및 제하시 변형특성), 투수특성, 재하속도 및 구조물의 강성도 등 요소에 의해 영향을 받아 지반이 압축되어 발생되며, 구조물 모든 위치에서 동일하거나(**균등침하**) 위치에 따라 다르다(**부등침하**).

지반이 균등하게 침하되면 구조물은 위치만 달라진다. 그러나 구조물이 부등하게 침하되면 상부구조물에 추가응력이 발생되기 때문에 구조물에 균열이 발생되거나 구조물이 기울어져서 미관이 손상되며, 구조물이 기능을 잃거나 불안정해질 수 있다.

보통 **부등침하**가 구조물의 기능성과 안전성 측면에서 더 문제가 될 수 있다.

흙 지반의 침하는 재하순간에 구조골격이 탄성 압축되어 일어나는 **즉시침하** s_i (immediate settlement) 와 상재하중에 의해 발생된 과잉간극수압이 (간극수의 배수로 인해 소산되면서 부피가 감소되어서 일어나는 **압밀침하** s_c (consolidation settlement) 및 압밀완료 후에 주로 유기질 흙이나 점성토에서 발생하는 **이차 압축침하** s_s (secondary compression) 의 합이다.

그런데 **지반의 하중 - 침하거동**은 선형 탄성관계가 아니기 때문에 겹침의 원리로는 위 3 가지 침하를 합하여 생각할 수 없다. 그러나 경험적으로 보면 겹쳐서 생각해도 실제에 근사한 결과를 얻는데 지장이 없다. 엄밀히 말하면 지반거동은 탄성거동이 아니지만 점토에서는 Hooke 법칙이 근사적으로 맞는다.

즉시침하는 하중제거 시 회복되는 **탄성침하**와 회복되지 않는 **소성침하**의 합이고, 지반의 형상변화에 기인하여 발생하는 경우가 많다. 포화도가 낮거나 비점착성인 흙 지반에서는 침하의 대부분을 즉시침하가 차지한다. 실무에서는 지반을 탄성체로 가정하고 탄성침하만 계산하여도 충분한 경우가 많다.

압밀침하는 외력에 의해 발생된 **과잉간극수압**에 의한 수두차로 인해서 간극수가 배수되어 일어나므로, 그 침하되는 속도가 지반의 배수 가능성 (지반의 투수성과 경계조건) 에 의해서 좌우된다.

투수계수가 큰 조립토에서는 간극수가 쉽게 빠져나가기 때문에 압밀침하가 재하직후에 완료된다.

이차 압축침하는 흙의 구조골격의 압축특성에 따라서 결정된다. 압밀침하에서 이차압축침하로 변하는 시간은 보통 과잉간극수압이 영 (0) 이 되는 시점을 기준으로 한다.

지반침하는 여러 가지 원인에 의해서 지반이 압축되어 발생되며, 외부 하중이 작용하거나 지하수위 강하에 의해 유효응력이 증가하거나, 지하수 배수에 따른 압밀 등에 의한 **지반의 응력변화에 따른 압축변형** (5.2 절) 은 예측이 가능하여 여기에서는 이들을 주로 다룬다.

흙 지반의 **전체 침하량**은 **즉시 (탄성) 침하량** (5.3 절) 과 **압밀 침하량** (5.4 절) 및 **이차압축 침하량** (5.5 절) 을 합한 값이다.

5.2 지반의 응력변화에 따른 지반변형

지반 내에서 응력이 변하면 지반이 변형(침하) 된다. 재하 후 지반침하속도는 **시간 - 침하 관계곡선**에서 예측할 수 있고, 지반의 배수조건과 투수성에 의해 결정된다.

지반은 주로 다음 요인에 기인한 변형에 의해 침하된다.
- 외력에 의한 지반의 탄소성 압축변형
- 지하수위 강하에 의한 지반의 압축
- 지하수의 배수에 의한 지반의 압축

5.2.1 외력에 의한 지반의 탄소성 압축변형

구조물 하중이 기초를 통해 전달되면, 지반응력이 증가되어 구조골격이 압축되거나 간극수가 배수되어 지반이 압축되며, 구조물 전체 또는 일부의 위치가 변한다(**침하**). 지반 내 연직응력은 지반 자중에 의한 응력과 외력에 의한 응력의 합이며, **외력에 의한 침하**를 계산할 때에는 지반의 자중에 의한 침하는 완료된 것으로 간주한다.

구조물의 영향으로 침하가 발생되는 **침하 한계깊이**는 기초의 폭과 지반상태에 따라 결정된다. 흙의 **구조골격**은 비압축성 흙 입자들이 결합되지 않은 채로 쌓여서 구성하기 때문에 외력에 의해 손쉽게 변형되고, 흙 구조골격이 변형되면 흙의 부피가 변화된다.

지반이 무한히 넓으면 횡방향 변형이 억제되므로 구조골격의 변형은 **연직방향**으로만 일어나고, 이 경우의 흙 지반 구조골격의 압축변형은 압밀변형계수로 나타낸다. 지반은 소성체이므로 제하 시에는 변형의 일부가 **잔류**하여 재하 - 제하시의 변형이 다르다.

포화지반에 외력이 작용하면 그 압축거동이 배수조건과 지반 투수성에 의하여 결정된다. 포화지반은 외력이 작용하면 그 크기만큼 과잉간극수압이 발생되어서 수두가 증가되며, **비배수 조건**에서는 간극수가 배수되지 않아서 구조골격이 압축되지 않고, **배수조건**에서는 간극수 배수량만큼 흙 부피가 감소되고, 변형속도는 지반 배수특성에 의해 결정된다.

불포화 지반은 간극이 간극수와 간극공기로 채워져 있어서 그 압축거동이 매우 복잡하다. **배수조건**에서는 외력이 작용하면 간극수(비압축성 유동체)는 유출되고, 간극공기(물에 용해되는 압축성 유동체)는 압축되거나 물에 용해되거나 유출되므로 그 합한 크기만큼 부피가 변한다.

불포화 지반은 **비배수 조건**에서도 구조골격이 압축되며, 포화도와 초기압력에 따라 간극수압이 다른 크기로 발생되어 변형거동이 매우 복잡하다.

사질토는 투수성이 크고 흙 입자가 구조골격을 이루므로, 외력이 작용하면 입자간 접촉점에서 마찰력으로 저항한다. **사질토 침하**는 외력에 의해 구조골격이 압축되거나, 지진이나 기계진동 및 흡수나 침수에 의해 흙 입자가 재배치되어서 일어난다.

포화 사질토에 외력이 작용하면 재하 즉시 거의 모든 침하가 발생되고 이후에는 느린 속도로 진전된다. 깨끗한 조립토는 포화나 건조상태에서 거동이 같다.

포화 점성토에 외력이 작용하여 지반응력이 증가되면, 재하 직후에는 (배수되지 않아) 부피가 변하지 않고, 과잉간극수압이 외력의 크기로 발생되어 외력을 지지한다. 시간이 지나서 간극수가 배수되면 과잉간극수압이 소산되어 유효응력이 증가되므로 지반이 침하되며, 투수성이 작아서 오랜 시간이 지나야 완전히 배수되어 침하가 종료된다.

5.2.2 지하수위 강하에 의한 지반압축

지하수위가 강하되면 지반 내 유효응력이 증가되므로 구조골격이 압축되어 지반이 침하된다. 지하수위는 대개 광범위한 영역에서 느린 속도로 넓은 영역에서 수평을 유지하며 상승 · 강하되며, 이때 일차원 변위조건이 되어 연직침하는 균등하게 발생된다.

국부적 지하수위강하로 지하수위 면이 경사지면 상부구조물이 부등침하 될 수 있다.

5.2.3 지하수 배수에 의한 지반압축

포화지반에 외력이 작용하면, 거동특성이 배수조건과 지반 투수성에 의해 결정된다. 포화지반은 외력이 작용하면 외력 크기만큼 과잉간극수압이 발생되어서 수두가 증가되며, **비배수 조건**이면 **간극수가 배수**되지 않아 지반 부피가 감소 (압축) 되지 않는다. 그러나 **배수조건**에서는 간극수가 배수되어 과잉간극수압이 감소되고 배수량만큼 지반 부피가 감소되며, 이때 변형속도는 지반 배수특성 (배수조건과 투수성) 에 의해 결정된다.

조립토는 투수성이 커서 **배수조건**이면 외력재하 즉시 간극수가 배수되어 크고 급하게 압축되지만, 흙 입자 재배열에 따른 압축은 크기가 작고 완만한 속도로 일어난다.

점성토는 투수성이 작아서 **배수조건**이라도 재하 직후에는 간극수가 배수되지 않아서 부피가 변하지 않고, 시간이 지나 간극수가 배수되면 압축된다. 배수 후 침하량과 침하 소요시간은 Terzaghi **압밀이론** (1936) 으로 구할 수 있다. 침하속도는 투수성이 작고 층이 두꺼울수록 느리다.

5.3 지반의 즉시침하

외부하중 재하 즉시 일어나는 **즉시침하**는 대부분이 **탄성침하**이며, (제하 후에도 회복되지 않는) **소성침하**도 일부 포함한다. 그런데 소성침하는 탄성침하에 비해서 크기도 작고, (소성 침하에 대한 이론은 아직 실무에 적용할 만큼 발달되어 있지 않기 때문에) 즉시침하는 곧, 탄성침하로 인식될 경우가 많다.

외부 하중의 재하순간에 흙의 구조골격이 탄성 압축되어 일어나는 지반의 즉시침하는 지반 변형률을 적분하여 계산하거나 (**직접 침하계산법, 5.3.1 절**), 탄성이론식과 유사한 형태로 가정한 (지반 깊이에 따른) **연직 응력분포** (압밀변형계수를 이용) 또는 지반의 **비침하 분포곡선** (압축 변형계수 이용) 을 고려하여 간접적으로 계산한다 (**간접 침하계산법, 5.3.2 절**). 또한, 지반의 즉시침하는 **경험적 방법 (5.3.3 절)** 으로 구할 수도 있다.

기초는 지반과의 상대적 휨강성도에 따라 **연성** 또는 **강성기초**로 구분하며, 그 중간상태를 **탄성기초라 한다. 연성기초**는 위치마다 다르게 침하되지만 접지압이 등분포이고, **강성기초**는 전체가 균등한 크기로 침하되지만, 접지압은 분포가 복잡하다.

5.3.1 침하량 직접계산법

균질한 등방성 탄성 지반에서 기초의 연직 침하량 s 는 구조물의 하중에 의한 지반의 연직 변형률 ϵ_z 를 적분해서 구할 수가 있는데, 이런 방법을 **직접 침하계산법** (direct method for settlement calculation) 이라고 한다. 이때 지반에 전달되는 응력은 기초의 강성에 따라서 다르므로, 직접계산법은 기초 강성을 고려해서 적용한다.

연성기초는 위치마다 다른 크기로 침하되지만, 접지압이 등분포이기 때문에 침하량을 직접 계산할 수 있다.

$$s = \int_0^{\infty} \epsilon_z dz \tag{5.1}$$

강성기초는 전체가 균등한 크기로 침하되지만, 접지압은 분포가 복잡해서 직접 적분하여 침하량을 계산하기가 어렵다. 따라서 강성기초의 침하량은 연성기초 특정한 위치 (c 점이나 중앙점) 의 침하량에서 일정량만큼 취하여 대체한다.

구조물 기초가 **연성**이면 **접지압이 등분포**인 반면에 침하는 위치에 따라 다르게 발생한다. 즉, 합력의 작용점 (중앙점) 에서 가장 크게 침하되고 주변에서는 위치에 따라서 다른 크기로 침하되어 작용점에서 멀수록 침하가 작아지는 침하구덩이가 형성된다.

연성기초 내 임의 점의 침하는 직사각형 분할기초의 공동 꼭짓점이 될 수 있는 점에서 기초를 4 등분하여 Kany (1974) 방법으로 각 직사각형 분할기초의 꼭짓점에 대한 침하공식으로 침하량을 구한 후에 모두 합한 값이다.

기초가 **강성**이면 침하가 모든 위치에서 균등하게 발생하지만 접지압 분포가 일정하지 않고 복잡하므로 **침하량**을 직접 구할 수 없다. 그런데 **강성기초 침하량**은 **연성기초 c 점의 침하**와 크기가 같고, 이는 **연성기초 중앙점 침하**의 약 75% 크기이다.

따라서 **강성기초 침하량**은 강성기초를 **연성기초로 가정하고 구한 중앙점 침하량의 75 %나 중앙점과 모서리의 평균 침하량** 또는 **c 점의 침하량**으로 대체한다.

일상적인 침하계산은 기초 구조물의 모양과 접지압 분포형상을 단순화한 후에 시행한다. 여기에서는 연직 중심 하중에 의해 등분포 재하되는 직사각형 연성기초의 침하를 기본적으로 설명한 후 편심하중에 의한 영향과 **기초 강성도** (연성 또는 강성 기초) 와 **기초 모양** (직사각형 또는 원형) 및 **접지압 분포형상** (등분포 또는 삼각형 분포) 에 의한 영향을 서술한다.

1) 직사각형 연성기초의 침하

직사각형 연성기초의 침하는 작용하중의 분포형상 (등분포, 삼각형 분포) 에 따라서 구분하여 계산하며, **침하유발 접지압**은 구조물 하중에 의한 기초바닥면의 접지압에서 굴착하여 제거된 지반의 자중을 뺀 압력이다.

지반의 자중에 의한 지반침하는 구조물의 하중에 의한 지반침하가 발생되기 전에 완료된 것으로 간주한다. 침하계산에는 응력수준에 맞는 변형계수를 적용한다.

(1) 직사각형 연성기초의 접지압과 침하한계깊이

직사각형 연성기초의 침하는 (**침하유발) 접지압**에 의해 발생되는 지반의 압축량이며, 현장지반의 **변형계수**를 적용하여 **한계깊이** 이내에서 계산한다. **연성기초**는 위치마다 다르게 침하되지만 **접지압이 등분포**이기 때문에 식 (5.1) 을 직접 적분하여 침하량을 계산할 수 있다.

① 침하유발 기초 접지압

직사각형 연성기초에서 **침하유발 접지압** σ_o은 구조물 하중에 의한 **기초 바닥면의 접지압** σ_b 에서 기초를 설치하기 위해 **굴착한 지반의 자중** σ_2 를 뺀 압력이다.

* 지반의 자중에 의한 연직응력 ;

  직사각형 기초 바닥면 (근입깊이 D_f)에서 **굴착·제거한 지반** (단위중량 γ) **의 자중에 의한 응력** $\sigma_2 = \gamma D_f$ 를 계산한다.

* 구조물 하중에 의한 기초 바닥면 수직응력 σ_b ;

  직사각형 기초의 바닥면에서 **구조물의 하중에 의한 연직응력**는 기초에 가해지는 연직하중 V 를 기초 바닥면적 ab 로 나눈 값 즉, $\sigma_b = V/(ab)$ 이다.

* 구조물 기초의 침하유발 접지압 ;

  직사각형 기초 바닥에서 **침하유발 접지압** q 는 구조물의 하중에 의한 연직응력 σ_b 에서 기초의 근입깊이 만큼 굴착하여 제거한 지반의 자중에 의한 연직응력 σ_2 을 뺀 값이다.

  $$q = \sigma_b - \sigma_2 \tag{5.2}$$

② 지반응력

직사각형 기초 바닥면의 하부지반에서 연직응력 σ_z 는 지반의 자중에 의한 연직응력 σ_{ue} 과 구조물의 하중에 의한 연직응력 σ_b 를 합한 응력 즉, $\sigma_z = \sigma_{ue} + \sigma_b$ 이다.

지반의 자중에 의한 지반침하는 구조물 하중의 재하 전에 완료된 것으로 생각하고, 순전히 구조물 하중에 의한 지반침하만 생각한다.

a) 지반의 자중에 의한 지반응력

지반의 자중에 의한 지반 내 연직응력 σ_{ue} 는 깊이에 비례하여 증가하며, 그 비례 상수는 지반의 단위중량이다.

따라서 연직응력은 지반 단위중량에 따라 결정되고, 이때 지반의 단위중량은 지반 종류와 지하수 상태에 따라 다르다.

b) 구조물 하중에 의한 지반응력

구조물 하중에 의한 지반 내 연직응력 σ_b 은 직사각형 **기초의 중앙점** (그림 5.1)의 하부지반에서 구하여 분포곡선을 구하거나 또는 **기초의 c 점** (그림 5.2) 의 하부지반에 대해서 구하여 분포곡선을 작성한다.

* 중앙점 하부지반 ;

직사각형 연성기초 **바닥면 중앙점** 하부지반에서 **구조물 하중에 의한 지반응력** σ_b 는 기초를 중앙점에서 4 분할하고 각 **분할기초 꼭짓점의 영향계수** I_{qre} 를 그림 5.1 과 표 5.1 (Steinbrenner, 1934) 로부터 구하여 각 지반응력을 계산하여 합한다.

4 등분할한 경우에는 **분할기초 꼭짓점의 영향계수** I_{qre} 를 4 배한다.

* c 점 하부지반 ;

직사각형 **연성기초 c 점**의 하부지반에서 구조물 하중에 의한 연직응력 σ_b 는 그림 5.2 (Kany, 1974) 에서 **연직응력 영향계수** I_{qrc} 를 구하여 지반응력을 계산한 후에 응력분포곡선을 그린다.

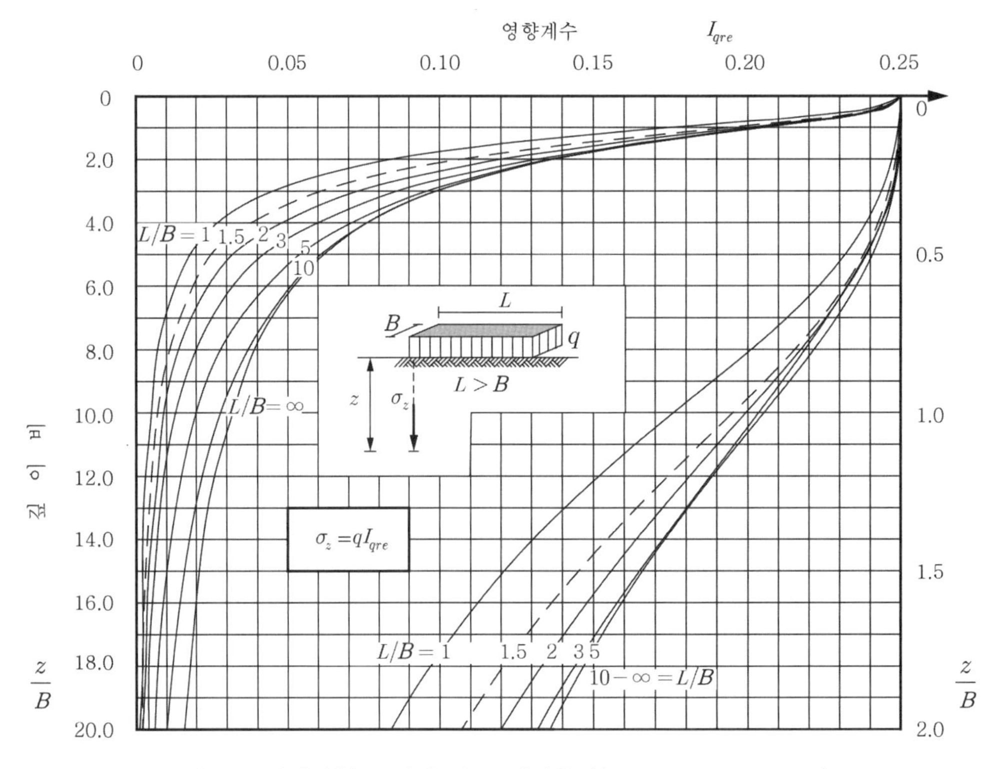

그림 5.1 직사각형 모서리 하부 연직응력(Steinbrenner, 1934)

표 5.1 등분포 직사각형 단면하중의 꼭짓점 하부 하중영향계수 I_{qre} (Steinbrenner, 1934)

깊이 z/b	직사각형 a/b						연속기초
	1.0	1.5	2.0	3.0	5.0	10.0	$\rightarrow \infty$
0	0.250	0.250	0.250	0.250	0.250	0.250	0.250
0.1	0.249	0.249	0.249	0.249	0.250	0.250	0.250
0.2	0.247	0.248	0.248	0.249	0.249	0.249	0.249
0.25	0.247	0.248	0.248	0.248	0.248	0.249	0.249
0.3	0.243	0.245	0.246	0.248	0.248	0.248	0.248
0.4	0.239	0.242	0.243	0.245	0.245	0.245	0.245
0.5	0.233	0.238	0.239	0.240	0.240	0.240	0.240
0.6	0.223	0.232	0.234	0.235	0.235	0.235	0.235
0.7	0.213	0.224	0.227	0.228	0.229	0.229	0.229
0.75	0.208	0.218	0.222	0.225	0.224	0.224	0.224
0.8	0.200	0.214	0.217	0.219	0.221	0.221	0.221
0.9	0.188	0.204	0.209	0.211	0.213	0.213	0.213
1.0	0.175	0.194	0.200	0.203	0.205	0.205	0.205
1.2	0.152	0.174	0.181	0.187	0.189	0.189	0.189
1.4	0.131	0.155	0.164	0.172	0.174	0.174	0.174
1.5	0.121	0.145	0.156	0.164	0.166	0.167	0.167
1.6	0.113	0.137	0.149	0.158	0.160	0.160	0.160
1.8	0.097	0.121	0.134	0.145	0.148	0.148	0.148
2.0	0.084	0.107	0.120	0.132	0.136	0.137	0.137
2.4	0.065	0.084	0.099	0.111	0.118	0.120	0.120
3.0	0.045	0.061	0.073	0.086	0.096	0.099	0.099
4.0	0.027	0.038	0.048	0.060	0.071	0.076	0.076
5.0	0.018	0.025	0.032	0.042	0.054	0.061	0.062
6.0	0.013	0.019	0.024	0.032	0.043	0.051	0.052
8.0	0.007	0.011	0.014	0.020	0.028	0.037	0.039
10.0	0.005	0.007	0.009	0.013	0.020	0.028	0.032
12.0	0.003	0.005	0.007	0.009	0.015	0.022	0.026
15.0	0.002	0.003	0.004	0.006	0.010	0.016	0.021
18.0	0.002	0.002	0.003	0.004	0.007	0.012	0.018
20.0	0.001	0.002	0.002	0.004	0.006	0.010	0.016
∞	0	0	0	0	0	0	0

이상의 지반응력 계산과정은 다음 예표 5.1과 같이 정리하면 편리하다.

예표 5.1 지반 내 응력 분포와 비침하 및 전체침하 계산

1	2	3	4	5	6	7	8
절점	위치	기초하부 깊이	응력 $[kN/m^2]$				
			자중에 의한	구조물 하중에 의한			전체
z' $[m]$	h $[m]$	z $[m]$	σ_{ue}	z/b_i	i	σ_b	σ_z

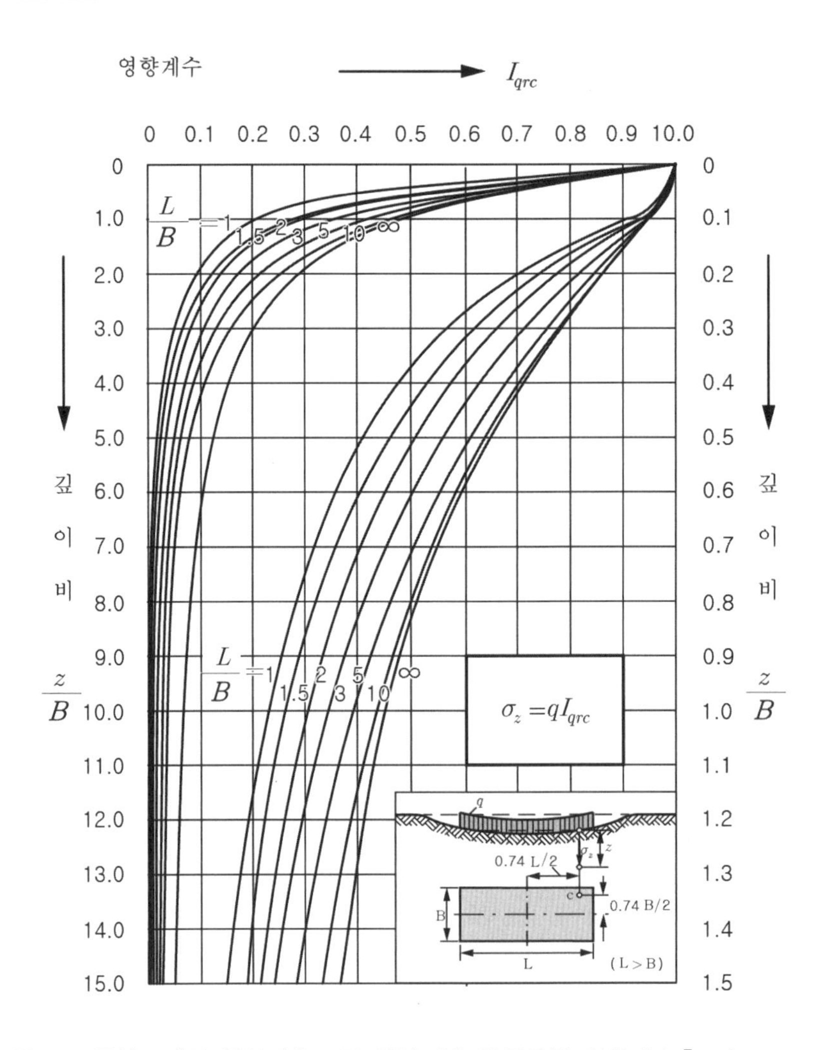

그림 5.2 등분포재하 연성기초 c점 하부지반 연직응력 영향계수 I_{qrc} (Kany, 1974)

③ 한계깊이

구조물 하중에 의한 지반침하는 일정 깊이 (구조물 하중에 의한 응력 σ_b 가 지반 자중에 의한 응력 σ_{ue} 의 20 % 깊이) 에 한해 계산한다. 한계깊이 조건 ($0.2\sigma_{ue} = \sigma_b$) 이 성립되는 깊이 z_{gr} 는 깊이별 구조물 하중에 의한 지반응력 σ_b 와 자중에 의한 응력 σ_{ue} 으로 계산한다. **한계깊이**는 기초 크기와 평균 접지압에 따라 표 5.2 (Tuerke, 1990) 와 같다.

표 5.2 기초크기와 평균 접지압에 따른 한계깊이 (Tuerke, 1990)

a/b	σ_{om} $[kPa]$	z_{gr}/b ($\gamma = 19.0\ kN/m^3$, $d_F = 1.0\ m$)			
		$b = 2.0\ m$	$5.0\ m$	$10.0\ m$	$15.0\ m$
1.0	100	1.60	1.20	0.90	0.65
	200	2.10	1.55	1.20	1.05
1.5	100	1.80	1.30	1.00	0.70
	200	2.40	1.75	1.35	1.20
2.0	100	2.00	1.45	1.05	0.80
	200	2.65	1.95	1.45	1.30
3.0	100	2.20	1.55	1.10	0.85
	200	2.95	2.15	1.60	1.40
5.0	100	2.40	1.65	1.15	0.90
	200	3.30	2.30	1.70	1.50
∞	100	2.65	1.70	1.20	0.95
	200	3.75	2.40	1.80	1.55

예표 5.2 한계깊이 계산을 위한 응력계산

절점	연직 좌표	기초하부 깊이	지층 두께	단위 중량	응력 $[kN/m^2]$					
					자중에 의한 응력			구조물 하중		
	$z'\ [m]$	$z\ [m]$	$\Delta d\ [m]$	$\gamma\ [kN/m^3]$	$\Delta\sigma_{ue}$	σ_{ue}	$0.2\sigma_{ue}$	z/b	i	σ_b

④ 변형계수 E_m

지반 압축량 계산에 필요한 **평균 압축 변형계수 E_m** 은 압축성 지층 상부경계에 대한 **압밀변형계수 E_s** 를 환산한 값이다 (DIN 4019 T1).

먼저 하중재하 전·후의 압력과 비침하 변화량으로부터 **압밀변형계수 E_s** 를 구하며, 이는 상재하중 재하로 인한 **응력 증가량 $\Delta\sigma'$** 과 **비침하 변화량 $\Delta(\Delta h/h)$** 의 기울기이다.

$$E_s = \frac{100\Delta\sigma'}{\Delta(\Delta h/h_o)} \tag{5.3}$$

압밀변형계수 E_s 를 보정 (표 5.3) 하여 **평균 압축변형계수 E_m** 를 구한다.

$$E_m = E_s/\kappa \tag{5.4}$$

표 5.3 평균 보정계수 (DIN 4019 T.1)

지반종류	모래, 실트	단순 다짐, 약간 과다짐 점토	강한 과압밀 점토
보정계수 κ	2/3	1.0	0.5 ~ 1.0

(2) 직사각형 연성기초의 침하계산

구조물 기초의 하부지반에서 압축성 지층만 압축된다 생각하고 직사각형 연성기초에 대해 **임의 점**이나 **c 점** 또는 **중앙점**의 침하를 계산한다.

① 기초 내 임의점의 침하

연성 직사각형 기초에서 접지압은 등분포이지만 침하량은 위치별로 다르게 발생한다. 따라서 연성 직사각형 기초의 **임의 점에서 발생하는 침하**는 그 점이 직사각형 꼭지점이 되도록 기초를 **4분할**하고, 각 분할기초 공동 **꼭짓점의 침하계수**(**그림 5.3, 표 5.4**)를 적용하여 각각의 침하를 구한 후에 합한다.

연성기초에서는 c 점이나 중심점의 침하를 구할 때가 많다.

직사각형 연성기초를 **임의 점**에서 **4분할**하고, 분할점을 각 분할기초의 공동 꼭짓점으로 간주하여 하부지반 내 **압축성 지층에 대한 상·하 경계부 침하계수**의 **차이**를 적용하여 **분할기초** 꼭짓점 **침하**를 계산해서 모두 합하면, **연성기초 임의 점의 침하**가 된다.

* **직사각형 기초의 4분할 ;**
  $(0.13b, 0.13a)$ 인 위치(기초 c 점)에서 4분할하면, 4개 분할기초는 $0.13b\times 0.13a$, $0.87a\times 0.87b$, $0.13a\times 0.87b$, $0.87a\times 0.13b$ 이다.

* **분할기초 꼭짓점(점 A)의 침하계수** f_{qre}**(그림 5.3)**는 꼭짓점 하부지반 내 압축성 지층 상부경계($z_1 = z_{gr}$) 침하계수 f_{qreo} 와 하부경계($z_2 = z_o$)의 침하계수 f_{qreu} 의 차이 즉, $f_{qre} = f_{qreo} - f_{qreu}$ 이다.
  · 압축성 지층 **상부 경계**의 **침하계수** f_{qreo} ; $z = z_o$
  · 압축성 지층 **하부경계**의 **침하계수** f_{qreu} ; $z = z_{gr}$
  · 분할기초 꼭짓점의 **침하계수 차이** f_{qre} ;

$$f_{qre} = f_{qreo} - f_{qreu} \tag{5.5}$$

* **분할기초 꼭짓점(점 A)의 침하** s_i ;

$$s_i = \frac{qb_i}{E_m} f_{qreA} \tag{5.6}$$

* **연성 직사각형 분할기초 분할점(임의점)의 침하** s_f ;

$$s_f = \sum_{i=1}^{4} s_i \tag{5.7}$$

등분포 하중 q 가 작용하는 **직사각형 연성기초** (폭 B, 길이 L, $L \geq B$) 의 **꼭짓점 하부 지반의 침하량** s 는 다음 같다 (Schleicher, 1926).

$$s = q\frac{1-\nu^2}{E_s}\frac{1}{\pi}\left[B\ln\left(\frac{L+\sqrt{B^2+L^2}}{B}\right)+L\ln\left(B+\frac{\sqrt{B^2+L^2}}{L}\right)\right] \tag{5.8}$$

$$= qB\frac{1-\nu^2}{E_s}\frac{1}{\pi}\left[\ln\left(m+\sqrt{1+m^2}\right)+m\ln\left(\frac{1+\sqrt{1+m^2}}{m}\right)\right] = qB\frac{1-\nu^2}{E_s}f_{qre}$$

그런데 푸아송 비가 '영' ($\nu = 0$) 이면, 위 식은 다음이 되며 (Kany, 1974),

$$s = \frac{qB}{E_s}f_{qre} \tag{5.9}$$

위 식의 f_{qre} 는 등분포 하중이 작용하는 **직사각형 연성 기초 꼭짓점의 침하계수** (Kany, 1974; 그림 5.3) 이며, 기초 형상비 L/B 와 깊이계수 z/B 로부터 다음이 된다 (단, $m = L/B > 1$).

$$f_{qre} = \frac{1}{\pi}\left[\ln\left(m+\sqrt{1+m^2}\right)+m\ln\left(\frac{1+\sqrt{1+m^2}}{m}\right)\right] \tag{5.10}$$

등분포 하중이 작용하는 **직사각형 연성기초 꼭짓점 하부지반의 침하량** s 는 푸아송 비 ν 의 영향을 받는다. 그런데 흙 지반 푸아송 비는 $\nu = 0.0 \sim 0.50$ 이지만 Boussinesq (1885) 에 의한 지반 내 연직응력 σ_z 는 푸아송 비에 무관하므로 (토질역학 식 4.2 및 식 4.4 참조), 대개 푸아송 비를 **'영'** 또는 특정 값으로 간주하고 침하량을 구한다.

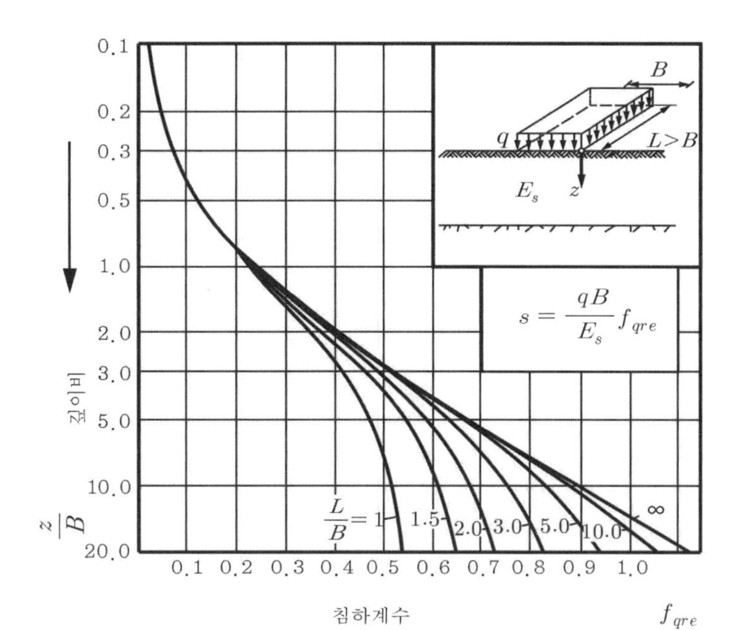

그림 5.3 등분포 직사각형 연성기초 꼭짓점 침하 (Kany, 1974)

표 5.4 직사각형 연성기초 꼭짓점 침하계수 f_{qre} Kany(1974)

z/B	L/B						
	1.0	1.5	2.0	3.0	5.0	10.0	∞
0.0	0.0	0.0	0.0	0.0	0.0	0.0	0.0
0.125	0.0313	0.0313	0.0313	0.0313	0.0313	0.0313	0.0313
0.375	0.0931	0.0933	0.0933	0.0934	0.0934	0.0934	0.0934
0.625	0.1512	0.1528	0.1531	0.1533	0.1533	0.1534	0.1534
0.875	0.2027	0.2073	0.2085	0.2096	0.2093	0.2094	0.2094
1.250	0.2684	0.2799	0.2835	0.2859	0.2858	0.2861	0.2861
1.750	0.3289	0.3525	0.3615	0.3678	0.3691	0.3696	0.3696
2.500	0.3919	0.4328	0.4517	0.4665	0.4713	0.4726	0.4726
3.500	0.4366	0.4940	0.5249	0.5525	0.5672	0.5713	0.5716
5.000	0.4771	0.5514	0.5961	0.6431	0.6740	0.6850	0.6862
7.000	0.5025	0.5884	0.6437	0.7077	0.7602	0.7862	0.7904
9.000	0.5171	0.6098	0.6717	0.7467	0.8168	0.8596	0.8692
11.000	0.5267	0.6238	0.6901	0.7725	0.8564	0.9154	0.9324
13.500	0.5350	0.6361	0.7064	0.7960	0.8926	0.9702	0.9984
16.500	0.5413	0.6454	0.7190	0.8143	0.9217	1.0176	1.0617
19.000	0.5450	0.6509	0.7263	0.8251	0.9390	1.0471	1.1060
20.000	0.5462	0.6537	0.7286	0.8286	0.9447	1.0570	1.1219

② 직사각형 연성기초 내 c 점의 침하

연성기초 c 점 침하는 기초를 **c 점에서 4 분할**하고, 4 개 분할기초 **꼭짓점** (즉, 분할점)의 **침하계수**로부터 침하를 구한 후 합한다. 또한, 기초를 분할하는 번거로움 없이 곧바로 **연성기초 c 점의 침하계수**로부터 곧바로 침하를 구하는 방법도 있다.

i) 기초분할 법

직사각형 연성기초는 c 점이 꼭짓점이 되도록 c 점에서 4 분할한다.

직사각형 기초를 c 점에서 분할하면, 4 개 직사각형 **분할기초 치수**는 다음과 같다.

$a_1 = 0.87L,\ b_1 = 0.87B\ ;\ a_2 = 0.87L,\ b_2 = 0.13B\ ;$

$a_3 = 0.87B,\ b_3 = 0.13L\ ;\ a_4 = 0.13L,\ b_4 = 0.13B,$

직사각형 (폭 B, 길이 L, $L > B$) **연성기초 c 점의 침하계수 f_{qrc}** 는 다음이 되고,

$$f_{qrc} = \frac{1}{2\pi B}\sum_{n=1}^{4}\left\{z\ \mathrm{arc\,tan}\frac{a_n b_n}{zR_n} + a_n \ln\left(\frac{R_n - b_n}{R_n + b_n}\frac{r_n + b_n}{r_n - b_n}\right) + b_n \ln\left(\frac{R_n - a_n}{R_n + a_n}\frac{r_n + a_n}{r_n - a_n}\right)\right\} \tag{5.11}$$

$$\left(R_n = \sqrt{a_n^2 + b_n^2 + z^2}\ ,\ \ r_n = \sqrt{a_n^2 + b_n^2}\right)$$

c 점에서 분할한 4 개 직사각형 **분할기초 치수**를 위 식 (5.11) 에 대입하여 침하계수 f_{qrc} 를 구하면 표 5.5 와 그림 5.4 가 된다.

그림 5.3 에서 i 번째 분할기초의 침하계수 f_{qrc} 를 구하고, 기초바닥의 유효 수직응력 q 와 분할기초의 폭 b_i 와 지반의 평균 압축변형계수 E_m 으로부터 다음의 탄성**침하공식**으로 i 번째 **분할기초 꼭짓점의 침하 Δs_i** 를 계산한다 (DIN 4019 T1).

$$\Delta s_i = \frac{q b_i}{E_m} f_{qrci} \tag{5.12}$$

이때 f_{qrci} 는 c 점에서 분할한 4 개 분할기초중에서 **i 번째 분할기초 꼭짓점의 침하 계수**이다.

연성기초 c 점의 침하 s 는 4 개 **분할기초 꼭짓점의 침하 Δs_i** 를 합한 값이다.

$$s = \sum_{i=1}^{4} \Delta s_i \tag{5.13}$$

ii) c 점의 침하계수 적용

Kany (1974) 는 (기초를 분할하고 각 분할기초 침하계수 및 꼭짓점 침하를 구하여 합하는 번거로움을 덜고) 연성기초의 c 점에 대한 침하계수를 곧바로 구하여 **연성기초 c 점의 침하**를 구할 수 있는 방법을 제시하였다.

연성기초 c 점의 하부에 위치한 압축성의 지층 상·하부 경계에서 깊이에 따른 **침하계수**는 그림 5.4 나 표 5.5 에서 구하면 다음이 된다.

지층 **하부경계** $z_1 = z_{gr}$ 에 대한 침하계수 f_{qrcu}

지층 **상부경계** $z_2 = z_o$ 에 대한 침하계수 f_{qrco}

이고, **연성기초 c 점 침하계수 f_{qrc}** 는 압축성 지층 상·하부 경계 침하계수의 차이를 나타내며,

$$f_{qrc} = f_{qrco} - f_{qrcu} \tag{5.14}$$

이를 적용하면, 연성기초 c 점 침하 s 는 기초바닥 유효 수직응력 q 와 기초 폭 B 와 지반의 **평균 압축변형계수 E_m** 및 **침하계수 f_{qrc}** 로부터 계산할 수 있다.

$$s = \frac{qB}{E_m} f_{qrc} \tag{5.15}$$

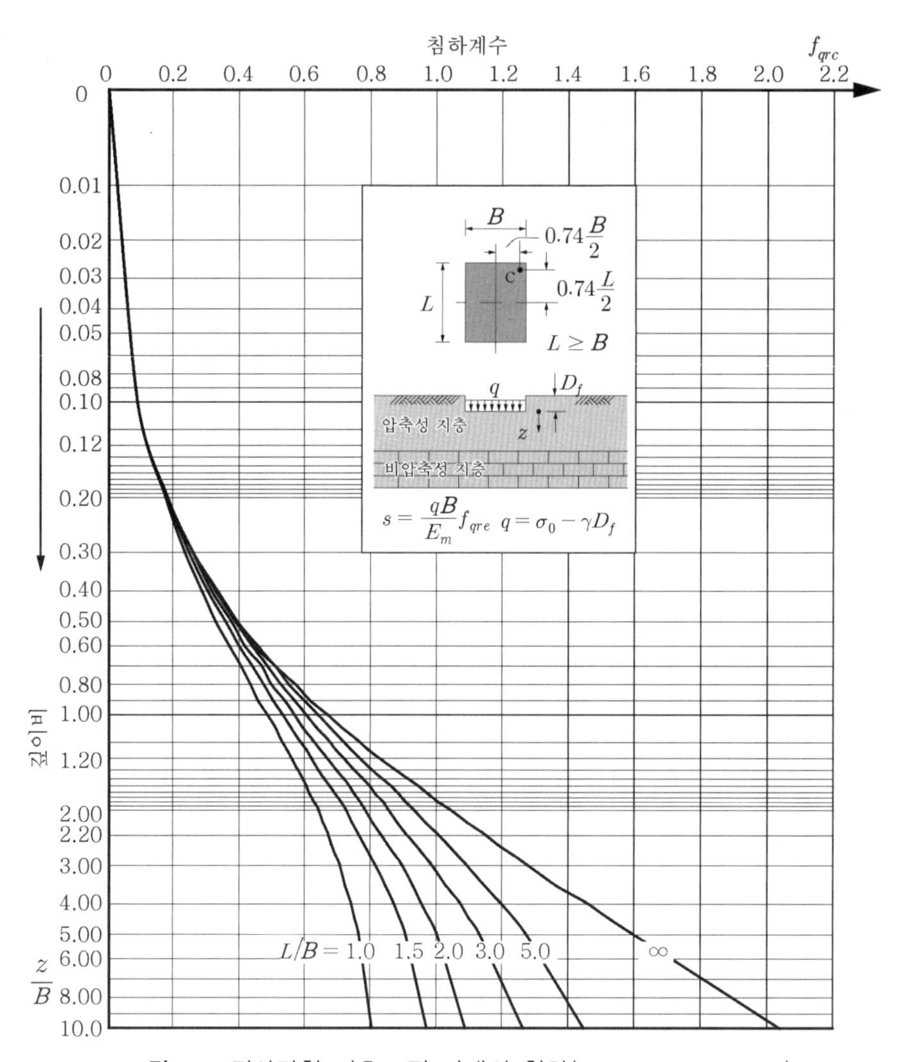

그림 5.4 직사각형 기초 c점 아래의 침하(Kany, 1974, $\nu = 0$)

침하계수	f_{qr} 등분포 직사각형 단면하중에 대한 침하계수 f_{dr} 삼각형 분포 직사각형 단면하중에 대한 침하계수 f_{qc} 등분포 원형 단면하중에 대한 침하계수 f_{dc} 삼각형 분포 원형 단면하중에 대한 침하계수 f_{qre} 등분포 직사각형 단면하중 모서리에 대한 침하계수 f_{qrc} 등분포 직사각형 단면하중 c 점에 대한 침하계수

표 5.5 직사각형 연성기초 c 점 하부지반의 침하계수 f_{qrc} (Kany, 1974)

z/B	정사각형	직사각형				연속기초
	L/B=1.0	1.5	2.0	3.0	5.0	→ ∞
0	0	0	0	0	0	0
0.1	0.090	0.090	0.090	0.090	0.090	0.090
0.2	0.175	0.180	0.185	0.185	0.185	0.185
0.3	0.235	0.250	0.260	0.260	0.260	0.260
0.4	0.290	0.305	0.320	0.330	0.335	0.335
0.5	0.330	0.360	0.380	0.390	0.395	0.395
0.6	0.370	0.400	0.420	0.440	0.445	0.460
0.7	0.405	0.440	0.470	0.490	0.510	0.515
0.8	0.435	0.475	0.500	0.530	0.555	0.575
0.9	0.460	0.505	0.540	0.570	0.600	0.620
1.0	0.490	0.535	0.570	0.605	0.645	0.670
1.1	0.515	0.560	0.595	0.635	0.680	0.715
1.2	0.530	0.585	0.625	0.670	0.715	0.760
1.3	0.550	0.605	0.650	0.695	0.745	0.795
1.4	0.565	0.625	0.675	0.725	0.775	0.835
1.5	0.580	0.645	0.695	0.750	0.805	0.880
1.6	0.595	0.660	0.720	0.775	0.835	0.915
1.7	0.605	0.680	0.740	0.800	0.865	0.950
1.8	0.615	0.695	0.755	0.820	0.890	0.980
1.9	0.630	0.710	0.770	0.840	0.910	1.010
2.0	0.640	0.725	0.785	0.855	0.930	1.040
2.2	0.655	0.745	0.810	0.885	0.965	1.095
2.4	0.670	0.765	0.830	0.910	1.000	1.145
2.6	0.680	0.785	0.855	0.940	1.035	1.190
2.8	0.695	0.800	0.875	0.960	1.060	1.235
3.0	0.705	0.820	0.895	0.985	1.090	1.280
3.5	0.725	0.850	0.930	1.030	1.145	1.365
4.0	0.740	0.870	0.955	1.070	1.195	1.455
4.5	0.755	0.890	0.980	1.100	1.235	1.525
5.0	0.765	0.905	1.000	1.130	1.270	1.590
6.0	0.779	0.927	1.027	1.174	1.323	1.706
8.0	0.801	0.955	1.065	1.231	1.405	1.889
10.0	0.810	0.970	1.090	1.265	1.450	2.035
14.0	0.815	0.979	1.112	1.294	1.505	2.246
20.0	0.815	0.981	1.116	1.324	1.571	2.476

③ **기초 내 중앙점의 침하**

직사각형 연성 기초의 중앙점이 직사각형 분할기초의 공동 꼭짓점이 될 수 있도록 직사각형 기초를 중앙점에서 4 등분하고, 각 분할기초 꼭짓점의 침하량을 구한 후에 모두 합하면 그 값이 직사각형 연성기초 중앙점의 침하가 된다.

i) 기초분할 ;

직사각형 기초 판을 기초 판의 중앙점에서 4 등분하여 직사각형 기초판의 중앙점이 공동 꼭짓점이 되는 4 개의 직사각형 분할기초를 구성한다.

각 분할기초의 크기 (폭 b_1, 길이 a_1) 는 $b_1 = B/2$, $a_1 = L/2 \rightarrow a_1/b_1$

ii) 분할기초 꼭짓점(점 A) 의 침하계수 (그림 5.1)

- **압축성 지층 상·하 경계부의 침하계수** f_{qre} 를 구한다 ;
  지층 하부경계 z_1 에 대해 ; $z_1/b_1 \rightarrow f_{qreu}$
  지층 상부경계 z_2 에 대해 ; $z_2/b_1 \rightarrow f_{qreo}$
- **분할기초 꼭짓점 (점 A) 의 침하계수** (식 5.5) ; $f_{qre} = f_{qreu} - f_{qreo}$

iii) 분할기초의 꼭짓점(점 A) 의 침하 $\boldsymbol{s_i}$ (식 5.6) ;

$$s_i = \frac{qb_i}{E_m} f_{qreA}$$

iv) 연성 직사각형 기초 중앙점의 침하 $\boldsymbol{s_f}$;

Kany (1974) 의 방법으로 직사각형 기초를 중앙점에서 4 개로 등분할하고 각각 **직사각형 분할기초 꼭짓점의 침하계수** $\boldsymbol{f_{qre}}$ (그림 5.1) 를 구하여 침하량 s_i 를 계산한다.

직사각형 분할기초 꼭짓점 A 의 침하량 s_i 를 모두 합하면 그 값 (4 등분한 경우에는 분할기초 꼭짓점 침하량의 4 배) 이 **직사각형 연성 기초 중앙점 침하** $\boldsymbol{s_f}$ 가 되며, 이는 식 (5.7) 과 같다.

$$s_f = \sum_{i=1}^{4} s_i = 4s$$

(3) 삼각형 분포 재하 직사각형 연성기초의 침하

삼각형 분포하중이 작용하는 연성 직사각형 기초의 최대 하중점에서 발생하는 침하는 그림 5.5 (Schaak, 1972) 을 이용해서 구할 수 있다.

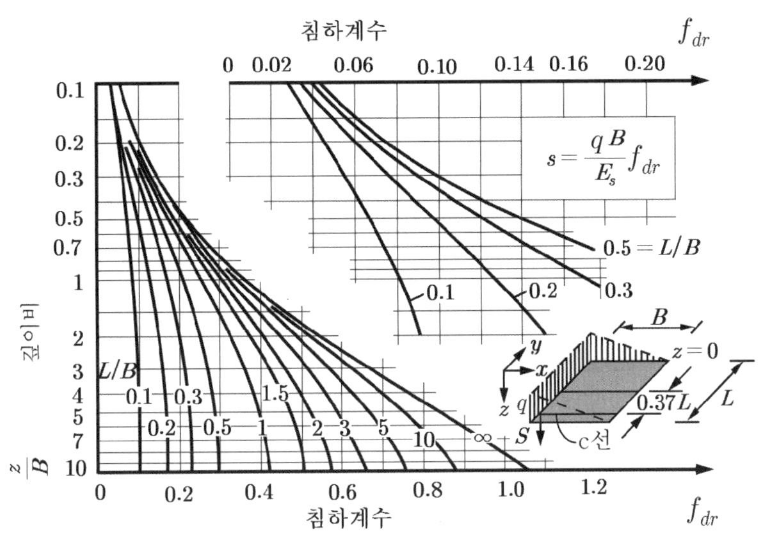

그림 5.5 삼각형 분포하중이 작용하는 직사각형 연성기초의 침하계수 (단, ν=0.5, Schaak, 1972)

2) 직사각형 강성기초의 침하

강성기초 침하는 기초 전체에서 **균등한 크기**로 발생된다. 강성기초는 접지압 분포가 매우 복잡하여, 침하량을 탄성침하식 (식 5.1) 으로 계산할 수 없고 연성기초로 대체하여 계산한다.

(1) 연성기초 c 점의 침하로부터 계산 ;

강성기초 침하량 s_r 은 등분포 하중 작용하는 연성기초 **c 점 침하량** (그림 5.5) 이며, 연성기초를 c 점에서 4 분할하고 4 개 직사각형 분할기초 꼭짓점 침하 s_i 를 각각 계산한 후에 모두 합한 값 즉, $s_r = \sum_{i=1}^{4} s_i$ 이다 (식 5.7). 기초를 분할하지 않고 그림 5.8 에서 c 점의 **침하계수** f_{qrc} 를 구하여 **강성기초 침하량**을 구할 수 있다 즉, $s_r = \frac{qB}{E_m} f_{qrc}$ (식 5.6).

(2) 연성기초 중앙점의 침하로부터 계산 ;

강성기초 침하량 s_r 은 같은 크기 연성기초 최대침하량 s_f (중심 침하량) 의 약 75 % 이다.

$$s_r = 0.75 s_f \tag{5.16}$$

3) 편심재하 직사각형 기초의 침하

연직하중이 기초에 편심으로 작용하면, 기초 바닥의 접지압이 편심 쪽은 커지고 반대 쪽은 작아져서 기초 양단의 하부지반이 다르게 압축되므로 부등침하가 발생되어 기초 (길이 L, 폭 B, $L \geq B$) 가 기울어진다. 이때 지반은 균질한 등방 탄성체 (변형계수 E_m) 라고 생각한다.

직사각형 기초의 침하 s 는 **중심하중**에 의한 침하 $\boldsymbol{s_m}$ 과 편심 (x 및 y 방향) 으로 인해 발생된 **모멘트** (모멘트 M_x 및 M_y) 에 의한 침하 (침하 $\boldsymbol{s_x}$ 및 $\boldsymbol{s_y}$) 를 합한 크기로 발생된다.

강성 연속기초나 **강성 원형 기초** 또한 **편심하중** ($e \leq r/3$) 이 작용하면 기울어진다. Kany (1974) 는 모든 기초에 대해서 **편심하중에 의한 부등침하** $\boldsymbol{\Delta s}$ 를 구하였다.

(1) 직사각형 기초

하중이 편심으로 작용할 때 직사각형 기초**의 침하** s 는 **중심하중에 의한 침하** $\boldsymbol{s_m}$ 과 **편심 (x 및 y 방향)** 으로 인해 발생된 **모멘트 (모멘트 M_x 및 M_y) 에 의한 침하** (침하 $\boldsymbol{s_x}$ 및 $\boldsymbol{s_y}$) 를 계산하여 합한 크기로 발생된다. 기초는 **수평하중**이 연직하중의 20 % 보다 더 크면 침하에 상당한 영향을 미치고, 기초가 추가로 기울어질 수 있다.

하중이 편심으로 작용할 때 **직사각형 기초의 침하** s 는 중심하중에 의한 침하 $\boldsymbol{s_m}$ 과 편심하중에 의한 침하 $\boldsymbol{s_x}$ 및 $\boldsymbol{s_y}$ 가 중첩되어 발생한다.

$$s = s_m + s_x + s_y \tag{5.17}$$

위 식에서 $\boldsymbol{s_m}$ 은 기초 중심에 작용하는 하중에 의한 침하이며,

$$s_m = \frac{qB}{E_m} f_{qr} \tag{5.18}$$

여기에서 $\boldsymbol{f_{qr}}$ 은 **직사각형 연성기초 침하영향계수**이고, Kany (1974) 의 **그림 5.3 에서 취**한다.

또한, x 방향 편심 e_x 로 인한 (y 축 모멘트 $M_y = V e_x$ 에 따른) **침하** $\boldsymbol{s_x}$ 와 y 방향 편심 e_y 로 인한 (x 축 모멘트 $M_x = V e_y$ 에 따른) 침하 $\boldsymbol{s_y}$ 는 각각 다음이 된다.

$$s_x = \frac{L}{2} \tan \alpha_y = \frac{L}{2} \frac{M_y}{B^3 E_m} f_x \tag{5.19}$$

$$s_y = \frac{b}{2} \tan \alpha_x = \frac{b}{2} \frac{M_x}{b^3 E_m} f_y$$

위 식에서 f_x 및 f_y 는 각각 x 및 y 방향의 **편심 침하계수**이며, 그림 5.6 에서 읽는다.

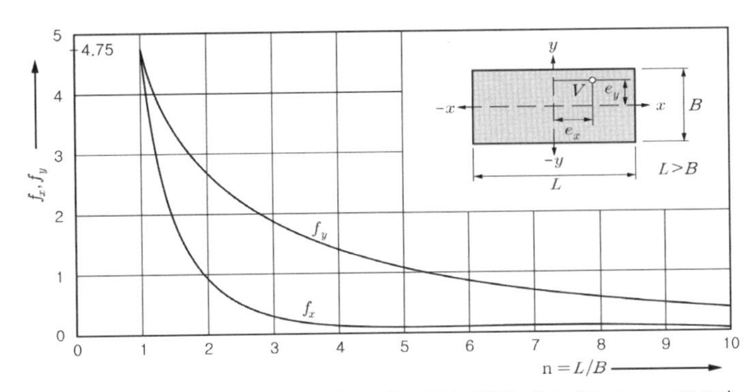

그림 5.6 직사각형 강성 기초의 편심 침하계수 (Dehne, 1982)

(2) 연속 기초

강성 연속기초 (폭 B) 에서 연직 하중이 x 방향 (기초의 L 방향) 으로 편심 $e \le L/4$ 로 작용하면, 다음 크기로 기울어지며, 이를 위 식에 대입하여 **편심에 의한 연속기초 침하**를 계산한다.

$$\tan\alpha_x = \frac{12M}{\pi L^2 E_m} \tag{5.20}$$

기초에 하중이 편심으로 작용하면 편심 쪽 모서리에서는 접지압이 사다리꼴 분포가 되기 때문에 기초가 부등침하 되고, 부등침하로 인하여 결국에는 기초가 기울어진다.

Matl (1954) 은 **연속기초** (폭 B) 연직편심하중 V 의 경사각 α_∞ 을 계산하였다 ($M = Ve$).

$$\tan\alpha = \frac{M}{B^2 E_s} f_\alpha \tag{5.21}$$

여기에서 f_α 는 경사 영향계수이고, $\beta = \arctan\{1/(2/B)\}$ 이다.

$$f_\alpha = \frac{12}{\pi}\sqrt{1-\tan^2\alpha}\,\{1-\sin^2(\beta/2)\} \le \frac{12}{\pi} \tag{5.22}$$

그리고 M 은 (단위길이 기초에서) 연직하중 V 의 기초 바닥중심에 대한 모멘트이고, α_∞ 는 기초의 기울어짐 각도를 나타낸다.

(3) 원형 기초

강성 원형 기초 (반경 r) 에 하중 V 가 x 방향 (기초 r 방향) 으로 편심 $e \le r/3$ 로 작용하면, 모멘트 $M = Ve$ 가 발생되어 경사 α 만큼 기울어진다.

$$\tan\alpha = \frac{9M}{16 r^3 E_m} \tag{5.23}$$

위 식에서 원형 기초의 반경 r 은 원형 기초와 정사각형 기초가 면적이 동일하다 ($r^2\pi = B^2$) 고 간주하고 구하며, $r = B/\sqrt{\pi}$ 이 된다.

(4) 일반 기초

Kany (1974) 는 모든 형상의 기초에 대해, L 방향 편심 e_a 로 작용하는 연직하중 V 에 의한 부등침하 Δs 를 구하는 식을 제시하였다.

$$\Delta s = \frac{2Ve_a}{L^2 E_m} f_{\Delta s} \tag{5.24}$$

기초는 편심하중으로 인해 각도 α_∞ 만큼 기울어진다.

$$\tan\alpha_\infty = \Delta s / (L/2) \tag{5.25}$$

여기서 e_a 는 L 방향 편심량이고, $f_{\Delta s}$ 는 **편심 침하계수**이며 그림 5.7 에서 읽는다.

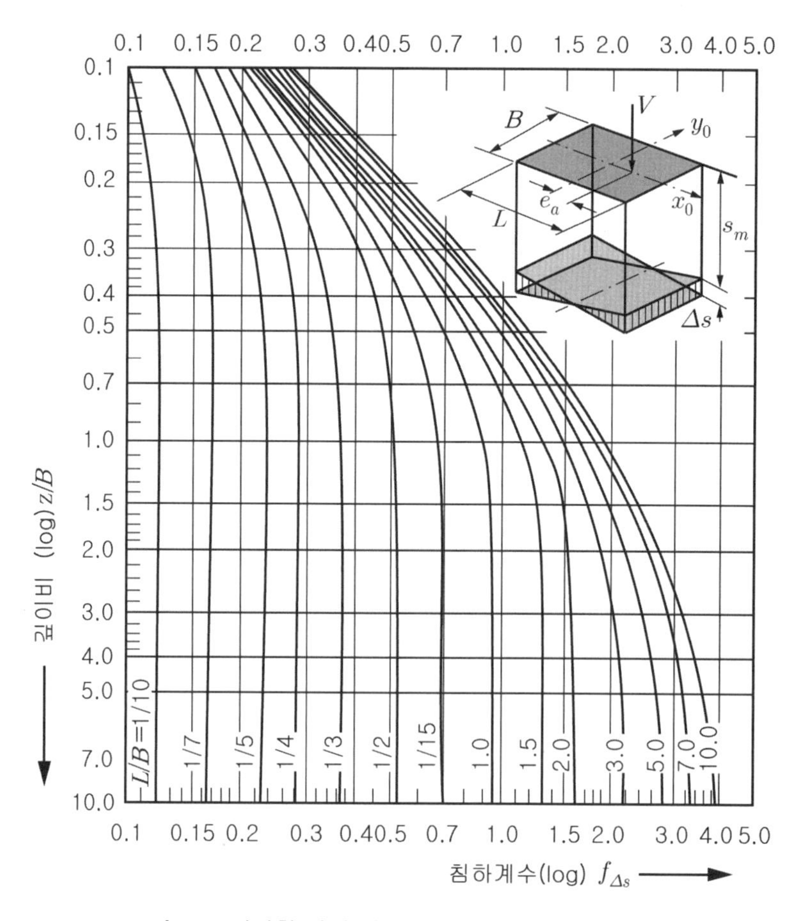

그림 5.7 일방향 편심 재하 기초의 부등침하계수 $f_{\Delta s}$ (Kany, 1974 ; $\nu = 0.33$)

4) 등분포 재하 원형기초의 침하

등분포 상재하중이 작용하는 원형 연성 기초에서 발생하는 침하는 그림 5.8 (Leonhardt, 1963) 의 **침하계수**를 이용해서 구한다. 이때 침하 검토지점의 위치에 따른 침하계수를 위치별로 나타내었다.

원형 기초가 강성일 경우에는 직사각형 기초일 때와 마찬가지로 기초가 원형 연성기초라고 생각하고, **연성 원형기초 c 점의 침하량**을 구하여 대체하거나, **연성 원형기초 중앙점 침하량의 75 %**를 취하여 원형 강성기초의 침하량으로 간주한다.

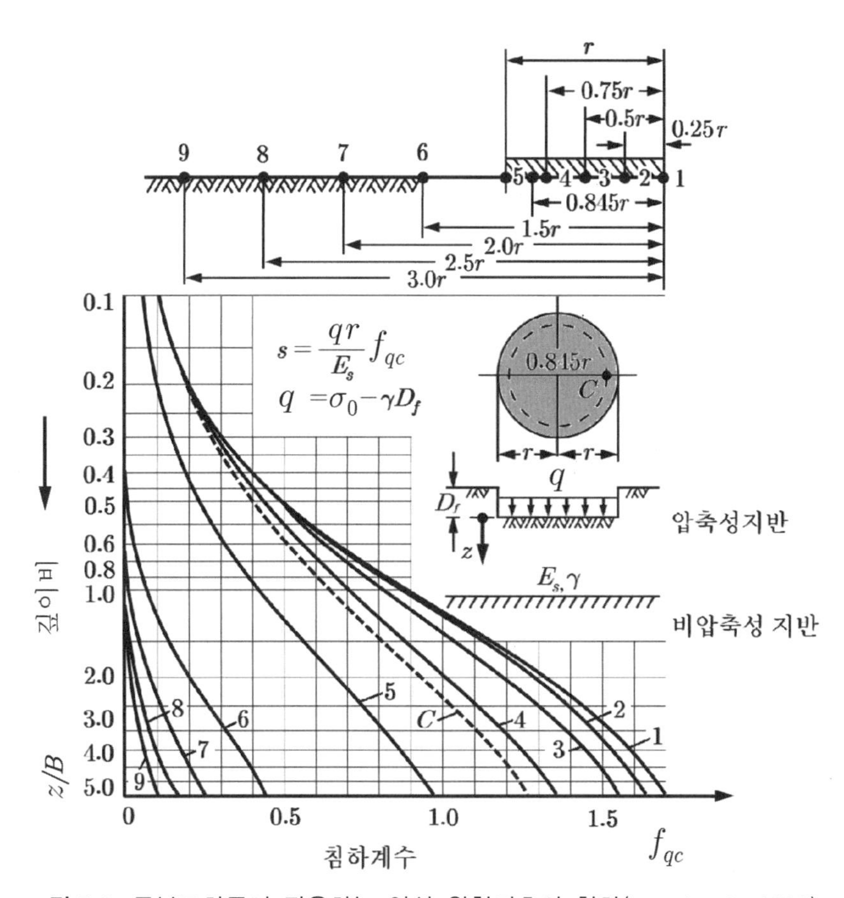

그림 5.8 등분포하중이 작용하는 연성 원형기초의 침하(Leonhardt, 1963)

5.3.2 간접 침하계산법

직사각형 연성기초의 침하는 침하유발 접지압에 의해 발생되는 지반응력에 의한 압축량이며, 현장지반의 변형계수를 적용하고 한계깊이 이내에서 계산한다. 연성기초는 위치마다 다르게 침하되지만, 접지압이 등분포이어서 지반의 연직 변형률을 적분하여 계산할 수 있다. 그러나 강성기초는 접지압이 복잡하게 분포하여 침하량을 직접 계산할 수 없어서 간접적으로 계산할 수밖에 없다. 즉, 깊이에 따른 지반의 **연직응력 분포곡선**이나 **비침하 분포곡선**의 면적을 구하여 간접적으로 침하량을 구할 수 있다.

구조물 하중에 의한 지반의 즉시침하는 탄성침하계산식 (식 5.1) 을 이용하지 않고, **깊이에 따른 연직응력 또는 비침하 분포도**를 이용하여 간접적으로 계산할 수 있다. 이같이 지반 내 연직응력 분포가 지반 종류에 상관없이 선형탄성 이론식과 같은 유형의 분포함수에 따른다고 가정하는 침하계산방법이 **간접 침하계산법** (indirect method for settlement calculation) 이다. 실제 지반의 응력 - 침하 거동은 비선형 관계이지만, 지반 내 연직응력은 구성 방정식과 거의 무관 (Smoltczyk, 1993) 하기 때문에 간접계산법에 의한 결과는 실제와 상당히 근사하다.

Schmertmann/Hartmann (1978) 은 **변형률 영향계수** (strain influence factor) 를 적용하여 사질 지반의 탄성침하를 계산하였는데, 이는 변형분포를 경험적으로 지반 내 연직응력 분포와 유사한 형태로 근사화시킨 것이다. 지반의 탄성계수는 CPT에서 구한 콘 관입저항치로부터 결정하여 적용한다.

기초의 근입깊이와 모래의 크리프에 대해 침하량을 보정하는 등 좋은 결과를 위하여 노력하였으나, 기초 폭이 크면 침하가 과다하게 계산되는 등 문제가 있다. 변형영향계수의 분포는 기초의 형상별로 제시하고 있다. 그러나 변형영향계수를 결정하고, 콘 저항치로부터 지반의 탄성계수를 정하고, 기초 근입깊이와 모래의 크리프 등을 보정하는데 불확실한 부분이 아직 많이 있다.

간접 침하계산법에서는 경계조건이 1 차원 압밀시험조건과 동일한 경우에는 지반의 비선형 응력-침하관계를 근사적으로 고려하고 압밀시험결과를 이용할 수 있다. 지반의 변형계수 E_s 는 응력수준에 따라 다르므로 지반 연직응력에 합당한 값을 적용한다.

1) 간접 침하계산법 적용절차

직사각형 연성기초의 침하량은 **침하유발 접지압**에 의한 지반응력에 따라 발생되는 지반의 압축량이며, **한계깊이** 내에서 현장지반에 대한 **변형계수**를 적용하여 계산한다.

(1) 침하유발 기초 접지압

구조물 기초 바닥면의 **침하유발 접지압 q** 는 구조물 하중에 의한 **기초 바닥면 접지압** σ_b 에서 기초를 설치하기 위해 **굴착하여 제거한 지반의 자중** σ_2 를 뺀 압력이다.

* **구조물 하중에 의한 기초 바닥면 접지압 σ_b 는** 구조물 기초 바닥에서 구조물 하중에 의한 기초 바닥면 접지압은 직하중을 기초 바닥면적으로 나눈 값 $\sigma_b = V/(ab)$ 이다.

* 구조물 기초 (근입깊이 D_f) 를 설치하기 위해 **굴착하여 제거한 지반** (단위중량 γ) **의 자중에 의한 응력** $\sigma_2 = \gamma D_f$ 를 계산한다.

* **구조물 기초의 침하유발 접지압 q** 는 구조물 하중에 의한 연직응력 σ_b 에서 기초의 근입깊이 만큼 굴착·제거한 지반자중에 의한 연직응력 σ_2 를 뺀 값 즉, $q = \sigma_b - \sigma_2$ 이다 (식 5.2).

(2) 지반응력

직사각형 기초 바닥면의 하부지반에서 연직응력 σ_z 는 지반의 자중에 의한 연직응력 σ_{ue} 과 구조물 하중에 의한 연직응력 σ_b 의 합 즉, $\sigma_z = \sigma_{ue} + \sigma_b$ 이다.

지반의 자중에 의한 지반침하는 구조물 하중의 재하 전에 완료된 것으로 생각하고, 순전히 구조물 하중에 의한 지반침하만 생각한다.

① 지반의 자중에 의한 지반응력

지반 자중에 의한 지반 내 연직응력 σ_{ue} 는 깊이에 비례하여 증가 (비례상수는 지반의 단위중량) 한다. 이때 지반의 단위중량은 지반종류와 지하수 상태에 따라 다르다.

② 구조물 하중에 의한 지반응력

구조물 하중에 의한 지반응력 σ_b 은 직사각형 **기초에서 중앙점** (그림 5.1) 또는 **c 점** (그림 5.2) 의 하부지반에서 구하여 분포곡선을 구한다.

* 중앙점 하부지반 ;

직사각형 기초 중앙점 하부지반에서 **구조물 하중에 의한 지반응력 σ_b** 는 기초를 중앙점에서 4 분할하고 각 **분할기초 꼭짓점의 영향계수 I_{qre}** (그림 5.1, 표 5.1) 를 적용해서 각각의 지반응력을 구한 후에 합해서 계산한다. 4 등분할한 경우에는 **분할기초 꼭짓점의 영향계수 I_{qre}** 를 4 배한다.

* c 점 하부지반 ;

직사각형 연성기초 c 점의 하부지반에서 구조물의 하중에 의한 연직응력 σ_b 는 그림 5.2 (Kany, 1974) 에서 **연직응력 영향계수 I_{qrc}** 를 구하여 지반응력을 계산한 후에 응력분포곡선을 그린다.

이상의 지반응력 계산수행과정은 다음 **예표 5.3** 과 같이 정리하면 편리하다.

예표 5.3 지반 내 응력 분포와 비침하 및 전체침하 계산

1	2	3	4	5	6	7	8
절점	위치	기초하부 깊이	응력 $[kN/m^2]$				
			자중에 의한	구조물 하중에 의한			전체
$z'[m]$	$h\ [m]$	$z\ [m]$	σ_{ue}	z/b_i	i	σ_b	σ_z

(3) **한계깊이 z_{gr}**

구조물의 하중에 의한 지반 내 연직응력에 기인하여 발생되는 지반침하는 일정한 깊이 (**한계깊이 z_{gr}**) 즉, 구조물의 하중에 의한 지반 내 연직응력 σ_b 가 지반의 자중에 의한 지반 내 연직응력 σ_{ue} 에 비해 크기가 20 % 가 되는 깊이 $(0.2\sigma_{ue} = \sigma_b)$ 내로 한정해서 계산한다.

간접 침하 계산법에서도 한계깊이 z_{gr} 는 직접 침하 계산법 (5.2.1 절) 에서와 동일한 방법으로 계산하며, 기초의 크기와 평균 접지압에 따라 표 5.2 (Tuerke, 1990) 를 참조할 수도 있다.

(4) **변형계수 E_m**

지반의 압축량을 계산하는데 필요한 평균 압축 변형계수 E_m 은 **직접 침하 계산법** (제 5.2.1 절) 에서와 동일한 방법으로 결정한다.

평균 압축 변형계수 E_m 은 압축성 지층의 상부경계에 대한 압밀변형계수 E_s 를 보정계수 κ 로 나눈 값 즉, $E_m = E_s/\kappa$ 이 된다 (DIN 4019 T1). 이때 보정계수는 표 5.3 의 평균 보정계수 값을 적용한다.

2) 간접 침하계산법의 적용

구조물 하중에 의한 즉시침하는 **탄성 침하 계산식** (식 5.1) 을 이용하지 않고, **깊이 z 에 따른 연직응력 σ_z 분포도 또는 비침하 s' 의 분포도**를 이용하여 **간접적으로 계산할** 수 있다. **간접침하 계산법**은 현장 경계조건이 1차원 압밀이론과 일치하는 경우에 한해서 허용된다. 간접침하 계산법으로 계산한 지반침하량은 표 5.3 의 평균 보정계수 κ 로 보정한 후 적용한다. 이때 압축성 지반이 매우 두꺼우면 **한계깊이 z_{cr}** 이내에 한정해서 지반 침하량을 계산한다.

간접 침하 계산법에서는 기초 바닥면에서 하부로 깊이 z 가 증가함에 따라 변화하는 지반의 **연직응력 분포 곡선 $\sigma_z - z$** 또는 **비침하 분포 곡선 $s' - z$** 을 이용하여 지반침하량을 계산한다.

(1) 깊이에 따른 연직응력의 분포 (변형계수) 를 적용한 침하계산

구조물 하중에 의한 지반 내 연직응력 σ_b 으로 인해서 두께 Δd 인 압축성 지층에서 발생된 **즉시침하량 s_1** 은 현장 응력수준에 해당하는 **압밀변형계수 E_s** 를 적용하고 Hooke 의 법칙으로 계산할 수 있다 (과압밀 지반에서는 압밀변형계수의 선택에 유의한다).

압밀변형계수는 지층 내에서 상수 E_s 인 경우와 변수 E_{si} 인 경우로 나누어 생각한다.

① 불변 압밀변형계수 적용

압밀변형계수가 지반 내에서 불변 (constant) **할 경우** (**$E_s = const.$**) 에는 다음의 순서에 따라 연직응력 분포곡선의 면적을 구하고 압밀변형계수로 나누어 침하량을 구한다.

* 구조물 하중에 의한 연직응력의 분포 $\sigma_b = f(z)$ 를 축척에 맞추어 그려서 깊이에 따른 **지반응력 분포곡선**을 완성하고, 그 면적 A 를 구한다.
* 압력 - 비침하 곡선은 비선형적으로 분포하므로 압밀변형계수 E_s 는 압력에 따라 다르며, 대체로 압축성 지층의 **상부경계 응력에 대한 압밀변형계수 E_s** 값을 취한다.
* **즉시침하량 s_1** 은 연직응력 분포곡선 면적 A 를 압밀변형계수 E_s 로 나눈 값이다.

$$s_1 = A / E_s \tag{5.26}$$

* **실제 즉시침하량 s** 는 위 **침하량 s_1** 을 보정 (보정계수 κ, 표 5.3) 한 값이다.

$$s = \kappa\, s_1 \tag{5.27}$$

위 식을 지층의 두께 Δd 에 대해 적분하면 **즉시 침하량 s_1** 이 된다.

$$s_1 = \int \Delta s_1 = \int_0^{\Delta d} \frac{\sigma_b}{E_s} dz \tag{5.28}$$

그런데 **압밀변형계수** E_s **가 상수**이면 위 식은 다음이 된다.

$$s_1 = \frac{1}{E_s} \int_0^{\Delta d} \sigma_b dz = \frac{\sigma_b \Delta d}{E_s} = \frac{A}{E_s} \tag{5.29}$$

위 식에서 우측항의 분자 $\sigma_b \Delta d$ 는 두께 Δd 인 지층에서 구조물 하중에 의한 지반 내 **침하 유발 연직응력 분포곡선** ($\sigma_b - z$ 곡선) 의 면적이다. 따라서 **즉시 침하량 s_1** 은 구조물 하중에 의한 **연직응력 분포곡선의 면적 A** 를 **압밀 변형계수 E_s** 로 나눈 값이다.

계산결과를 보정계수 κ (표 5.3) 로 보정하면 **보정 침하량** $s = \kappa\, s_1$가 된다 (식 5.27).

② 가변 압밀변형계수 적용

압밀변형계수가 지층 내에서 (일정하지 않고) 변하는 경우 ($E_s \neq const.$) 에는 압축성 지층을 압밀변형계수 E_s 분포양상을 고려해서 (압밀변형계수가 동일한) 다수 지층으로 분할하고, 각 분할지층 별로 (연직응력 분포곡선 면적을 평균 압밀변형계수로 나누어) 침하를 계산한 후에 모두 합하면 총 즉시 침하량이 된다. 분할지층 개수가 많아지면 계산량이 증가하므로 계산표 (예표 5.4) 를 작성하여 계산하면 편하다. 이때 분할 개수와 방법에 따라 정확도가 다르다.

압밀변형계수가 상수 E_s 가 아니고 변수 E_{si} 이면, 압축성 지층은 변형계수를 상수 E_{si} 로 간주할 수 있는 n 개 미세 수평지층 (두께 Δd_i) 으로 분할하고 각 분할지층의 연직응력 σ_{bi} 에 대해 **분할지층의 즉시침하 Δs_{1i}** 를 구한다 즉, $\Delta s_{1i} = A_i / E_{si} = \sigma_{bi} \Delta d_i / E_{si}$ (5.27).

각 분할지층의 침하 Δs_{1i} 를 모두 합하면, 압축성 지층의 **즉시침하 s_1** 가 된다.

$$s_1 = \sum_{i=1}^{n} \Delta s_{1i} = \frac{\sum A_i}{\sum E_{si}} = \sum_{i=1}^{n} \frac{\sigma_{bi} \Delta di}{E_{si}} \tag{5.30}$$

* 각 (i 번째) **분할지층의 침하 s_{1i}** 는 구조물 하중에 의한 **연직응력 σ_{bi} 의 분포면적** A_i 를 **압밀 변형계수 E_{si}** 로 나누어 구한다. 이때 압밀변형계수 E_{si} 와 침하 s_{1i} 는 각 (i 번째) 분할지층 중간깊이의 비침하 s_{1i} 에 대한 값 즉, $s_{1i} = A_i / E_{si}$ 이다 (식 5.29).
* **전체 침하량 s_1** 은 모든 지층의 침하량을 합한 크기 $s_1 = \sum s_{1i}$ 이다 (식 5.28).
* **전체 침하량 s** 는 **침하량 s_{1i}** 을 보정계수 κ (표 5.3) 로 보정하면, $s = \kappa\, s_1$이다.

예표 5.4 압밀변형계수를 이용한 침하계산

1	2	3	4	5	6	7	8	9	10	11	12	13
깊이	지층 두께	지층 중간깊이	지반자중에 의한 압력	구조물하중에 의한 응력			전체 응력	비침하			압밀 변형계수	지층 침하
z' [m]	Δd [cm]	z [m]	σ_{ue} [kPa]	$\frac{z}{b_1}$	i	σ_o [kPa]	σ_2 [kPa]	s_2' [%]	s_{ue}' [%]	s_1' [%]	E_s [kPa]	s_i [m]

(2) 깊이에 따른 비침하의 분포를 적용한 침하계산

재하시험에서 측정한 침하량 s 를 지층 두께 H 로 나누면 $(s' = s/H)$, 단위 두께 당 침하량 즉, **비침하 s'** (specific settlement) 가 되며, **비침하 분포곡선의 면적**을 구하면 기 침하량이 된다. 비침하는 압밀시험으로부터 구할 수도 있다.

하중재하에 의한 연직응력으로 인한 **비침하 분포곡선의 면적**이 **지반의 침하량**과 동일하다. 비침하 분포곡선의 면적은 압축성 지층의 **상·하 경계와 중간의 비침하부터 구하거나,** 압축성 지층을 여러 개의 미세한 수평 지층으로 분할하고 **분할 지층의 비침하 증분 $\Delta s_i'$** 이나 **평균 비침하 s_{1m}'** 로 계산한다.

지반침하 계산과정은 예표 5.5 와 같은 계산표를 작성하여 종합하면 편리하다.

① 비침하 분포곡선

지반의 응력 - 비침하 곡선 ($\sigma - s'$ 곡선) 의 기울기는 **압밀변형계수 E_s** 이며, 지반의 자중에 의한 연직응력 σ_{zg} 에 대한 비침하 s_g' 와 총연직응력 σ_{zgp} 에 대한 비침하 s_{gp}' 로부터 구한 **응력 증분 $\Delta\sigma = \sigma_{zgp} - \sigma_{zg}$** 와 **비침하 증분 $\Delta s' = s_{gp}' - s_g'$ 의 비** $\Delta\sigma / \Delta s'$ 를 나타낸다. 구조물 하중에 의한 연직응력 σ_b 로 인해 발생되는 지반 비침하 s' 를 깊이 z 에 따라 나타낸 **비침하 분포곡선 ($s' - z$ 곡선) 의 면적**을 **압밀변형계수 E_s** 로 나누면 **즉시침하**가 된다. 임의 위치에서 **순 재하 하중에 의한 비침하 s_1'** 은 **하중재하 후 비침하 s_2'** 와 **하중재하 전 (지반자중에 의한) 비침하 s_{ue}'** 의 차이 $s_1' = s_2' - s_{ue}'$ 이다.

지반 내 대상 절점에 대해 **순재하 하중에 의한 비침하** s_1' 의 분포곡선을 구한다.

② 비침하 분포곡선의 면적

구조물 하중에 의한 압축성 지층의 **침하 s_{cal}** 는 순재하 하중에 의한 **비침하 분포곡선의 면적**과 같다. 비침하 분포곡선의 면적 A_1 은 **압축성 지층의 상·하 경계 및 중간의 비침하 즉, $s_{1,ob}'$** 와 **$s_{1,ut}'$** 및 **$s_{1,mt}'$** 를 적용하여 (Keppler 식으로) 구할 수 있다.

그밖에 압축성 지층을 다수의 미세 지층으로 분할하고, 각 **분할지층에 대해 비침하 증분 $\Delta s_{1i}'$** 에 분할지층의 두께 Δz_i 를 곱하거나, **평균 비침하 s_{1m}'** 에 분할지층의 두께 Δz_i 를 곱하여 각 **분할지층의 비침하 곡선의 면적**이 된다.

모든 분할지층의 비침하 곡선의 면적을 합하면 **비침하 분포곡선의 면적**이 된다.

i) 압축성 지층의 상 · 하 경계부 및 중간의 비침하

순재하 하중에 의한 비침하를 축척에 맞춰 해당깊이에 표시한 **비침하 분포곡선의 면적** A_1 은 **예상침하** s_{cal} 이 된다.

* **비침하 분포곡선의 면적** A_1 ; 압축성 지층의 **상·하부 경계와 중간의 비침하** $s_{1,ob}'$ 와 $s_{1,ut}'$ 및 $s_{1,mt}'$ 을 적용하여 Keppler 식으로 계산 (d_s 는 지층 두께).

$$A_1 = \frac{d_s}{6}(s_{1,ob}' + 4s_{1,mt}' + s_{1,ut}') \tag{5.31}$$

* **예상침하** ; $s_1 = A_1$; (A_1 은 분할지층에 대한 비침하 분포곡선 면적의 합)

* **최종침하** s ; $s = s_1 = A_1$

ii) 압축성 지층의 비침하 증분

압축성 지층을 여러 개의 미세 수평지층으로 분할하여 생긴 **분할지층의 비침하 분포곡선의 면적** A_{1i}' 은 **분할지층 비침하 증분** $\Delta s_{1i}'$ 에 **분할지층 두께** Δz_i 를 곱해서 구한다.

* **각 분할지층의 비침하 증분** $\Delta s_{1i}'$; $\Delta s_{1i}' = s_{2i}' - s_{uei}'$

* **각 분할지층의 침하** s_{1i} **는 비침하 분포곡선 면적** A_{1i} ;

$$s_{1i} = A_{1i} = \Delta s_{1i}' \Delta z_i \tag{5.32}$$

iii) 압축성 지층의 평균 비침하

압축성 지층을 여러 개 미세한 수평지층으로 분할하여 생긴 **분할지층의 비침하 분포곡선의 면적** A_{1i}' 은 **분할지층의 평균 비침하** s_{1mi}' 에 **분할지층 두께** Δz_i 를 곱해서 구한다.

* **각 분할지층의 평균 비침하** s_{1mi}' ;

분할지층의 상부 경계 비침하 s_{1obi}' **와 하부 경계 비침하** s_{1uti}' 의 평균값

$$s_{1mi}' = \frac{1}{2}(s_{1obi}' + s_{1uti}') = \frac{1}{2}\sum s_{1i}' \tag{5.33}$$

* **각 분할지층의 침하** s_{1i} **는 비침하 분포곡선 면적** A_{1i} ;

$$s_{1i} = A_{1i} = s_{1mi}' \Delta d_i = \frac{1}{2}\left(\sum s_{1i}'\right)\Delta d_i \tag{5.34}$$

③ 최종침하량 ; 최종침하 s_1 을 보정

기초 바닥 하부에 위치한 압축성 지반을 두께 Δz_i 인 미세 수평지층으로 분할하고, 각 미세 수평지층의 침하량 Δs_{1i} 를 지반의 **비침하 분포곡선**에서 구한 이후에 합하면 **총침하량** $s_1 = \sum \Delta s_{1i}$ 가 된다.

지반을 다수의 미세지층으로 나눌수록 결과가 정확하지만 계산하는데 많은 노력이 소요된다.

* **최종침하 s_1** ; 각 수평 분할지층의 침하 s_{1i} 의 합 (식 5.28) ;

$$s_1 = \sum s_{1i}$$

④ 최종침하량의 보정

* **중앙점 M 의 예상침하 s_M** ; 최종침하 s_1 을 보정계수 κ (표 5.3) 로 보정.

$$s_M = \kappa s_1$$

(3) 강성기초의 침하계산

위에서 계산 후에 보정한 침하량 s 로부터 강성기초의 침하량을 추정할 수 있다. 이때에 위에서 계산한 값이 연성기초 중앙점 또는 c 점이었는가에 따라 다르다.

* **강성 기초의 침하량 s_r**

$s_r = 0.75\, s_M$ (중앙점 M 의 침하 예상치 s_M 의 75%)

$\quad = s$ (c 점의 침하 예상치)

이상의 계산과정을 종합하여 계산표를 작성하면 예표 5.5 이 된다.

예표 5.5 지반 내 응력 분포와 비침하 및 전체침하 계산

1	2	3	4	7	8	9	10	11	12	13	14
절점	위치	기초하부 깊이	응력			비침하				침하	
			자중에 의한	구조물 하중	전체						
	h [m]	z [m]	σ_{ue} [kN/m^2]	σ_b [kN/m^2]	σ_z [kN/m^2]	s_2' [%]	s_{ue}' [%]	s_1' [%]	$\sum s_1'$ [%]	s_i [m]	$\sum s_i$ [m]

5.3.3 경험적 침하계산 방법

얕은 기초의 침하량은 (지반을 탄성체로 간주하고 이론적 방법으로 구할 수 있지만) 원위치에서 수행한 **평판재하시험**이나 **표준관입시험** 또는 Pressuremeter **시험**한 결과로부터 경험적 방법으로도 구할 수 있다.

1) 평판재하시험에 의한 침하량 산정

실제 기초의 **지지력**은 **평판재하시험** 결과로부터 어느 정도 근사하게 추정할 수가 있지만 **침하량**은 근사하게 예측하기가 어렵다.

점성토에서는 지지력이 기초의 크기에 무관하므로 평판재하시험 결과로부터 곧바로 지지력을 구할 수 있다. **조립토**에서 폭 300 mm 의 재하판으로 평판재하시험한 결과로부터 실제 기초의 침하를 예측할 수 있다.

그런데 기초의 침하량은 기초의 크기에 의해 영향을 받기 때문에 평판재하시험한 결과를 (직접 적용할 수 없고) 재하판의 크기에 대해서 보정하여 간적접으로 구할 수 있다.

재하판 크기를 크게 하면 더 나은 결과를 기대할 수가 있으나, 재하판이 큰 만큼 큰 재하중이 필요하므로 재하시험하기가 어려워진다. 재하판의 크기에 의한 영향은 Terzaghi/Peck (1967) 이나 Bond (1961) 방법으로 보정할 수 있다.

Terzaghi/Peck (1967) 은 재하판의 크기에 의한 영향은 일정하다고 가정하고 실제 기초의 폭 B_2 와 재하판의 폭 B_1 의 비로부터 침하비 s_2/s_1 의 관계식을 유도하여 재하판의 침하량으로부터 실제기초 (폭 B_2) 의 침하량 s_2 를 구하였다. s_1 은 재하판 (폭 $B_1 = 300\ mm$) 의 침하량이다.

$$s_2 = s_1 \left[\frac{2}{1 + B_1 / B_2} \right]^2 \tag{5.35}$$

Bond (1961) 는 지반의 상태를 고려하여 실제 기초의 폭 B_2 와 재하판의 폭 B_1 의 비와 침하비 s_2/s_1 의 관계식을 유도하였으며, 이를 바탕으로 실제 기초의 침하량 s_2 를 구하였다.

$$s_2 = s_1 \left[B_2 / B_1 \right]^{n+1} \tag{5.36}$$

위 식에서 n 은 지반상태에 따라 다음 값이 된다.

$n = 0.20 \sim 0.25$: 느슨한 모래
$0.25 \sim 0.35$: 중간정도의 모래
$0.08 \sim 0.50$: 다져진 모래
$0.03 \sim 0.05$: 점토
$0.08 \sim 0.10$: 모래질 점토

2) 사운딩 시험에 의한 침하량 산정

현장에서 수행한 사운딩 시험 즉, **표준관입시험** (SPT, Standard Penetration Test) 이나 **콘관입시험** (CPT, Cone Penetration Test) 의 결과 (표 5.6) 로부터 변형계수 E_s 를 구하여 경험적으로 지반의 침하량을 예측할 수 있다.

Meyerhof (1965) 는 직경 30 cm 인 재하판의 침하량 s_1 과 표준관입 시험치 N 치의 관계를 다음과 같이 제시하였다 (q_a 는 재하판의 평균하중).

$$s_1 = \frac{q_a}{N}(2 \times 10^{-6}) \tag{5.37}$$

표 5.6 변형계수 시험

지반	SPT [kPa]	CPT q_c 값
보통 모래	$E_s = 766N$	
	$E_s = 500(N+15)$ $E_s = 18000 + 750N$	$E_s^* = (2 \sim 4)\,q_c$ $E_s^{\$} = 2(1 + D_r^2)\,q_c$
	$E_s = (15200 \sim 22000)\ln N$	
점토질 모래 실트질 모래 자갈 섞인 모래	$E_s = 320(N+15)$ $E_s = 300(N+6)$ $E_s = 1200(N+6)$	$E_s = (3 \sim 6)\,q_c$ $E_s = (1 \sim 2)\,q_c$
연약점토		$E_s = (6 \sim 8)\,q_c$
점토 S_u ; 비배수전단강도 OCR : 과압밀비	$I_p > 30$ 또는 유기질 점토	$E_s = (100 \sim 500)\,S_u$
	$I_p = (2 \sim 4)\,q_c$	$E_s = (500 \sim 1500)\,S_u$
	$1 < OCR < 2$	$E_s = (800 \sim 1200)\,S_u$
	$2 < OCR$	$E_s = (1500 \sim 2000)\,S_u$

모래지반에서 다음 관계가 널리 알려져 있다.

$$\begin{aligned} E_s &= 766N \quad [kPa] \\ &= 2q_c \quad [kPa] \quad \text{(Schmertmann, 1970)} \\ &= (2.5 \sim 3.5)q_c \quad [kPa] \quad \text{(Mitchell/Gardner, 1975)} \end{aligned} \tag{5.38}$$

점착력으로부터 다음 관계를 구할 수 있다.

$$\begin{aligned} E_s &= (250 \sim 500)c \quad [kPa] \quad (NC \text{ clay}) \\ &= (750 \sim 1000)c \quad [kPa] \quad \text{(OC clay)} \end{aligned} \tag{5.39}$$

3) Pressuremeter 시험에 의한 침하량 산정

연직시추공 내에서 **Pressuremeter 시험**하여 구한 측방향 변형계수 E_s 를 이용하여 기초침하 s 를 계산할 수 있고, 특히 조립토에서 유효하다.

다만 시험결과를 분석하여 침하를 예측하는 일은 쉽지 않은 일이기 때문에 경험이 풍부한 숙련된 기술자가 수행해야 한다.

$$s = \frac{4}{9E_m} q_a B_1 \left[\lambda_2 - \frac{B_2}{B_1} \right] \alpha_p + \frac{\alpha_p}{9E_m} q_a \lambda_3 B_2 \tag{5.40}$$

여기에서 E_m : 메나드 **프레셔미터 탄성계수** (Pressuremeter Modulos)

q_a : 허용지지력

λ_2, λ_3 : 형상계수 (shape factor, 그림 5.9)

α_p : 지반형태에 따른 구조계수 (structural factor, 표 5.7)

위 식에서 첫째 항은 **전단응력에 의한 침하량**이고, 두 번째 항은 **구속응력 증가에 의한 침하량**이다. 그런데 위 식은 지지층이 기초의 폭에 비해 두껍고, 예민비가 작은 모든 흙 지반에 적용할 수 있다.

지반이 연약한 점성토이거나 그 변형계수가 $E_m \leq 3000\,kPa$ 인 경우에는 위 식으로 계산한 침하령은 압밀이론에 의한 침하량과 비교 · 검토해야 한다.

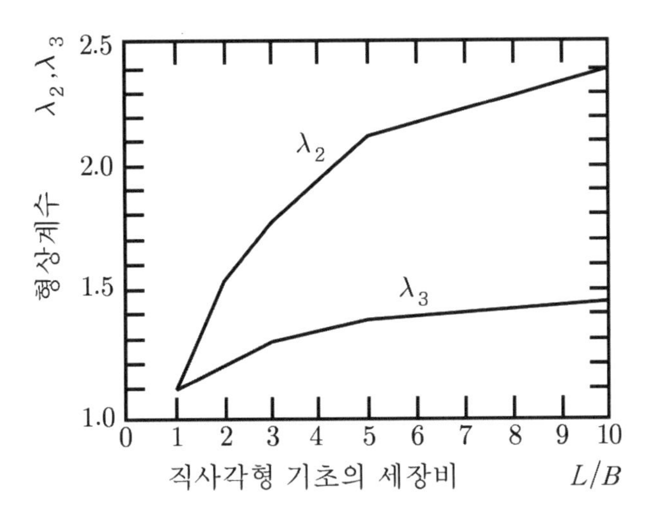

그림 5.9 Pressurementer를 이용한 침하계산형상계수

표 5.7 Pressuremeter 시험에서 지반형태에 따른 구조계수 α_p

지 반	피트	점토		실트		모래		모래+자갈		암반
	α_p	$\frac{E_m}{p_L}$	α_p	$\frac{E_m}{p_L}$	α_p	$\frac{E_m}{p_L}$	α_p	$\frac{E_m}{p_L}$	α_p	α_p
과압밀, 매우조밀	–	16 <	1	14 <	0.67	12 <	0.50	10 <	0.33	
정규압밀, 조밀	1	9~16	0.65	8~14	0.50	7~12	0.33	6~10	0.25	
불완전 압밀, 느슨	–	7~9	0.50	< 6	0.50	< 6	0.50	–	–	
불연속면 간격 넓음										0.67
불연속면 간격 비교적 좁음										0.50
불연속면 간격 좁음										0.33
불연속면 간격 매우 좁음, 매우 낮은 강도										0.67

E_m ; 메나드 탄성계수 (Menard Modulos)
p_L ; 메나드 한계압력 (Menard Limit Pressure)

5.4 지반의 압밀침하

점성토에서는 상재하중이 기초를 통해 전달되어 지중응력이 증가됨에 따라 과잉 간극수압이 발생하여 배수되면서 압밀침하 s_c 가 발생된다. 기초하중을 가하기 전에 **자중에 의한 압밀**은 완료된 것으로 간주하고 **기초의 하중에 의한 압밀침하**만 계산한다.

압밀침하 s_c 는 압밀 지층을 여러 개 미세한 지층으로 분할하고 각각의 압밀침하량 Δs_{ci} 를 구하여 모두 합한 값이다.

압밀 침하량은 **체적 압축계수** (5.3.1 절) 또는 **압축지수** (5.3.2 절) 를 이용하여 계산하고, **압밀 소요시간** (5.3.3 절) 은 압밀계수를 이용하여 계산한다.

5.4.1 체적압축계수 이용

미세 지층에서 침하량 Δs_i 는 지반의 **체적압축계수 m_v** 에 미세 지층의 두께 Δh_i 와 미세 지층 중간부분의 연직응력증가량 $\Delta\sigma_z$ 를 곱한 값이다.

$$\Delta s_{ci} = m_v \, \Delta h_i \, \Delta\sigma_z \tag{5.41}$$

압밀침하 s_c 는 미세지층의 **압밀침하량 Δs_{ci}** 를 모두 합한 값이다.

$$s_c = \sum \Delta s_{ci} = \sum m_v \Delta h_i \Delta\sigma_z \tag{5.42}$$

5.4.2 압축지수 적용

점성토는 **지질학적 이력** (geological history) 과 투수성을 확인하여 침하를 계산한다. 점성토의 **응력 - 변형률 관계**는 보통 $e - \log p$ 곡선으로 나타내며, 보통 이용할 수 있는 자료들이 대체로 실내시험에서 얻은 $e - \log p$ 곡선이므로, 이로부터 현장 $e - \log p$ 곡선을 추정하여 압밀침하를 다음 순서로 계산한다.

- **선행압밀압력 p_c** 를 결정한다 (Casagrande 방법).
- **현재 유효상재하중 p_o** (effective overburden pressure) 와 선행압밀압력 p_c 을 비교하여 OCR을 구한다. $OCR = p_c/p_o$
- 현장 $e - \log p$ 곡선을 추정한다. 이때 현장의 초기압밀곡선은 실험실 $e - \log p$ 곡선의 $e = 0.4 e_o$ 에 대응하는 점을 통과한다 (Terzaghi, 1967).

- 선행압밀압력 p_c 보다 작은 하중 $(p < p_c)$ 에서는 **재압축 지수 C_v** 를 적용하고, $p > p_c$ 에서는 **압축지수 C_c** 를 적용하여 침하를 계산한다.

압밀침하는 압축지수 C_c (compression index) 를 적용하여 다음 식으로 계산할 수 있다. 여기에서 e_0 는 미세지층 중간부분의 초기 간극비이고, p_0 는 초기 유효응력 (kPa) 이다.

$$s_c = \Sigma \Delta s_i = \Sigma \frac{C_c}{1+e_0} \Delta h \log \frac{p_{0+\Delta}\sigma_z}{p_0} \qquad (5.43)$$

압축지수 C_c 는 실내 압밀시험에서 구하며, 근사적으로 액성한계 w_L 로부터 구할 수도 있다.

$$C_c = 0.009(w_L - 10) \text{ :정규압밀점토}$$
$$C_c = 0.007(w_L - 10) \text{ : 과압밀점토} \qquad (5.44)$$

정규압밀 점토에서는 작용하는 하중 p 가 선행압밀압력 p_c 보다 크므로 $(p > p_c)$, 압축지수 C_c 를 적용하여 침하를 계산한다.

$$s_c = \frac{C_c}{1+e_0} H \log \frac{p_0 + \Delta p}{p_0} \qquad (5.45)$$

과압밀 점토에서는 작용하는 하중 p 가 선행 압밀압력 p_c 보다 작은 경우 $(p < p_c)$ 에는 재압축 지수 C_v 를 적용하고, 선행압밀압력 p_c 보다 큰 경우 $(p > p_c)$ 에는 압축지수 C_c 를 적용하여 침하를 계산한다.

$$s_c = \frac{C_v}{1+e_0} H \log \frac{p_0 + \Delta p}{p_0} \qquad (p_o + \Delta p < p_c)$$
$$s_c = \frac{C_v}{1+e_0} H \log \frac{p_c}{p_0} + \frac{C_c}{1+e_0} H \log \frac{p_0 + \Delta p}{p_c} \qquad (p_o + \Delta p > p_c) \qquad (5.46)$$

5.4.3 압밀소요시간

일정한 정도 압밀도 U 로 압밀되는데 소요되는 **압밀소요시간 t** 는 **압밀계수 C_v** (coefficient of consolidation) 와 배수거리 D 및 시간계수 T_v 로부터 계산한다.

$$t = T_v D^2 / C_v \qquad (5.47)$$

시간계수 T_v 는 압밀도 $U = 50\%$ 때 $T_v = 0.197$, 압밀도 $U = 90\%$ 때 $T_v = 0.848$ 이다.

5.5 지반의 이차압축 침하

점토에서는 일차압밀이 완료된 이후에도 매우 작은 침하율과 지극히 느린 침투속도로 오랜 시간 동안에 지반의 침하가 지속되는데 이를 **이차압축 침하** (secondary compression) 라 한다.

일차압밀이 완료된 상태이기 때문에 이론적으로 과잉 간극수압이 존재하지 않으나, 실제로는 배수가 진행되기 때문에 측정하기 어려울 만큼 작은 과잉간극수압이 존재하는 것으로 추정할 수 있다.

점성토에서 **일차압밀완료** 후에도 지반압축이 완만한 속도로 오래 지속되는 현상 즉, **이차압축**은 Terzaghi 의 압밀이론을 따르지 않고, 정확한 거동이 아직 완전하게 밝혀져 있지 않다.

이차압축은 흙 입자의 휨 파괴, 흙 입자의 압축이나 재배열, 흡착수 압축에 의한 찌그러짐 등에 의해서 일어나며, 유기질을 많이 함유하거나 소성성이 큰 흙에서 크게 일어난다.

이차 압축이 일어나면, 선행재하 효과가 발생되므로 시간이 경과되면 전단강도가 증가된다. **이차 압축에 의한 침하**는 $\log t - s$ 곡선의 기울기 (**이차 압축 지수**) 를 이용하여 계산한다.

이차압축 침하거동은 일차압밀이 완료된 후에 하중을 지속적으로 가하고 이차압축 변형과 시간의 관계를 측정해서 판정할 수가 있다.

이차압축 곡선 (그림 4.32) 은 그 형상이 직선에 가까우며, 그 기울기 **이차압축지수** C_α (coefficient of secondary compression) 는 다음과 같이 정의한다.

$$C_\alpha = \frac{\epsilon_1 - \epsilon_2}{\log(t_2/t_1)} \tag{5.48}$$

위 식에서 ϵ_1 과 ϵ_2 는 각각 시간 t_1 과 t_2 일 때의 변형률이다.

이차압축지수 C_α 는 소성성이 크거나 유기질 함량이 많은 지반에서 크다.

이차압축지수 C_α 는 이차압축 발생 시 $\log t - s$ 관계 기울기이고, 1차 압밀종료 시에 시료 높이 H_p 와 변형량 ΔH 로부터 계산하며,

$$C_\alpha = \frac{\Delta(\Delta H / H_p)}{\Delta \log t} \tag{5.49}$$

이차압축지수 C_α 는 지반상태에 따라 다음 값을 보인다 (Skempton, 1944).

- **소성성이 크거나 유기질 함량이 많은 지반** : $C_\alpha = 0.03$
- **과압밀 점토** (OCR〉2) : $C_\alpha = 0.0005 \sim 0.0015$
- **정규압밀 점토** : $C_\alpha = 0.005 \sim 0.03$
- **유기질 흙, 피트** : $C_\alpha = 0.04 \sim 0.1$

이차압축에 의한 침하 s_s 는 일차압밀종료 후 시료 두께 H_p [cm], 이차압축지수 C_α (식 5.49) 로부터 계산한다. $\Delta \log t$ 는 압밀 종료시간 t_1 부터 임의시간 t_2 사이의 시간 간격 ([min]) 이다.

$$s_s = \Delta H = C_\alpha H_p \Delta \log \frac{t_1 + \Delta t}{t_1} \tag{5.50}$$

두께 H 인 지층의 이차압축침하 s_s 는 이차압축지수에 대한 정의 (식 5.48) 로부터 구할 수도 있다.

$$s_s = H \Delta \epsilon = H C_\alpha \log \frac{t_1 + \Delta t}{t_1} \tag{5.51}$$

5.6 지하수위 강하에 의한 침하

구조물의 하중에 의한 지반침하는 침하공식을 이용하여 계산하거나, 지반의 깊이에 따른 연직응력분포나 지반의 압력-비침하 관계곡선의 분포를 고려하여 계산한다.

지하수위가 강하되면, 그만큼 부력 영향이 감소하여, 지반의 자중이 증가되는 효과가 있다. 즉, 지반의 단위중량이 γ' 에서 γ 로 증가되는 효과가 있어서 이로 인해 지반의 구조골격이 압축되어 지반이 침하된다.

문제 5-1

초기 유효 연직응력 120 kPa 이 작용하는 두께 2.0 m 의 정규압밀 점토층에 유효연직응력이 20 % 증가할 경우에 발생하는 압밀침하량을 구하시오. 지반은 초기 간극비가 $e_0 = 0.6$ 이고 액성한계가 $w_L = 50\ \%$ 이다.

풀 이

정규압밀점토이므로 압축지수 C_c 는 식 (5.44) 에서 :

$$C_c = 0.009(w_L - 10) = 0.009(50 - 10) = 0.36$$

압밀침하량은 식 (5.43) 으로부터 ; $\Delta\sigma_z = 0.2\, p_o$

$$s_c = \frac{C_c}{1+e_0}\Delta h \log\frac{p_0 + \Delta\sigma_z}{p_0}$$

$$= \frac{0.36}{1+0.6}(2.0)\log\frac{120+(0.2)(120)}{120} = 0.0356\ m = 3.56\ cm$$

문제 5-2

이차압축지수가 $C_a = 0.01$ 이고, 두께가 12.0 m 인 정규압밀상태 점성토 층에 건물을 축조하여 15 년이 경과해서 일차압밀이 완료된 상태이다. 앞으로 하중이 전혀 변하지 않고 90 년이 경과된 이후에 이 건물에 발생될 침하량을 예측하시오.

풀 이

앞으로 90 년 동안 발생될 이차 압축침하량은 식 (5.51) 을 적용하고 다음과 같이 계산할 수 있다.

$$t_1 = 15\ year = (15)(365)(24)(60) = 7884000\ \mathrm{min}$$

$$\Delta t = 90\ year = (90)(365)(24)(60) = 47304000\ \mathrm{min}$$

$$s_s = HC_a \log\frac{t_1 + \Delta t}{t_1} \quad (\text{식 } 5.51)$$

$$= (12)(0.01)\log\frac{(15)(365)(24)(60)+(90)(365)(24)(60)}{(15)(365)(24)(60)}$$

$$= (12)(0.01)\log\frac{100}{10} = 0.1014\ m = 10.14\ cm$$

문제 5-3

건물기둥 하부 정사각형 독립기초 (폭 $L = B = 3.0\,m$, 근입깊이 $D_f = 2.5\,m$) 에 연직하중 $V = 3.6\,MN$ 이 작용한다. 콘크리트 기초 두께는 $d_B = 1.0\,m$ 이고, 콘크리트의 단위중량은 $\gamma_B = 25.0\,kN/m^3$ 이다. 다음 경우에 기초의 침하를 구하시오.

정사각형 기초가 강성이고, 지반이 두꺼운 점토질 실트 층일 경우에 연직하중이 일방향 편심 ($e_a = 0.4\,m$) 으로 작용하는 강성 기초 판의 침하와 기울어짐을 구한다.

풀 이

점토질 실트 층에서 기초 바닥면 하부로 기초 폭 B 의 1.5배 깊이 $D_f + 1.5B$ 에 대해 한계깊이 조건의 충족여부를 판정한다. 예상한계깊이가 $D_f + 1.5B = 2.5 + (1.5)(3.0) = 7.0\,m$ 이므로, 깊이 $z' = 6.0\,m$ ($z = z' - D_f = 6.0 - 2.5 = 3.5\,m$) 부터 시작하여 검토한다.

1) **지반응력 ;**

- **기초바닥응력** ; $\sigma_o = 3600/3.0^2 = 400.0\,kN/m^2$
- **지반굴착 후 제거응력** ; $\sigma_a = (20)(2.5) = 50.0\,kN/m^2$
- **침하 유발응력** ; $q = \sigma_o - \sigma_a = 400.0 - 50.0 = 350.0\,kN/m^2$

2) **한계깊이 ;**

① $z = 3.5\,m$ 에서 $z' = D_f + z = 2.5 + 3.5 = 6.0\,m$

- **하중계수** ; $L/B = 3.0/3.0 = 1.0$, $z/B = 1.17$ 에 대해 $I_{qre} = 0.147$
- **구조물 하중에 의한 응력** ; $\sigma_b = I_{qre}\,q = (0.147)(350.0) = 51.45\,kPa$
- **지반의 자중에 의한 응력** ; $\sigma_{ue} = \gamma z' = (20.0)(6.0) = 120.0\,kPa$

  $0.2\sigma_{ue} = (0.2)(120.0) = 24.0\,kPa$
- **한계깊이 조건** ; $0.2\sigma_{ue} = 24.0 < 51.45 = \sigma_b$ 을 **〈불만족〉**.

② $z = 6.0\,m$ 에서 $z' = D_f + z = 2.5 + 6.0 = 8.5\,m$

- **하중계수** ; $L/B = 1.0$, $z/B = 6.0/3.0 = 2.0$ 에 대해 **하중계수** $I_{qre} = 0.085$
- **구조물 하중에 의한 응력** ; $\sigma_b = I_{qre}\,q = (0.085)(350.0) = 29.8\,kPa$
- **지반의 자중에 의한 응력** ; $\sigma_{ue} = \gamma z' = (20.0)(8.5) = 170.0\,kPa$

  $0.2\sigma_{ue} = (0.2)(170.0) = 34.0\,kPa$
- **한계깊이 조건** ; $0.2\sigma_{ue} = 34.0 > 29.8 = \sigma_b$ 을 **〈불만족〉**.

③ **한계조건 충족깊이 ;** $z = 3.5\,m$ 와 $z = 6.0\,m$ 에 대한 계산결과로부터 추정한다.

$$z = 3.5 + \frac{\sigma_{b(z=3.5)}}{\sigma_{b(z=3.5)} + \sigma_{b(z=6.0)}}(6.0 - 3.5)$$

$$= 3.5 + \frac{51.45}{51.45 + 29.8}(2.5) = 3.5 + 1.58 = 5.08\,m$$

④ $z = 5.5\ m$ 에서 $z' = D_f + z = 2.5 + 5.5 = 8.0\ m$

- **하중계수 ;** $L/B = 1.0,\ z/B = 5.5/3.0 = 1.833$ 에 대해 **하중계수** $I_{qre} = 0.091$
- **구조물 하중에 의한 응력 ;** $\sigma_b = I_{qre}\, q = (0.091)(350.0) = 31.85 = 31.9\ kPa$
- **지반의 자중에 의한 응력 ;** $\sigma_{ue} = \gamma z' = (20.0)(8.0) = 160.0\ kPa$

  $0.2\sigma_{ue} = (0.2)(160.0) = 32.0\ kPa$
- **한계깊이 조건 ;** $0.2\sigma_{ue} = 32.0 \simeq 31.9 = \sigma_b$ 〈만족〉 $\therefore$ **한계깊이** $z_{gr} = 5.5\ m$

⑤ **이상을 종합하면 한계깊이는 다음 표와 같다.**

수준 z'	z	$D_f + z$	σ_{ue}	$0.2\sigma_{ue}$	z/B	I_{qre}	$\sigma_b = I_{qre}\, q$
$[m]$	$[m]$	$[m]$	$[kPa]$	$[kPa]$	−	−	$[kPa]$
−8.0	5.5	8.0	160.0	32.0	1.833	0.091	31.9

3) 침하계수 f ; 그림 5.4

$L/B = 3.0/3.0 = 1.0,\ z/B = z_{gr}/B = 6.0/3.0 = 2.0 \quad \rightarrow \quad f_{qre} = 0.640$

4) 침하 ; 보정계수 $\kappa = 1.0$;

① **중심하중에 의한 침하 s_M** ; 식 (5.18)

$$s_M = \frac{qB}{E_m} f_{qre}\, \kappa = \frac{(350.0)(3.0)}{(6000)}(0.640)(1.0) = 0.112\ m = 11.2\ cm$$

② **편심하중에 의한 침하 s_x ; 편심하중에 의한 모멘트** $M_y = V e_x$ 로 인한 기울어짐.

- **대체 원형기초의 반경 r_E** ; $r_E = B/\sqrt{\pi} = 3.0/1.77 = 1.69\ m$
- **편심조건 ;** 현 편심 $e = 0.40\ m < 0.56\ m = 1.69/3 = r_E/3$ $\therefore$ OK
- **편심하중에 의한 모멘트 ;** $M_y = V e_x = (3600)(0.4) = 1440.0\ kN/m^2$
- **기울어짐 ;** $E_m = E_s/\kappa \rightarrow E_s = E_m \kappa$

$$\tan\alpha = \frac{9 M_y \kappa}{16 r_E^3 E_s} = \frac{9(3600)(0.40)(1.0)}{16(1.69^3)(6000)} = 0.0280 \rightarrow \alpha = 1.6^o \quad ; \quad \text{식 (5.23)}$$

- **편심하중에 의한 침하 ; 식 (5.18)**

$$s_x = \frac{L}{2}\frac{M_y}{B^3 E_m} f_x = \frac{L}{2}\tan\alpha_y = \frac{3.0}{2}(0.0280) = 0.042\ m = 4.2\ cm$$

③ 기초 양단의 침하 ;

$$s = s_m \pm s_x = s_m \pm \frac{B}{2}\tan\alpha \qquad ///$$

$$= 11.2 \pm \frac{300}{2}(0.0280) = 11.2 \pm 4.2 = 15.4\ cm\ \ s_{\max}$$

$$7.0\ cm\ \ s_{\min}$$

문제 5-4

실트지반에 설치된 직사각형 기초 (길이 $L = 9.0\,m$, 폭 $B = 6.0\,m$, 근입깊이 $D_f = 1.2\,m$) 에 연직하중 10.0 MN 이 L 방향에 편심 ($e_a = 0.75\,m$) 으로 작용하는 경우에 강성 기초 판의 꼭짓점에 대해 평균침하 s_m 과 부등침하 $\pm \Delta s$ 를 계산하시오.

실트 지반은 단위중량 $\gamma = 18.0\,kN/m^3$ 이고, 압축변형계수가 $E_m = E_s/\kappa = 8\,MN/m^2$ 이다. 콘크리트는 $B25$ 이고, 변형계수가 $E_b = 30000\,kN/m^2$ **이다.**

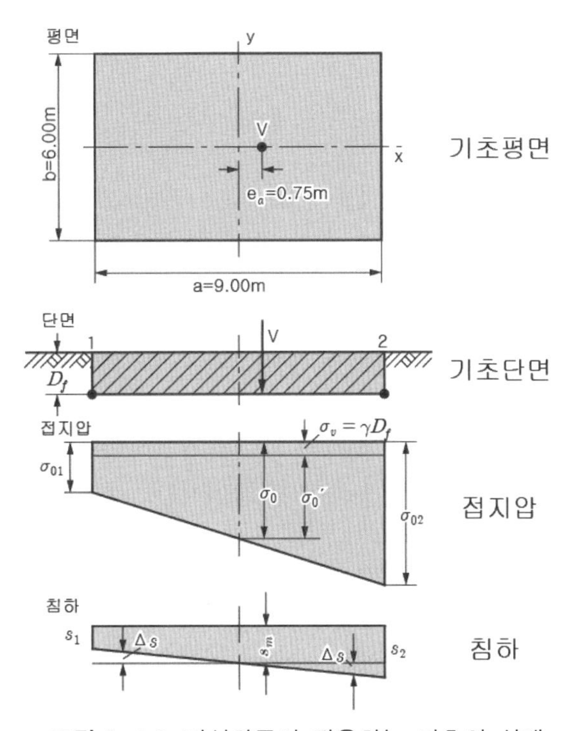

그림 5-4.1 편심하중이 작용하는 기초의 상태

풀 이

[1] 기초 판의 시스템 강성도

기초 판의 시스템 강성도는 기초 판의 두께만 고려하여 Koenig/Sherif (1975) 식 (식 2.17) 으로 계산한다.

$$\textbf{강성도 비}\ ;\ K = \frac{E_b}{12E_s}\left(\frac{d}{L}\right)^3 = \frac{30000}{(12)(8)}\left(\frac{1.20}{9.0}\right)^3 = 0.74 > 0.5$$

계산결과 $K = 0.74 > 0.5$ 이므로, 기초 판은 강성으로 간주할 수 있다.

2 지반응력

- **접지압** ; 침하를 계산할 때 접지압 (바닥 수직응력) 이 선형으로 분포한다고 가정한다. 이때 편심은 기초판의 L 방향이고, e_a 로 표시한다.

$$\sigma_{o1,2} = \frac{V}{LB} \pm \frac{Ve_aB}{L^2B} = \frac{10000}{(9.0)(6.0)} \pm \frac{(10000)(0.75)(6.0)}{(9.0^2)(6.0)} = 185 \pm 93\ kN/m^2$$

- **모서리 응력** ; $\sigma_{o1} = 185 - 93 = 92\ kN/m^2$, $\sigma_{o2} = 185 + 93 = 278\ kN/m^2$
- **평균 접지압** ; $\sigma_o = \dfrac{V}{LB} = \dfrac{10000}{(6.0)(9.0)} = 185.0\ kN/m^2$
- **굴착 제거응력** ; $\sigma_a = \gamma D_f = (18.0)(1.2) = 21.6\ kN/m^2$
- **침하발생응력** ; $q = \sigma_o - \sigma_a = 185.0 - 21.6 = 163.4\ kN/m^2$

3 한계깊이

기초 폭이 $B = 6.0\ m$ 이므로 한계깊이가 기초 폭 1.5 배 ($z = 1.5B = (1.5)(6.0) = 9.0\ m$) 정도가 될 것으로 추정하고 지반응력을 구해서 한계깊이조건 충족여부를 검토하고, 미충족하면 깊이 z 를 조절한다. 계산은 표를 작성하여 진행 (표 5-4.1) 한다.

① **$z = 9.0\ m$ 경우** ; 근입깊이 $D_f = 1.2\ m$ 이므로, 지표부터 깊이 $z' = 10.2\ m$ 이다.

- **토피하중** ; $\sigma_{ue} = \gamma z' = (18.0)(10.2) = 183.6\ kPa$
  $0.2\sigma_{ue} = (0.2)(183.6) = 36.7\ kPa$
- **구조물 하중** ; $L/B = 9.0/6.0 = 1.5$, $z/B = 9.0/6.0 = 1.5$ → **하중계수** $I_{qre} = 0.18$
  $\sigma_b = I_{qre}\,q = (0.18)(163.4) = 29.4\ kPa$
- **한계깊이 조건** ; $0.2\sigma_{ue} = 36.7 > 29.7 = \sigma_b$
  ∴ $z = 9.0\ m$ 는 너무 깊어서 $1.0\ m$ 가 얕은 $z = 8.0\ m$ 에 대해 다시 시도한다.

② **$z = 8.0\ m$ 경우** ; 지표부터 깊이 $z' = D_f + 8.0 = 1.2 + 8.0 = 9.2\ m$ 이다.

- **토피하중** ; $\sigma_{ue} = \gamma z' = (18.0)(9.2) = 165.6\ kPa$
  $0.2\sigma_{ue} = (0.2)(165.6) = 33.1\ kPa$
- **구조물 하중** ; $L/B = 9.0/6.0 = 1.5$, $z/B = 8.0/6.0 = 1.33$ → **하중계수** $I_{qre} = 0.208$
  $\sigma_b = I_{qre}\,q = (0.208)(163.4) = 34.0\ kPa$
- **한계깊이 조건** ; $0.2\sigma_{ue} = 33.1 < 34.0 = \sigma_b$
  ∴ $z = 8.0\ m$ 는 너무 얕다. 자중에 의한 응력차가 약 $1\ kPa$ 이다.

결국 한계깊이는 $8.0\ m < z < 9.0\ m$ 에 위치하며, $z = 8.0\ m$ 와 $9.0\ m$ 에서 깊이 $1.0\ m$ 변화에 대한 한계깊이조건의 응력차가 $0.5\ kPa$ 인데, 이는 상재하중에 의한 응력차 $5.0\ kPa$ 의 1/10 이고 깊이 $0.10\ m$ 변할 때 응력변화량으로 추정되므로, $z = 8.1\ m$ 로 재시도한다.

③ $z = 8.1\,m$ **경우** ; 근입깊이 $D_f = 1.2\,m$ 이므로, 지표에서 깊이 $z' = 9.3\,m$ 이다.

· **토피하중** ; $\sigma_{ue} = \gamma z' = (18.0)(9.3) = 167.4\,kPa$

$0.2\sigma_{ue} = (0.2)(167.4) = 33.5\,kPa$

· **구조물 하중** ; $L/B = 9.0/6.0 = 1.5$, $z/B = 8.1/6.0 = 1.35$ → **하중계수** $I_{qre} = 0.205$

$\sigma_b = I_{qre}\,q = (0.208)(167.4) = 33.5\,kPa$

· **한계깊이 조건** ; $0.2\sigma_{ue} = 33.5 \fallingdotseq 33.5 = \sigma_b$ ∴ **한계깊이** $z_{gr} = 8.1\,m$

이상의 계산과정을 종합하면 표 5-4.1 과 같다.

표 5-4.1 한계깊이 계산을 위한 응력

1	2	3	4	5	6	7	8
절점	지표 하부 깊이 $z'[m]$	바닥 하부 깊이 $z\ [m]$	응력				
			자중에 의한 응력			상재하중에 의한 응력	
			σ_{ue} $[kN/m^2]$	$0.2\sigma_{ue}$ $[kN/m^2]$	z/B	I_{qre}	$\sigma_b\ [kN/m^2]$
0	-1.2	0	21.6	4.3	0	1.00	163.4
1	-7.2	6.0	129.6	25.9	1.00	0.275	44.9
2	-10.2	9.0	183.6	36.7	1.50	0.180	29.4
3	-9.2	8.0	165.6	33.1	1.33	0.208	34.0
4	-9.3	8.1	167.4	33.5	1.35	0.205	33.5

4 기초침하

1) **평균침하** ; 연성기초 c 점의 침하량으로 대체

· **침하계수** ; $L/B = 9.0/6.0 = 1.5$, $z/B = 8.1/6.0 = 1.35$ → $f_{qrc} = 0.6$ (표 4.20)

· **평균 침하량** ; $s_m = \dfrac{qB}{E_m} f_{qrc} = \dfrac{(163.4)(6.0)}{8000}(0.60) = 0.074\,m = 7.4\,cm$

2) **부등침하** ; 바닥 작용하는 모멘트는 지반굴착에 의한 제하 시에도 변하지 않는다.

· **침하계수** ; $L/B = 9.0/6.0 = 1.5$, $z/B = 8.0/6.0 = 1.35$ →$f_{\Delta s} = 1.20$ (그림 5.7)

· **부등침하** ; $\Delta s = \dfrac{2\,Ve_a}{L^2 E_m} f_{\Delta s} = \dfrac{2(10000)(0.75)}{(9.0)^2(8000)}(1.2) = 0.023\,m = 2.3\,cm$ (식 5.23)

3) **양 모서리 침하** ; **모서리 1 점과 2 점의 침하량** s_1 과 s_2 ; $e_a = 0.75\,m$

$s_1 = s_m - \Delta s = 7.4 - 2.3 = 5.1\,cm$

$s_2 = s_m + \Delta s = 7.4 + 2.3 = 9.7\,cm$ ///

문제 5-5

구조물의 하중 $V = 27.36\ MN/m^2$ 이 직사각형 기초 (폭 $B = 6.0\ m$, 길이 $L = 12.0\ m$, 근입 깊이 $D_f = 2.50\ m$) 의 중앙에 연직으로 작용한다. 지반은 지표에서 깊이 $-5.0\ m$ 까지 중립 모래이고, 그 하부 깊이 $-15.0\ m$ 까지 점토질 실트이며, 깊이 $-15.0\ m$ 의 하부는 조밀한 자갈층으로 구성되어 있다. 지하수위는 지표하부로 $-3.0\ m$ 에 있다.

중립질 모래의 단위중량은 지하수위 상부에서 $\gamma_1 = 20.0\ kN/m^3$ 이다. 지하수위 하부 단위중량은 중립질 모래는 $\gamma_2 = 10.0\ kN/m^3$, 점토질 실트는 $\gamma_3 = 9.0\ kN/m^3$ 이다.

건물 평면도와 지질단면은 그림 5-5.1 과 같고, 점토질 실트지반의 압력-비침하 관계곡선은 그림 5-5.2 와 같다. 다음 방법으로 침하량을 구하시오.

[1] 지반의 한계깊이와 변형계수

[2] 직접 침하계산법

2.1 연성기초의 침하 (그림 5-2.3 의 6 개 위치 M, C, T, E, a_M, b_M 에서)

2.2 강성기초의 침하

[3] 간접침하계산법

3.1 연직응력 분포곡선 이용

3.2 비침하 분포곡선이용

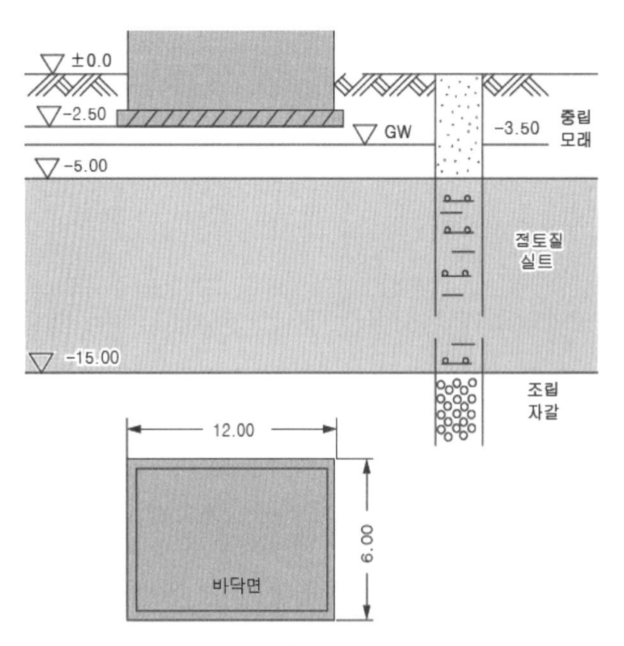

그림 5-5.1 평면도 및 지질 단면도

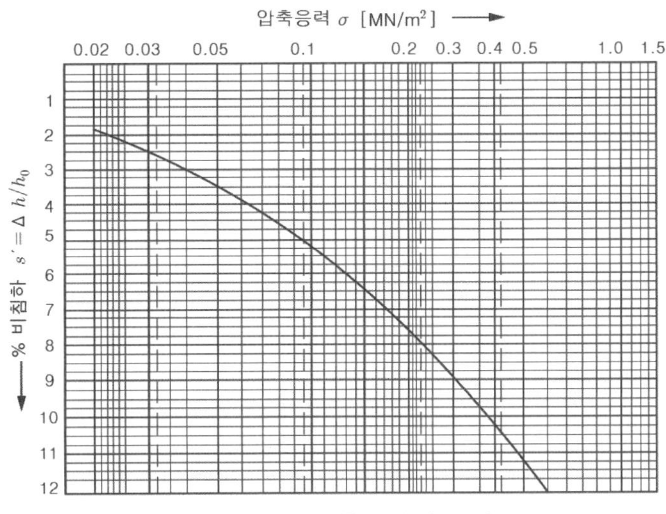

그림 5-5.2 압축-침하 곡선

풀 이

1 지반의 침하계산 한계깊이와 변형계수

연성기초는 합력의 작용점 (중앙점) 에서 가장 크게 침하되고, 주변에서는 위치에 따라 다른 크기로 침하된다. 반면에 **강성기초**는 모든 위치에서 균등한 크기로 침하되며, c 점에서는 강성기초와 연성기초의 침하량이 같다.

직사각형 연성기초의 침하는 **지반 자중 및 건물 하중에 의한 지반연직응력**에 의해 발생된다. 지층은 **기초 바닥면** (절점 0), **지하수위면** (절점 1), **실트 층 상부면** (절점 2), **실트 층 중간면** (절점 3), **실트 층 하부면** (절점 4) 이 경계가 되도록 분할한다.

침하는 점토질 실트층만 압축된다고 보고, 한계깊이 이내에서 직사각형 기초가 연성기초일 경우와 강성기초일 경우에 대해 계산한다.

1) 지반 연직응력

(1) 기초 바닥면의 유효수직응력 $\sigma_o{}'$

· **구조물 하중에 의한 기초 바닥면 평균 수직응력 ;**

$$\sigma_o = \frac{V}{BL} = \frac{26360}{(6.0)(12.0)} = 380.0\ kN/m^2$$

· **지반굴착에 의한 응력감소 ;** $\sigma_a = \gamma D_f = (20.0)(2.5) = 50.0\ kN/m^2$

· **기초 바닥면 유효수직응력 (구조물 하중에 의한 순수 추가하중)** q ;

$$q = \sigma_o - \sigma_a = 380.0 - 50.0 = 330.0\ kN/m^2$$

(2) 지반의 자중에 의한 연직응력 (토피압력) ; $\sigma_{ue(i)} = \sigma_{ue(i-1)} + \gamma \Delta d_i$

절점 0 (기초바닥) ; $\sigma_{ueo} = \gamma D_f = (20.0)(2.5) = 50.0\ kN/m^3$

절점 1 (기초하부 $1.0\ m$) ; $\sigma_{ue1} = \sigma_{ueo} + \gamma \Delta d_1 = 50.0 + (20.0)(1.0) = 70.0\ kN/m^2$

절점 2 (기초하부 $2.5\ m$) ; $\sigma_{ue2} = \sigma_{ue1} + \gamma \Delta d_2 = 70.0 + (10.0)(1.5) = 85.0\ kN/m^2$

절점 3 (기초하부 $7.5\ m$) ; $\sigma_{ue3} = \sigma_{ue2} + \gamma \Delta d_3 = 85.0 + (9.0)(5.0) = 130.0\ kN/m^2$

절점 4 (기초하부 $12.5\ m$);

$$\sigma_{ue4} = \sigma_{ue3} + \gamma \Delta d_4 = 130.0 + (9.0)(5.0) = 175.0\ kN/m^2$$

(3) 구조물 하중에 의한 지반 연직응력 σ_b ;

c 점에 대한 하중영향계수 ; 그림 3.36 에서 영향계수 I_{qrc} 를 구하여 계산 ;

분할기초의 형상계수 ; $L/B = 12.0/6.0 = 2.0$

절점 0 ; $z/B = 0.0/6.0 = 0.0 \rightarrow I_{qrc} = 1.0$

$\sigma_b = I_{qrc} q = (1.0)(330.0) = 330.0\ kN/m^2$

절점 1 ; $z/B = 1.0/6.0 = 0.167 \rightarrow I_{qrc} = 0.84$

$\sigma_b = I_{qrc} q = (0.84)(330.0) = 277.2\ kN/m^2$

절점 2 ; $z/B = 2.5/6.0 = 0.417 \rightarrow I_{qrc} = 0.56$

$\sigma_b = I_{qrc} q = (0.56)(330.0) = 184.8\ kN/m^2$

절점 3 ; $z/B = 7.5/6.0 = 1.250 \rightarrow I_{qrc} = 0.24$

$\sigma_b = I_{qrc} q = (0.24)(330.0) = 79.2\ kN/m^2$

절점 4 ; $z/B = 12.5/2.0 = 2.083 \rightarrow I_{qrc} = 0.13$

$\sigma_b = I_{qrc} q = (0.13)(330.0) = 42.9\ kN/m^2$

이상의 계산 결과를 정리하면 다음 예표 5-5.1 이 된다.

예표 5-5.1 한계깊이 계산을 위한 응력

①		②	③	④	⑤	⑥	⑦	⑧	⑨	⑩	⑪	⑫
절 점		연직좌표	기초하부깊이	지층두께	단위중량	자중에 의한 지반응력 $[kN/m^2]$			구조물하중에 의한 지반응력 $[kN/m^2]$			전체응력 $[kN/m^2]$
		z' $[m]$	z $[m]$	Δd $[m]$	γ $[kN/m^3]$	$\Delta\sigma_{ue}$	σ_{ue}	$0.2\sigma_{ue}$	z/B	I_{qrc}	$\sigma_b = I_{qrc} q$	$\sigma_z = \sigma_{ue} + \sigma_b$
0	기초 바닥면	−2.5	0.0	2.5	20.0	50.0	50.0	10.0	0.0	1.00	330.0	380.0
1	지하수면	−3.5	1.0	1.0	20.0	20.0	70.0	14.0	0.167	0.84	277.2	347.2
2	실트 상경계	−5.0	2.5	1.5	10.0	15.0	85.0	17.0	0.417	0.56	184.8	269.8
3	실트 중간	−10.0	7.5	5.0	9.0	45.0	130.0	26.0	1.250	0.24	79.2	209.2
4	실트 하경계	−15.0	2.5	5.0	9.0	45.0	175.0	35.0	2.083	0.13	42.9	217.9

2) 침하계산 한계깊이

구조물 (길이 $L = 12.0\ m$, 폭 $B = 6.0\ m$) 바닥의 평균 접지압은 $\sigma_{om} = 330\ kPa$ 이고, 한계깊이는 표 5.2 에서 기초 폭의 2 배 정도 $(2.0B = (2.0)(6.0) = 12.0\ m)$ 로 예상되는데, 절점 4 (깊이 $12.5\ m$) 에서 지층이 변하므로 절점 4 에서 한계깊이 조건을 검토한다.

$$0.2\sigma_{ue} = (0.2)(175) = 35.0 < 70.0 = \sigma_b$$

절점 4 에서 구조물 하중에 의해 증가되는 지반응력 σ_b 가 지반 자중에 의한 응력 σ_{ue} 의 20 % 보다 크므로, 한계깊이는 절점 4 보다 깊게 위치한다. 그러나 절점 4 의 하부는 압축성이 거의 없는 조밀한 자갈층이고 구조물 하중에 의해 추가되는 응력이 절점 4 의 추가응력 $(\sigma_b = 70.0\ kPa)$ 보다 훨씬 작으므로 압축되지 않는다. 따라서 한계깊이를 압축성 점토질 실트 층의 하부경계 $(z_{gr} = 12.5\ m)$ 로 간주한다.

3) 지반의 평균 압축변형계수 E_m

지반 압축량을 계산할 때 압축성 지층의 **평균 압축 변형계수 E_m** 은 직접 구하기가 어려워서 압력-비침하 관계로부터 구한 **압밀변형계수 E_s** (그림 5-5.2, 압력 - 비침하 곡선의 기울기) 로부터 환산한다 (DIN 4019 T1). 실트 층은 기초바닥 하부 $z = 2.5\ m$ (절점 3, 실트 층 상부경계) 에서 시작되므로, **평균압축변형계수 E_m** 는 절점 2 에 대한 **압밀변형계수 E_s** 로부터 구한다.

· **실트 층 상부경계의 응력**과 **비침하** $s' = \Delta h/h$; 압력-비침하 곡선 (그림 5-5.2)
 하중재하 전 지반 자중에 의한 압력과 비침하 ; $\sigma_{ue} = 85.0\ kPa$, $\Delta h/h_o = 4.8\ \%$
 하중 재하 후 총 응력과 비침하 ; $\sigma_b = 269.8\ kN/m^2$, $\Delta h/h_o = 8.4\ \%$
 유효응력 증가량 ; $\Delta\sigma' = \sigma_b - \sigma_{ue} = 269.8 - 85.0 = 184.8\ kPa$
 비침하 변화량 ; $\Delta(\Delta h/h) = 8.4 - 4.8 = 3.6\ \%$

· **압밀변형계수 E_s** ; 재하 전 · 후 **응력 증가량** $\Delta\sigma'$ 과 **비침하 변화량** $\Delta(\Delta h/h)$ 의 비
 재하 전 지반 자중에 의한 응력과 비침하 ; $\sigma_{ue} = 85.0\ kPa$, $\Delta h/h = 4.8\ \%$
 재하 후 응력과 비침하 ; $\sigma_b = 269.8\ kPa$, $\Delta h/h = 8.4\ \%$)

$$E_s = \frac{100\Delta\sigma_o'}{\Delta(\Delta h/h_o)} = \frac{(100)(184.8)}{3.6} = 5133\ kN/m^2$$

· **평균 압축변형계수 E_m** ; **압밀변형계수 E_s** 를 **보정계수**로 나눈 값
 보정계수는 표 5.3 (DIN 4019 T.1) 에서 모래·실트일 때 $\kappa = 2/3$

$$E_m = \frac{E_s}{\kappa} = \frac{5133}{0.6667} = 7700\ kN/m^2$$

2 직접 침하계산법

점토질 실트층만 압축된다고 생각하고, 실트 층의 평균압축변형계수 E_m 을 적용하고 직사각형 연성기초에 대해 **임의 점**과 **c 점** 및 **중앙점**의 침하를 계산한다.

2.1 직사각형 연성기초의 침하

직사각형 연성기초 바닥의 모든 점에서 접지압은 등분포이지만 침하량은 위치마다 다르다. 연성기초 판에서 **임의 점의 침하**는 그 점이 분할기초 공동 꼭짓점이 되도록 기초 판을 **분할**하고, 각 분할기초 **꼭짓점 침하계수 (그림 5.1, 표 5.1)** 로부터 각 분할기초 꼭짓점 침하량을 구하여 합한다.

다음에서는 연성기초 내의 6 개 지점 (임의 T 점, c 점, 중앙점 M, 꼭짓점 E, 장변 중앙점 L_M, 단변 중앙점 B_M) 에 대한 침하를 계산한다.

2.1.1 직사각형 연성기초 임의 점 T 의 침하

직사각형 연성기초를 **임의 점**에서 **4 분할**하고, 4 개 분할기초에 대해 **압축성 지층의 상·하 경계면 침하계수**의 차이 (**분할기초 꼭짓점의 침하계수 차이**) 로부터 **분할기초 꼭짓점의 침하**를 계산하여, 모두 합하면 **연성기초 임의 분할점** T 점**의 침하**가 된다. 지금은 차후에 활용하기 위해 c 점을 분할점으로 설정하여 침하량 s_{fT} 를 계산한다.

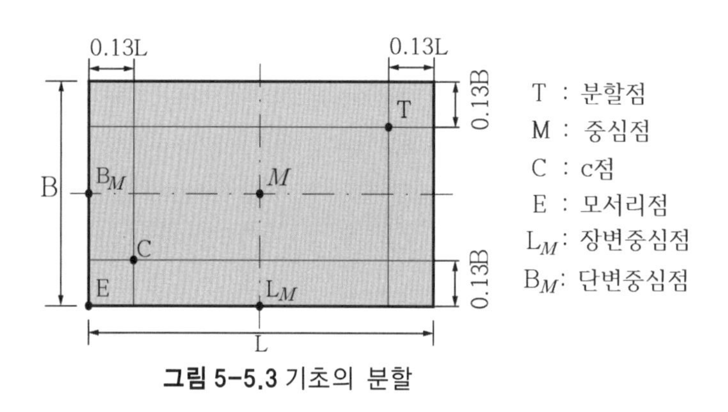

그림 5-5.3 기초의 분할

(1) 직사각형 기초의 4 분할 ;

- **분할점** ; 꼭짓점에서 폭과 길이의 0.13 배 떨어진 위치 ($0.13B$, $0.13L$)
- **분할점의 침하** ; 분할점을 공동 꼭짓점으로 하는 4개 분할기초 침하의 합
- **분할기초** ; 길이/폭 $0.13L/0.13B$, $0.87L/0.13B$, $0.87B/0.13L$, $0.87L/0.87B$

기초의 길이/폭 ; $L = 12.0\ m / B = 6.0\ m$이므로

$0.13B = 0.13(6.0) = 0.78,\ 0.87B = 0.87(6.0) = 5.22$

$0.13L = 0.13(12.0) = 1.56,\ 0.87L = 0.87(12.0) = 10.44$

분할기초 ① ; $a_1/b_1 = 0.13L/0.13B = 1.56/0.78 = 2.0$, $b_1 = 0.13B = 0.78$

분할기초 ② ; $a_2/b_2 = 0.87B/0.13L = 5.22/1.56 = 3.35$, $b_2 = 0.13L = 1.56$

분할기초 ③ ; $a_3/b_3 = 0.87L/0.13B = 10.44/0.78 = 13.38$, $b_3 = 0.13B = 0.78$

분할기초 ④ ; $a_4/b_4 = 0.87L/0.87B = 10.44/5.22 = 2.0$, $b_4 = 0.87B = 5.22$

(2) 분할기초 꼭짓점(점 A)의 침하계수 (그림 5.1)

분할기초 꼭짓점의 침하계수 f_{qre} ; $f_{qre} = f_{qreu} - f_{qreo}$

압축성 지층에서 (**하부 경계 침하계수** f_{qreu} **- 상부경계 침하계수** f_{qreo})

· **실트 층 상부 경계**의 **침하계수 f_{qreo}** ; $z_2 = z_o = 2.5\ m$

분할기초 ① ; $a_1/b_1 = 0.13L/0.13B = 1.56/0.78 = 2.0$,

$z/B = z_o/b_1 = 2.5/0.78 = 3.21 \rightarrow f_{qreo1} = 0.53$

분할기초 ② ; $a_2/b_2 = 0.87B/0.13L = 5.22/1.56 = 3.35$,

$z/B = z_o/b_2 = 2.5/1.56 = 1.60 \rightarrow f_{qreo2} = 0.36$

분할기초 ③ ; $a_3/b_3 = 0.87L/0.13B = 10.44/0.78 = 13.38$,

$z/B = z_o/b_3 = 2.5/0.78 = 3.21 \rightarrow f_{qreo3} = 0.56$

분할기초 ④ ; $a_4/b_4 = 0.87L/0.87B = 10.44/5.22 = 2.0$,

$z/B = z_o/b_4 = 2.5/5.22 = 0.48 \rightarrow f_{qreo4} = 0.11$

· **실트 층 하부경계**의 **침하계수 f_{qreu}** ; $z_1 = z_{gr} = 12.5\ m$

분할기초 ① ; $a_1/b_1 = 0.13L/0.13B = 1.56/0.78 = 2.0$,

$z/B = z_{gr}/b_1 = 12.5/0.78 = 16.03 \rightarrow f_{qreu1} = 0.70$

분할기초 ② ; $a_2/b_2 = 0.87B/0.13L = 5.22/1.56 = 3.35$,

$z/B = z_{gr}/b_2 = 12.5/1.56 = 8.01 \rightarrow f_{qreu2} = 0.76$

분할기초 ③; $a_3/b_3 = 0.87L/0.13B = 10.44/0.78 = 13.38$,

$z/B = z_{gr}/b_3 = 12.5/0.78 = 16.03 \rightarrow f_{qreu3} = 1.0$

분할기초 ④ ; $a_4/b_4 = 0.87L/0.87B = 10.44/5.22 = 2.0$,

$z/B = z_{gr}/b_4 = 12.5/5.22 = 2.39 \rightarrow f_{qreu4} = 0.40$

· **분할기초 모서리(점 A)**의 **침하계수** ; $\boldsymbol{f_{qre} = f_{qreu} - f_{qreo}}$;

압축성 지층의 상·하부 경계 침하계수의 차이

분할기초 ① ; $f_{qre1} = f_{qreu1} - f_{qreo1} = 0.70 - 0.53 = 0.17$

분할기초 ② ; $f_{qre2} = f_{qreu2} - f_{qreo2} = 0.76 - 0.36 = 0.40$

분할기초 ③ ; $f_{qre3} = f_{qreu3} - f_{qreo3} = 1.0 - 0.56 = 0.44$

분할기초 ④ ; $f_{qre4} = f_{qreu4} - f_{qreo4} = 0.40 - 0.11 = 0.29$

(3) 분할기초 꼭짓점 (점 A) 의 침하 s_i ; $s_i = \frac{\sigma_o{}' b_i}{E_m} f_{qrei}$

· 분할기초 ① ; $s_1 = \frac{qb_1}{E_m} f_{qre1} = \frac{(330)(0.78)}{7700}(0.17) = 0.0057\ m$

· 분할기초 ② ; $s_2 = \frac{qb_2}{E_m} f_{qre2} = \frac{(330.0)(1.56)}{7700}(0.40) = 0.0267\ m$

· 분할기초 ③ ; $s_3 = \frac{qb_3}{E_m} f_{qre3} = \frac{(330.0)(0.78)}{7700}(0.44) = 0.0147\ m$

· 분할기초 ④ ; $s_4 = \frac{qb_4}{E_m} f_{qre4} = \frac{(330.0)(5.22)}{7700}(0.29) = 0.0649\ m$

(4) 분할기초 분할점의 침하 s_{fT} ; 4 개 분할 직사각형 모서리 점 A 의 침하를 모두 합한다.

$$s_{fT} = \sum_{i=1}^{4} s_i = 0.0057 + 0.0267 + 0.0147 + 0.0649 = 0.1120\ m = 11.20\ cm$$

2.1.2 직사각형 연성기초 C 점의 침하

연성기초 c 점의 침하는 연성기초를 **c 점에서 4 분할**하고 각 분할기초 **모서리 침하를 합** (앞 절에서 설명) 하거나, **연성기초 c 점에 대한 침하계수**로 구한다.

① 연성기초 c 점의 침하계수 ; 직사각형 (폭 B, 길이 L, $L > B$)

· 연성기초 c 점의 침하계수 f_{qrc} ; ($R_n = \sqrt{a_n^2 + b_n^2 + z^2}$, $r_n = \sqrt{a_n^2 + b_n^2}$)

$$f_{qrc} = \frac{1}{2\pi B} \sum_{n=1}^{4} \left\{ z \arctan \frac{a_n b_n}{z R_n} + a_n \ln\left(\frac{R_n - b_n}{R_n + b_n} \frac{r_n + b_n}{r_n - b_n} \right) + b_n \ln\left(\frac{R_n - a_n}{R_n + a_n} \frac{r_n + a_n}{r_n - a_n} \right) \right\}$$

· 분할기초 치수 ; $\frac{a_1}{b_1} = \frac{0.13L}{0.13B}$, $\frac{a_2}{b_2} = \frac{0.87B}{0.13L}$, $\frac{a_3}{b_3} = \frac{0.87L}{0.13B}$, $\frac{a_4}{b_4} = \frac{0.87L}{0.87B}$

이를 위 식에 대입하여 침하계수 f_{qrc} 를 구하면 표 5.5 및 그림 5.4 가 된다.

· c 점 하부 실트 층 상·하부 경계 침하계수 ; 그림 5.4 나 표 5.5 ($\frac{L}{B} = \frac{12.0}{6.0} = 2.0$)

하부경계 $z_1 = z_{gr} = 12.5\ m$ ($z/B = 12.5/6.0 = 2.08$) 의 침하계수 $f_{qrcu} = 0.795$

상부경계 $z_2 = z_o = 2.5\ m$ ($z/B = 2.5/6.0 = 0.42$) 의 침하계수 $f_{qrco} = 0.332$

· 연성기초 c 점의 침하계수 f_{qrc} ;

$$f_{qrc} = f_{qrcu} - f_{qrco} = 0.795 - 0.332 = 0.463$$

② 연성기초 c 점의 침하 s_{fc} ; 식 (5.15)

$$s_{fc} = \frac{qB}{E_m} f_{qrc} = \frac{(330)(6.0)}{7700}(0.463) = 0.1191\ m = 11.91\ cm$$

2.1.3 연성 직사각형 기초 중앙점 M의 침하

연성 직사각형 기초 중앙점의 침하는 중앙점이 분할점 (직사각형 분할기초 모서리) 이 되도록 기초를 중앙점에서 4 등분하고 각 모서리 침하량을 모두 합한 값이다.

① **기초분할** ; 직사각형 기초를 4등분한 분할기초의 크기 (폭 b_1, 길이 a_1) ;

$b_1 = B/2 = 6/2 = 3.0\ m$, $a_1 = L/2 = 12/2 = 6.0\ m \rightarrow a_1/b_1 = 6/3 = 2.0$

② **분할기초 모서리 (점 A) 의 침하계수 (그림 5.3)**

· 실트 층 상 · 하 경계부 침하계수 f_{qre} ;

하부경계 $z_1 = 12.5\ m$ 에 대해 ; $z_1/b_1 = 12.5/3.0 = 4.17 \rightarrow f_{qreu} = 0.56$
상부경계 $z_2 = 2.5\ m$ 에 대해 ; $z_2/b_1 = 2.5/3.0 = 0.83 \rightarrow f_{qreo} = 0.20$

· 분할기초 모서리 (점 A) 의 침하계수 ; $f_{qre} = f_{qreu} - f_{qreo} = 0.56 - 0.20 = 0.36$

③ **분할기초의 모서리 (점 A) 의 침하 s** ; 식 (5.10)

$$s = \frac{qb_1}{E_m} f_{qre} = \frac{(330)(3.0)}{7700}(0.36) = 0.0463\ m = 4.63\ cm$$

④ **직사각형 기초 중앙점 침하 s_{fM}** ; 분할기초 꼭짓점침하 s 를 합한 값 (4 등분하면 4 배)

$$s_{fM} = 4s = (4)(0.0463) = 0.1851\ m = 18.51\ cm \qquad ///$$

2.1.4 연성 직사각형 기초 꼭짓점 E의 침하

연성 직사각형 기초 꼭짓점의 침하는 폭 $B = 6.0\ m$, 길이 $L = 12.0\ m$ 에 대한 값이다.

① **연성 직사각형** 기초 ; $B = 6.0\ m$, $L = 12.0\ m$, $L/B = 12.0/6.0 = 2.0$

② **모서리 (점 E) 의 침하계수 (그림 5.3, 표 5.4)**

· 실트 층 상 · 하 경계부 침하계수 f_{qre} ;
하부경계 $z_1 = 12.5\ m$ 에 대해 ; $z_1/b_1 = 12.5/6.0 = 2.08 \rightarrow f_{qreu} = 0.401$
상부경계 $z_2 = 2.5\ m$ 에 대해 ; $z_2/b_1 = 2.5/6.0 = 0.42 \rightarrow f_{qreo} = 0.104$

· 분할기초 모서리 (점 A) 의 침하계수 ;
$f_{qre} = f_{qreu} - f_{qreo} = 0.401 - 0.104 = 0.297 \fallingdotseq 0.3$

③ **기초의 모서리 (점 E) 의 침하 s_{fE}** ; 식 (5.10)

$$s_{fE} = \frac{qb_1}{E_m} f_{qre} = \frac{(330)(6.0)}{7700}(0.30) = 0.0771\ m = 7.71\ cm \qquad ///$$

2.1.5 연성 직사각형 기초 장변 중앙점 L_M 의 침하

연성 직사각형 기초에서 장변 중앙점 a_M 의 침하는 **장변 중앙점**이 분할점 (직사각형 분할기초 꼭짓점) 이 되도록 기초를 2 등분하고 구한 각 꼭짓점 침하량의 합이다.

① **기초분할** ; 직사각형 기초의 장변에서 2 등분한 분할기초의 크기 (폭 b_1, 길이 a_1) ;

$a_1 = L/2 = 12.0/2 = 6.0\,m$, $a_1 = B = 6.0\,m$ $\rightarrow$ $a_1/b_1 = 6/6 = 1.0$

② **분할기초 꼭짓점 (a_M) 의 침하계수** ; 실트 상·하 경계 침하계수 f_{qre} (그림 5.3, 표 5.4)

하부경계 $z_1 = 12.5\,m$ 에 대해 ; $z_1/b_1 = 12.5/6.0 = 2.083$ $\rightarrow$ $f_{qreu} = 0.35$
상부경계 $z_2 = 2.5\,m$ 에 대해 ; $z_2/b_1 = 2.5/6.0 = 0.417$ $\rightarrow$ $f_{qreo} = 0.10$
분할기초 꼭짓점 (점 a_M) 의 침하계수 ; $f_{qre} = f_{qreu} - f_{qreo} = 0.35 - 0.10 = 0.25$

③ **분할기초의 모서리 (점 a_M) 의 침하 s_{L_M}** ; 식 (5.10)

$$s_{L_M} = \frac{qb_1}{E_m} f_{qre} = \frac{(330)(6.0)}{7700}(0.25) = 0.0643\,m = 6.43\,cm$$

④ **직사각형 기초 L 변 중앙점 침하 s_{fL_M}** ; 분할기초 꼭짓점 침하 s 의 합 (2 등분하면 2 배)

$s_{fL_M} = 2s = (2)(0.0643) = 0.1286\,m = 12.86\,cm$ ///

2.1.6 연성 직사각형 기초 단변 중앙점 B_M 의 침하

연성 직사각형 기초에서 단변 중앙점 b_M 의 침하는 **단변 중앙점**이 분할점 (직사각형 분할기초 꼭짓점) 이 되도록 기초를 2 등분하고 구한 각 꼭짓점 침하량의 합이다.

① **기초분할** ; **직사각형** 기초를 단변에서 2 등분한 분할기초의 크기 (폭 b_1, 길이 a_1) ;

$a_1 = L = 12.0\,m$, $b_1 = B/2 = 6.0/2 = 3.0\,m$ $\rightarrow$ $a_1/b_1 = 12/3 = 4.0$

② **분할기초 꼭짓점 (b_M) 의 침하계수** ; 실트 상·하 경계 침하계수 f_{qre} (그림 5.3, 표 5.4)

하부경계 $z_1 = 12.5\,m$ 에 대해 ; $z_1/b_1 = 12.5/3.0 = 4.17$ $\rightarrow$ $f_{qreu} = 0.60$
상부경계 $z_2 = 2.5\,m$ 에 대해 ; $z_2/b_1 = 2.5/3.0 = 0.83$ $\rightarrow$ $f_{qreo} = 0.20$
분할기초 꼭짓점 (점 b_M) 의 침하계수 ; $f_{qre} = f_{qreu} - f_{qreo} = 0.60 - 0.20 = 0.40$

③ **분할기초의 모서리 (점 b_M) 의 침하 s_{fB_M}** ; 식 (5.10)

$$s_{fB_M} = \frac{qb_1}{E_m} f_{qre} = \frac{(330)(3.0)}{7700}(0.40) = 0.0514\,m = 5.14\,cm$$

④ **직사각형 기초 단변 중앙점 침하 s_{fB_M}** ; 분할기초 꼭짓점 침하 s_f 의 합 (2 등분하면 2 배)

$s_{fB_M} = 2s = (2)(0.0514) = 0.1028\,m = 10.28\,cm$ ///

2.2 직사각형 강성기초의 침하

강성기초에서는 침하를 직접 계산하기 어렵기 때문에, 강성기초를 연성기초로 간주하고 연성기초에 대해 다음 침하를 구하여 대체할 수 있다.

- **연성기초 c 점의 침하**로부터 계산
- **연성기초 중앙점 침하**의 75% 로 대체
- **연성기초의 꼭짓점과 중앙점의 평균침하**로 대체
- **연성기초의 꼭짓점과 단변 중앙점의 평균침하**로 대체

2.2.1 연성기초 c 점의 침하로부터 계산

연성기초 c 점 침하 s_{fc} 는 **강성기초의 침하** s_r 와 **동일**하다. 연성기초를 **c 점에서 4 분할**하고 각 **침하**를 구하여 합한 침하 또는, **연성기초 c 점**에서 구한 침하이다.

(1) 연성기초를 c 점에서 4 분할하는 방법

강성기초의 침하 s_r 은 연성기초를 c 점에서 4 분할하고 각 분할기초의 꼭짓점에서 침하 s_i 를 계산한 후에 모두 합한 **연성기초 T 점 침하** s_{fT} 로 대체할 수 있다.

$$s_r = s_{fT} = \sum_{i=1}^{4} s_i = 0.0057 + 0.0267 + 0.0147 + 0.0649 = 0.1120\ m = 11.2\ cm$$

(2) 연성기초 c 점의 침하계수로 계산하는 방법

강성기초의 침하 s_r 은 **연성기초 c 점의 침하량** s_{fc} 로 대체할 수 있다.

$$s_r = s_{fc} = \frac{qb}{E_m} f_{qrc} = \frac{(330)(6.0)}{7700}(0.463) = 0.1191\ m = 11.91\ cm$$

2.2.2 연성기초 중앙점의 침하로부터 계산

강성기초의 침하 s_r 의 크기는 연성기초 중앙점 침하 s_{fM} 의 약 75% 이다. 앞에서 연성기초 중앙점의 침하가 $s_{fM} = 18.51\ cm$ 이므로 다음이 된다.

$$s_r = 0.75 s_{fM} = (0.75)(18.51) = 13.88\ cm \qquad ///$$

2.2.3 연성기초 중앙점과 꼭짓점 침하의 평균값

강성기초 침하 s_r 은 연성기초 중앙점 M 점 침하 s_{fM} 과 꼭짓점 E 점 침하 s_{fE} 또는 단변 중앙점의 침하 s_{fB_M} 의 평균값으로 할 수 있다 (앞에서 $s_{fM} = 18.51\ cm$, $s_{fE} = 7.71\ cm$, $s_{fB_M} = 10.28\ cm$ 이므로 다음이 된다.

$$s_r = (s_{fM} + s_{fE})/2 = (18.51 + 7.71)/2 = 13.11\ cm$$
$$s_r = (s_{fM} + s_{fB_M})/2 = (18.51 + 10.28)/2 = 14.395\ cm \qquad ///$$

3 간접 침하계산법

연성기초 중앙점의 즉시침하는 직사각형 기초를 중심점에서 **4 등분**하고, 하부 지층을 다수 균질한 수평**지층으로 분할**하여 **연직응력**과 **한계깊이**를 구하여 계산한다.

즉시침하는 탄성침하 계산식을 이용하지 않더라도 깊이에 따른 **연직응력 분포**나 **비침하 분포**로부터 간접적으로 구할 수 있다. 비침하 분포로부터 침하량을 계산할 때 (연직응력-비침하는 비선형 관계이므로) 지층을 많은 수로 분할할수록 더 정확하다.

구조물 하중에 의해 연직응력 σ_b 가 발생한 지반 (압밀변형계수 E_s, 두께 Δd) 에서 일어나는 탄성침하는 **탄성침하 식** $s_{cal} = \sigma_b \Delta d / E_s$ 으로 계산한다.

그런데 이 식의 **분자** $\sigma_b \Delta d$ 는 구조물 하중에 의한 **지반 내 연직응력 분포곡선의 면적** A 를 나타내므로, **침하** s_{cal} 은 연직응력 분포곡선의 면적 A 를 **압밀변형계수** E_s 로 나눈 값 ($s_{cal} = A/E_s$) 이며, **보정계수** (표 5.3) 로 보정한다.

비침하 s' 은 지반 압축의 백분율 (즉, 지반 압축량 Δh 를 초기 지층두께 h 로 나눈 값 $\Delta h/h$ 의 백분율) 이므로, 비침하 (압축율) 에 압축성 지층의 두께를 곱하면 **침하량** s 가 되고, 이는 **비침하 곡선** ($s' - z$ **곡선**) 의 면적이다.

3.1 기본계산

직사각형 기초는 중심점에서 **4 등분**하고, 하부 압축성 지층은 다수의 균질한 지층으로 **분할**하여 **연직응력**과 **한계깊이**를 구한다.

1) 기초분할

기초 중심점에서 4 등분한 분할기초 각각에 대해 구조물 하중에 의한 지반응력 σ_b 를 계산해서 합하면 전체기초에 의한 지반응력이 된다.

· **분할기초 치수** ; $L = 12.0\,m$, $B = 6.0\,m$

길이 $a_1 = L/2 = 6.0\,m$, 폭 $b_1 = B/2 = 3.0\,m$ → $a_1/b_1 = 6.0/3.0 = 2.0$

2) 지층분할

응력 - 비침하 관계가 비선형적인 압축성 지층은 다수 균질한 지층 (변형계수가 일정) 으로 분할하여 비침하를 구하며, 많은 수로 분할할수록 더 정확해진다.

실트 층 (두께 $10.0\,m$) 을 **4 개 수평층** (두께 $2.5\,m$) 으로 분할한다.

기초의 근입깊이가 $D_f = 2.5\,m$ 이므로, 기초 하부지반 내에서 절점의 연직위치는 기초 바닥면 깊이 D_f 를 뺀 크기 $z = z' - D_f = z' - 2.5$ 이다.

절점 1 ; 기초 바닥면
$z_1{}' = 2.5\,m$, $z_1 = z_1{}' - D_f = 2.5 - 2.5 = 0\,m$

절점 2 ; 지하수위면
$z_2{}' = 3.5\,m$, $z_2 = z_2{}' - D_f = 3.5 - 2.5 = 1.0\,m$

절점 3 ; 실트 층 상부경계면
$z_3{}' = 5.0\,m$, $z_3 = z_3{}' - D_f = 5.0 - 2.5 = 2.5\,m$

절점 4 ; 실트 층 상부 3/4 면
$z_4{}' = 7.5\,m$, $z_4 = z_4{}' - D_f = 7.5 - 2.5 = 5.0\,m$

절점 5 ; 실트 층 중간 2/4 면
$z_5{}' = 10.0\,m$, $z_5 = z_5{}' - D_f = 10.0 - 2.5 = 7.5\,m$

절점 6 ; 실트 층 아래 1/4 면
$z_6{}' = 12.5\,m$, $z_6 = z_6{}' - D_f = 12.5 - 2.5 = 10.0\,m$

절점 7 ; 실트 층 하부 경계면
$z_7{}' = 15.0\,m$, $z_7 = z_7{}' - D_f = 15.0 - 2.5 = 12.5\,m$

3) 지반의 자중에 의한 연직응력

· **단위중량 ; 중립 모래** 지하수위 상부 $\gamma_1 = 20.0\,kN/m^3$, 하부 $\gamma_2 = 10.0\,kN/m^3$
실트 $\gamma_3 = 9.0\,kN/m^3$

· **실트 층 자중에 의한 연직응력 σ_{ue} ;**

절점 3 ; $\sigma_{ue3} = \gamma_1 z_w + \gamma_2 (z_3{}' - z_w) = (20)(3.5) + (10)(5.0 - 3.5) = 70.0 + 15.0 = 85.0\,kPa$

절점 4 ; $\sigma_{ue4} = \sigma_{ue3} + \gamma_3 (z_4{}' - z_3) = 85.0 + (9.0)(7.5 - 5.0) = 85.0 + 22.5 = 107.5\,kPa$

절점 5 ; $\sigma_{ue5} = \sigma_{ue4} + \gamma_3 (z_5{}' - z_4) = 107.5 + (9.0)(10.0 - 7.5) = 107.5 + 22.5 = 130.0\,kPa$

절점 6 ; $\sigma_{ue6} = \sigma_{ue5} + \gamma_3 (z_6{}' - z_5) = 130.0 + (9.0)(12.5 - 10.0) = 130.0 + 22.5 = 152.55\,kPa$

절점 7 ; $\sigma_{ue7} = \sigma_{ue6} + \gamma_3 (z_7{}' - z_6) = 152.5 + (9.0)(15.0 - 12.5) = 152.5 + 22.5 = 175.0\,kPa$

4) 구조물 하중에 의한 연직응력

직사각형 기초 **중앙점 하부지반**에서 구조물 하중에 의한 연직응력은 기초를 중앙점에서 4 분할하고, 각 직사각형 분할기초 꼭짓점의 **하중영향계수** (그림 3.34, 표 3.6)로부터 구하여 합한 값이다. 4 등분할하면 분할기초 꼭짓점의 영향계수를 4 배한다.

· **구조물 하중** (기초 접지압 $q = 330\,kN/m^2$) **에 의한 지반응력 σ_b ;**
→ 절점 3, 4, 5, 6, 7 에 대해 **하중영향계수 I_{qre}** 를 적용하여 계산

절점 3 ($z_3 = 2.5\ m$) **에서 ;** $z_3/b_1 = 2.5/3.0 = 0.833 \quad \rightarrow \quad I_{qre} = 0.215$

$\sigma_b = 4\,I_{qre}\sigma_o = (4)(0.215)(330) = 284\ kN/m^2$

절점 4 ($z_4 = 5.0\ m$) **에서 ;** $z_4/b_1 = 5.0/3.0 = 1.67 \quad \rightarrow \quad I_{qre} = 0.147$

$\sigma_b = 4\,I_{qre}\sigma_o = (4)(0.147)(330) = 194\ kN/m^2$

절점 5 ($z_5 = 7.50\ m$) **에서 ;** $z_5/b_1 = 7.5/3.0 = 2.5 \quad \rightarrow \quad I_{qre} = 0.097$

$\sigma_b = 4I_{qre}\,\sigma_o = (4)(0.097)(330) = 128\ kN/m^2$

절점 6 ($z_6 = 10.0\ m$) **에서 ;** $z_6/b_1 = 10.0/3.0 = 3.333 \quad \rightarrow \quad I_{qre} = 0.063$

$\sigma_b = 4\,I_{qre}\sigma_o = (4)(0.063)(330) = 83\ kN/m^2$

절점 7 ($z_7 = 12.5\ m$) **에서 ;** $z_7/b_1 = 12.5/3.0 = 4.17 \quad \rightarrow \quad I_{qre} = 0.045$

$\sigma_b = 4\,I_{qre}\sigma_o = (4)(0.045)(330) = 59\ kN/m^2$

5) 지반 내 전체 연직응력

직사각형 기초 중앙점 하부지반의 지반자중과 구조물 하중에 의한 **총 연직응력 ;**

절점 3 ; $\sigma_{23} = \sigma_{ue3} + \sigma_{b3} = 85.0 + 284.0 = 369.0\ kPa$

절점 4 ; $\sigma_{24} = \sigma_{ue4} + \sigma_{b4} = 107.5 + 194.0 = 301.5\ kPa$

절점 5 ; $\sigma_{25} = \sigma_{ue5} + \sigma_{b5} = 130.0 + 128.0 = 258.0\ kPa$

절점 6 ; $\sigma_{26} = \sigma_{ue6} + \sigma_{b6} = 155.5 + 83.0 = 238.5\ kPa$

절점 7 ; $\sigma_{27} = \sigma_{ue7} + \sigma_{b7} = 178.0 + 59.0 = 237.0\ kPa$

이상에서 계산한 결과를 종합하면 다음 **예표** 5.2 와 같다.

예표 5.2 지반 내 응력 분포와 비침하 및 전체침하 계산

1	2	3	4	5	6	7	8
절점	위치	기초저면 하부 깊이	지반 자중에 의한 응력	구조물 하중에 의한 응력 $\sigma_b = I_{qre}q$ ($b_1 = 3.0\ m$, $q = 350\ kN/m^2$)			전체 응력 $\sigma_z = \sigma_{ue} + \sigma_b$
$z'[m]$	$h\ [m]$	$z\ [m]$	$\sigma_{ue}[kN/m^2]$	z/b_1	I_{qre}	$\sigma_b\ [kN/m^2]$	$\sigma_z[kN/m^2]$
3	5.0	2.5	85.0	0.833	0.215	284	369.0
4	7.5	5.0	107.5	1.670	0.147	194	301.5
5	10.0	7.5	130.0	2.500	0.097	128	258.0
6	12.5	10.0	155.5	3.333	0.063	83	238.5
7	15.0	12.5	178.0	4.170	0.045	59	237.0

6) 한계깊이

실트 층 하부경계 $z = 12.5\ m$ 에서 $0.2\sigma_{ue} = 36.2 < 63 = \sigma_b$ 이므로, 한계깊이는 이보다 더 깊은 자갈층에 위치한다. 실트 층 하부 자갈층은 상부 구조물에 의한 지반응력이 크기가 매우 작고, 압축성이 낮아서 **거의 압축되지 않**으므로 실트 층의 하부경계를 한계깊이 $z_{gr} = 12.5\ m$ 로 한다.

3.2 깊이에 따른 연직응력의 분포를 적용한 침하계산

즉시침하는 재하즉시 ($t=0$) 발생하는 **탄성침하**이며, 지반의 형상변화에 기인할 경우가 많고, 포화도가 낮거나 비점착성 흙에서는 전체침하량의 대부분을 차지한다. 즉시침하는 **불포화 지반**에서는 체적감소로 인해 발생되고, **포화 지반**에서는 전단변형에 의한 형상변화로 인해 발생하며, 변화된 응력의 일부만 흙 구조골격과 흙 입자에 전달된다. 즉시침하는 지반을 탄성체로 간주하고 변형률을 적분하여 직접계산 (직접 계산법) 하거나, 탄성이론식과 유사한 지중응력 분포함수를 가정하거나, 지층의 압축율을 나타내는 비침하 곡선을 이용하여 간접적으로 계산 (간접 계산법) 한다.

구조물 하중에 의한 지반의 즉시침하는 기초 강성을 고려하고 다음 방법으로 계산한다.

- 즉시침하 계산공식을 이용
- 간접적 방법으로 계산 ; 보정계수 κ 를 곱하여 보정
  - · **깊이에 따른 연직응력 분포도**를 이용하여 간접계산
  - · **깊이에 따른 비침하의 분포도**를 이용하여 간접계산

1) 탄성침하 계산식

구조물 하중에 의해 연직응력 σ_b 가 발생한 지반 내에서 탄성침하는 지반 (압밀변형계수 E_s, 두께 Δd) 의 탄성침하 계산식으로 계산한다.

$$s_{cal} = \frac{\sigma_b \Delta d}{E_s}$$

이 식의 **분자 $\sigma_b \Delta d$** 는 구조물 하중에 의한 연직응력 σ_b 를 깊이 z 에 따라 나타낸 **연직응력 분포곡선의 지층두께 d 에 대한 면적** A 이다. 결국 **침하 s_{cal}** 은 연직응력 분포곡선 ($\sigma_b - z$ 곡선) 의 면적 A 를 **압밀변형계수 E_s** 로 나눈 값 ($s_{cal} = A/E_s$) 이며, **보정** (표 5.3) 후 적용한다.

침하 s_1 ; 미세지층의 침하 $\Delta s_i = (\sigma_b / E_s) dz$ 를 지층 두께 Δd 에 대해 적분하여 구한다 (해당 응력 범위에서 변형계수는 $E_s = \tan\alpha_s = \sigma_b / s'_1$).

$$s_1 = \int_0^{\Delta d} \frac{\sigma_b}{E_s} dz$$

압밀변형계수 E_s 가 상수이면 다음이 되고, 분자는 **침하 유발응력 분포곡선의 면적**이며, 계산결과는 보정계수 κ 로 보정한다.

$$s_1 = \frac{1}{E_s} \int_0^{\Delta d} \sigma_b dz = \frac{\sigma_b dz}{E_s} = \frac{A_1}{E_s}$$

압밀 변형계수가 지층 내에서 변하면, 그 크기별로 여러 층으로 분할하여 계산한다.

2) 압밀변형계수가 상수인 경우

압밀변형계수가 지반 내에서 불변할 경우 (constant) 에는 연직응력 분포곡선의 면적을 구하고 압밀변형계수로 나누어 침하량을 구한다.

① 연직 지반응력 분포곡선 작도 ;

구조물 하중에 의해 발생된 지반 내 연직응력의 분포 $\sigma_b = f(z)$ 를 축척에 맞추어 그려서 **지반응력 분포곡선**을 완성하고, 해당 지층에 대한 면적을 구한다. 구조물 하중에 의한 지반 응력 σ_b 가 선형분포하지 않을 때는 그 **분포면적** A 를 근사적으로 구한다.

$$A = \frac{10}{6}\{284 + (4)(128) + 59\} = 1425\ kN/m^2$$

② 압밀변형계수 E_s ;

압력 - 비침하 곡선은 비선형 분포하므로 압밀변형계수 E_s (각 응력에 대한 접선 기울기) 는 압력에 따라 다르며, 대개 압축성 지층의 상부경계 응력에 대한 값을 취한다.

실트 상부 경계 ($\sigma_b = 284\ kPa$, 비침하 $s_1{}' = 8.9\ \%$) 에서 **압밀변형계수 E_s** 는 다음이다.

$$E_s = \Delta\sigma/s_1{}' = \sigma_b/s_1{}' = (284/8.9)(100) = 3191 \simeq 3200\ kN/m^2$$

③ 침하량 s_{cal} ; 침하량은 연직응력 분포곡선면적 A 를 압밀변형계수 E_s 로 나눈 값이다.

$$s_{cal} = s_1 = A\,/\,E_s = 1425\,/\,3200 = 0.445\ m = 44.5\ cm$$

실제 침하량 s 는 위 **침하량 s_{cal}** 를 보정 ($\kappa = 2/3$, 표 5.3) 한 값이다.

$$s = \kappa\ s_{cal} = (2/3)(44.5) = 29.7\ cm$$

3) 압밀변형계수가 변하는 경우

압밀변형계수가 지층 내에서 변하는 경우 ; 압축성 지층을 압밀변형계수가 동일한 다수 지층으로 분할하고, 각 분할지층 별로 침하를 계산한 후 합하여 전체 침하량을 구한다.

지층분할 ; 압축성 지층은 압밀변형계수 E_s 의 분포양상을 고려해서 분할하며, 각 분할 지층 내에서 변형계수가 동일하도록 분할하고, 분할한 개수와 방법에 따라 정확도가 다르다. 여기에서는 압축성 지층 (두께 10 m) 을 두께가 동일한 2 개의 지층으로 분할 (각 지층의 두께 $\Delta d = 5.0\ m$) 하여 계산한다.

각 (i 번째) 분할지층의 침하 s_{cali} ; 구조물 하중에 의한 **연직응력 σ_{bi} 의 분포면적** A_i 를 **압밀 변형계수 E_{si}** 로 나눈 값이며, 압밀변형계수 E_{si} 는 각 분할지층의 중간위치 ($z = 5.0\ m$ 및 $z = 10.0\ m$) 에서 비침하 $s_{1i}{}'$ 에 대해 구한다.

예표 5.3 압밀변형계수를 이용한 침하계산

1	2	3	4	5	6	7	8	9	10	11	12	13
깊이	지층 두께	지층 중간 깊이	지반 자중에 의한 압력	구조물 하중에 의한 응력			전체 응력	비침하			압밀 변형 계수	지층 침하
	Δd [cm]	z [m]	σ_{ue} [kN/m²]	z/b_1	I_{qre}	σ_o [kN/m²]	σ_2 [kN/m²]	s_2' [%]	s_{ue}' [%]	s_1' [%]	E_s [kN/m²]	s_i [m]
−5.0												
−7.5	500	5.0	107.5	1250	0.147	194	301.5	9.0	5.2	3.8	5150	37.5
−10.0												
−12.5	500	10.0	155.5	2500	0.063	83	238.5	8.2	6.4	1.8	4889	9.0
−15.0												

① **지층 1 의 침하** ; 지층 1 (두께 Δd_1) 의 중간위치 ($z = 7.5\ m$) 압밀 변형계수 E_{s1}

$z = 5.0\ m$, $\sigma_b = 194\ kPa$ 일 때 비침하 증가량은 $s_{11}' = 3.8\ \%$,

$E_{s1} = \sigma_{b1}/s_{11}' = (194/3.8)(100) = 5105\ kN/m^2$

지층 1 의 침하량 s_{cal1} ; $s_{cal1} = \dfrac{\sigma_{b1}\Delta d_1}{E_{s1}} = \dfrac{(194)(5.00)}{5105} = 0.19\ m = 19.0\ cm$

② **지층 2 의 침하** ; 지층 2 (두께 Δd_2) 의 중간위치 ($z = 12.5\ m$) 압밀 변형계수 E_{s2}

$z = 10.0\ m$, $\sigma_b = 83\ kPa$ 때 비침하 증가량은 $s_{12}' = 1.8\ \%$

$E_{s2} = \sigma_{b2}/s_{12}' = (83/1.8)(100) = 4611\ kN/m^2$

지층 2 의 침하량 s_{cal2} ; $s_{cal2} = \dfrac{\sigma_{b2}\Delta d_2}{E_{s2}} = \dfrac{(83)(5.00)}{4611} = 0.09\ m = 9.0\ cm$

③ **전체 침하** ; **침하량 s_{cal}** 은 지층 1 과 지층 2 의 침하량을 합한 크기이고,

$s_{cal} = s_{cal1} + s_{cal2} = 19 + 9.0 = 28.0\ cm$

전체침하량 s ; 위 **침하량 s_{cal}** 을 보정계수 $\kappa = 2/3$ (표 5.3) 로 보정한 값.

$s = \kappa\ s_{cal} = (2/3)(28.0) = 18.67\ cm$ ///

3.3 깊이에 따른 비침하의 분포를 적용한 침하계산

순재하 하중 (구조물 하중과 지반 자중의 차이) 에 의한 지반 내 연직응력에 의해 발생되는 **비침하 분포곡선의 면적**은 지반침하량과 같다. 비침하가 비선형 분포하면, 분포면적은 개략적으로 구한다.

압축성 지층 상·하 경계의 비침하 대신에 지층 중간의 비침하 또는 지층의 **평균 비침하**를 적용해도 된다.

3.3.1 구조물 하중 재하 전·후 비침하 값의 차이

임의의 위치에서 **순 재하 하중에 의한 비침하 증가량 s_1'** ; $s_1' = s_2' - s_{ue}'$

구조물 하중 및 지반 자중에 의한 연직응력에 대한 비침하 s_2' 및 **s_{ue}'** 의 차이

절점 3, 4, 5, 6, 7 의 비침하는 **압축 - 비침하 곡선 (그림 5-5.2)** 에서 읽는다.

· **절점 3 에서** ; $z = 2.5\,m$ 에 대해, **압축 - 비침하 곡선**에서 읽으면,
  $\sigma_2 = 369\,kPa$ 일 때 $s_2' = 9.9\,\%$, $\sigma_{ue} = 85\,kPa$ 일 때 $s_{ue}' = 4.7\,\%$ 이므로,
  그 차이는 $s_1' = s_2' - s_{ue}' = 9.9 - 4.7 = 5.2\,\%$

· **절점 2 에서** ; $z = 5.0\,m$ 에 대해 압축-비침하 곡선에서 읽으면,
  $\sigma_2 = 301.5\,kPa$ 일 때 $s_2' = 9.0\,\%$, $\sigma_{ue} = 107.5\,kPa$ 일 때 $s_{ue}' = 5.2\,\%$ 이므로,
  그 차이는 $s_1' = s_2' - s_{ue}' = 9.0 - 5.2 = 3.8\,\%$ 이다.

· **절점 5 에서** ; $z = 7.5\,m$ 에 대해 압축-비침하 곡선에서 읽으면,
  $\sigma_2 = 258\,kPa$ 일 때 $s_2' = 8.3\,\%$, $\sigma_{ue} = 130\,kPa$ 일 때 $s_{ue}' = 5.8\,\%$ 이므로,
  그 차이는 $s_1' = s_2' - s_{ue}' = 8.3 - 5.8 = 2.5\,\%$ 이다.

· **절점 6 에서** ; $z = 10.0\,m$ 에 대해 압축-비침하 곡선에서 읽으면,
  $\sigma_2 = 238.5\,kPa$ 일 때 $s_2' = 8.2\,\%$, $\sigma_{ue} = 155.5\,kPa$ 일 때 $s_{ue}' = 6.4\,\%$ 이므로,
  그 차이는 $s_1' = s_2' - s_{ue}' = 8.2 - 6.4 = 1.8\,\%$ 이다.

· **절점 7 에서** ; $z = 12.5\,m$ 에 대해 압축-비침하 곡선에서 읽으면,
  $\sigma_2 = 237.0\,kPa$ 일 때 $s_2' = 8.2\,\%$, $\sigma_{ue} = 178\,kPa$ 일 때 $s_{ue}' = 7.0\,\%$ 이므로,
  그 차이는 $s_1' = s_2' - s_{ue}' = 8.2 - 7.0 = 1.2\,\%$ 이다.

이상에서 구한 비침하 s_1' 의 분포는 그림 5-5.4 와 같다.

3.3.2 비침하 분포곡선의 면적

· **압축성 지층의 침하 s_{cal} ; 비침하 분포곡선의 면적**과 같고 다음 방법으로 구한다.
 - 직접 계산
 - 분할지층 평균 비침하 s_{1m}' 에 지층두께 Δd 를 곱한다.

침하 s_{cal} 은 비침하 곡선에서 구한 값이므로 압밀변형계수 E_s 를 적용한 값이다. 따라서 여기에 보정계수 κ (표 5.3) 를 곱해야 압축변형계수 E_m 에 대한 값이 된다.

(1) 비침하 분포면적을 직접계산

순재하 하중에 의한 비침하를 해당 깊이에 표시하여 비침하 분포곡선을 그린다.

예상 침하 s_{cal} ; 비침하 분포곡선 면적을 Keppler **공식** 등으로 개략 계산한다.

① **예상침하 s_{cal} ; 비침하 분포곡선 면적** A_1 이고, 분할지층 별 면적의 합

$$s_{cal} = s_1 = A_1 = \{(0.052/2) + 0.038 + 0.025 + 0.018 + (0.012/2)\}(2.5) = 0.28\ m = 28.0\ cm$$

중앙점 M 의 전체 침하 예상치 s_M ; $s_M = \kappa s_{cal} = (2/3)(28.0) = 18.67\ cm$

강성 기초판의 침하 s ; 기초 중앙점 M 의 전체 침하예상치 s_M 의 75%

$$s = 0.75 s_M = (0.75)(18.67) = 14.0\ cm$$

② **비침하 분포곡선의 면적 A_1** ; Keppler 공식으로 계산

· **예상 침하 $s_1 = s_{cal}$** ; 압축성 지층의 상부경계 $(s_{1,ob}')$ 와 중간 $(s_{1,mt}')$ 및 하부경계 $(s_{1,ut}')$ 의 비침하 s_1' 분포면적 A_1 (d_s 는 지층 두께).

$$s_{cal} = A_1 = \frac{d_s}{6}(s_{1,ob}' + 4s_{1,mt}' + s_{1,ut}') = \frac{10}{6}\{0.052 + (4)(0.025) + 0.012\} = 0.273\ m = 27.3\ cm$$

· **중앙점 M 의 전체 침하 예상치 s_M** ; $s_M = \kappa s_{cal} = (2/3)(27.3) = 18.2\ cm$

· **강성 기초판의 침하 s** ; 기초 판 중앙점 M 의 전체 침하예상치 s_M 의 75%

$$s = 0.75 s_M = (0.75)(18.2) = 13.7\ cm$$

(2) 평균 비침하 적용

· **비침하 분포곡선 면적 ; 분할지층 평균 비침하 s_{1m}'** 에 지층두께 Δd 를 곱한 값

· **분할지층 평균 비침하 s_{1m}'** ; 상부 및 하부 경계 비침하 s_{1ob}' 와 s_{1ut}' 의 평균값

$$s_{1m}' = \sum \frac{1}{2}(s_{1ob}' + s_{1ut}')$$

· **압축성 지층 (두께 10 m) 을 4 개 등분할** ; 각 수평 분할지층 두께 $\Delta d = 2.50\ m$

· **각 수평 분할지층의 침하 s_i** ; $s_i = s_{1m}'\Delta d = \frac{1}{2}\left(\sum s_1'\right)\Delta d$

분할지층 1 에 대해 ; $s_1 = (1/2)(0.052 + 0.038)(2.5) = 0.113\ m = 11.3\ cm$
분할지층 2 에 대해 ; $s_2 = (1/2)(0.038 + 0.025)(2.5) = 0.079\ m = 7.9\ cm$
분할지층 3 에 대해 ; $s_3 = (1/2)(0.025 + 0.018)(2.5) = 0.054\ m = 5.4\ cm$
분할지층 4 에 대해 ; $s_4 = (1/2)(0.018 + 0.012)(2.5) = 0.038\ m = 3.8\ cm$

· **최종침하 s_{cal}** ; $s_{cal} = \sum s_i = 11.3 + 7.9 + 5.4 + 3.8 = 28.4\ cm$

· **전체 침하 예상치 s_M** ; 최종침하 s_{cal} 을 보정계수 $\kappa = 2/3$ 로 보정

$$s_M = \kappa s_{cal} = (2/3)(28.4) = 18.9\ cm$$

· **강성 기초판 침하 s** ; 직사각형 연성기초 중앙점의 전체 침하 예상치 s_M 의 75%

$$s = 0.75 s_M = (0.75)(18.9) = 14.2\ cm$$ ///

예표 5-5.4 지반 내 응력 분포와 비침하 및 전체침하 계산

1	2	3	4	7	8	9	10	11	12	13	14
절점	위치	기초 하부 깊이	지반 응력			비침하				침하	
			자중에 의한	상재하중에 의한	전체						
	h [m]	z [m]	σ_{ue} [kN/m²]	σ_b [kN/m²]	σ_z [kN/m²]	$s_2{}'$ [%]	$s_{ue}{}'$ [%]	$s_1{}'$ [%]	$\sum s_1{}'$ [%]	s_i [m]	$\sum s_i$ [m]
3	5.0	2.5	85.0	284.0	369.0	9.9	4.7	5.2	9.0	0.113	
4	7.5	5.0	107.5	194.0	301.5	9.0	5.2	3.8	6.3	0.079	
5	10.0	7.5	130.0	128.0	258.0	8.3	5.8	2.5	4.3	0.054	0.283
6	12.5	10.0	155.5	83.0	238.5	8.2	6.4	1.8	3.0	0.038	
7	15.0	12.5	175.0	59.0	237.0	8.2	7.0	1.2			

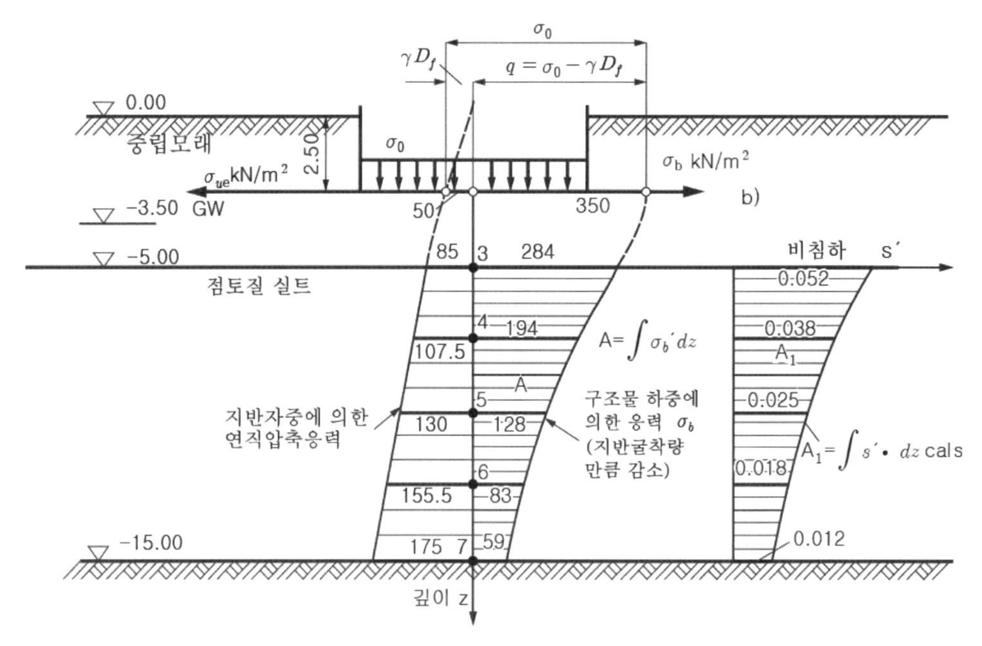

a) 지반 자중에 의한 응력 b) 구조물 하중에 의한 응력 c) 비침하 곡선

그림 5-5.4 지반응력과 비침하

제6장 지반굴착에 의한 침하

6.1 개 요

지반은 지하공간을 활용하고, 동결심도를 피하며, 깊은 심도에 있는 양호한 지반에 구조물 기초를 설치하기 위해 굴착한다. 지반을 가파른 경사로 굴착하면, 토공량이 적어서 경제적이지만 그 대신에 굴착면의 안정문제가 대두된다.

지반은 (자체 전단강도로) 자립할 수 있는 깊이로 무지보 또는 약 지보하고 **연직** 또는 **안전한 경사**로 굴착한다. 깊거나 그 경사가 급하여 자립되지 않거나 불안정한 굴착면은 (연속 또는 불연속으로) **흙막이 벽체**를 설치하여 지지한다. 흙막이 벽은 전방 굴착공간에 버팀대를 설치하거나, 후방 지반 내에 앵커를 설치하여 안정시킨다.

흙막이 벽에는 지반 **자중**에 의한 토압은 물론 **외력에 의한 토압**이 작용하며, 차수성 연속 흙막이 벽체에는 **수압**이 작용한다. 지반굴착으로 인해 흙막이 벽 배후지반이 과도하게 침하(부등침하) 되면, 구조물에 **균열**이 발생하거나 구조물이 **기울어**져서 **안정성**이나 **기능 또는 미관이 손상**될 수 있다. 구조물 변형은 벽체 배후의 지표침하 형상에 맞추어 구조물이 강제 변형된다 가정하고 지표침하 영향을 검토한다.

벽체 강성을 크게 (강성 **재료**를 사용하거나 **단면**을 크게) 하거나, **버팀대**(앵커) 로 벽체를 지지하면, **흙막이 벽체의 변형**을 방지하거나 줄일 수 있다. 또한, 변형성이 작은 **토류판**을 사용하고, 지하수의 침투에 의한 **세굴**을 방지하며(사질토), 벽체와 지반 사이에 **공간** 없이 밀착·시공하면 벽체변형을 크게 줄일 수 있다.

지반굴착에 기인한 흙막이 벽체 배후의 지표침하 (6.1 절) 는 **그 형상**과 **발생원인** (6.2 절) 이 다양하며, 굴착면 변형에 의한 **지반손실**에 따른 **벽체 배후지반의 이동, 지하수위 강하에 따른** 지반의 **탄성압축**과 **점성토 압밀, 침투압에 의한 지반압축** 등에 의해 발생된다. 이 같은 지반침하는 **흙막이 벽체 변형**이나 **굴착 바닥면 융기**에 의한 지반손실로부터 추정하거나 **흙막이 벽체와 지반을 일체로** 해석해서 추정할 수 있다.

지반을 굴착하면 흙막이 벽 배후지반 내 (연직응력은 변하지 않지만) 수평응력이 변함에 따라 **수평변위**가 발생되어 지반이 손실되면, 그 만큼 **배후지반의 지표면이 침하** (6.3 절) 된다. 벽체의 배후지반에서 수평응력은 벽체 변위에 의존하여 변하며, 일정 거리 (**지반굴착 영향범위**) 이상 이격되면 지반굴착의 영향이 없어진다.

지반굴착으로 인한 **지반손실**은 굴착 벽면의 수평변위뿐만 아니라 **굴착저면의 히빙** (6.4 절) 에 의해서도 발생된다. 점성토 굴착 시 굴착저면의 융기 (heaving) 에 의한 **지반손실**은 Terzagh (1967) 히빙 파괴모델을 적용하여 구한다. 흙막이 벽 배후 **지반 침하**는 지하수위 강하로 유효응력이 증가됨에 따라 지반이 **탄성압축** (6.5 절) 되거나 **압밀** (6.6 절) 되거나, **침투압에 의해 압축** (6.7 절) 되어 발생된다.

굴착면 배후의 배수영향권 이내 지반에서 지하수위가 강하되어 생기는 곡선형상 침윤선은 Darcy **법칙**과 **연속방정식**을 풀어서 구하거나 **포물선**으로 가정한다. 지반 굴착으로 인하여 주변지반에서 지하수위가 강하되면, 유효응력이 증가하고, 하부 점성토에 과잉간극수압이 발생하여 **압밀침하** (6.6 절) 가 일어난다.

흐르는 지하수에 의한 흐름방향 **침투력**은 외력으로 작용하여 지반을 변형시키고 안정문제를 야기시킨다. 벽체 배후에서 하향 **침투압에 의해 지반이 압축** (6.7 절) **된다**.

흙막이 벽체의 수평변위로 인한 **벽체 배후 지표침하의 계산법** (6.8 절) 에서는 대개 흙막이 **벽체의 수평변위로부터 추정**하거나 **흙막이 벽체와 지반을 일체로 해석**하여 구한다. 흙막이 벽체의 수평변위는 **현장에서 계측**하거나 **이론적으로 계산**하거나 **모형 시험** 또는 **수치해석**하여 구하고, 벽체 변위로 인한 손실부피가 (가정한) **지표침하 형상**에 따른 변형체적과 같다고 보고 지표침하를 계산한다.

지반을 굴착하면 여러 가지 **지반침하 발생요인**이 있고, 이들을 최대로 억제하려면 많은 굴착시공 시 주의가 필요하다. 벽체 배후 지표침하를 유발하는 **흙막이 벽체의 수평변위**는 작용외력에 의한 **벽체 휨 변형, 버팀대 압축변형**, 버팀대 설치의 **시간적 지체**로 인한 변형, **벽체 근입깊이 부족**에 의한 변형 등에 의해 발생된다. **지반굴착에 따른 흙막이 벽체 배후의 지반침하**는 흙막이 벽체가 변형됨에 따른 **배면토 이동에 의한 것만 고려**한다.

6.2 흙막이 벽체 배후 지표침하 형상과 발생 원인

지반을 굴착하고 흙막이 벽체를 설치하면 배후지반에서 주로 다음이 원인이 되어 **지반침하**가 발생한다.

- 굴착벽면이나 바닥면의 변형에 의해 생기는 **지반손실**
- 지하수에 기인한 **지반압축**
  - · 지하수위 강하에 따른 **지반의 탄성압축 및 점성토의 압밀**
  - · 지하수 흐름에 따른 **침투압에 의한 지반의 압축**

실무에서는 주로 **지반손실에 기인한 지반침하(6.2.1절)**를 고려하며, 이는 지반 상태와 흙막이 벽체의 강성 및 굴착방법에 의해 영향 받는다. **지하수에 기인한 지반 압축(6.2.2절)**은 지하수위 강하에 따른 (유효응력증가로 인한) **탄성압축**과 **점성토의 압밀** 이외에도 흐르는 지하수의 **침투압에 기인한 지반압축**이 있다.

지반굴착 시 굴착면 배후지반에서 발생되는 **지표침하의 형상**과 **발생원인**은 대단히 다양하다. **지표침하**는 현장측정하거나 **지반굴착에 따른 지반손실로부터 추정**하며, 또한 흙막이 벽체와 지반을 일체로 간주하고 해석해서 구한다.

6.2.1 흙막이 벽체 배후지반 지표침하의 발생 원인

일상적 방법으로 지반을 굴착할 때 흙막이 벽체 배후 지반에 일어나는 지표침하 발생원인은 지반 및 지보시스템의 변형이나 시공오차로 대별된다.

① 지반 및 지보시스템의 변형으로 인한 지표침하

- · 흙막이 벽체 변위에 따라 배면토가 이동하여 생기는 지반손실에 따른 지표침하
- · 배수에 의해 점성토가 압밀됨으로 인한 지표침하
- · 연약한 굴착저면의 히빙(heaving)으로 인한 벽체 배후지반의 지표침하
- · 지하수 유출시 토사가 동반·배출되어 발생되는 지표침하

② 시공오차로 인한 침하

- · 되메우기 시공불량으로 인한 배면지반의 이동 및 침하
- · 불안정 매립지반에서 말뚝 천공작업시 발생한 진동으로 인한 침하
- · 상하수도 파손 등 물 유출에 동반한 대량토사유출 및 지반함몰에 따른 침하

이상 원인들은 주로 일상적 공법으로 굴착하는 경우에 나타나는 것들이다.

설계에서는 위의 ① 항을 주로 고려하며, 계측관리를 통해 과도한 지반침하가 발생되지 않게 하여 내부굴착의 영향을 최소화한다.

위의 ② 항에서 말하는 시공오차로 인한 침하가 발생되지 않도록 지중장애물은 공사개시 전에 조사하여 대비한다. 시공 중의 작업진동, 되메우기 시공불량으로 인한 지반이동이나 압축, 지하수의 유출에 동반한 토사배출 등은 지반의 침하로 이어지므로, 이들이 발생되지 않도록 주의해서 시공한다.

6.2.2 지반손실에 기인한 지반침하

지반굴착 후 굴착면(측면 및 저면)이 변형되면, 그 만큼 주변지반이 굴착공간 내로 유입되어 **지반이 손실**(ground loss) 된다. 이렇게 지반이 손실되면 흙막이 벽체배후 지반이 유입되므로 인접 구조물의 기초나 지하 매설물이 침하되어 피해가 발생한다.

지반굴착으로 인한 **지반손실**은 여러 가지 **원인**들에 의해 발생된다(그림 6.1).

- 흙막이 벽체의 변형
- 굴착 저면의 융기
- 토류판 변형
- 벽체 배후지반의 세굴(사질토)
- 흙막이 벽체의 배면과 지반 사이 공동의 압축변형

위에서 **흙막이 벽체의 변형**이나 **굴착 저면의 융기**에 의한 지반손실은 해석적으로 추정할 수가 있다.

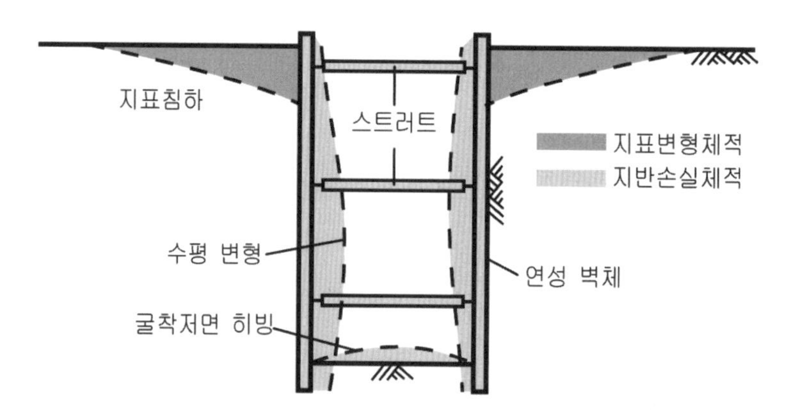

그림 6.1 흙막이 벽체의 변형과 지표침하 및 바닥융기

그렇지만 기타 원인들(토류판 변형, 지반의 세굴, 벽체배면 공동의 압축변형 등)은 지반과 벽체의 역학적 거동에 무관하고 시공 상태에 좌우되는 것들이어서 예측이 불가능하지만 주의시공하면 피할 수 있다. 따라서 지반굴착으로 인한 흙막이 벽의 수평변위와 굴착저면의 융기에 의해 발생되는 **지반손실**이 주관심대상이다.

실무에서는 **흙막이 벽체의 변형**에 의해 배후지반이 이동하여 생기는 지반손실에 따라 발생되는 굴착면 배후 지표침하를 주로 고려하며, 이에 대해서 **제 6.3 절**에서 설명한다.

굴착 저면의 융기에 의해서 발생되는 지반의 손실은 점성토에서 고려하며, 이에 대해서는 **제 6.4 절**에서 설명한다.

흙막이 벽체에서 **배후지반에서 발생되는 지표침하**는 굴착면에서 발생하는 **지반의 손실부피**와 흙막이 벽체의 배후 지반에서 발생하는 **지표침하에 기인한 변형체적**이 같다고 가정하고 구한다. 이때에 **지반손실**은 **흙막이 벽체의 수평변위에 따른 지반 손실**만 생각해도 충분한 때가 많다.

흙막이 벽체의 수평변위는 실측하거나, 이론적으로 계산하거나, 버팀구조와 주변 지반을 일체로 수치해석하여 결정한다.

굴착면 배후지반에서 **지하수에 기인한 지반침하**는 지하수위 강하에 의해 유효응력이 증가되어 발생하는 지반의 **탄성 압축(6.5 절)**과 (간극수 배수로 인한) **점성토의 압밀(6.6 절)**이 있다.

그밖에도 지하수의 하향 침투에 의한 **단위중량의 증가효과** 또는 **침투압 등으로 인하여 발생하는 지반압축(6.7 절)**이 있다. 이들은 지반굴착행위나 흙막이 벽체의 유무와는 거의 무관하게 발생된다.

6.2.3 벽체 배후 지표침하의 형상

지반굴착에 의한 배후지반의 지표침하는 지반상태와 종류 및 지하수 조건에 따라 다양한 형상으로 발생한다. 따라서 지반상태를 고려하여 **지표침하 형상**을 가정하고, 그 **치수**(최대침하량과 영향범위)는 그 변형체적이 흙막이 벽체의 수평변위에 의한 손실부피와 같다는 조건으로부터 결정한다.

실제의 지표침하는 한정된 범위의 이내에서 일어나고, **벽마찰이 있으면** 벽체의 배면에서 일정거리 이격된 위치에서 최대가 되어서 구덩이 형상(그림 6.2a)이며, **벽마찰이 없으면** 벽체의 배면에서 가장 크고 위로 볼록한 배사곡선 형상으로 발생된다(그림 6.2b).

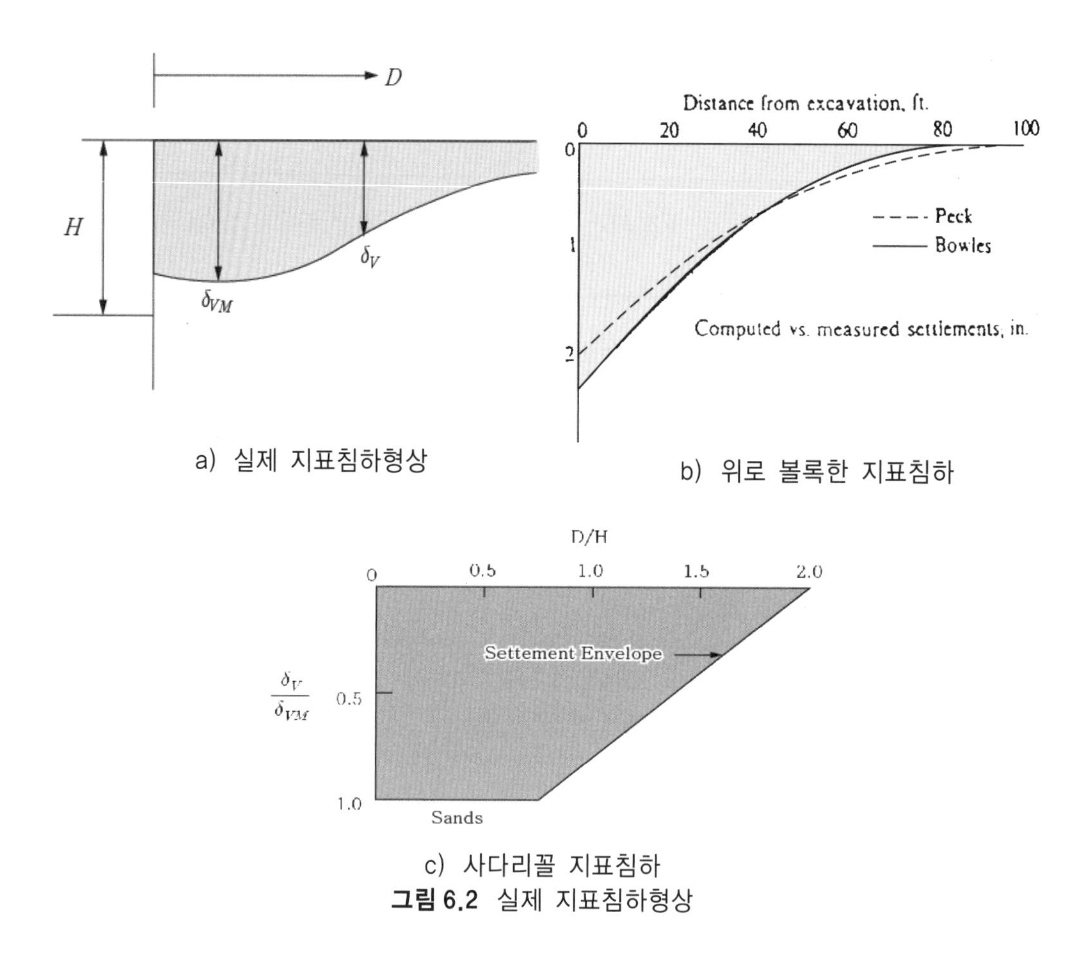

a) 실제 지표침하형상

b) 위로 볼록한 지표침하

c) 사다리꼴 지표침하

그림 6.2 실제 지표침하형상

실제 지표침하의 형상은 함수로 나타내기가 매우 어려우므로, **대수나선형**(그림 6.2b, Peck, 1969; Caspe, 1966 등)이나 **사다리꼴**(그림 6.2c, Clough 등, 1989 ; Tomlinson, 1986 등) 등으로 단순화한다.

개략 계산에서는 지표침하의 형상을 **삼각형**이나 **사각형**으로 단순화할 수 있으나, 실제 침하형상과 차이가 클 수 있다.

6.3 흙막이 벽체의 수평변위로 인한 배후지반의 지표침하

지반 내 임의 연직면은 양측에서 작용하는 수평력이 힘의 평형을 이루어서 안정된 상태이다. 그런데 그 한쪽 지반을 굴착하여 연직 굴착면의 한 쪽(전면 쪽) 측면력을 제거하면, 다른 쪽(배후 쪽) 측면력만 잔류하게 된다.

측면력이 잔류하는 굴착면 배후지반에서는 연직응력은 변하지 않지만 수평응력은 굴착면의 변위에 의존하여 변한다.

굴착면 배후에서 수평응력은 (굴착면에서 '**영**'이고) 굴착면에서 멀수록 증가하며, 일정거리(굴착영향권) 이상으로 이격되면 지반굴착의 영향이 없어져서 수평응력이 굴착 전과 같아진다. 즉, 지반굴착의 영향은 일정한 범위(**지반굴착 영향범위**) 내에 한정되는데, 사질토에서는 대개 주동쐐기와 같다.

지반을 굴착할 때 굴착면(측면 및 저면)이 변형되면, 그 만큼 주변지반이 굴착 공간 내부로 유입되어 손실되고, 흙막이 벽체 배후지반이 침하되며, 이에 따라 인접 구조물의 기초나 지하 매설물이 동반 침하되어서 피해가 발생한다.

지반굴착으로 인한 **지반손실** 중에서 **흙막이 벽체의 수평변위**와 **굴착저면의 융기**에 의해 발생되는 것이 예측이 가능하고, 주관심대상이다.

지반굴착으로 인한 **배후지반의 지표침하에 의한 변형체적**이 **굴착면 변위에 의한 지반의 손실부피**와 같다고 가정하고 구한다. 실무에서는 대개 흙막이 벽체의 수평변위에 따른 지반손실만 생각한다. **벽체의 수평변위**는 실측하거나, 이론적으로 계산하거나, 버팀구조와 주변지반을 일체로 간주하고 수치해석하여 구한다.

흙막이 벽체에서 **수평변위가 발생되는 원인(6.3.1 절)**은 흙막이 벽체에 작용하는 토압과 수압에 의한 변형, 버팀대 탄소성 변형, 버팀대 설치의 시간적 지체(단계별 설치), 흙막이 벽체 근입깊이의 부족 등이 있다.

대수나선형으로 이상화한 흙막이 벽체의 수평변위와 **배후지반 지표면의 연직 및 수평 변위(6.3.2 절)**는 그림 6.2 와 같고, 벽체로부터 일정한 거리만큼 이격된 위치에서 지표 연직침하와 벽체 수평변위의 비가 최대가 되는 위치가 존재한다.

6.3.1 흙막이 벽체 수평변위 발생원인

흙막이 벽체가 변위를 일으키면 배후지반에서 **지반침하가 발생**된다. **흙막이 벽체의 수평변위**는 다음 원인에 의해 발생된다.

- 작용력(토압 및 수압)에 의한 **벽체의 휨 변형**
- **버팀대의 탄소성 압축변형**
- 설치 시 **시간적 지체**로 인한 버팀대의 변형(단계별 설치)
- **벽체 근입깊이 부족**에 의한 변형

1) 작용력에 의한 흙막이 벽체의 휨

흙막이 벽체에 작용하는 힘에 의한 벽체의 휨(bending)은 버팀대의 변형과 유관하게 발생하므로 예측이 가능하다. 벽체의 휨 량은 굴착 시 최하단 버팀대 위치에서 **굴착저면 가상 지지점까지 거리**와 (굴착깊이 및 지반조건에 좌우됨) **흙막이 벽체의 강성**(rigidity stiffness) 및 **지반조건**에 따라 다르다.

2) 버팀대의 변형

흙막이 벽체 버팀대에서 일어나는 압축변형은 **버팀 부재의 탄성 압축변형**과 **좌굴에 의한 변형** 및 **흙막이 벽체와 연결부의 변형**을 합한 크기이다(버팀대 대신 앵커를 설치한 경우에는 좌굴변형을 제외).

버팀부재의 탄성변형과 좌굴에 의한 변형은 온도응력을 포함한 설계응력으로부터 정확히 추정 할 수 있다. 그러나 흙막이 벽에 연결되는 연결부 변형은 시공 상태에 의해 좌우되며, 연결부는 최대한 밀착해서 시공해야 한다. **버팀대에 대해 선행하중**(pre-stressing)을 가할 때에 특히 유의할 필요가 있다.

3) 버팀대 설치 시 시간적 지체

흙막이 벽체의 버팀대를 설치할 때 **발생되는 흙막이 벽체 변형의 원인**은 두 가지가 있다. 즉, 버팀대 설치 시 지반을 **과굴착**되거나 **버팀대 설치지연**으로 인해 **흙막이 벽체가 변형**된 경우가 있다.

지반을 **과굴착**하면 버팀대의 설치간격이 벌어져서 변형이 크게 발생한다. 굴착 후 **버팀대 설치가 지연**되면 버팀대가 그 기능을 발휘하기 전에 반력이 최대가 되어 벽체에 과도한 변위가 발생된다.

버팀대 반력이 최대가 되는 시간은 (지반의 creep 특성에 따라 다르지만) 실측한 기록에서 점성토에서는 4~8 일 정도 (단, 액상 연약지반 제외), 사질토에서는 2~3 일 정도로 알려져 있다. 따라서 버팀대는 가급적 조기에 설치해야 하고, 굴착규모가 큰 경우에는 공구를 분할하여 버팀대 설치가 지연되지 않도록 할 필요가 있다.

4) 흙막이 벽체의 근입깊이에 의한 영향

흙막이 벽체의 근입깊이가 부족하면 벽체 근입부가 변형되거나 이동하여 굴착부 하부지반이 활동하며, 근입깊이 부족에 의한 영향은 비교적 크고 광범위하게 발생한다. 한편, 지하수위가 높은 사질지반에서는 흙막이 벽체의 근입 깊이를 결정할 때에 boilling에 대한 영향을 검토하여야 하는데 근입깊이와 영향이 매우 크다.

6.3.2 흙막이 벽체의 수평변위와 지표의 연직 및 수평변위

흙막이 벽체 배후 지표지반의 연직변위와 수평변위는 흙막이 벽체의 수평 변위와 밀접한 관계가 있다.

흙막이 벽체 배후 지표면의 연직침하는 벽마찰이 없으면 벽체 배면에서 최대이고 벽마찰이 있으면 벽체로부터 일정한 거리만큼 이격된 위치에서 최대이고 그 후에는 멀리 이격될수록 감소한다. 지표면의 침하형상은 대수나선형으로 가정할 수 있고, 사다리꼴로 가정할 수도 있다.

흙막이 벽체의 수평변위는 시스템 강성이 커질수록 완만하게 감소하고, 굴착저면의 히빙파괴에 대한 안전율이 커질수록 작게 발생되었다. 그밖에 버팀대 강성, 연결부 효과, 굴착 폭, 선행하중 및 점토의 비등방성 등에 의해서도 영향을 받지만, 그 효과는 비교적 작은 것으로 알려져 있다.

1) 지표면의 연직변위

흙막이 벽체의 배후에서 **지표면의 연직침하 형상**은 **대수나선형**으로 가정할 수 있으며, 연직 지표침하 δ_V 는 벽체로부터 일정 이격거리에서 최대 값 δ_{VM} 가 되고, 그 후에는 벽체로부터 멀어질수록 감소한다. 점토에서 (압밀의 영향이 없는 경우에는) 흙막이 벽체 배후에서 지표면의 **연직 지표 침하** δ_{VM} 은 **흙막이 벽체의 최대 수평변위** δ_{LM} 과 같은 크기로 발생된다고 간주해도 좋다.

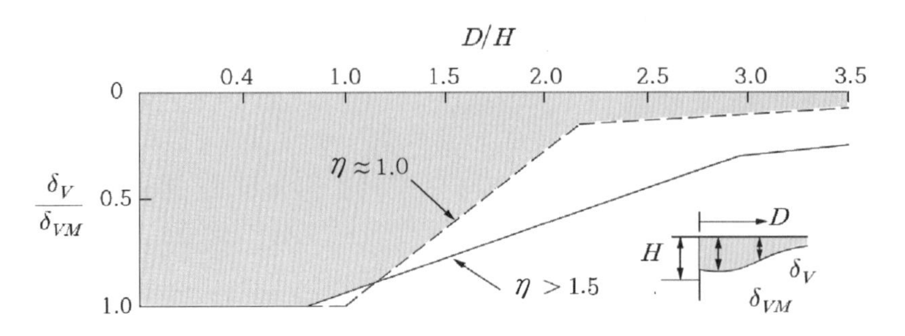

그림 6.3 점토에서 벽체 배후지반의 지표침하 (Mana/Clough, 1981)

흙막이 벽체의 배후에서 **연직 지표침하** δ_V를 최대 연직 지표변위 δ_{VM}에 대한 비 δ_V/δ_{VM}로 나타내고, **벽체로부터 이격거리** D를 벽체의 높이 H에 대한 비 D/H로 나타내면, 그림 6.3과 같은 직선조합형 분포로 된다 (Mana/Clough, 1981). 이때에 안전율이 클수록 넓은 영역에서 지표면이 침하하므로 침하면 기울기가 완만하다.

연직 지표침하는 벽체로부터 거리 D가 굴착깊이 H와 동일한 크기가 될 때 (즉, $D/H \leq 1.0$) 까지는 안전율과 무관하게 일정한 크기로 발생하며, $2.0 < D/H < 3.5$ 범위에서는 연직 지표침하 곡선의 기울기가 완만하므로, 그 곳에 위치한 구조물은 부등침하가 일어날 가능성이 적다.

그렇지만 $1.0 < D/H < 2.5$ 범위에서는 지표침하곡선의 경사가 급하기 때문에 그 곳에 위치한 구조물은 불균등하게 침하되어서 기울어진다. 그리고 $D/H \simeq 1.0$ 이나 $2.0 < D/H < 3.5$ 의 범위에서는 지표침하 곡선의 기울기가 급변하므로, 그 곳에 위치한 구조물은 꺾여 진다.

2) 지표면의 수평변위

흙막이 벽체 배후지반이 점토이면 **지표면 수평변위**도 발생되며, 그 크기는 벽체로부터 이격거리에 따라 다르다.

이와 같은 사실은 세로축은 수평 지표변위 δ_L을 흙막이 벽체의 최대 수평변위 δ_{LM}으로 나눈 값 즉, δ_L/δ_{LM}으로 하고, 가로 축은 흙막이 벽체로부터 이격 거리 D를 굴착 깊이 H로 무차원화 한 값 즉, D/H로 나타낸 $\delta_L/\delta_{LM} - D/H$ 관계에서 확인할 수 있다.

즉, **수평 지표변위**를 이격거리별로 나타내면, 흙막이 벽체로부터 이격거리에 따른 **수평 지표변위의 분포**는 그림 6.4 와 같이 대칭형에 가깝다.

히빙 파괴에 대한 안전율이 큰 경우에는 벽체 배후지반의 지표면이 흙막이 벽체에서 발생된 최대수평변위와 거의 같은 크기로 수평 이동하기 때문에 $\delta_L/\delta_{LM} \simeq 1.0$ 이 된다.

수평 지표변위는 벽체의 배면에서는 벽체의 최대 수평변위에 비해 작고, 벽체의 배면으로부터 멀어질수록 점차 증가하여 $1.0 < D/H < 1.5$ 사이에서 최대 값이 된다.

이때에 최대 수평 지표변위는 히빙파괴에 대한 안전율이 클수록 크며, 벽체로부터 먼 곳 즉, $D/H \fallingdotseq 1.5$ 에서 발생하고, 그 보다 더 멀리 떨어진 곳에서는 감소하여 $D/H = 4$ 에서는 흙막이 벽체의 배면에서와 거의 같아진다.

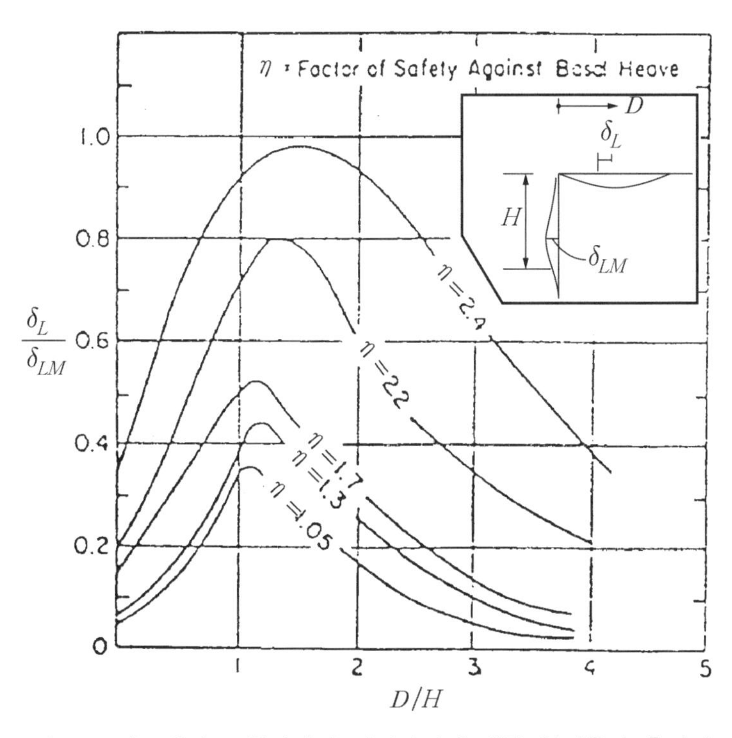

그림 6.4 점토에서 굴착저면의 히빙파괴에 대한 안전율과 흙막이 벽체의 최대수평변위 및 배후지반 수평 지표변위의 관계 (Clough et al. 1989)

6.4 굴착저면의 히빙에 의한 지반침하

지반굴착으로 인한 지반변형에 따른 **지반손실**은 주로 흙막이 **벽체의 수평변위** (6.3 절) 와 **굴착저면의 융기** (6.4 절) 에 의해서 발생된다.

점성토를 굴착할 때 발생하는 굴착 바닥면의 히빙에 의한 지반손실은 (포화 점성토는 등체적 변형한다고 가정하고) Terzagh (1965) 가 **굴착저면의 히빙 파괴**에 대한 안전율을 계산하기 위해서 제한한 점성토의 **히빙 파괴모델**을 적용하여 계산한다 (Clough et al., 1989).

점성토 굴착 시 굴착저면은 그림 6.5 와 같이 하부지반 두께에 따라 다른 크기로 히빙 파괴되며, 포화상태 점성토에서는 (등체적 변형되고, 내부 마찰각이 '**영**' 이므로) 파괴체가 단순한 모양으로 형성된다.

히빙 파괴체는 흙막이 벽체의 배후지반에서는 일정한 폭 (두꺼운 지반에서는 굴착 폭 B 의 $1/\sqrt{2}$ 배, 두껍지 않은 지반에서는 굴착저면 하부지반두께 D 와 같은 폭) 으로 생성되며, 히빙 파괴체에 포함된 지반에서는 지표가 균등한 크기로 침하된다.

따라서 **굴착저면의 히빙 량**으로부터 흙막이 벽체 배후지반의 지표침하령을 계산할 수 있다.

굴착저면 하부지반의 두께가 얇은 경우 ($D < B/\sqrt{2}$) 또는 굴착저면이 넓어서 그 두께 D 가 전체적 히빙 파괴가 일어날 수 있을 만큼 충분하지 않은 경우에는 **굴착저면**에서 히빙 파괴가 국부적으로 (폭 $\sqrt{2}D$) 발생된다.

이로 인해 흙막이 **벽체 배후지반**에서는 히빙 파괴체가 지표까지 폭 D (굴착저면 하부지반의 두께와 같은 크기) 로 생성된다.

이때 점성토는 등체적 변형되기 때문에 굴착저면의 히빙 부피와 동일한 변위체적으로 벽체 배후지반의 지표면이 침하되며 (그림 6.5a), 지표면의 침하는 히빙 파괴체 영역 내 (폭 D) 에서는 균등한 크기로 발생되고, 그 크기는 굴착 저면의 히빙 변위 s_{uu} 보다 약간 더 크다.

굴착저면의 하부지반이 충분히 두꺼운 경우 ($D \geq B/\sqrt{2}$) 에는 히빙 파괴가 굴착저면 전체 면적에서 (즉, 굴착 폭과 같은 크기로) 발생한다.

흙막이 벽체 배후에서는 굴착 폭의 $1/\sqrt{2}$ 배 (즉, $B/\sqrt{2}$) 로 히빙 파괴체가 형성되어서 굴착저면의 히빙에 의해 벽체 배후의 지표면이 침하된다 (그림6.5b).

따라서 굴착저면의 히빙으로 인해서 발생되는 흙막이 벽체 배후지반의 **지표침하 s** 는 흙막이 벽체 배후지반의 히빙파괴 영역 (벽체 배면으로부터 거리 l) 이내에서 발생되며, 이 영역은 하부지반의 두께에 따라 다음과 같고,

$l = D$; 국부적 히빙파괴 시 ($D < (B/\sqrt{2})$)

$l = B/\sqrt{2}$; 전체적 히빙파괴 시 ($D \geq (B/\sqrt{2})$)

연직 지표침하 s 는 히빙 변위량 s_{uu} 로부터 계산할 수 있다.

$$s = \frac{s_{uu}B}{B/\sqrt{2}} = \sqrt{2}\,s_{uu} \tag{6.1}$$

히빙 파괴는 지반의 전단파괴이므로 점성토에서 **히빙파괴에 대한 안전율**이 작으면, 지반은 지지력이 작은 연성지반이다.

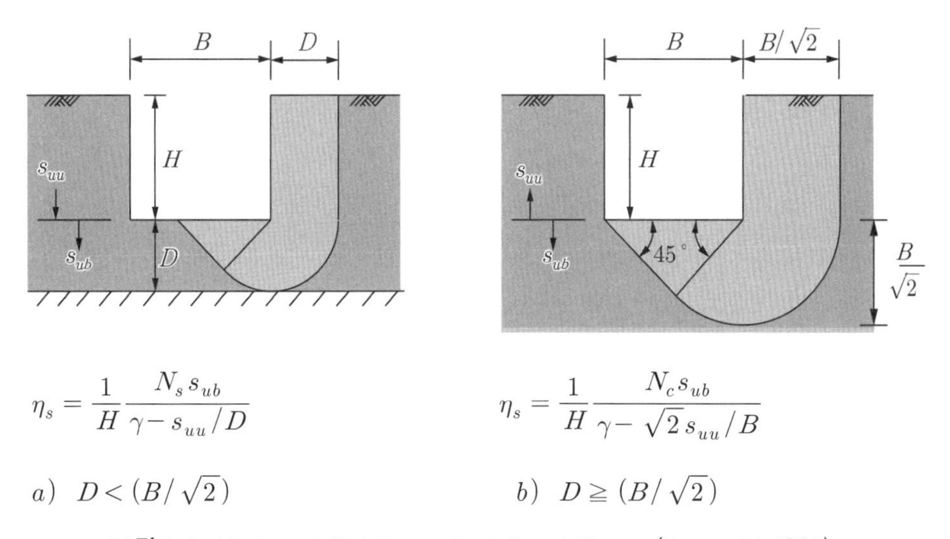

그림 6.5 Factor of Safety against Basal Heave (Terzaghi, 1965)

6.5 지하수위 변화에 의한 지반의 탄성침하

지하수위면 이하로 굴착하는 지반이 (투수계수가 큰) 사질토이면 지반굴착 즉시 배수되므로 굴착면에서 물이 비치지 않고, (투수계수가 작은) 점성토이면 배후지반의 물이 굴착면에 도달하는데 (공사기간에 비해) 긴 시간이 소요되므로 굴착하는 동안 굴착면에서 물이 보이지 않는다.

따라서 굴착완료 시점에서 굴착면의 지하수위를 정확하게 알기가 매우 어렵다.

시간이 충분히 경과된 경우에 대해서는 굴착면의 지하수위가 굴착저면 레벨까지 강하되었다고 보고 침윤선을 구한다. 그러나 굴착면 배후로 일정 거리만큼 이격된 위치에서는 지하수위는 지반의 투수계수와 초기의 지하수위에 따라 다르다.

점성토에서는 (투수계수가 매우 작으므로) 공사기간 동안에는 (벽체 배면의 아주 근접한 영역을 제외한 영역에서) 지하수위 면이 거의 변하지 않을 수 있다. 그러나 **조립토**에서는 (투수계수가 커서) 공사기간 동안 배수되기 때문에 굴착면부터 일정한 거리 이내에 **곡선형태 침윤선**이 형성된다. 지하수 배수의 영향이 미치는 범위 즉, 거리를 **배수영향권** (drainage influence area) 이라 한다.

그런데 **침하영향권**은 대체로 **배수영향권**에 비해 크지 않으므로 점성토나 조립토에서는 침하영향권 내 **침윤선**을 수평으로 간주해도 무방할 경우가 많다.

보통 상태 흙 지반에서 **투수계수가 크지 않으면** 침윤선이 급한 기울기로 형성되어서 지하수위 강하에 의해 상부구조물이 받는 영향이 클 수 있다. **투수계수가 크면** 침윤선이 완만한 기울기로 형성된다. 따라서 구조물 손상에 관련된 침윤선의 계산은 투수계수가 너무 작거나 (점토) 너무 크지 않은 (조립토) 경우에 그 비중이 더 크다.

지반굴착 시 굴착면 배후에서 **지하수에 관련된 지반의 압축**은 지하수위 강하에 의한 유효응력 증가에 따른 **지반의 탄성압축 (6.5 절)** 및 **점성토의 압밀 (6.6 절)** 및 흐르는 지하수의 침투압에 의한 **지반의 압축 (6.7 절)** 등이 있다.

지반을 굴착하면 배후지반에서는 지하수위가 강하되어 지반 내 유효응력이 증가되며, 이로 인해 구조골격이 압축되어 지반이 **탄성 압축**된다. 이때 유효응력 증가량은 지하수위 강하량에 비례하므로, 지하수위 강하량이 클수록 지반침하도 크게 일어난다.

지하수위를 굴착저면에 유지하면서 지반을 굴착하면, **굴착벽면 내측 최하단 바닥**에서 지하수위는 굴착저면과 같고 (굴착벽면에서 충분히 멀리 떨어진) **배수 영향권** R의 외곽에서는 초기 지하수위 H를 유지한다.

그리고 지하수위면(즉, **침윤선,** seepage line)은 **굴착벽면 내측 최하단 바닥**과 **배수 영향권 R**의 사이를 잇는 곡선형상으로 형성된다.

흙막이 벽체 배후의 배수 영향권 내 지반에서 지하수위면 즉, **침윤선**은 곡선형상이 되며, **Darcy의 법칙**을 적용하고 **연속방정식**(equation of continuity)을 풀어서 구하거나, **포물선**으로 가정한다.

6.5.1 연속방정식으로 계산

굴착공간과 그 주변지반의 지하수 흐름은 굴착공간을 **수평우물이나 원형우물**로 간주하고 우물 주변 지반에 대해 계산한다.

1) 수평우물

굴착한 공간을 수평우물로 간주할 때에는 미 공병단(US Corps of Engineers)의 식으로 **배수 영향권 R**을 계산할 수가 있는데, 이 식은 차원이 맞지 않는 단순한 경험식이다(단, $H\,[m]$ 초기의 지하수위 ; $h\,[m]$ 굴착면 내부의 지하수위 ; $k\,[m/s]$ 투수계수이다).

$$R = 1500(H-h)\sqrt{k} \tag{6.2}$$

Dupuit(1863)은 **수평우물**에 대해 **배수영향권 R** 이내에서 등수두선(potential line)이 하부 불투수층의 경계면에 대해 수직이라고 가정하고, **Darcy 법칙**을 적용하고 **연속방정식**을 풀어서 다음 침윤선식을 구하였다.

$$z = \sqrt{h^2 + (H^2 - h^2)\frac{x}{R}} \qquad \left(\frac{z^2 - h^2}{H^2 - h^2} = \frac{x}{R}\right) \tag{6.3}$$

위 식에서 x와 R은 수평우물의 연직 중심축(여기에서는 굴착저면 연직중심축)으로부터 임의 위치와 배수영향권의 수평거리이고, h와 z 및 H는 하부 불투수층 경계로부터 연직거리이다.

따라서 임의 위치 즉, 굴착저면 중심에서 x만큼 이격된 위치에서 침윤선의 수위 z를 계산할 수 있다.

2) 연직우물

굴착한 공간을 굴착저면과 면적이 동일한 **등가 원형우물**로 간주할 수 있고, 이때에는 Sichardt (1927) 의 경험식으로 **배수 영향권 R** 을 계산한다.

$$R = 3000(H-h)\sqrt{k} \tag{6.4}$$

배수 영향권 R 이내에서 연직우물 주변지반에 발생하는 침윤선은 Thiem (1870) 의 식으로 계산할 수 있다.

$$z_2 = \sqrt{z_1^2 + \frac{H^2 - h^2}{\ln R/r} \ln\left(\frac{x_2}{x_1}\right)} \tag{6.5}$$

위 식의 r 과 h 는 **연직우물** 중심축으로부터 원형 우물의 벽면까지의 수평거리와 수위이고, x_1 과 z_1 및 x_2 와 z_2 는 각각 침윤선 상의 절점 1 과 절점 2 의 연직우물 중심축으로부터 수평거리와 수위이다.

따라서 위 식을 적용하여 굴착저면 중심에서 x_2 만큼 이격된 위치에서 침윤선의 수위 z_2 를 계산할 수 있다.

6.5.2 포물선으로 가정

지하수위가 강하됨에 따라 유효응력이 증가해서 발생되는 지반침하는 (유효응력 증가량이 지하수위의 강하량에 비례하므로) 포물선과 유사한 형상이 된다.

침윤선은 **포물선**으로 가정하고 구할 수 있다. 이때 포물선의 초점이 굴착면상에 있는 것으로 간주하면, **포물선 초점거리 S** 는 배수 영향권 R 과 초기 지하수위 H 로부터 구할 수 있다.

$$S = \sqrt{R^2 + H^2} - R \tag{6.6}$$

따라서 **포물선의 식**은 다음이 된다.

$$z = \sqrt{S^2 + 2xS} \quad \left(x = \frac{z^2 - S^2}{2S}\right) \tag{6.7}$$

위 식에서 x 는 **흙막이 벽면으로부터 수평거리**이고, z 는 **굴착저면으로부터 연직거리**이다.

6.6 침투압에 의한 지반의 압축과 이완

지반굴착 시 굴착면 배후에서 **지하수에 기인한 지반의 압축**은 지하수위 강하로 인한 유효응력 증가에 따라 발생하는 **지반의 탄성압축** (6.5 절) 과 **점성토 압밀** (6.6 절) 및 흐르는 지하수의 침투압에 의한 **지반의 압축** (6.7 절) 에 의해 발생된다.

흐르는 지하수는 흙 입자에 유선방향으로 침투력을 가하고, 하향 침투되면 침투압이 작용하여 **단위중량 증가효과**가 생겨서 **흙의 구조골격이 압축**되며, **연직 유효응력이 증가**된다. **이방성 지반의 침투**는 등방성 지반과 다르며 과소평가될 수 있는 소지가 있다. **침투력**은 외력으로 작용하여 지반을 변형시키고, **지반의 안정문제** (**지반침하, 널말뚝 주변지반의 침투파괴, 지반의 내부침식** 등) 를 발생시킨다.

그림 6.6 과 같이 투수성이 큰 모래질 자갈층 사이에 투수성 작은 점토층이 분포하는 지반에서 흙막이 벽을 설치하고 벽체의 전면 지반을 굴착하면, 하부 모래질 자갈층에서 수두가 작아져서 점토층 상부경계와 하부 경계에서 수두차가 발생되고, 이에 의해 물이 점토층을 통과하여 하부 모래질 자갈층으로 흐르며, 이때 침투압은 점토층을 통과하면서 감소된다.

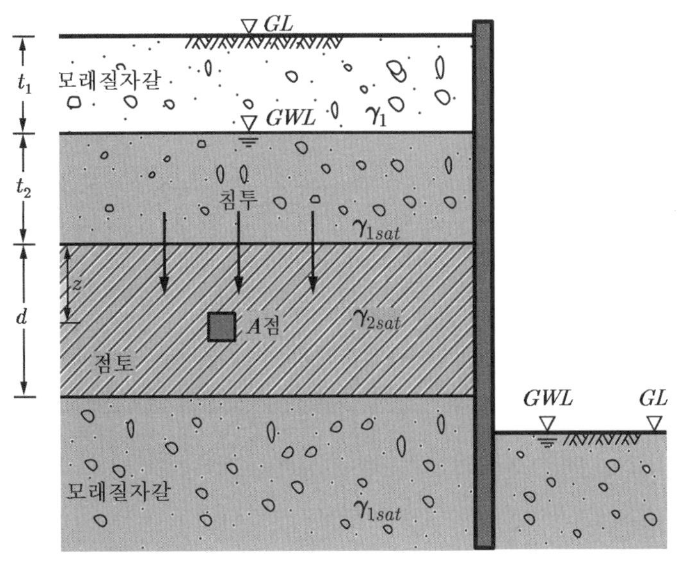

그림 6.6 연직 침투에 의한 지반침하

점토층 상부경계에서 깊이 z 인 A 점의 **초기연직응력** σ_{vo} 와 **초기간극수압** u_o 및 **초기 연직유효응력** σ_{vo}' 는 다음이 되고,

$$\sigma_{vo} = \gamma_1 t_1 + \gamma_{1\,sat}\, t_2 + \gamma_{2\,sat}\, z \tag{6.8a}$$

$$u_o = (t_2 + z)\gamma_w \tag{6.8b}$$

$$\sigma_{vo}' = \sigma_{vo} - u_o = \gamma_1 t_1 + \gamma_1' t_2 + \gamma_2' z \tag{6.8c}$$

물이 점토층 (두께 d) 을 통과하는 사이에 수두가 Δh 만큼 작아져서 연직 하향 동수경사는 $i = \Delta h / d$ 가 된다. 하향침투 후 점토층 내 A 점의 **연직응력** σ_v 와 **간극수압** u 및 **연직유효응력** σ_v' 은 다음과 같다.

$$\sigma_v = \sigma_{v_0} \tag{6.9a}$$

$$u = u_0 - \Delta u = u_0 - i\gamma_w z \tag{6.9b}$$

$$\sigma_v' = \sigma_{v_0}' + i\gamma_w z = \gamma_1 t_1 + \gamma_1' t_2 + (\gamma_2' + i\gamma_w) z \tag{6.9c}$$

따라서 점토층의 무게가 침투력만큼 증가되어서, A 점의 연직 **유효응력증가량** $\Delta\sigma_v'$ 은 다음이 된다.

$$\Delta\sigma_v' = \sigma_v' - \sigma_{v_0}' = i\gamma_w z \tag{6.10}$$

이런 상황을 종합하면, 점토층내 A 점의 침투 전·후의 연직응력상태는 다음 표 6.1 과 같다.

표 6.1 침투 전후의 응력상태

	침 투 전	침 투 중
전응력 σ_v	$\sigma_{v_0} = \gamma_1 t_1 + \gamma_{1sat}\, t_2 + \gamma_{2sat}\, z$ (식 6.8a)	$\sigma_v = \sigma_{v_0} = \gamma_1 t_1 + \gamma_{1sat}\, t_2 + \gamma_{2sat}\, z$ (식 6.9a)
간극수압 u	$u_0 = (t_2 + z)\gamma_w$ (식 6.8b)	$u = u_0 - \Delta u = u_0 - i\gamma_w z$ (식 6.9b)
유효응력 σ_v'	$\sigma_{v_0}' = \sigma_{v_0} - u_0 = \gamma_1 t_1 + \gamma_1' t_2 + \gamma_2' z$ (식 6.8c)	$\sigma_v' = \sigma_v - u = \sigma_{v_0}' + i\gamma_w z$ (식 6.9c)

그림 6.6 과 같이 모래질 자갈층 사이에 두께 d =2.0 m 인 점토층이 분포되어 있는 지반을 굴착할 경우를 생각한다. 굴착공사로 인해 하향침투가 생겨서 점토층 상부와 하부 경계면에서 발생되는 수두차가 6.0 m 이면, 점토층의 중앙부 A 점에서는 유효연직응력 (식 6.10) 이 $\Delta\sigma'_v = i\gamma_w z = (6.0/2.0)(10)(1.0) \simeq 30\ kPa$ 만큼 증가한다.

6.7 지반굴착에 따른 흙막이 벽체 배후지반의 지표침하 추정

지반굴착으로 인해 주변지반이 침하되면 인접한 건물의 미관이나 기능이 손상되고 그 안정성이 영향을 받는다. **배후지반의 지반침하계산**에서는 흙막이 벽체의 변위에 따른 **배면토 이동으로 인하여 발생되는 것**만을 고려하고, **구조적 안정성**과 **사용상 기능유지**로부터 **지반침하에 따른 구조물의 안정 기준치**를 결정한다. 구조적인 안정성은 직접기초이면 건물의 침하나 경사로부터 판단하고, 허용치는 과거 균열상황과 침하 및 경사에 대한 조사결과와 구조물 중요도를 감안하여 결정한다.

6.7.1 흙막이 벽체 변위에 따른 배후지반의 침하예측법

배후지반의 지반침하계산에서는 흙막이 벽체의 변위에 의한 **배면토 이동으로 인해 발생되는 것만** 고려하며, 점성토 압밀침하량은 별도로 검토한다. 지반굴착에 따른 지반변위는 **경험적** 또는 **반경험적 해석**, **이론적 해석**, **현장 계측** 등 여러 가지 방법으로 산정할 수 있다.

흙막이 벽체에서 횡방향 변위가 발생되면 그 만큼 주위지반이 유입되어 손실되는데, 이를 **지반손실** (ground loss) 이라 하며, 지반이 **등체적 변형**되면 지반손실량 만큼 **지표가 침하**된다.

흙막이 벽체의 변위에 따른 주변지반 지표침하는 **버팀구조와 주변지반을 일체로 해석** (유한요소법 및 유한차분법) **하여 산정**하거나, (실측하거나 계산하여 구한) **흙막이 벽체의 수평변위로부터 추정**한다.

흙막이 벽체의 수평변위는 **계측**하거나, **이론**적으로 구하며, 그밖에 **유한요소법**이나 **소성이론**으로 구할 수도 있다.

흙막이 벽체 배후지반의 지표침하를 구하는 방법은 지표침하 형상을 가정하는 방법이나 **흙막이 벽체의 수평 변위**를 계산하는 방법에 따라 다양하게 개발되었고, 각각에 따라 결과의 차이가 난다. 여기에서는 실무에서 자주 이용하는 방법들을 위주로 설명한다.

- 수치해석 (유한요소법, 유한차분법) 에 의한 침하예측
- 이론적 및 경험적 추정방법
- Peck (1969) 의 곡선 : 계측 결과 이용
- Caspe (1968) 의 방법: 이론적 방법
- Clough et al (1989) 의 방법 : 계측결과 및 FEM 해석

1) 유한요소법 및 유한차분법에 의한 배후지반 침하예측

굴착공사에 따른 굴착면 배후지반의 침하나 굴착면 수평변위를 정량적으로 파악하기 위하여 유한요소법을 적용할 수 있다. 유한요소법은 지반 전체와 지보시스템 전체를 일체로 모델링하고 굴착단계별 배후지반의 침하나 수평변위 등을 구할 수 있는데, 지반과 지지구조체를 동시 즉, 지반 - 구조물 상호거동을 고려한 해석이다.

그러나 이를 위해서는 대상 지반 및 흙막이 구조물의 거동을 정확히 나타낼 수 있는 응력-변형률 관계가 필수 요구사항이며, 해석결과의 적합성에 매우 큰 영향을 미친다. 벽체와 지반사이에는 interface 요소가 고려되어야 한다. 지반굴착이 기존 구조물에 미치는 영향은 다음 방법으로 해석한다.

- 지반변형에 의해 기존 구조물이 변형된다고 보고 해석
- 지반과 구조물을 일체로 보고 해석
- 기존 구조물에 굴착으로 인해 변화된 하중조건을 부여하고 해석

2) 기존구조물에 미치는 영향예측

① 지반변형에 의해 기존구조물이 변형되었다고 보고 해석 ;

기존 구조물의 규모나 휨 강성이 작아서 기존 구조물을 무시하고 해석하여도 큰 차이가 없다고 판단되는 경우에 적용한다. 즉, 기존구조물이 없다고 보고 해석한 후에, 계산된 변형을 기존 구조물에 발생된 변형으로 간주한다.

② 지반과 기존 구조물을 일체로 보고 해석 ;

구모나 휨 강성이 중간정도 이어서 구조물 - 지반의 상호작용을 무시할 수 없는 경우에 적용한다. 굴착공사와 기존구조물을 동일한 2차원 모델로 표현하고, 일체로 취급한다.

③ 기존 구조물에 굴착으로 변화된 하중조건을 부여하고 해석 ;

기존 구조물의 규모와 휨 강성이 크고, 근접시공해도 구조물의 변위나 휨 변형이 매우 작고 구조물 - 지반 상호거동을 무시할 수 있는 경우에 적용한다. 지반굴착의 영향은 굴착 저면에 작용하는 **지반응력의 이완**으로 생각하고, 굴착 저면에 굴착에 상응하는 외력을 작용시켜 그 하중에 의한 기존 구조물의 압력변화를 구하고 구조물에 작용시켜서 응력-변형률을 구한다.

지반굴착으로 잉해 발생하는 주변지반의 변형을 추정하여 **인접한 구조물이** 받는 **영향**을 검토하며, 이때에 **침하 추정방법**에 따라 결과의 차이가 크다. 여기에서는 실무에서 비교적 자주 적용하는 방법을 주로 설명한다.

Peck (1969), Caspe (1966), Clough et al. (1984) 의 방법으로는 **지표침하량을 추정**할 수 있다.

지표침하는 **흙막이 벽체의 휨에 의한 변형량 즉, 지반 손실량과 동일한 양으로 지표침하에 이한 변형체적이 유발된다** 가정하고 해석한다.

실무에서는 **Caspe 이론**을 자주 적용하는 경향이며, Caspe 이론은 수치해석하기는 간편하지만 지표침하의 형상을 대수나선형으로 고정하기 때문에 실제 침하량과 형상이 반드시 일치하지는 않는다.

그리고 Caspe (1966) 는 굴착 완료단계에 대해서 흙막이 벽체의 수평변위에 의한 변위체적과 동일한 변위체적으로 유발되는 지표침하를 구하였다. 이때에 지표침하 형상을 대수나선형으로 가정하고 해석하여 벽체로부터 이격거리별 지표침하량을 구하였다.

그렇지만 지하수위 강하에 의해 증가된 유효응력에 따른 침하는 별도로 계산하였다.

6.7.2 이론 및 계측결과 이용한 경험적 추정방법

흙막이 벽체에 대한 이론들은 여러 가지가 있겠으나 대체로 벽체와 지반사이의 마찰력을 무시하기 때문에 그 신빙성이 떨어지는 경우가 많다. 따라서 여기에서는 실무에서 비교적 자주 이용되는 몇 가지 이론만을 소개한다.

1) Peck 곡선

Peck (1969) 은 과거의 계측결과들로부터 추정하여 지반의 종류별로 강 널말뚝 등 강성이 작은 흙막이 벽체에 대한 **지표침하곡선의 형상**을 개략적으로 나타내었다. 지반을 단계별로 굴착할 때에 발생하는 흙막이 벽체 배후지반에서 지표면의 침하는 굴착하는 방법이나 경계조건이 같은 경우에 한해 현장에서 측정한 결과를 참조하여 예측할 수 있다.

그림 6.7a 는 가로 축에는 **침하 영향권**을 (**최대 굴착깊이로 정규화**하여) 나타내고, 세로 축에는 **침하량을** (**굴착깊이로 정규화**하여) 나타낸 것이다. 지표침하는 흙막이 벽체의 배면 접촉부에서 가장 크고, 벽면에서 거리가 멀어질수록 서서히 감소하여 그 형상이 위로 오목한 배사곡선이 되며, 지반상태나 작업요건에 따라 일정한 영역에 국한되어 된다.

이때 지표침하의 형상은 지반상태와 작업조건에 따라 영향을 받으며, 지표침하의 영향영역은 다음과 같이 3 영역으로 구분한다.

영역 I : 모래, 연약-단단한 점토에서 보통 작업조건하에 굴착하는 경우

영역 II : 1) 매우연약 - 연약 점토
굴착저면 하부에 **한정된 두께로 점토층**이 분포
굴착저면 하부에 **상당한 두께로 점토**가 분포한 경우 $N_b < 5.14$
2) 시공상문제로 침하가 발생한 경우

영역 III : 굴착저면 하부에 매우 연약-연약한 점토층이 상당한 두께로 존재 ;
단, $K_o = \dfrac{\gamma H}{Cb} > 5.14$

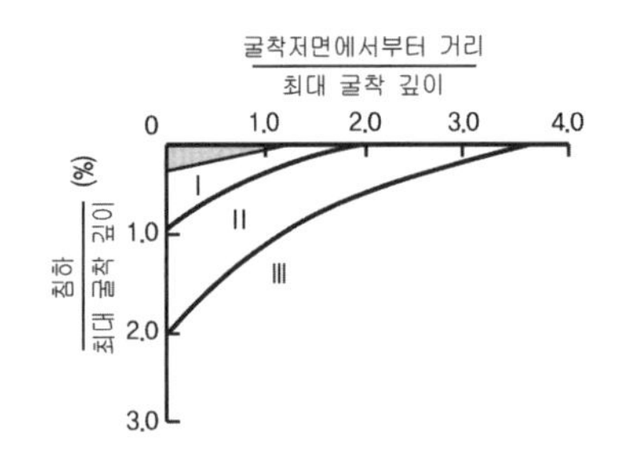

a) 지표침하형상 (Peck,1969)

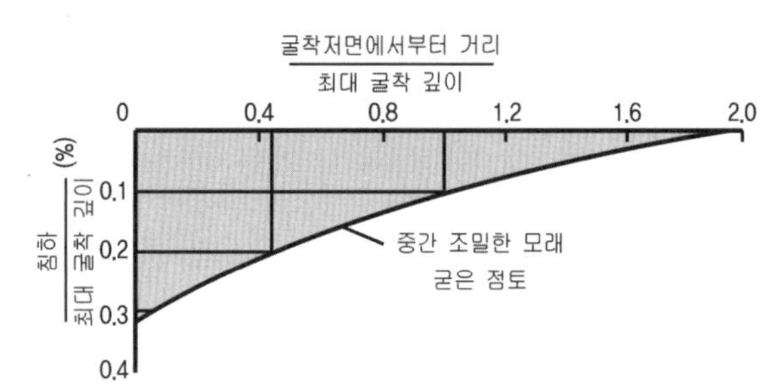

b) 지표침하 (보통-조밀 모래, 양호한 작업조건)

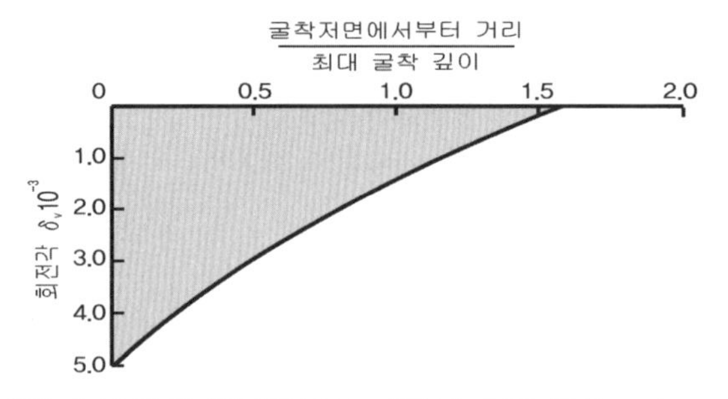

c) 지표 침하량과 각변위 원적토에서 개략적 지표 (O'Rourke et. al, 1976)

그림 6.7 흙막이 벽체 배후 지표침하 예측

2) Caspe 의 방법

Caspe (1966) 는 굴착 완료단계에서 흙막이 벽체의 수평변위에 의한 변위체적과 동일한 변위체적으로 유발되는 지표침하 형상을 대수나선형으로 가정하고 해석하여 벽체로부터 이격거리별 지표침하량을 구했다. Caspe **이론**은 수치해석이 간편하지만 침하형상을 대수나선형으로 가정하므로 실제 침하량과 반드시 일치하지는 않는다.

Caspe **이론**은 수치해석이 간편하며, 일정한 순서로 적용하여 흙막이 벽체 배후지반 지표침하 형상을 대수나선형으로 가정하고 계산하고, 주로 점성토에 적용한다.

① 각 굴착단계별 (**계측**하거나 **추정**하여) **벽체의 횡방향 최대변위량**을 구한다.

② **수평변위체적** V_i 를 구한다. 굴착단계별로 벽체의 횡방향 변위를 합하여 수평변위로 인한 변위체적 V_i (체적변화) 를 계산한다 (변위체적 V_i 는 **사다리꼴 공식**이나 **평균 단면적법** (Average End Area Method) 또는 Simpson 의 **제 1 공식** (Simpson 의 1/3 Rule) 으로 계산한다.

③ **지반침하 영향권** D (균열거리) 를 계산한다. 지표침하 영향권은 지표에서 가장 크고, 벽면으로부터 이격거리 x 의 함수이다.

$D = H_t \tan(45° + \phi/2)$

④ **굴착 영향권** H_t 계산 ; $H_t = H_p + H_w$ 계산 (B ; 굴착 폭, H_w;**굴착 심도**, H_p : 굴착선 아래의 깊이)

$$H_t = H_w + H_p = H_w + B \quad (\phi = 0) \tag{6.11}$$
$$= H_w + 0.5B\tan(45^o + \phi/2) \quad (\phi \neq 0)$$

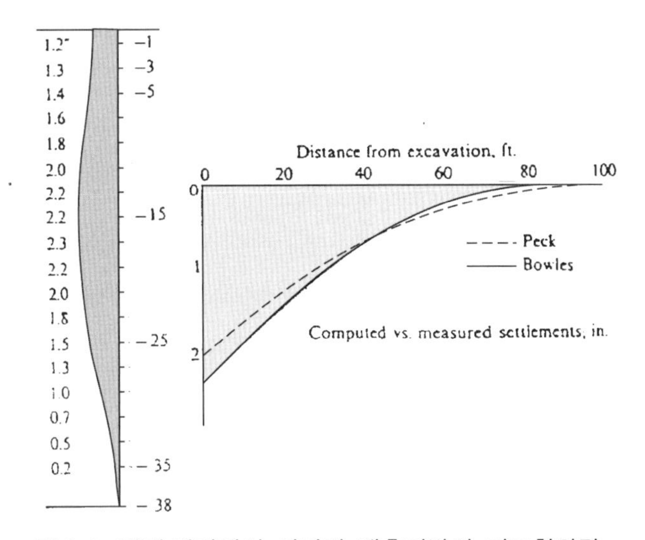

그림 6.8 벽체 배면에서 거리별 배후지반의 지표침하량

⑤ **벽체 배면의 지표침하량 s_w** 를 계산한다.

$$s_w = \frac{4V_i}{D} \text{ (cm)} \tag{6.12}$$

⑥ **지표침하 s_i** 를 계산한다 (지표침하곡선을 포물선으로 간주).

흙막이 벽부터 거리 x 인 지점의 침하량 s_i ;

$$s_i = s_w \left(\frac{D-x}{D} \right)^2 \text{ (cm)} \tag{6.13}$$

대체로 흙막이 벽체 수평변위 값은 구조해석 program 의 output 에서 취한다.

3) Clough 의 방법

Clough 등 (1990) 은 모래와 굳은 점토 및 중간 내지 연약한 점토에 대해서 현장 측정치와 유한요소 해석결과로부터 배후 거리별 지표침하를 제안하였고, 엄지말뚝, 널말뚝 및 슬러리 월에서 버팀대나 앵커지지에 상관없이 적용가능하다.

최대 지표 침하량은 사질토와 점성토에서 다르고, (압밀을 고려하지 않는다면) 흙막이 벽체의 수평변위와 같다.

굳은 점토에서는 흙막이 벽체가 안정하고 정밀시공한다면 안전측이다. 연약 내지 중간정도 점토에서는 지표침하가 사다리꼴로 발생하고, 벽체의 배면으로부터 이격거리 $0 < d/H < 0.75$ 에서 최대값으로 일정하다.

그렇지만 그 후에 거리 $0.75 < d/H < 2.0$ 에서는 선형비례하여 감소한다.

이때 최대 지표침하 δ_{VM} 은 지반에 따라 다음과 같이 추정한다.

* **굳은 점토, 잔류토, 모래 ;** 종래에는 $\delta_{VM} = (0.005 \sim 0.01)H$ 로 추정하였으나, Clough 등은 $\delta_{VM} \le 0.003H$, 평균 $\delta_{VM} = 0.0015H$ 로 하였다.
  지보시스템이 잘못설치되거나 지하수가 유입되면 $\delta_{VM} > 0.15\%H$ 일 수도 있다.

* **연약 내지 중간 점토 ; 바닥면 히빙에 대한 안전율**이나 **지보시스템의 강성** (system stiffness) 에 관련되나 압밀효과를 고려하지 않으면 $\delta_{VM} \simeq \delta_{LM}$ 이다.

6.7.3 지반에 따른 거리별 지표침하량 추정

흙막이 벽체 배후에서 지표침하는 지반의 종류에 따라 분포형상이 결정된다.

1) 사질토에서 거리별 지표침하량

사질지반을 굴착하고 설치한 흙막이 벽체의 배후지반에서 지표침하량은 벽체의 배면으로부터 이격거리별로 추정할 수 있다. 이때 흙막이 벽체 **최대 횡방향 변위 δ_{LM}**과 벽체 배후지반의 **최대 연직 지표침하량 δ_{VM}**이 벽체높이의 0.5% 를 초과하지 않는다고 가정하고 Glodberg at al. (1976) 의 제안을 검증하여 지표 침하량을 추정할 수 있다.

Clough et al. (1976) 는 흙막이 벽체의 최대 횡방향 변위 δ_{LM} 의 크기와 벽체 배후지반의 최대 연직지표침하량 δ_{VM} 의 크기가 벽체높이의 약 0.5 % (0.005H) 인 경우와 그 보다 작거나 큰 경우로 구분하고, 각 경우에 대해서 흙막이 벽체 배후지반의 지표침하량을 벽체 배면으로부터 이격거리별로 추정하였다.

① $\delta < 0.005H$ ($\delta_{LM} < 0.005H$, $\delta_{VM} < 0.005H$) **일 경우**

- 모래지반이 cementation 되거나 Cohesion 이 있는 경우
- Slurry Wall 을 적용하는 경우
- 버팀간격 2m 이하인 경우
- 지하수가 없는 경우

② $\delta = 0.005H$ ($\delta_{LM} \simeq 0.005H$, $\delta_{VM} \simeq 0.005H$) **일 경우**

- 느슨한 모래지반인 경우 (벽체 설치시의 진동영향)
- 버팀간격이 5m 이상인 경우
- 지하수위가 높은 경우

③ $\delta > 0.005H$ ($\delta_{LM} > 0.005H$, $\delta_{VM} > 0.005H$) **일 경우**

- 수평 토류판이나 기타 가설 지지구조체가 불량하게 시공되어 배후의 지반에 변위가 발생하는 경우
- 지하수가 굴착공간의 내측으로 유입되는 과정에서 파이핑 현상이 일어나는 경우

그림 6.9 는 모래지반에서 단계별로 버팀하면서 굴착할 때 벽체 배후지반의 지표 변위를 벽체 배면으로부터 이격거리별로 나타낸 **연직 지표침하 곡선의 포락선**이다.

실제로 발생하는 지표침하 형상은 그림 6.9a 및 그림 6.9b 의 우측에 있는 개념도와 유사한 형상일 수 있다. 그렇지만 여기에서는 계산의 편리성을 위해 그림 6.9a 및 그림 6.9b 와 같이 직선으로 대체하거나, 그림 6.9c 와 같이 꺾인 직선으로 대체하여 벽체 배면으로부터 이격거리별 연직 지표침하를 추정하는 경우를 보여준다.

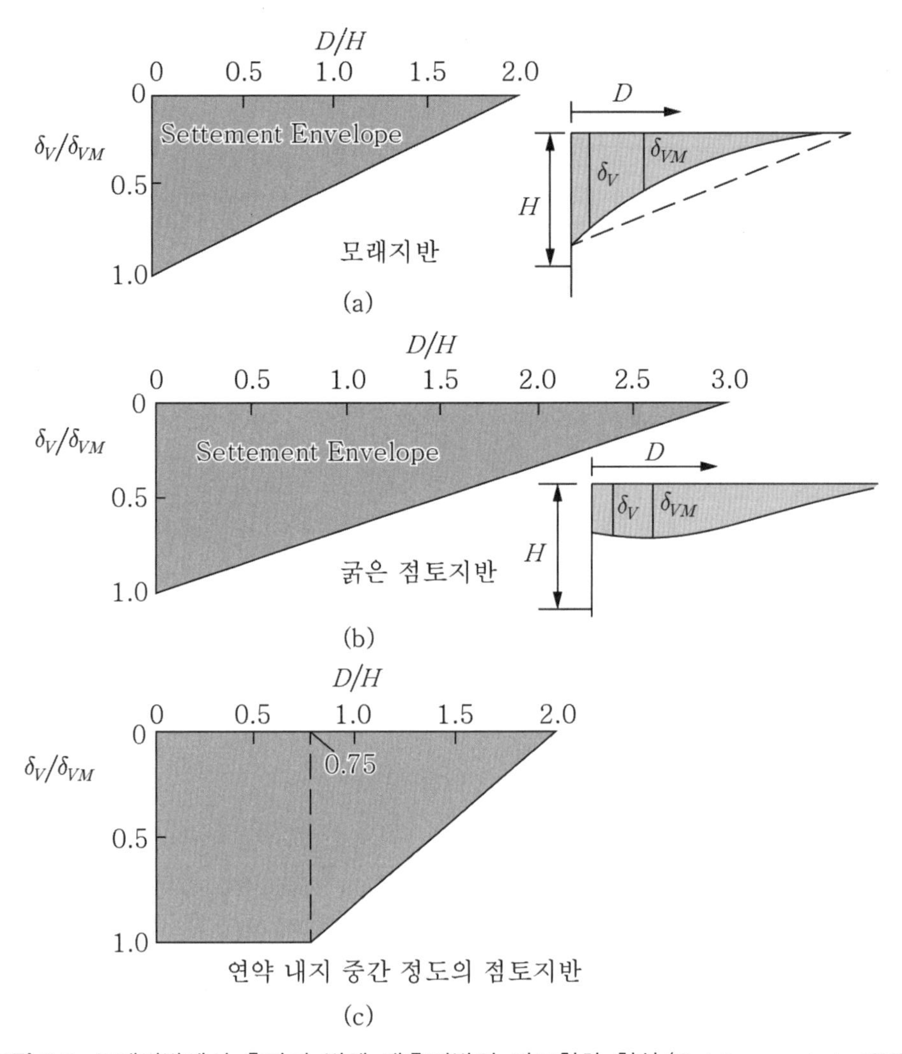

그림 6.9 모래지반에서 흙막이 벽체 배후지반의 지표침하 형상 (Goldberg, et al, 1976)

2) 점성토에서 벽체 거리별 지표침하량

Clough et al. (1983) 은 점성토에서 흙막이 벽체로부터 이격거리에 따른 침하량을 구했다. 또한, 굴착저면의 히빙 파괴에 대한 Terzagh (1965) 의 안전율 계산모델 (그림 6.5) 을 적용하고 계측 및 F.E.M 해석한 결과를 적용하여 그림 6.10 의 도표를 작성하였다.

(1) 점성토의 Heaving

점성토에서는 굴착이 진행됨에 따라서 굴착저면이 Heaving 되며, 과도하면 굴착저면 하부와 흙막이 벽체의 배후에서 지반이 전단파괴 된다. 점토에서 지반이 약할수록 흙막이 벽체의 수평변위는 크게 일어나며, **히빙 파괴**될 가능성이 크다 (히빙 파괴에 대한 안전율이 작다).

점토에서 흙막이 벽체의 수평변위는 **점토의 전단강도** (히빙파괴에 대한 안전율)와 **벽체의 강성**에 의해 결정된다.

히빙파괴에 대한 안전율 η_s (그림 6.5) 와 흙막이 벽체의 강성 EI 및 흙막이 벽체의 최대수평변위 δ_{LM} 의 관계는 그림 6.10 과 같다.

압밀의 영향이 없을 때는 벽체 배면의 최대침하량이 벽체의 최대수평변위와 같다 ($\delta_{LM} \simeq \delta_{VM}$) 고 가정해도 무방하다 (그림 6.4). 굴착저면의 히빙 파괴는 하부지층이 얇으면 굴착저면의 일부분에서 발생되고 ($D < B/\sqrt{2}$), 하부지층이 두꺼우면 전체 굴착저면에서 발생된다 ($D \geq B/\sqrt{2}$).

(2) 점성토에서 배후지반의 지표침하

그림 6.10 은 흙막이 벽체에서 최대 횡방향 변위 δ_{LM} 과 System Stiffness 즉, $(EI)/(r_w h_{avg}^4)$ 의 관계를 (히빙 파괴에 대한 안전율 별로) 나타낸 것이며, 종축은 흙막이 벽체 최대 수평변위 δ_{LM} 을 굴착깊이 H 로 나눈 값 δ_{LM}/H 이다. 가로축은 System Stiffness 인데, 벽체 휨강성 EI 와 지지점간 평균수직간격으로 나타낸 것이다. 이 도표에서 굴착단계별로 버팀대 설치 직전 벽체 변위량이 과소평가될 가능성이 있다.

Clough/Mana (1981) 는 버팀대 강성, 연결부 효과, 굴착 폭, 선행하중 및 점토의 비등방성 등이 흙막이 벽체 수평변위에 미치는 영향은 비교적 작은 것을 확인하였다.

그림 6.3에서 안전율이 클수록 더 넓은 영역에서 지표가 침하되므로 **침하 곡선의 기울기**가 완만하며, $D/H = 1.0$ 까지는 지표침하가 안전율과 상관없이 일정한 크기를 보였다. **지표침하**는 $1.0 < D/H < 2.5$ 에서 급한 기울기로 변하고, $1.0 < D/H < 2.5$ 에서는 완만한 기울기로 변하였다.

따라서 $D/H \leq 1.0$ 에 대한 구조물은 연직위치만 달라지고, $1.0 < D/H < 2.5$ 에 위치한 구조물은 기울어지며, 지표 침하형상이 급변하는 $2.0 < D/H < 3.5$ 에 위치한 구조물은 꺾여진다.

흙막이 벽체의 배후지반에서 연직 및 수평 지표침하는 흙막이 벽체의 횡방향의 변위와 밀접한 관계가 있다. 점토에서는 (압밀의 영향이 없으면) 벽체 배후 지반의 **최대 연직 지표침하량** δ_{VM}은 **벽체의 최대 수평변위** δ_{LM}과 크기가 같다고 간주해도 좋다 (그림 6.4).

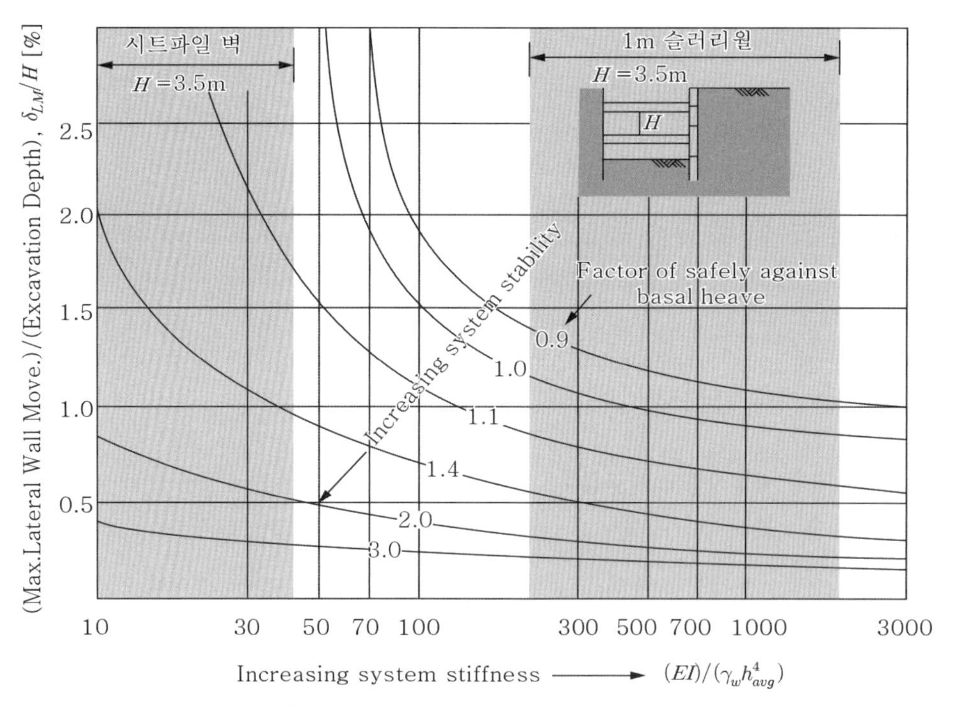

그림 6.10 점토에 설치한 흙막이 벽체의 강성과 흙벽 지보 시스템의 안정성에 따른 최대 수평변위와 지표침하에 대한 추정 표 (Clough et al. 1983)

6.8 구조물의 허용 각변위와 허용 침하량

구조물의 허용 침하는 **구조적 안정성**과 **사용상 기능유지**로부터 결정한다. 구조적 안정성은 직접기초는 건물의 침하나 경사로부터 판단할 때가 많고, 허용치는 과거 균열상황과 침하 및 경사에 대한 조사결과와 구조물 중요도를 감안하여 결정한다. 또한, 구조물의 안전점검 및 정밀 안전진단 결과로부터 판정하여 구조물의 수평·수직 변형 기울기에 따른 등급 및 안전조치에 대한 세부지침들이 제시되어 있다.

구조물 기초지반에서 발생하는 침하를 **균등침하**와 **전도**(tilting) 및 **부등침하**로 구분하며, 구조물별로 침하 및 경사(또는 각변위)에 대한 허용치는 여러 학자들에 의해 제안되었고, Design Manual Building Code에 다양하게 제시되어 있다.

구조물별로 **한계 각변위 및 최대 허용침하량(6.8.1절)**은 여러 연구자들에 의해 제안되어 Design Manual Building Code에 다양한 도표로 제시되어 있다. 또한, 구조물의 최대 허용침하량은 Sowers(1962) 등에 의해 제안되어 적용되고 있다.

지반변위가 발생할 때 **지중매설관의 허용 침하량(6.8.2절)**은 지지형태에 따른 응력이 매설관 재료의 허용응력조건을 충족해야 하고, 매설관 기능상 joint의 허용 휨각도를 만족하는 값으로 정한다.

6.8.1 구조물의 한계 각변위 및 최대 허용침하량

Bjerrum(1963)은 여러 가지 구조물의 한계 각변위(그림 6.11)를 나타내었다.

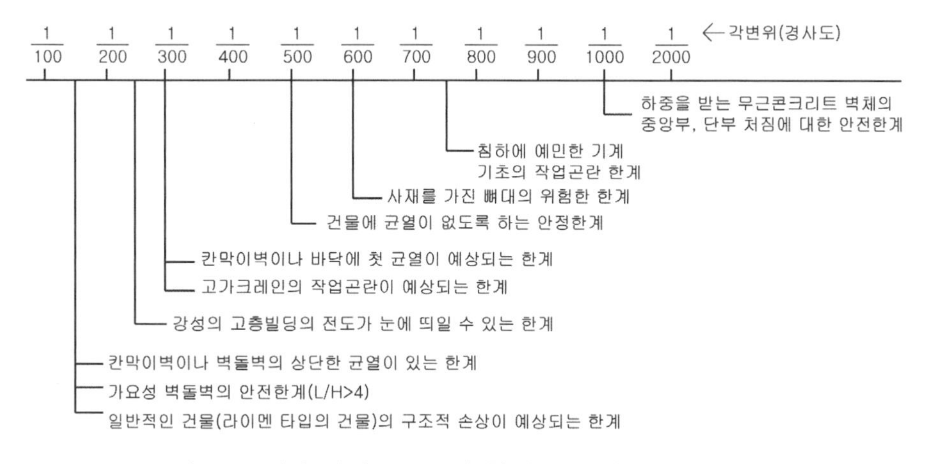

그림 6.11 여러 가지 구조물의 한계 각변위(Bjerrum, 1963)

여러 가지 구조물의 **한계 각변위** (그림 6.11, Bjerrum, 1963) 와 라멘조 건물의 **부등침하로 인한 손상한계** (Skempton/Macdonald , 1956) 가 제시되어 있다.

Skempton/Macdonald (1956) 는 건축 구조물에 대해 부등침하로 인한 손상한계를 제시하였다.

즉, 건축 구조물의 구조적 손상은 각변위가 $\delta/l > 1/150$ 때 (l 은 span, δ 는 기둥간 부등 침하량) 발생될 것으로 예상되며, 건축 구조물의 부재 (벽체나 바닥) 는 $\delta/l > 1/300$ 일 때 일어날 것으로 예상되었다.

표 6.2 건축구조물의 허용부등침하량 (Skempton 등, 1956)

기 준		독립 기초	확대 기초
각변위 (δ/l)		1/300 (l = span, δ = 기둥간 부등침하량)	
최대 부등 침하량	점 토	44 mm (38 mm)	
	사질토	32 mm (25 mm)	
최대 침하량	점 토	76 mm (64 mm)	76~127 mm (64 mm)
	사질토	51 mm	51~76 mm (38~64 mm)

표 6.3 여러 가지 구조물의 최대허용침하량 (Sowers, 1962)

침 하 형 태	구 조 물 의 종 류	최 대 허 용 침 하 량
전 체 침 하	배수시설	15.0~30.0cm
	출 입 구	30.0~60.0cm
	부등침하의 가능성	
	석적 및 벽돌 구조	2.5~5.0cm
	뼈대 구조	5.0~10.0cm
	굴뚝, 사일로, 매트	7.5~30.0cm
전 도	탑, 굴뚝	0.004S
	물품적재	0.01S
	크레인 레인	0.003S
부 등 침 하	빌딩의 벽돌 벽체	0.0005S~0.002S
	철근 콘크리트 뼈대 구조	0.003S
	강 뼈대 구조(연속)	0.002S
	강 뼈대 구조(단순)	0.005S

표 6.4 침하량의 허용기준 (단위 : cm)

구 분	구조종별	콘크리트 블럭조	철근 콘크리트조		
	기초형식	연 속 기 초	독립기초	연속기초	온돌기초
압밀침하의 경우 허용 최대치하량	표 준 치	2	5	10	10~(15)
	최 대 치	4	10	20	20~(30)
압밀침하의 경우 허용 상대침하량	표 준 치	1	1.5	2	2~(3)
	최 대 치	2	3	4	4~(6)
즉시침하의 경우 허용 침하량	표 준 치	1.5	2	2.5	3.5~(4)
	최 대 치	2	3	4	6~(8)

6.8.2 지중 매설관의 허용 침하

지표에서 하중재하 등을 통해 변위가 발생하는 **지중 매설관**(그림 6.12)은 지지 형태에 따라서 응력상태가 변하므로 **매설관의 지지형태에 의한 응력**을 산정한 후 **매설관 재료의 허용응력**과 비교해서 허용침하량을 구한다. 또한, 기능상 매설관의 joint 형태에 따라서 제한된 **joint의 허용 휨각도**로부터 침하량을 구한다. 이렇게 두 가지 조건 즉, **매설관 재료의 허용응력**과 **joint의 허용 휨각도** 조건을 만족시키는 침하량을 허용 침하량으로 한다.

지반굴착에 의한 지반의 변위(회방향 이동 및 침하)를 검토한 결과 예상 파괴면 범위 내에 지중매설관이 있다면 다음과 같은 조건을 고려하여 침하에 대한 안정성을 검토하여야 한다.

- 굴착깊이 H　　- 암반의 위치　　- 지하수위
- 굴착면부터 이격거리 l
- 매설관의 매설깊이 D
- 매설관 재료의 종류 및 크기
- 매설관 내용물 및 중요도

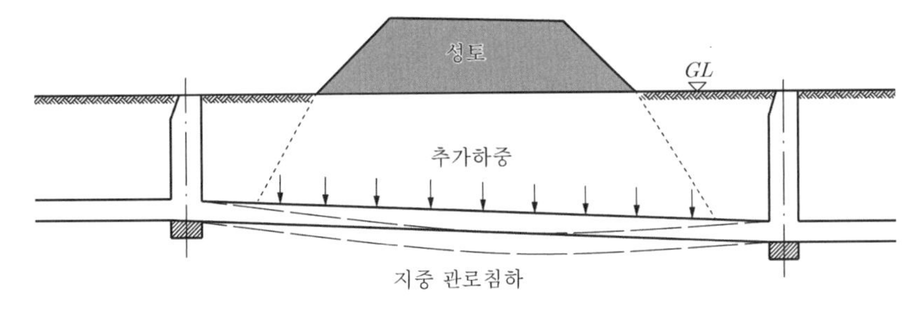

그림 6.12 지상성토 재하로 인한 지중 매설관의 침하

문제 6-1

CIP 공법으로 흙막이 벽체를 시공하고 지반을 깊이 20.0 m 로 굴착하고자 한다. 흙막이 벽은 풍화암에 깊이 2.5 m 로 근입·설치되어 있다. 지반조건은 그림 6-1.1 과 같고, 흙막이 벽체 배면에서 3.0 m 와 18.0 m 만큼 이격하여 인접건물 기초가 위치한다. 전산 구조해석 결과 각 지점의 수평 변위량은 예표 6-1.1 과 같다.

흙막이 벽체 배면에서 이격거리별 연직 지표침하량을 구하고, 굴착현장에 근접한 건물기초의 안정성을 검토하시오.

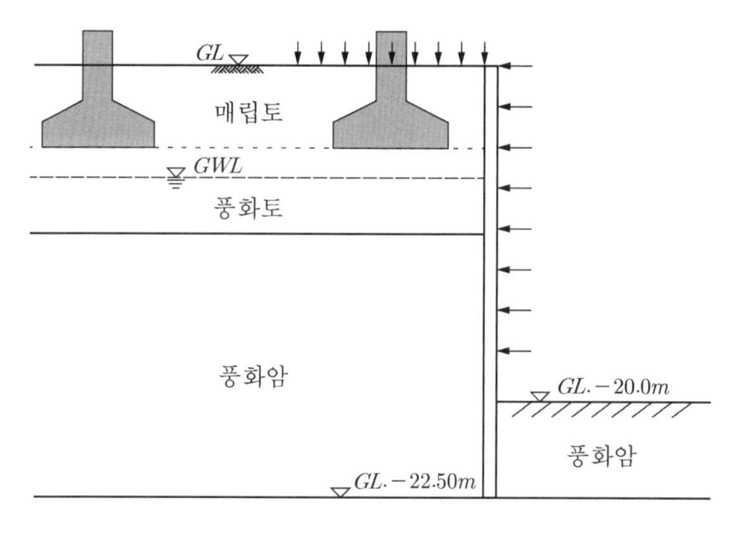

그림 6-1.1 흙막이 벽 주변 구조물과 지반상태

표 6-1.1 흙막이 벽 지점별 수평변위량

Node No.	Y coordirate(m)	X-displacement maximum (m)
1	0.00	0.004
2	-2.50	0.009
3	-5.00	0.016
4	-7.50	0.020
5	-10.00	0.021
6	-12.50	0.021
7	-15.00	0.023
8	-17.50	0.025
9	-20.00	0.026
10	-22.50	0.008

풀 이

1 수평 변위량 computer output

수치해석하여 구한 결과 흙막이 벽체 수평 변위량은 대표 절점에서 표 6-1.1과 같다.

2 각 지점의 변위체적 계산

① **평균 수평 변위량** δ_{avr} ; 흙막이 벽체의 수평변위의 평균값

$$\delta_{avr} = \frac{1}{10}(0.004 + 0.009 + 0.016 + 0.020 + 0.021 + 0.021 + 0.023 + 0.025 + 0.026 + 0.008) = \frac{1}{10}(0.157) \simeq 0.016\ m$$

② **수평변위에 의한 변위체적** V_i ; 굴착 깊이가 $H_w = 20.0\ m$ 이므로,

$$V_i = H_w \delta_{avr} = (20.0)(0.016) = 0.32\ m^3/m$$

3 굴착영향권 H_t ;

평균 내부 마찰각 ; $\phi_{avr} = 32.3°$, 굴착 폭 B

- $H_p = 0.5\,B\tan(45^o + \phi/2)$
  $= (0.5)(27.0)\tan(45^o + 32.3^o/2) = 24.51\ m$
- $H_t = H_p + H_w = 24.51 + 20.0 = 44.51\ m$

4 침하 영향권 D ;

$$D = H_t \tan(45^o - \phi/2) \quad \text{(예6.1)}$$
$$= (44.51)\tan(45^o - 32.3^o/2) = 24.52\ m$$

5 흙막이 벽 배후 최대 지표침하량 s_w;

$$s_w = \frac{4V_i}{D} = \frac{(4)(0.32)}{24.52} = 0.0522\ m = 5.22\ cm \quad \text{(예6.2)}$$

6 흙막이 벽 배후 이격거리별 지표 침하량 s_i ;

$$s_i = s_w\left(\frac{D - x}{D}\right)^2 = (5.22)\left(\frac{24.52 - x}{24.52}\right)^2 \quad \text{(예6.3)}$$

따라서 벽체로부터의 거리 x 를 도입하면, 흙막이 벽체 배후지반에서 이격거리별로 지표침하를 계산할 수 있고, 그 결과는 예표 6-1.2와 같다.

예표 6-1.2 거리별 예상 침하량 S_i 계산

거리 (m)	① $D-x$	②=①/D $(D-x)/D$	③=②×② $\{(D-x)/D\}^2$	침하량 ④=5.22×③ $s_w\{(D-x)/D\}^2$
0.00	24.52	1	1	5.22
3.00	21.52	0.88	0.77	4.02
6.00	18.52	0.76	0.57	2.98
9.00	15.52	0.63	0.40	2.09
12.00	12.52	0.51	0.26	1.36
13.00	11.52	0.47	0.22	1.15
14.00	10.52	0.43	0.18	0.94
15.00	9.52	0.39	0.15	0.78
16.30	8.52	0.34	0.11	0.57
18.00	6.52	0.27	0.07	0.37
20.00	4.52	0.18	0.03	0.16
24.52	0	0	0	0

7 인접지반의 침하에 의한 주변구조물의 피해 예상

굴착공사 시 내부 터파기로 인한 인접 구조물의 최대 침하량은 벽체 배후에서 5.55 cm 로 발생하고, 침하영향거리까지는 벽체에서 거리가 멀어질수록 감소한다.

굴착현장에 근접한 건물기초는 독립기초이므로 허용 각변위는 $\delta/l < 1/300$ 이다.

지표침하는 흙막이 벽체로부터 3 m 이격된 기초 1 에서 4.02 cm 이고, 벽체로부터 16.3 m 이격된 기초 2 에서는 0.57 cm 이므로, 기초 간 (간격 $l = 13.3\ m$) 부등침하는 $\delta = 4.02 - 0.57 = 3.45\ cm$ 이다.

따라서 부등침하에 의한 각변위는 다음이 된다.

$$\frac{\delta}{l} = \frac{3.45}{1330} = 0.0026 = \frac{1}{385} < \frac{1}{300} \quad \text{(OK)}$$

따라서 본 굴착공사로 인한 인접 기초의 구조적 손상 가능성은 없다고 판단된다.

이상의 계산결과에서 각 변위는 안전측이지만 허용 한계치에 근접한다.

따라서 흙막이 벽체는 **강성체 구조** (CIP 등을 2 열 배치) 로 하거나, **큰 근입장** (최종 굴착심도 보다 깊게 근입) 으로 하거나, **좁은 띠장 간격**으로 하면 주변 구조물이 받는 영향은 무시할 만큼 미세할 것이다. ///

제7장 터널굴착에 의한 지반침하

7.1 개 요

터널을 굴착하면 지반응력이 해방되어 터널 굴착면에서는 '**영**'이 되고, 터널 굴착면 배후로 일정한 영역까지 지반응력이 변한다. 이같이 터널굴착의 영향을 받아 응력이 감소되어서 이완되는 영역 즉, **터널굴착 영향권**은 터널의 규모(직경)에 따라 다르며, 터널이 깊지 않으면 천단 상부에 크게 형성된다.

터널굴착 영향권은 (터널이 깊을 때에는 지표까지 도달하지 못하지만), 터널이 얕은 경우는 지표까지 확대되어 지표면이 구덩이 형태로 침하되거나 함몰된다. 이같이 터널굴착영향이 지표에까지 미치는 터널을 **얕은 터널**이라고 하고, 그렇지 않은 터널을 깊은 터널이라 하며, 그 한계 깊이는 지반상태와 터널의 규모 및 굴착방법에 따라 다르다.

얕은 터널에서는 터널 상부지반이 연직면(터널의 측벽 연장선 등)을 따라 전단파괴되는데 대한 안정성을 검토해야 하고, 지표면의 침하구덩이 내에 있는 상부구조물이 지표침하의 영향으로 손상되는지 검토해야 한다.

얕은 터널에서 **전단파괴에 대한 안정성**은 **"터널역학" 9.6 절**(이상덕, 2013)을 참조하고, 여기에서는 얕은 터널의 굴착에 따른 지표침하에 대해 설명한다.

얕은 터널에서는 터널굴착의 영향이 지표면까지 미치므로, 상부영향권 내에 존재하는 상부 구조물이 손상되는 것을 방지하려면 터널굴착에 따른 지반의 변형과 상부 구조물의 손상정도를 예측하고 설계해야 한다.

그런데 지반은 탄성체가 아니고 응력 - 변형률 관계가 비선형적이어서 변형을 예측하기가 매우 어렵기 때문에 지반변형에 대한 예측의 정확도는 안전율의 예측 정확도 보다 떨어진다.

얕은 터널의 상부 및 주변 지반은 대체로 불균질하고 비등방성이지만, 절대하중은 크기가 작고 지반응력이 강성의 1/3 미만으로 작기 때문에 지반은 거의 탄성적으로 거동한다.

터널굴착에 의한 주변지반의 변위는 3 차원적으로 발생하지만, 보통 지반조건의 천단상부 연직 축 상의 지반에서는 변위가 연직방향으로만 발생한다.

얕은 터널에서 천단의 상부지반은 터널 내로 함몰되거나 (**함몰파괴**), 취약층을 따라 붕괴되며 (**터널 내 붕괴**), 소성유동 되어 터널의 내공면이 축소된다 (**소성유동파괴**).

천단 상부 토피 (지반의 두께) 가 (터널규모에 비해) 얇을 때에는 대개 함몰파괴가 일어나서 지표에 구멍이 생긴다. 천단 상부지반의 두께가 (터널 반경에 비해서) 충분히 크고, 불연속면 경사가 굴진방향과 반대 (역경사, against dip) 이거나 취약층면을 따라서 지하수가 과다하게 유입되면 지반이 취약층을 따라 파괴되어 대형 사고로 이어질 수 있다.

터널 주변지반은 터널굴착으로 인해서 이완되면, 지지력이 감소되거나 상실되어 전단변형이 증가되고 소성영역이 확대되며, 유효응력이 변화되어서 지반이 압밀되거나 터널 내부로 밀려 들어와서 **지반이 손실 (7.2 절)** 된다. 얕은 터널에서는 이 같은 지반손실의 영향이 지표면까지 전달되어 **지표가 침하 (7.3 절)** 되며, 이는 토피가 작을수록 크게 일어난다. 얕은 터널 상부지반의 지표침하는 지반이 등체적 변형한다고 가정하고 Lame **탄성해**를 적용하여 구하거나, 지표 침하형태를 Gauss **분포**나 **포물선형**으로 가정하고 구한다.

얕은 병설터널의 굴착에 의한 지표침하 (7.4 절) 는 지표면이 포물선형으로 침하된다고 가정하고 구할 수 있다.

지표침하가 과도하게 발생되면 침하영향권 내 구조물이 손상될 수 있으며, 과도한 지표침하에 의한 **침하영향권 내 상부 구조물의 손상 (7.5 절)** 은 지표침하의 형상을 따라 지상 구조물이 강제로 처진다고 생각하고 구한다. 즉, 지표침하 형상대로 변형된 구조물의 변형률을 구한 후에 구조물의 허용 인장변형률과 비교해서 판정한다.

7.2 터널굴착에 의한 지반손실

터널을 굴착하면 굴착면 주변지반의 응력이 변화되어 (반경방향 응력이 최소주응력이 되어) 굴착면은 터널 중심방향으로 변형되고, 굴진면(막장) 은 터널 축방향으로 변형된다. 터널 주변지반은 반경 및 축 방향 변형으로 인해서 터널 내부로 압입되고, 그 부피만큼 주변지반이 손실(이를 **지반손실**이라고 함) 되며, 지반 손실량에 비례하여 지표가 침하된다. **터널 횡단방향 지표침하**는 주로 굴착면의 터널반경방향 변형을 고려하여 구하며, **터널 종단방향 지표침하**는 주로 굴진면의 터널 축방향 변형을 고려해서 구한다.

터널굴착에 의한 지반손실은 터널 주변 지반변위의 가장 큰 원인이 되고, 굴진면과 굴착면에 수직으로 발생하는 지반변위의 합이며, 터널이 깊을수록 크고, 굴진면이 안정할수록 작게 일어난다. 지반손실은 지보하여 억제할 수 있다. 지반손실은 최대 지표침하량과 침하된 지표면의 경사를 측정하여 구할 수 있다.

터널굴착으로 인한 터널 바닥 하부의 **지반융기**는 지표면변위에 미치는 영향이 미약하지만 주변지반의 전단변형과 터널 지보재나 라이닝의 하중 및 변위에 미치는 영향은 크다.

지반침하는 대체로 시공 중에 빠른 속도로 발생한다. 또한, 점토에서는 터널이 배수통로가 되어 주변지반이 **압밀** 또는 **재압축**되기 때문에 지표침하가 오랜 시간동안 지속적으로 일어날 수 있다. 터널이 깊을수록 응력수준(stress level) 이 높기 때문에 터널 내공면의 지반손실(압출) 도 크게 일어나고 그로 인해 최대 침하량의 크기도 커진다.

터널굴착에 의한 지반침하의 원인으로는 터널 내의 배수, 주변 지반의 응력변화에 의한 압축변형, 굴진면 및 내공면의 압출, 과다굴착, 지보재 변형 등이 있다. **터널 내 배수에 의한 지반침하**는 넓은 영역에서 일정 크기로 발생하고, 응력변화에 따른 **지반의 압축변형에 의한 지반침하**는 서서히 일어나고, **내공면 지반손실에 의한 지반침하**는 빠른 속도로 크게 발생된다.

등체적 거동하는 지반(비배수 조건 점토 등) 에서는 터널 주변지반의 침하가 지반응력 변화에 따른 부피변화에 의해 발생되지만 주로 굴착면 변위(내공변위) 로 인해 발생된다.

내공변위에 의한 지반손실은 터널 단위길이 당 손실 부피 ΔV 나 지반손실률 V_L 로 표시한다. 등방압력 σ_{v0} 가 작용하는 탄성지반(탄성계수 E_u, 푸아송 비 ν) 에서 터널의 굴착에 의한 지반손실률 V_L 은 지반응력 σ_{v0} 와 비배수전단강도 S_u 및 굴진면 안정지수 N_s 로부터 구할 수 있다.

지반 손실률 V_L 은 터널주변**지반의 응력상태만 고려**하면 (V_0 ; 초기부피),

$$V_L = \frac{\Delta V}{V_0} = (1+K)\frac{1+\nu}{E_u}\sigma_{v0} \tag{7.1}$$

이고, 등방압력상태 ($K = 1$) 에서 등체적 변형 ($\nu = 0.5$) 하면 다음이 된다.

$$V_L = 2\frac{1+\nu}{E}\sigma_{v0} = 3\frac{\sigma_{vo}}{E_u} \tag{7.2}$$

지반 손실률 V_L 은 (**지반의 응력상태**는 물론) **비배수 전단강도**로도 나타낼 수 있다.

$$V_L = \frac{\Delta V}{V_0} = 2(1+\nu)\frac{S_u}{E_u}e^{(\sigma_{v0}/S_u - 1)} \tag{7.3}$$

위 식에서 S_u/E_u 는 지반의 비배수전단강도와 변형계수의 비이고, σ_{v0}/S_u 는 등방압력의 비배수전단강도에 대한 비 (surplus ratio) 이며, 등체적 변형이면 $\nu = 0.5$이므로 다음이 된다 ($m = 3S_u/E_u = 3c_u/E_u$).

$$V_L = 3\frac{S_u}{E_u}e^{(\sigma_{vo}/S_u - 1)} = m\,e^{(\sigma_{vo}/S_u - 1)} \tag{7.4}$$

터널에서 작용압력 $\gamma h_t - p_i$ (또는 등방압력 σ_{v0}) 와 비배수 전단강도 S_u 의 비 즉, **굴진면 안정지수 N_s** 는 지반이동의 잠재위험성 (potential severity) 을 나타낸다. 안정지수가 크면 잠재위험성이 높고, 반대로 작으면 내공변위가 주로 굴착 중에 발생되고 시간적 변화가 작은 경우이다. p_i 는 내압 (지보공 압력) 이다.

$$N_s = \frac{\sigma_{v0}}{S_u} = \frac{\gamma h_t - p_i}{S_u} \tag{7.5}$$

굴진면의 배후지반은 안정지수가 $N_s = 1 \sim 2$ 이면 **탄성거동**하고, $N_s = 2 \sim 4$ 이면 **탄소성 거동**하며, $N_s = 4 \sim 6$ 이면 **소성거동**한다 (Attewell, 1978).

지반 손실 률 V_L 은 지반이 **탄성조건 ($N_s = 1 \sim 2$)** 이면 터널 굴착부피의 0.2~0.6% 에 불과하지만, 안정지수 N_s 가 커지면 급격히 증가한다. 안정지수가 $N_s = 2 \sim 4$ 이면 잠재적 지반 손실률 (potential ground loss) 이 10% 미만이고, 쉴드 터널에서는 2 ~ 3% 미만으로 작다.

안정지수가 $N_s = 6$ 이면 지반손실률이 굴착부피의 30~90% 에 도달하고, 매우 연약한 지반에서는 지반의 손실률이 100% 가 될 수도 있지만 실제로 흔한 일은 아니다. 안정지수가 $N_s > 6$ 인 경우에는 터널 굴진면에서 전단파괴가 발생되어서 지표면까지 확장되므로 (Broms/Benneermark, 1967), 압축공기나 슬러리로 전체 굴진면을 지지하고 터널을 굴착해야 한다.

Clough 등 (1981) 과 Leach (1983) 는 지반 손실률 V_L (식 7.4) 을 안정지수 N_s 로 나타냈고, $m = 0.002 \sim 0.018$ (평균 0.006) 로 가정하였다.

$$V_L = m(N_s - 1) \quad (\text{단, } N_s > 1) \tag{7.6}$$

지반손실 발생위치와 발생량을 상세하게 규정하기 힘든 NATM 터널에서도 이 결과를 적용하여 지반의 손실량을 추정할 수 있다 (Clough/Schmidt, 1981).

7.3 터널 상부지반의 지표침하

터널을 굴착하면 굴착면에서는 응력이 해방되어 '**영**'이 되고, 굴착면 배후의 일정 영역에서는 지반응력이 감소(**터널굴착 영향권**) 되어 지반이 느슨해진다.

터널이 얕아서 **터널굴착 영향권**이 지표까지 확대되어 지표면이 구덩이 형태로 침하되거나 함몰되는 터널을 **얕은 터널**이라 한다.

터널 굴착면이 터널 중심방향으로 변형되고, 굴진면이 터널 축방향으로 변형되면 주변지반은 터널 내부로 압입되고, 그 부피만큼 주변지반이 손실된다. 얕은 터널에서는 지반 손실량에 비례하여 지표면이 침하된다. **얕은 터널의 굴착에 의한 수평 지표면의 침하**는 일정한 범위 내(**터널 굴착 영향권**) 에서 발생하여 **침하구덩이**가 형성된다.

터널굴착에 의한 침하구덩이는 터널의 횡단 및 종단방향으로 한정된 영역내에서 형성되는데 횡단 및 종단 방향으로 터널 중심축 상부에서 크다. 즉, **터널 횡단방향 지표침하**는 터널 중심축 상에서 가장 크고, 터널 **종단방향 지표침하**는 중심축 상에서 굴진면의 후방 일정한 거리만큼 이격된 위치에서 최대가 된다.

수평 지표면 상의 임의 점에서 침하는 침하 구덩이를 터널의 **종단방향 침하단면**과 **횡단 방향 침하단면**으로 분할해서 구한 **침하 변위체적**이나 **천단 반경 변형률** 또는 **체적 변형률**로부터 계산한다. **병설터널 상부의 지표침하**는 각 터널의 영향이 중첩되는 중앙의 **침하집중부**에서 최대 값으로 일정하고, 양측 침하영향권 내에서는 포물선형이라고 가정한다.

터널굴착에 의한 지표침하가 과도하면 터널상부 구조물이 손상될 수 있다. **터널 상부에 위치한 지표면의 침하로 인한 구조물의 손상**은 (지표침하 형상대로 강제 변형된) 구조물 변형률을 구해서 구조물 허용 인장변형률과 비교하여 판정한다. 즉, 구조물이 지표침하 모양으로 강제로 처질 때의 처짐으로 인한 구조물 변형률이 **허용 인장변형률**을 초과하면 구조물이 손상된다고 판단한다.

터널굴착에 의한 상부 지표면(수평) 의 침하(연직변위 δ_V) 는 터널 상부에 **터널굴착 영향권** 내에서 국부적으로 발생(그림 7.1a) 하며, 터널굴착으로 인한 지표침하는 지반과 터널상태를 고려하여 **관리**(**7.3.1 절**) 한다. **터널 횡단방향 지표침하**(**7.3.2 절**) 는 터널 중심축 상($x=0$) 에서 가장 크며, 지표침하의 변위체적은 천단의 반경 및 체적 변형률로부터 계산할 수 있다. **터널종단방향 지표침하**(**7.3.3 절**) 는 굴진면 전방부터 발생하고 굴진면 위치와 굴진장 및 최대 지표침하량으로부터 예측할 수 있다. 터널상부지반 지표면상 **임의 점의 지표침하**(**7.3.4 절**) 는 종단 및 횡단 방향의 침하형태로부터 구한다.

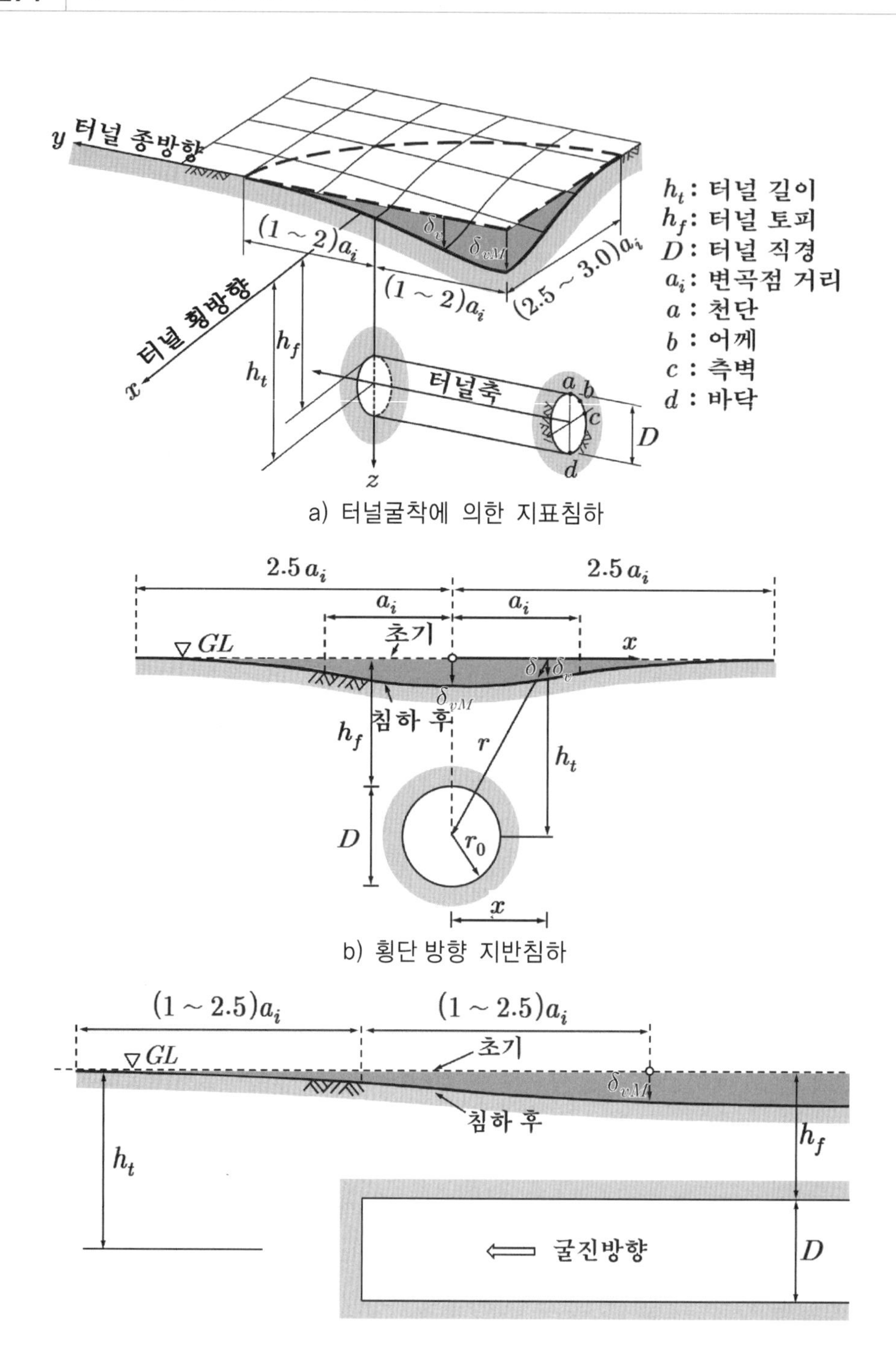

a) 터널굴착에 의한 지표침하

b) 횡단 방향 지반침하

c) 종단 방향 지반침하

그림 7.1 터널굴착에 의한 지반침하

7.3.1 지표침하의 관리

얕은 터널 굴착으로 인해 상부(수평) 지반에서 발생하는 **지표침하**는 터널 횡단방향으로는 좌·우 대칭으로 일정한 범위(터널굴착영향권) 내에서 일어나고 중심축 상에서 가장 크다. 터널 종단방향 지표침하는 굴진면 전·후방으로 일정한 범위 내(터널굴착영향권)에서 발생하고 최대가 되는 위치는 터널 굴진면에서 일정 거리만큼 떨어진 후방 중심축 상이다. 얕은 터널의 지표침하는 다양한 요인에 의해 **영향**을 받고, 굴진면 변형은 다양한 방법으로 **관리**할 수 있다.

1) 지표침하 영향요인

지표침하는 터널 굴착면이나 굴진면에서 일어나는 **지반손실**이 그 주요 원인이며, 지반이 약할수록 (무지보 자립시간이 짧을수록) 더 크게 일어나고, 지반형태, 터널의 크기와 깊이 및 굴착방법, 라이닝의 형태에 따라 다르게 발생된다.

지반손실은 터널 굴착면의 반경방향 변형과 터널 굴진면의 종단방향 변형에 의해 발생하며, **터널의 반경방향 지반손실**은 터널직경에 비례하고, **굴진면의 터널 축방향 지반손실**은 터널직경의 제곱에 비례한다. 터널이 깊을수록 지표침하 영향권 폭이 넓어지므로 **최대 지표침하**는 작아진다. 지반손실은 **지반**에 따라 다르다. 즉, 사질토는 주로 굴진면 상부에서 손실되고, 점성토에서는 배수와 압밀이 진행됨에 따라 지표침하가 점차 커지고, 약한 점성토는 소성변형에 의해 넓은 범위에서 일어난다. 지반손실은 **터널 굴착방법**에 의해서 결정적 영향을 받는다. 터널을 기계굴착하더라도 운영자의 자질과 능력에 따라서 지반손실이 다르고, 선형과 레벨유지, 장비유격, 굴진속도와 굴진장, 라이닝 배후의 그라우팅시점 등이 중요하다. 반경방향 지반손실을 관리하기에는 조기에 설치한 유연성 **라이닝**이 그라우팅한 강성 라이닝 보다 더 유리하다.

2) 굴진면의 지반변형 관리

터널굴착에 따른 지반침하는 굴진면에서 직접 관리하거나 지표에서 관리할 수 있다. 연약 점토나 유동성 이완사질토에서 (지반을 개량하거나 압축공기를 사용하지 않고) 지하수 아래를 쉴드 굴착할 때에는 쉴드 전면을 완전히 폐쇄해야 한다.

폐쇄식 쉴드에서 압축공기를 가하면 간극수가 배출되지만 렌즈모양의 포화모래층이 있으면 효과가 적고, **슬러리**를 사용하고 가압하면 압축공기처럼 전면 폐쇄효과가 있다. 점토나 느슨한 사질토에서 배수하여 **지하수위**를 강하시키면 지반부피가 감소되어 터널굴착에 따른 지반손실을 감소시킬 수 있다. **그라우팅**하면 지반의 투수성이나 압축성을 낮추고 강도를 증가시킬 수 있지만, 지반이 융기하지 않게 그라우팅 압력과 그라우트재료의 점성을 관리해야 한다. 지반을 **동결**방법은 비싼 공법이지만 미세 실트렌즈 등도 안정화시킬 수 있을 만큼 효과가 높다.

7.3.2 횡단면상 지표침하

얕은 터널 상부횡단면상의 **지표침하**는 터널 중심을 지나는 연직 축에 대해 좌·우 대칭으로 발생하고, 연직 축 상에서 가장 크다.

터널 상부지반의 횡단면 상 지표침하는 지반을 등방압이 작용하는 무게 없는 탄성체라고 가정하고 Lame 의 **탄성해**를 적용하여 구할 수 있다.

또한, **터널 상부지반의 지표침하**는 주변지반이 **등체적 변형**하는 **균질한 탄성체**라고 가정하고, 지표침하 곡선의 **변위체적 V_u** (그림 7.2 의 지표부의 옅은 음영부분) 와 **터널 내공축소에 의한 지반손실 V_s** (그림 7.2 의 터널 라이닝 배후 짙은 음영부분) 이 같다는 조건에서 구할수 있다. 지표침하곡선의 변위체적 V_u 는 **지표침하 형상**을 **포물선**이나 Gauss **분포**로 가정하고 구한다.

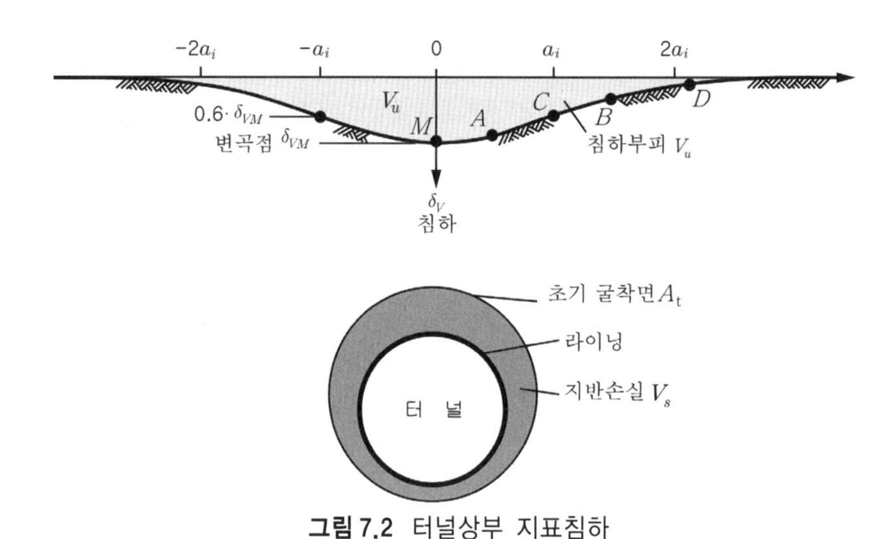

그림 7.2 터널상부 지표침하

1) Lame 의 탄성해

얕은 터널의 굴착으로 인해 터널 상부지반의 횡단면에서 발생하는 **지표침하**는 터널 중심을 지나는 연직축에 대해 좌·우 대칭으로 일정한 범위 (**터널굴착 영향권**) 에 한정되어 발생된다.

터널 상부지반 횡단면의 지표면상 임의지점 (터널중심축에서 수평거리 x, 상부높이 h_t) 에서 연직 및 수평 변위 δ_V 및 δ_H 는 무게가 없는 탄성체에 굴착한 평면변형률상태 터널 (원통) 에 등방압력 σ_{v0} (초기응력) 가 작용한다고 가정하고 **Lame 의 해**를 적용하여 구할 수 있다.

$$\delta_V = u h_t / r$$
$$\delta_H = \delta_V x / h_t \qquad (7.7)$$

터널굴착으로 인해서 굴착면(반경 r_o)의 압력이 **초기응력** σ_{v0} 에서 **지보압** p_i 로 감소되는 경우에 임의 위치 (x, h_t) 에서 발생되는 **연직방향 지표변위** u_v (터널역학, 2014, 식 5.3.9)는 다음과 같이 된다 $(r^2 = h_t^2 + x^2)$.

$$\begin{aligned}\delta_V &= \frac{1+\nu}{E}(\sigma_{v0} - p_i)\frac{r_o^2}{r} \\ &= \frac{1+\nu}{E}(\sigma_{v0} - p_i)\frac{r_o^2}{\sqrt{h_t^2 + x^2}}\end{aligned} \tag{7.8}$$

터널 상부지반의 횡단면에서 터널 중심축$(x = 0)$으로부터 수평거리 x 만큼 떨어진 지점의 **연직 지표침하** δ_V 는 터널 중심축상의 최대 값 즉, δ_{VM} 으로 나타낼 수 있다.

$$\delta_V = \frac{\delta_{VM}}{\sqrt{1 + (x/h_t)^2}} \tag{7.9}$$

그런데 Lame의 해는 **무한 탄성체**에 대한 것이므로 (**반무한 탄성체**에 가까운 실제의 지반 조건과 다르기 때문에) 비현실적일 수 있다.

2) 포물선형 지표침하

터널 굴착에 의해 상부지반 횡단면에서 발생하는 **지표침하**는 터널굴착 영향권 내(**침하 영향권**)에서 일어나고, 터널 중심선상에서 가장 크고, 일정한 범위 내(**침하 집중권**)에 집중되어 발생되며, 그로부터 외곽의 침하영향권까지는 거리가 멀어짐에 따라 서서히 감소한다.

지표침하가 집중적으로 발생되는 **침하 집중권**은 터널의 스프링 라인(그림 7.3의 점 A, 원형 터널은 측벽의 중심)에서 지표까지 연장한 Rankine의 주동 활동파괴면(연직에 대해 경사 $\beta = 45^o - \phi/2$, ϕ 는 내부마찰각)이 지표와 만나는 경계점 F 까지 구간(폭 B)이며, 지표침하가 발생하는 범위 즉, **침하 영향권**은 침하 집중권 폭의 2배$(2B)$라고 가정한다(그림 7.3).

지표침하 형상은 **포물선**이고, **침하곡선**은 **침하 집중권**의 경계(주동 활동 파괴면이 지표와 만나는 점 F)의 침하 후의 위치 M 에 대해 대칭이라고 가정하며, 결과적으로 M 을 지나는 수평축에 대해 침하집중권의 내측 면적과 외측 면적이 서로 같다.

지표 침하곡선의 변위체적 V_u 는 다음이 된다(터널직경 D).

$$\begin{aligned}B &= D + 2h_t \tan\beta \\ V_u &= (\delta_{VM})(2B)/2 = \delta_{VM}B\end{aligned} \tag{7.10}$$

지표에 하중 p_0 가 작용하는 지반 (단위중량 γ, 토피 h_f, 측압계수 $K_0 = 1.0$) 내에 굴착한 원형 터널 (반경 $r_o = D/2$) 의 중심에서 초기응력은 $\sigma_{v0} = p_0 + \gamma h_t$ 이므로, **터널 굴착면 내공변위 u_o 에 의한 지반 손실량 V_s** 는 다음이 된다.

$$u_o = 1.5\sigma_{v0}\frac{r_o}{E_s} = \frac{3}{4}\sigma_{v0}\frac{D}{E_s} = \frac{3}{4}(p_o + \gamma h_t)\frac{D}{E_s}$$

$$V_s = u_o \pi D \tag{7.11}$$

최대 지표침하량 δ_{VM} 은 터널 중심축 연직상부에서 발생되고, 지반이 등체적 변형하면 **지표침하에 대한 변위체적 V_u** 와 내공변위 u_o 에 의한 **지반손실 V_s** 가 같다는 조건에서 구할 수 있다.

$$V_u = \delta_{VM} B = u_o \pi D = V_s \tag{7.12a}$$

$$\delta_{VM} = u_o \pi \frac{D}{B} = \frac{3\pi}{4}(p_0 + \gamma h_t)\frac{D^2}{BE_s} \tag{7.12b}$$

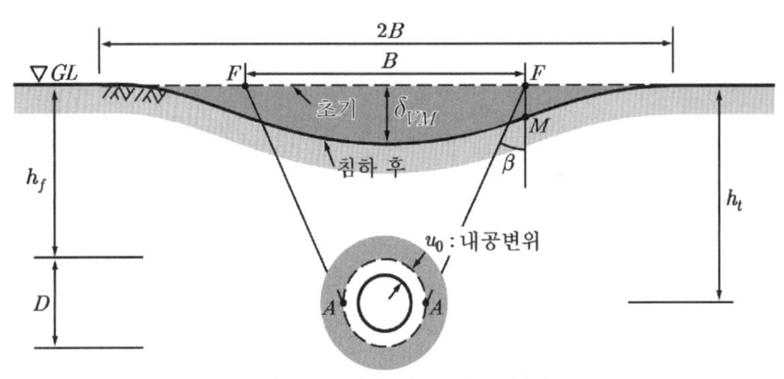

그림 7.3 터널상부 지표침하

터널을 굴착하면 터널 상부지반 횡단면상에서 지표는 그림 7.4a 와 같은 형상으로 침하된다. 즉, **지표침하 형상은** 중앙에서는 위로 오목한 곡선이고, 외곽에서는 위로 볼록한 곡선이 되며, 그 변곡점은 터널의 중심축에서 수평거리 a_i 만큼 떨어진 곳에 위치한다. **지표침하**는 터널의 중심 축 상에서 가장 크게 발생되고, 수평방향으로 $(2.5 \sim 3.0)a_i$ 이내 범위에서 터널의 연직축에 대해 좌·우 대칭으로 발생된다.

터널중심축 위에 침하량이 가장 큰 최저점이 있고 그 주변은 위로 오목한 곡선 (sagging) 이 되며, 변곡점에서는 침하곡선의 경사가 가장 크고, 변곡점 외곽으로는 위로 볼록한 곡선 (hogging) 으로 된다. 따라서 **침하구덩이**는 터널의 중심축에 좌·우 대칭으로 형성되고, 그 크기 즉, 수평거리 $2a_i$ 와 **최대 지표침하 δ_{VM}** 는 지반상태와 터널의 크기 및 깊이에 따라서 다르게 형성된다.

침하 구덩이 내에 있는 구조물은 **지표침하 형상**대로 변형되고, 침하 구덩이에 비해 규모가 작은 구조물은 지표침하 형상대로 기울어지거나 변형된다. **침하 구덩이 중앙**에서는 구조물이 연직 침하되고, **침하 구덩이 측면**에서는 구조물 중앙부가 처지며, **변곡점**에서는 경사가 가장 커서 구조물이 기울어지거나 미끄러지고, 침하 구덩이 가장자리에서는 구조물이 꺾인다.

지표침하 곡선의 곡률이 큰 곳에서는 구조물에 인장 변형률이 발생한다. 구조물에는 경사진 모양 전단균열과 (부재 수직방향) 휨 균열이 발생한다. 전단균열 중앙에서 수평선을 그었을 때 전단균열이 수평선 보다 위쪽이 되는 방향이 침하가 크게 일어난 방향이다 (그림 8.2 참조).

터널 중심축 상부의 중앙에서는 그림 7.4c 와 같은 전단균열이나 그림 7.4e 와 같은 휨 균열이 발생될 가능성이 있고, 침하 구덩이의 변곡점 보다 외곽에서는 그림 7.4b 와 같은 전단균열이나 그림 7.4d 와 같은 휨균열이 발생될 수 있다.

보통 구조물은 최대 처짐각이 1/500 보다 작고 침하량이 10 mm 미만이면 손상될 염려가 없고, 지반의 시간 의존적 침하는 발생된 수년 후에나 손상이 관찰될 정도로 더디게 발생되며, 지표침하 곡선은 시간이 지날수록 수평방향으로 확대된다.

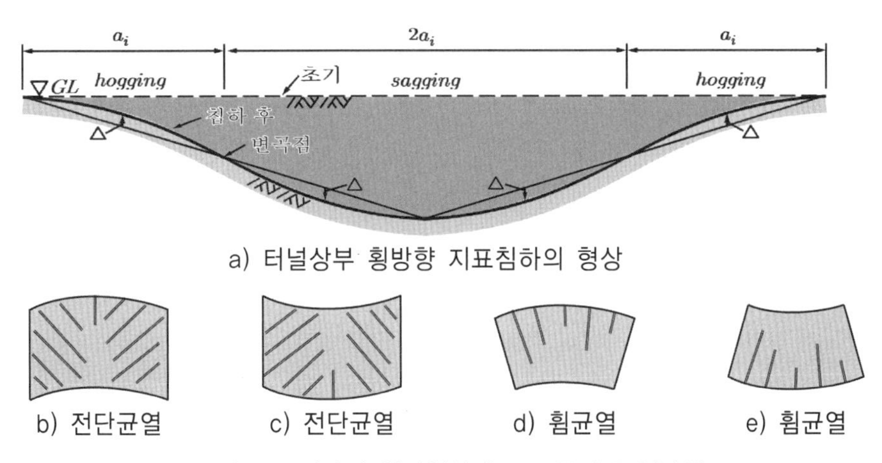

그림 7.4 지반의 침하형상과 구조물의 균열발생

터널 상부 지반에서 **횡단면상 지표침하**는 지반을 등방압 상태의 무게 없는 탄성체라고 가정하고 Lame **의 탄성해**를 적용하여 구할 수 있다. 또한, 지반을 **등체적 변형**하는 **균질한 탄성체**로 가정하고 터널의 내공축소에 의한 **지반 손실량**과 지표침하 곡선의 **변위체적**이 같다는 조건을 적용하여 구할 수 있다.

지표침하 곡선의 변위체적은 침하형상을 **포물선**이나 Gauss **분포**로 가정하고 산정한다.

3) Gauss 정규 확률분포형 지표침하

터널굴착 후 상부지반 횡단면에서 발생하는 **지표침하**는 그 분포형태를 지반조건에 상관이 없이 **Gauss 정규 확률 분포함수**(이하에서는 'Gauss **함수**'라고 함)로 가정하여 해석할 수 있고, 그 결과는 Lame의 탄성해보다 실제에 더 가깝다.

Gauss **함수**는 식이 간단하여 적용하기가 편리하고 연약지반에 굴착한 터널에도 적용할 수 있지만, 지표침하의 형상을 Gauss 함수로 (고정해서) 표현하는 것이 무리가 되어 실제의 침하 형상과 다를 수 있다. 지표침하를 Gauss 함수로 나타낼 때에 Gauss 곡선 변곡점거리 a_i로 침하영향권(**지표침하 발생영역의 횡방향 폭**)을 나타낼 수 있고, 지표침하는 터널 중심축 상부의 지표에서 최대 값 즉, **최대 지표침하** δ_{VM}이 된다.

(1) Gauss 정규 확률분포 형 지표침하

얕은 터널 상부 지반에서 지표침하 발생영역의 횡방향 폭은 Gauss 곡선 변곡점(지표침하 곡선의 **최대 경사점**) 거리 a_i로 나타낼 수 있다. 변곡점은 터널 중심축으로부터 수평거리가 a_i이고, **최대 곡률점**은 $\sqrt{3}\,a_i$이다.

(2) Gauss 정규 확률분포 함수

터널상부지반에서 횡단방향 **지표침하**의 분포형태를 지반조건에 상관없이 **Gauss 정규 확률 분포함수**로 가정하고 해석하면, Lame의 탄성해보다 실제에 더 가까운 해를 구할 수 있다.

Gauss **곡선**은 터널 중심에 가까운 영역에서는 위로 오목한 모양이고, 먼 영역에서는 위로 볼록한 모양이며, 그 사이에 위치한 (터널중심으로부터 수평거리 a_i인) **변곡점**에서는 Gauss 곡선의 경사가 최대이다. Gauss 곡선의 **형상**과 **경사** 및 **곡률**은 그림 7.5와 같다. **Gauss 함수**는 식이 간단하여 적용하기가 편하다.

Peck (1969)은 터널굴착 후에 침하가 완전히 수렴된 상태인 터널 상부지반의 횡단면에서 터널 중심축으로부터 수평으로 거리 x인 지점의 수평 지표면에 발생된 **연직지표침하** δ_V를 다음의 **Gauss 정규 확률분포함수**로 나타내었다(그림 7.5). **연직 지표침하 δ_V**는 터널중심의 상부에서 최대 값 즉, **최대 연직지표침하** δ_{VM}이 된다.

$$\delta_V = \delta_{VM} \exp\left[-\frac{1}{2}\left(\frac{x}{a_i}\right)^2\right] \tag{7.13}$$

Gauss 곡선의 경사는 변곡점에서 최대이며, **변곡점**은 터널중심에서 수평거리 a_i 이고, **지표침하량**은 터널의 중심상부에서 최대 값이 된다.

위 식 (7.13) 을 적분하면 단위길이 터널에 대한 **지표침하곡선 변위체적 V_u** 가 된다.

$$V_u = \sqrt{2\pi}\, a_i \delta_{VM} \cong 2.5\, a_i \delta_{VM} \tag{7.14}$$

Gauss 곡선의 경사와 곡률은 지표침하 δ_V 의 식 (식 7.13) 를 1 차 및 2 차 미분한 값이다.

그림 7.5 는 Gauss 곡선의 **형상**과 **경사** 및 **곡률**을 나타내고, 지표 침하곡선의 최대 경사점 (변곡점) 은 수평거리 a_i 이고 **최대 곡률점**은 수평거리 $\sqrt{3}\, a_i$ 이다.

$$S_s = \frac{V_u}{\sqrt{2\pi}\, a_i} \exp\left[-\frac{1}{2}\left(\frac{x}{a_i}\right)^2\right] \tag{7.15a}$$

$$\begin{aligned}\frac{d\delta_V}{dx} &= -\delta_{VM}\frac{x}{a_i^2}\exp\left[-\frac{1}{2}\left(\frac{x}{a_i}\right)^2\right] \\ &= \frac{-V_u\, x}{\sqrt{2\pi}\, a_i^3}\exp\left[-\frac{1}{2}\left(\frac{x}{a_i}\right)^2\right] = -x\frac{S_s}{a_i^2}\end{aligned}$$

$$\begin{aligned}\frac{d^2\delta_V}{dx^2} &= \delta_{VM}\frac{1}{a_i^2}\left\{\left(\frac{x}{a_i}\right)^2 - 1\right\}\exp\left[-\frac{1}{2}\left(\frac{x}{a_i}\right)^2\right] \\ &= \frac{V_u}{\sqrt{2\pi}\, a_i^3}\left\{\left(\frac{x}{a_i}\right)^2 - 1\right\}\exp\left[-\frac{1}{2}\left(\frac{x}{a_i}\right)^2\right] = \frac{S_s}{a_i^2}\left\{\left(\frac{x}{a_i}\right)^2 - 1\right\}\end{aligned} \tag{7.15b}$$

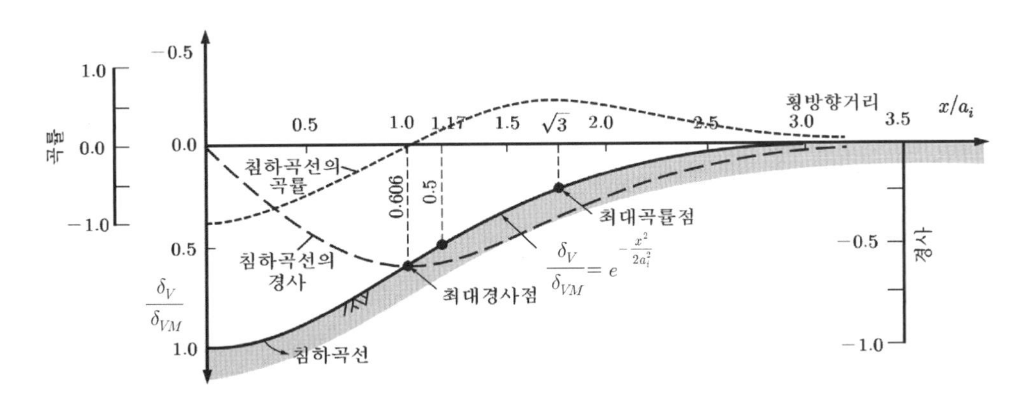

그림 7.5 횡방향 지표침하곡선의 형상과 경사 및 곡률

(3) 지표침하곡선 최대경사 위치 a_i

지표침하 곡선에서 최대 경사지점(변곡점)의 위치 a_i는 다양한 요인(터널 형상, 지반특성, 지반손실, 시공방법 등)에 의해 영향을 받기 때문에 추정하기 어려워서(Peck, 1969; Clough 등, 1981), 현장에서 측정한 **지표침하 곡선**에서 취하거나, 지반에 따른 지표침하 곡선에서 **최대 경사점의 위치**를 적용하거나, **경험식**으로 계산하거나, Peck 의 $a_i - h_i$ **곡선**(그림 7.6)으로부터 추정한다.

① 현장 측정한 지표침하곡선

최대 경사지점의 위치 a_i는 **현장 측정한 지표 침하량** δ_V를 횡단거리 x에 대해 나타낸 지표침하곡선의 값이 다음 크기가 되는 **거리** x이다.

- **지표침하곡선**($\log \delta_V/\delta_{VM} - x$)의 값이 **0.61** 즉, $\log \delta_V/\delta_{VM} = 0.61$인 거리
- **지표침하곡선의 변위체적** V_u를 $2.5\,\delta_{VM}$로 나눈값 $V_u/(2.5\,\delta_{VM})$에 대한 거리

② Gauss 곡선의 변곡점

지표침하곡선 최대경사지점(Gauss 곡선 변곡점)의 **위치** a_i는 지반에 따라 다음이 된다.

$$
\begin{aligned}
a_i &\simeq (0.4 \sim 0.6)\,h_t &&: \text{점토} \\
&\simeq (0.25 \sim 0.45)\,h_t &&: \text{비점착성 지반} \\
&\simeq (0.2 \sim 0.3)\,h_t &&: \text{조립토} \\
&\simeq (0.4 \sim 0.5)\,h_t &&: \text{stiff clay} \\
&\simeq 0.7\,h_t &&: \text{soft silty clay}
\end{aligned}
\tag{7.16}
$$

③ 경험식

지표침하 곡선에서 최대 경사지점의 위치 a_i는 터널의 중심깊이 h_t와 직경 D를 알면 다음의 경험식으로 구할 수 있다.

$$a_i = 0.5D\,(h_t/D)^{0.8} \tag{7.17}$$

④ $a_i - h_i$ 관계 그래프

Peck (1969)은 **지표침하 곡선의 최대 경사지점의 위치** a_i와 **터널의 중심깊이** h_t의 관계를 구하고 **터널 직경** D로 무차원화 한 후 지반에 따른 $2a_i/D - h_t/D$의 관계로 나타낸 결과, **지표침하 곡선의 최대 경사지점의 위치** a_i는 **터널 중심심도** h_t가 커지면 (지반에 따라 다른 기울기로) 증가하였다(그림 7.6).

결국 그래프로부터 대표지반에 대해 터널심도 h_t에 따른 **최대 경사지점의 위치** a_i를 구할 수 있다.

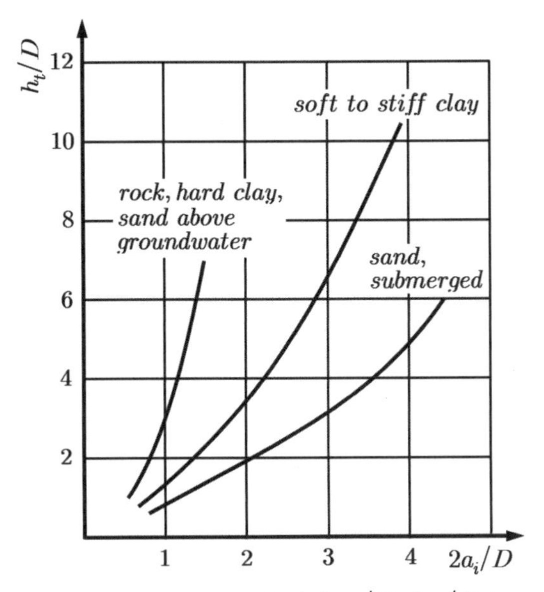

그림 7.6 토피고에 따른 지표 침하 $2a_i/D-h_t/D$ (Peck, 1969)

(4) 지표침하발생영역

터널 횡단방향의 지표침하 발생영역은 터널 중심축부터 지표침하곡선 최대 경사점의 수평거리 a_i 의 2.5 ~ 3.0 배 즉, $(2.5\sim3.0)a_i$ 이며, 대개 $2.5a_i$ 를 적용한다 (Cording/Hansmire, 1975; Clough 등, 1981; Attewell, 1978).

지표침하 연향권은 지표침하곡선 최대 경사지점의 수평거리로부터 구할 수 있다.

(5) 최대 지표침하량 δ_{VM}

얕은 터널에서 **지표침하**가 가장 크게 발생되는 위치는 터널의 횡단면에서는 **터널 중심을 지나는 연직축** 상이다. 터널 종단면에서 지표침하는 터널 굴진면에서 일정한 거리만큼 이격된 **후방의 중심 연직축 상**에에서 최대이며, 그 뒤에는 일정한 값에 수렴한다.

얕은 터널에서 최대 지표침하량은 다양한 요인들에 의해서 영향을 받아 발생된다.

최대 지표침하량 δ_{VM} 는 **지표침하 곡선의 변위체적 V_u** 로부터 계산하거나, **터널 천단의 반경 변형률 ϵ_{ro}** 및 **체적 변형률 ϵ_{vo}** 를 적용하여 구할 수 있다.

토사터널에서는 지반손실이 최소가 되도록 굴착방법과 보강공법을 적절히 선택하며, 대개 δ_{VM}/h_t 를 0.5 % 미만으로 유지한다.

① **지표침하 변위체적 V_u 적용**

최대 지표침하 δ_{VM}는 **지반 손실량 $V_L = \sqrt{2\pi}\, a_i \,\delta_{VM}$**(식 7.14) 과 Gauss 분포형 **지표 침하 곡선의 변위체적 V_u**가 같다는 조건에서 구할 수 있다.

$$\delta_{VM} = \frac{V_u}{\sqrt{2\pi}\, a_i} \tag{7.18}$$

위 식에서 **지표침하곡선의 변위체적 V_u**는 굴착공법에 따라서 그 크기가 다르며, 최근에는 터널 굴착기술이 발달하여 대폭 감소되었다.

지표침하 곡선의 변위체적 V_u는 **굴진면 단위면적당 변위 체적 V_s/A** (지표침하 곡선의 변위체적 V_s의 터널 단면적 A에 대한 비) 로 나타내면, $V_s = (V_s/A)A$ 이므로 다음이 된다.

$$\delta_{VM} = \frac{A(V_s/A)}{\sqrt{2\pi}\, a_i} \tag{7.19}$$

그런데 **터널 굴진면 단위면적당 변위체적 V_s/A**는 표 7.1 의 값을 가지며, **굴진면 안정지수 N_s**와 **파괴시 안정지수 N_L**로부터 계산할 수 있다.

$$V_s/A \simeq 0.23\, e^{4.4 N_s/N_L} \tag{7.20}$$

굴진면 안정지수 N_s는 스프링 라인의 연직응력 $\sigma_{v0} = \gamma h_t$ 와 굴진면 지보압 p_i 및 지반의 비배수 전단강도 S_u (또는 점착력 c_u) 로부터 다음 값으로 정의한다 (식 7.5).

$$N_s = \frac{\gamma h_t - p_i}{S_u} = \frac{\sigma_{v0} - p_i}{c_u} \tag{7.21}$$

표 7.1 터널 단위면적당 변위체적 V_s/A (Mair/Taylor 등, 1996)

지반과 지보상태	V_s/A [%]
Stiff clay 에서 굴진면 무지보 굴착	1 ~ 2
Sand 에서 굴진면 지보굴착	0.5
Soft clay 에서 굴진면 지보굴착	1 ~ 2
London clay 에서 숏크리트를 사용하여 재래식 굴착	0.5 ~ 1.5

② **반경 및 체적 변형률 ϵ_{ro} 및 ϵ_{vo} 적용**

최대 지표침하량 δ_{VM}는 삼축 또는 이축 인장시험에서 구한 터널 (반경 r_o) 천단의 반경방향 변형률 ϵ_{ro} 및 체적 변형률 ϵ_{vo} 로부터 개략적으로 구할 수 있다.

천단침하 u_o (천단 반경변위) 는 천단 접선변형률 ϵ_{to} 에 반경 r_o 를 곱한 크기 즉, $\epsilon_{to} r_o$ 이고, 천단의 접선변형률 ϵ_{to} 은 체적변형률 ϵ_{vo} 와 반경변형률 ϵ_{ro} 의 차이 $\epsilon_{vo} - \epsilon_{ro}$ 이다.

$$u_o = \epsilon_{to} r_o = (\epsilon_{vo} - \epsilon_{ro}) r_o \tag{7.22}$$

얕은 터널에서 굴착면 변위(내공변위)로 인한 지반손실에 의해 발생되는 지표침하 즉, 터널 중심축의 연직상부로 r 만큼 떨어진 위치의 **연직변위 $\delta_V(r)$** 은 터널천단에서 가장 크고(천단 변위 u_o), 상부로 갈수록 작아져서 지표에서 최소치(최대 지표침하 δ_{VM})이다(그림 7.7).

터널 중심축부터 거리 r 인 터널 천단 상부지반의 한 지점에서 **반경변위 u** 를 다음과 같이 가정하고, 그 식을 적합조건에 적용하면, **반경 변형률 ϵ_r** 을 구할 수 있다.

$$u = u_o(r_o/r)^\delta \tag{7.23}$$

$$\epsilon_r = du/dr = -\delta u_o(r_o/r)^{\delta-1}(r_o/r^2) \tag{7.24}$$

여기에 $r = r_o$ 를 대입하면, 터널천단의 **반경 변형률 ϵ_{ro}** 와 **체적 변형률 ϵ_{vo}** 를 구할 수 있다.

$$\epsilon_{ro} = \left(\frac{du}{dr}\right)_{r=r_o} = -\delta\frac{u_o}{r_o} = -\delta\epsilon_{to} \tag{7.25a}$$

$$\epsilon_{vo} = \epsilon_{ro}\tan\psi \tag{7.25b}$$

위 식에서 ψ 는 **다일러턴시 각도**이고, 다일러턴시를 무시하면 체적변형률은 '**영**'이다.

따라서 식(7.23)의 지수 δ 는 식(7.25a)와 식(7.22)로부터 구할 수 있다.

$$\delta = -\epsilon_{ro}/(\epsilon_{vo} - \epsilon_{ro}) \tag{7.26}$$

식(7.23)에 (7.22)를 대입하면 **터널 중심을 지나는 연직축 상 연직변위 δ_V** 는(그림 7.7),

$$\delta_V = u_o(r_o/r)^\delta = (\epsilon_{vo} - \epsilon_{ro})r_o(r_o/r)^\delta \tag{7.27}$$

이고, 토피 $r = r_o + h_f$ 을 대입하면 터널 상부지반의 **최대 지표침하량 δ_{VM}** 이 된다.

$$\delta_{VM} = (\epsilon_{vo} - \epsilon_{ro})r_o\left(\frac{r_o}{r_o + h_f}\right)^\delta \tag{7.28}$$

위 식에서 최대지표침하 δ_{VM} 는 터널 토피($r = r_o + h_f$)가 클수록 작게 발생하고, 굴착 후 신속하게 폐합하여 천단 변형률 ϵ_{ro} (ϵ_{vo})를 작게 할수록 작게 발생된다.

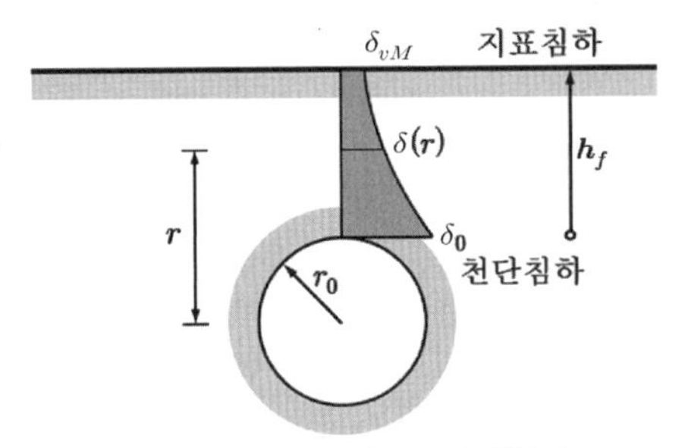

그림 7.7 천단상부 연직침하

7.3.3 터널 종단면상 지표침하

터널 종단 상 지표침하는 시공상황과 지반상태에 따라 다른 형태로 발생하지만, 굴진면 전·후방으로 동일한 범위 이내 $(1 \sim 2.5)a_i$ 에서 발생되며, 터널 중심축 상에서 굴진면 후방으로 일정 거리만큼 떨어진 위치에서 최대가 되고 (그림 7.8), 그 이후에는 일정하다.

터널 종단방향 지표침하 형상을 **누적 가우스 정규분포 함수**로 간주하고 계산해도 현장 계측결과에 근접한 해석결과를 얻을 수 있다 (Attewell, 1978).

터널 종단방향 지표침하는 굴진면 기준의 이격거리에 따른 **침하비** δ_V/δ_{VM} 로 나타내면 편리하다. 터널 굴진면에서 침하비는 지반에 따라 다르고, Attewell 등 (1986) 은 단단한 점토에서 30 ~ 50 % 로 제안하였다.

굴진면 침하비가 특정 값 (보통 50 %) 이 되도록 **누적 가우스 정규분포곡선**을 겹쳐서 그리면 **터널 종단방향 지표침하곡선**이 되며, 이때는 해석결과가 현장계측결과와 잘 일치한다. 굴진면의 침하비를 보통 50 % 로 적용하는데, 이것이 누적 가우스 정규분포함수 방법의 한계이다.

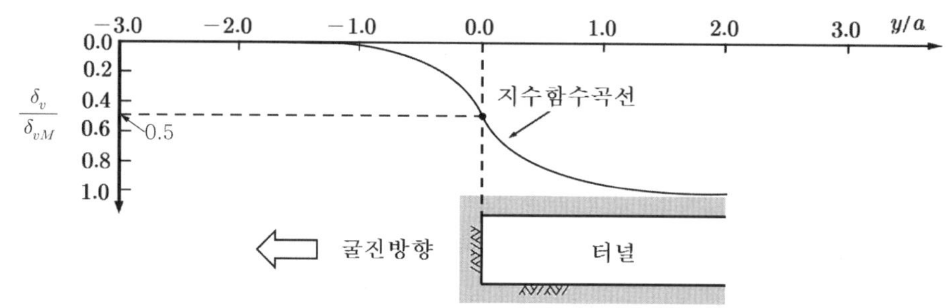

그림 7.8 지수함수형태의 종단방향 지표침하곡선

7.3.4 임의 지점의 지표침하

터널 중심축 선으로부터 횡단방향 거리 x, 굴진면 기준으로 굴진방향 거리 y 만큼 이격된 **임의 지점 (x, y) 의 지표침하 δ_V** 는 다음 **3 차원 지표침하 형상식**으로 계산할 수 있다.

$$\delta_V = \delta_{VM} \exp\left[-\frac{1}{2}\left(\frac{x}{a_i}\right)^2\right]\left\{G\left(\frac{y-y_l}{a_{iy}}\right) - G\left(\frac{y-y_f}{a_{iy}}\right)\right\} \tag{7.29}$$

$$G(a_i) = \frac{1}{\sqrt{2\pi}}\int_{a_i}^{-a_i} \exp\left[-\frac{1}{2}u^2\right] du \tag{7.30}$$

여기에서 y_l : 터널 굴착시점의 위치, y_f : 터널 굴진면의 위치
a_{iy} : 터널 굴진방향 (y 방향) 최대 경사지점의 위치 ($a_{iy} \fallingdotseq a_i$)
a_i : 터널 횡단방향 (x 방향) 최대 경사지점의 위치

7.4 병설터널 굴착에 의한 지표침하

병설터널 상부 횡단면상 지표침하는 중앙의 **침하 집중부**에서 최대 δ_{VM} 로 **일정**하고 그 양측에서는 **포물선형**으로 발생된다고 가정한다 (그림 7.9). 병설터널은 직경 D, 중심 간격 a_t 이다.

2 **열 병설터널** (그림 7.9a) 상부 횡단면상 지표에서 **침하 집중부**는 폭 $B+a_t$ 로 형성되고, **침하 영향권**은 $2B+a_t$ 이며, **최대지표침하량** δ_{VM} 는 다음 크기로 발생된다 (단, $B=2h_t\tan\beta$).

$$\delta_{VM}=u_o\frac{2\pi D}{B+a_t}=\frac{3\pi}{2}(p_0+\gamma h_t)\frac{D^2}{(B+a_t)E_s} \tag{7.31}$$

3 **열 병설터널** (그림 7.9b) 상부 횡단면상 지표에서 **침하 집중부**는 폭 $B+2a_t$ 로 형성되고 **침하 영향권**은 $2(B+a_t)$ 이며, **최대지표침하량** δ_{VM} 는 다음 크기로 발생된다.

$$\delta_{VM}=u_o\frac{3\pi D}{B+2a_t}=\frac{9\pi}{4}(p_0+\gamma h_t)\frac{D^2}{(B+2a_t)E_s} \tag{7.32}$$

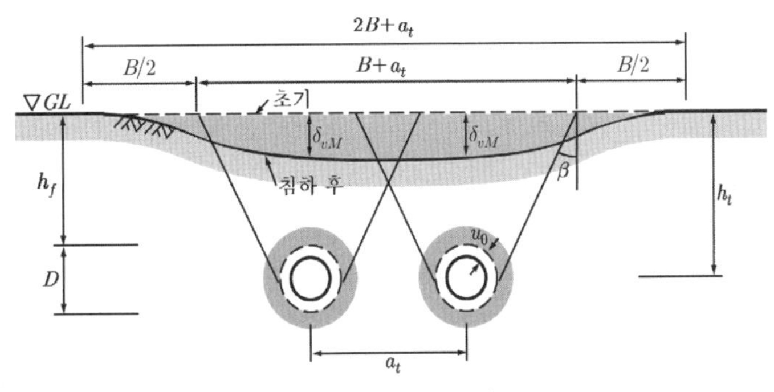

a) 2 열 병설터널

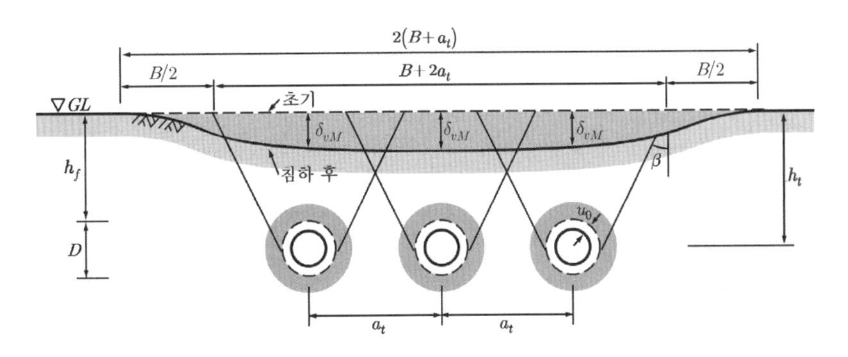

b) 3 열 병설터널

그림 7.9 병설터널 상부 지표침하

7.5 터널굴착에 의한 지표침하에 따른 지상구조물의 손상

터널굴착에 의한 지표침하가 과도하면 터널상부 지표위에 있는 구조물이 손상될 수 있다. 구조물이 완전 연성(강성이 없어서) 이어서 지표침하거동에는 영향을 미치지는 않고 구조물이 지표침하 형상대로 강제로 처진다고 생각하고 구한 구조물 변형률과 허용 인장변형률을 비교해서 터널상부 지반의 지표침하에 의한 상부 구조물의 손상여부를 판정한다.

일반구조물의 허용 인장변형률은 표 7.2 와 같으며, 보통 구조물은 **최대 처짐각**이 1/500 보다 작고 침하량이 10 mm 보다 작으면 손상될 염려가 거의 없다.

Burland 등(1974) 은 구조물을 Timishenko 보로 간주하고, 처짐 Δ 로부터 변형률 ϵ 을 유도하였다. 구조물 균열은 전단과 휨에 의해서 발생되며(그림 8.1 참조), 최대 변형률 방향에 직각으로 발생된다. 실제 구조물은 강성이 있어 지표침하가 작게 발생되므로 중요 구조물에서는 구조물의 강성을 고려하고 FEM 등으로 수치해석해서 지표침하를 구하여 안정성을 판정한다.

지반의 시간 의존적 침하는 대체로 손상이 발생된 수년 후에나 관찰되고, 침하 곡선은 시간이 지날수록 수평방향으로 멀리 확대된다.

터널굴착에 의한 지표침하는 종단 및 횡단 방향으로 일정한 범위 내에서 대칭으로 발생하고 중심에서 가장 크다. 지표침하가 과도하면 허용치를 초과하는 변형률이 발생되어서 **지표상의 구조물이 손상**될 수 있다. 지상의 구조물은 위치한 지점과 지반침하 형상에 따라 **구조물 손상 형상**이 다르다.

7.5.1 터널상부 지표침하로 인한 상부구조물 손상

터널 상부지반의 지표침하는 구조물이 완전 연성이어서 지표침하거동에는 영향을 미치지 않는다고 가정하고 구한다. 이때에 구조물이 지표침하의 모양으로 강제로 처진다고 생각하고 구조물 변형률을 구하여 **허용 인장변형률**과 비교해서 구조물의 손상가능성을 판정한다.

구조물은 Timishenko 보로 간주하고 처짐 Δ 로부터 **변형률** ϵ 을 유도한다. 구조물 균열은 전단과 휨에 의해 발생되고(그림 8.1 참조), 최대 변형률의 직각방향으로 발생된다.

터널 굴착으로 인해 지표가 과도하게 침하되면 **상부 구조물에 허용 인장변형률**을 초과하는 변형률이 발생되어 상부 구조물이 손상될 수 있다.

표 7.2 건물 손상정도와 변형률 관계 (Burland 등, 1974)

손상 등급	손상 정도	인장변형률 ϵ [%]
무시 가능	0.1 mm 보다 작은 미세균열 (hair crack)	0 ~ 0.05
매우 경미	손상이 내벽마감에 국한. 근접 관찰하면 조적벽 외부에 약간 균열보임. 균열은 1 mm 미만. 쉽게 처리 가능.	0.05 ~ 0.075
경미	균열이 외부에서 보이고 국부적 단열처리 필요. 창문과 출입문이 약간 걸림. 균열은 5 mm 미만.	0.075 ~ 0.15
보통	창문과 출입문이 걸림. 서비스관로가 파괴되기도 함. 단열처리부가 자주 손상. 균열은 5 ~ 15 mm	0.15 ~ 0.30
심각	창틀과 문틀 뒤틀림. 바닥 기울어짐이 보임. 벽이 기울거나 배부름이 보임. 보의 지지력 일부손실. 균열은 15 ~ 25 mm. 벽의 일부 특히 창문과 출입문 상부 벽체 교체.	> 0.30
매우 심각	보의 지지력 상실. 벽이 흉하게 기울어서 교정이 필요함. 창이 뒤틀어져 깨짐. 불안정하여 위험. 균열은 > 25 mm. 일부 개축이나 전면 재건축이 필요함.	

보통 구조물에서 허용인장변형률은 표 7.2 와 같고, 최대처짐각이 1/500 보다 작고 침하량이 10 mm 보다도 작으면 손상될 염려가 없다. 구조물은 강성이 있으면 작게 침하되므로, 구조물은 강성을 고려하고 해석하여 지표침하에 의한 손상가능성을 판정한다.

지반의 시간 의존적 침하는 손상이 발생된 후 장시간이 경과한 후에 관찰되는 경우가 많고, 시간이 지날수록 침하곡선이 수평방향으로 확대된다.

7.5.2 터널 횡단면 지표침하로 인한 상부구조물 손상

터널굴착에 의한 상부 지표면 (수평) 의 침하는 **터널굴착 영향권** 내에서 국부적으로 발생하고, **임의 점에서 지표침하**는 종단 및 횡단 방향 침하형태로부터 구한다. **터널 횡단방향 지표침하**는 터널 중심축 상에서 가장 크며, **터널 종단방향 지표침하**는 굴진면 전·후방으로 일정 범위 내에서 발생되고, **최대 종단침하**는 터널 굴진면 후방으로 일정 거리만큼 떨어진 위치에서 발생한다.

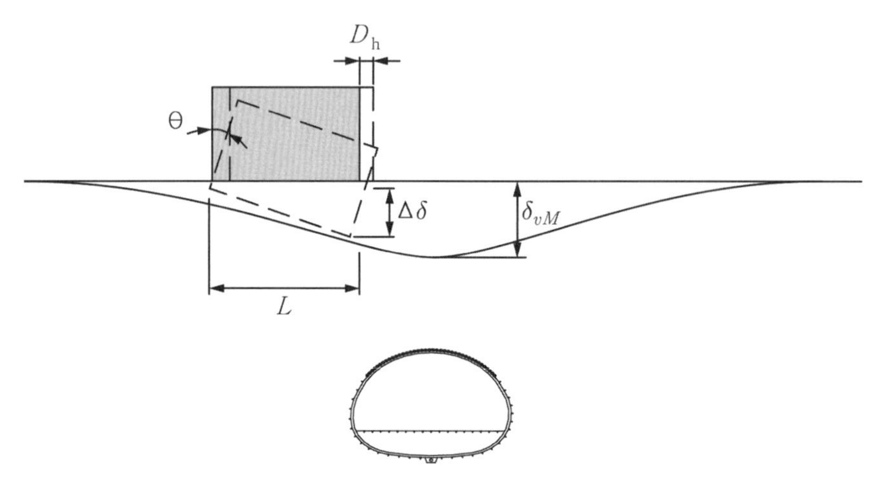

그림 7.10 침하구덩이와 구조물의 침하

터널 상부지반의 지표침하는 그림 7.2 와 같이 종단 및 횡단 방향 일정한 범위 내에서 대칭이으로 발생하고 중심에서 가장 깊은 구덩이 모양이므로 구조물의 위치에 따라 크기가 다르게 침하가 일어날 수 있다.

터널상부의 지표침하 (그림 7.2) 에 의한 지상 구조물의 손상은 구조물이 지표가 침하된 형상대로 강제로 처진다고 생각하고 구조물 변형률을 구한 후 허용 인장변형률과 비교해서 판정한다. 따라서 지표에서 구조물의 위치에 따라 구조물의 변형률이 다르다.

터널굴착으로 인해 터널 상부지반의 지표면이 침하되면 터널 축에 대칭으로 **침하 구덩이** (**침하 트러프**) 가 형성되고, 침하가 과도하면, 그림 7.11 과 같이 지표면상에 있는 구조물이 위치에 따라 다르게 손상된다.

구조물이 침하 트러프의 중앙부 즉, **침하 집중부**에 터널의 축에 대해 대칭으로 위치하면, 구조물의 바닥부가 지표면에 부착된 상태로 변위거동하기 때문에, 그림 7.11a 와 같이 구조물 바닥 중앙에는 인장균열이 생기고, 좌우의 경사진 곳에는 전단균열이 발생한다.

터널 상부지반에서 그림 7.11b 와 같이 지표침하로 인해 발생된 경사지표부에 구조물이 위치하는 경우에는 구조물이 지표침하곡선의 변곡점 상부에 있으면 구조물의 터널 쪽 향사곡선부에는 전단균열이 발생하고, 구조물이 지표침하곡선의 변곡점 위 쪽 배사곡선부에 위치하면 그 구조물의 상부 층에 인장균열이 발생한다.

구조물이 그림 7.11c 와 같이 지표침하로 인하여 생긴 경사진 지표면에 위치하는 (특히, 침하곡선의 배사 곡선부 지표에 위치하는) 경우에는, 터널 쪽의 급경사부에는 구조물의 바닥이나 구조물 하층부에는 전단균열이 발생하고, 그 위쪽의 완만한 경사부에는 구조물의 최상층부에 인장균열이 발생한다.

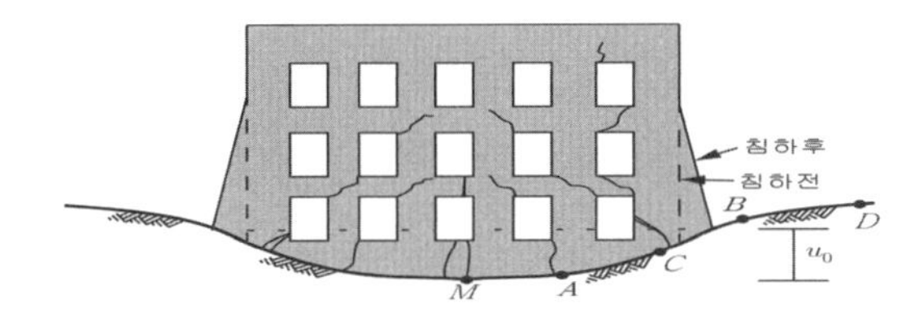

a) 침하 트러프 중앙 향사곡선부에 대칭 위치한 구조물

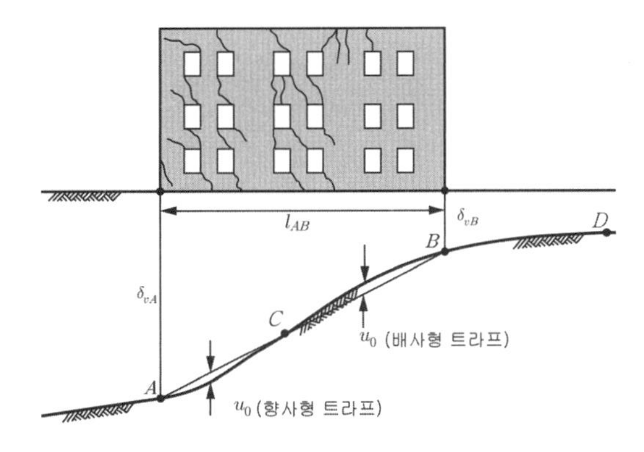

b) 침하 트러프 측면 경사지에 위치한 구조물

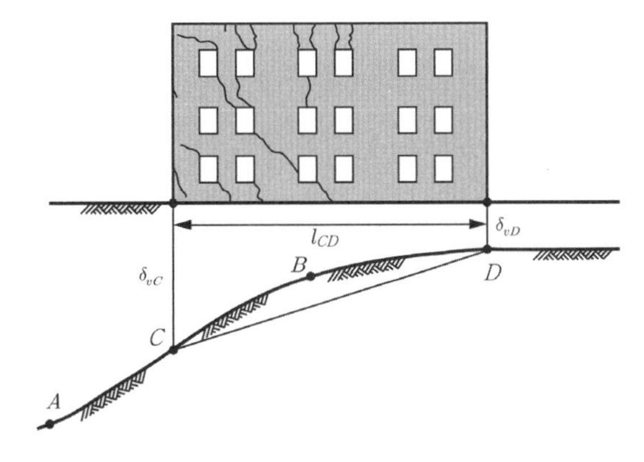

c) 침하 트러프 변두리 배사곡선부에 위치한 구조물

그림 7.11 침하 트러프 위치에 따른 구조물의 손상형태

문제 7-1

균질한 점성토 지표에서 중심깊이 $h_t = 25.0\,m$ 에 직경 10.0 m 인 원형터널을 건설하는 경우에 다음을 구하시오. 터널은 등방압상태이며, 지반정수는 $c = 50\,kPa$, $\phi = 25^o$, $\gamma = 20.0\,kN/m^3$ 이고, 지반의 변형계수는 50 MPa 이다.

[1] 침하 트라프의 폭 a_i

[2] 최대 지표침하량 δ_{VM}

[3] 터널 횡방향으로 중심선부터 5.0 m, 10.0 m, 15.0 m, 20.0 m, 25.0 m, 30.0 m 위치의 지표침하량과 기울기

[4] 터널 종방향으로 굴진면부터 전후방으로 5.0 m, 10.0 m, 15.0 m, 20.0 m 이격된 위치의 지표침하량과 기울기

풀 이

기본 값 ; $c = 50\,kPa$, $\phi = 20^o$, $\gamma = 20.0\,kN/m^3$, $r_o = 5.0m$, $D = 10.0\,m$

[1] 침하 트라프의 폭 a_i

- Gauss 곡선 변곡점 : $a_i = (0.4 \sim 0.6)h_t \simeq 0.5h_t = 0.5(25.0) = 12.5\,m$; 식 (7.16)
- 경험식 : $a_i = 0.5D(h_t/D)^{0.8} = 0.5(10.0)(25.0/10.0)^{0.8} = 10.41\,m$; 식 (7.17)
- Peck 의 그래프 : 그림 7.6 에서 $h_t/D = 25.0/10.0 = 2.5$ 일 때 $2a_i/D = 1.6$
  $a_i = 0.5(1.6)D = 8.0\,m$ $\therefore\; a_i = 10.0\,m$ (평균값) 를 적용

[2] 최대 지표침하량

1) Gauss 분포 체적손실 적용 :

터널단면적 : $A = \pi D^2/4 = 3.14(10)^2/4 = 78.5\,m^2$

침하부피의 터널단면적에 대한 비 : $V_u/A = 1 \sim 2 \simeq 1.5\,\%$ 표 7.1 ; 식 (7.20)

$\delta_{VM} = A(V_u/A)/(\sqrt{2\pi}\,a_i)$; 식 (7.19)

$= 78.5(0.015)/(\sqrt{2(3.14)}\,10.0) = 0.4699\,m$

2) 체적변형률 적용 : 반경변형률 : $\epsilon_{ro} = u_o/r_o = 0.015$; 식 (7.25a)

체적변형률 : $\epsilon_{vo} = \epsilon_{ro}\tan\psi = (0.015)\tan 15^o = 0.004$; 식 (7.25b)

$\epsilon_{vo} - \epsilon_{ro} = 0.004 - 0.015 = -0.011$,

$$\delta = -\frac{\epsilon_{ro}}{\epsilon_{vo} - \epsilon_{ro}} = -\frac{0.015}{-0.011} = 1.37$$; 식 (7.26)

$\delta_{VM} = (\epsilon_{vo} - \epsilon_{ro})\,r_o\{r_o/(r_o + h_f)\}^{\delta}$; 식 (7.28)

$= (-0.011)(5.0)\{5.0/(5.0+20.0)\}^{1.37} = -0.00609\,m = -0.609\,cm$

$\therefore\; \delta_{VM} = -0.0061\,m = -0.61\,cm$

다일러턴시를 무시하면 $\epsilon_{vo}=0$ 이므로, $\epsilon_{vo}-\epsilon_{ro}=0.0-0.015=-0.015$

$\delta=-\epsilon_{ro}/(\epsilon_{vo}-\epsilon_{ro})=-0.015/(-0.015)=1.0$; 식 (7.26)

$\delta_{VM}=(\epsilon_{vo}-\epsilon_{ro})r_o\{r_o/(r_o+h_f)\}^{\delta}$; 식 (7.28)

$=(-0.015)(5.0)\{5.0/(5.0+20.0)\}^{1.0}=-0.015\ m=-1.50\ cm$

$\therefore\ \delta_{VM}=0.015\ m=1.50\ cm$

3) **포물선형 지표침하** : 내공변위 : $u_o=5.0\ cm$

$B=D+2h_t\tan\beta=10.0+2(25.0)\tan(45-25/2)=41.85\ m$; 식 (7.10)

$\delta_{VM}=u_o\pi D/B=(0.05)(3.14)(10.0)/41.85=0.03751\ m$; 식 (7.12)

$\delta_{VM}=0.75\pi(p_o+\gamma h_t)D^2/(BE_s)$; 식 (7.11)

$=0.75(3.14)\{0+(20.0)(25.0)\}10.0^2/\{(41.85)(50000)\}=0.05630\ m$

$\therefore\ \delta_{VM}=0.056\ m=5.6\ cm$

3 터널 횡방향 지표침하 ; 중심부터 $5.0\ m$, $10.0\ m$, $15.0\ m$, $20.0\ m$, $25.0\ m$, $30.0\ m$

- 임의 지점의 지표침하량 : Gauss 정규분포적용 : 식 (7.13)

$\delta_V=\delta_{VM}\exp\{-x^2/(2a^2)\}$

$=(-0.015)\exp\left\{\dfrac{-x^2}{2(10.0^2)}\right\}=(-0.015)\exp\left(\dfrac{-x^2}{200}\right)[m]$ (다일러턴시무시)

$=(-0.0061)\exp\left\{\dfrac{-x^2}{200}\right\}[m]$ (다일러턴시고려)

- 터널중심에서 침하곡선의 최대경사점까지 수평거리 : $a_i=10.0\ m$
- 최대 지표침하량 : $\delta_{VM}=0.056\ m$
- 터널중심에서 수평거리 $x=5.0,\ 10.0,\ 15.0,\ 20.0,\ 25.0,\ 30.0\ m$ 인 지점 지표침하량 :

$\delta_V=\delta_{VM}\exp\{-x^2/(2a_i^2)\}$; 식 (7.13)

x	0	5.0	10.0	15.0	20.0	25.0	30.0
x^2	0	25	100	225	400.0	625.0	900.0
$2a_i^2$	200	200	200	200	200	200	200
$-x^2/(2a_i^2)$	0.000	-0.125	-0.500	-1.125	-2.00	-3.125	-4.500
$\exp\{(-x^2)/(2a_i^2)\}$	1.000	0.882	0.607	0.325	0.135	0.044	0.011
$\delta_V=\delta_{VM}\exp\{-x^2/(2a_i^2)\}$	0.056	0.049	0.034	0.018	0.008	0.002	0.001

- Gauss 함수의 경사 (slope) 와 곡률 (curvature) :

$V_s=2.5a_i\delta_{VM}=2.5(10.0)(0.056)=1.126\ m^2$; 식 (7.14)

$V_s/(\sqrt{2\pi}a_i)=1.126/\{\sqrt{2(3.14)}(10.0)\}=0.0449\ m$; 식 (7.14)

$S_s=V_s/(\sqrt{2\pi}a_i)\exp\{(-x^2)/(2a_i^2)\}$; 식 (7.15a)

· 경사 : $\delta_V/dx=-S_sx/a_i^2$; 식 (7.15b)

· 곡률 : $d^2\delta_V/dx^2=(S_s/a_i^2)\{(x/a_i)^2-1\}$; 식 (7.15b)

x	0.0	5.0	10.0	15.0	20.0	25.0	30.0
x^2	0.0	25.0	100.0	225.0	400.0	625.0	900.0
$2a_i^2$	200.0	200.0	200.0	200.0	200.0	200.0	200.0
$-x^2/(2a_i^2)$	0.0000	−0.1250	−0.5000	−1.1250	−2.0000	−3.125	−4.500
$\exp\{(-x^2)/(2a_i^2)\}$	1.0000	0.8825	0.6065	0.3247	0.1353	0.0439	0.0111
$\delta_V = \delta_{VM}\exp\{-x^2/(2a_i^2)\}$	0.0560	0.0494	0.0340	0.0182	0.0076	0.0025	0.0006
$S_s = \frac{V_s}{\sqrt{2\pi}\,a_i}\exp\left(\frac{-x^2}{2a_i}\right)$	0.0449	0.0396	0.0272	0.0146	0.0061	0.0020	0.0005
x/a_i^2	0.0000	0.0500	0.1000	0.1500	0.2000	0.2500	0.3000
$d\delta_V/dx = -S_s x/a_i^2$	0.0000	0.0020	0.0027	0.0022	0.0012	0.0005	0.0001
x^2/a_i^2	0.0000	0.2500	1.0000	2.2500	4.0000	6.2500	9.0000
$\frac{d^2\delta_V}{dx^2} = \left(\frac{S_s}{a_i^2}\right)\left\{\left(\frac{x}{a_i}\right)^2 - 1\right\}$	−0.0004	−0.0003	0.0000	0.0002	0.0002	0.0001	0.0000

4 터널 종방향 침하 ; 굴진면부터 5.0 m, 10.0 m, 15.0 m, 20.0 m 이격된 위치

터널 종방향 지표침하를 누적 가우스 정규분포함수로 해석

굴진방향 (y) 최대경사 위치 : $a_{iy} \fallingdotseq a_i = 10.0\,m$

굴착시점 : $y_l = -50.0\,m$, $y_l/a_i = -50.0/10.0 = -5.0$

굴진면 : $y_f = 0.0\,m$, $y_f/a_i = 0.0/10.0 = 0.0$

터널중심선상 종방향 지표침하 :

$$\delta_V = \delta_{VM}\{G(y/a_i - y_l/a_i) - G(y/a_i)\} \quad ; \text{식 } (7.29)$$

$$G(a_i) = \frac{1}{\sqrt{2\pi}}\int_{a_i}^{-a_i}\exp\left(\frac{-u^2}{2}\right)du \quad ; \text{식 } (7.30)$$

$$= \frac{1}{\sqrt{2\pi}}\int_{a_i}^{-a_i}\left\{1+\frac{1}{1!}\left(\frac{-u^2}{2}\right)^1+\frac{2}{2!}\left(\frac{-u^2}{2}\right)^2+\frac{3}{3!}\left(\frac{-u^2}{2}\right)^3+\cdots\right\}du$$

$$= \frac{1}{\sqrt{2\pi}}\left[C+u-\frac{1}{6}u^3+\frac{1}{40}u^5-\frac{1}{336}u^7+\frac{1}{3436}u^9-\frac{1}{42240}u^{11}+\cdots\right]_{a_i}^{-a_i}$$

y	20.0	15.0	10.0	5.0	0.0	−5.0	−10.0	−15.0	−20.0
y/a_i	2.000	1.500	1.000	0.500	0.000	−0.500	−1.000	−1.500	−2.000
y_l/a_i	−5.000	−5.000	−5.000	−5.000	−5.000	−5.000	−5.000	−5.000	−5.000
$G(y/a_i - y_l/a_i)$	404.933	167.724	63.765	21.534	5.781	0.525	−1.023	−1.382	−1.425
$G(y/a_i)$	115.695	38.706	10.628	1.958	0.000	−0.058	0.256	0.592	0.950
$G\left(\frac{y}{a_i}-\frac{y_l}{a_i}\right)-G\left(\frac{y}{a_i}\right)$	289.238	129.018	53.138	19.577	5.781	0.583	−1.278	−1.974	−2.375

문제 7-2

균질한 풍화토 지반의 지표에서 천단까지 깊이가 $h_f = 20.0\,m$ 인 터널을 건설할 때 다음 경우에 터널굴착 후 최대 지표침하량과 내공변위를 구하시오.

터널은 원형 (반경 $r_o = 5.0\,m$) 이고 등방압상태이며, 지반정수는 $c = 50\,kPa$, $\phi = 25^o$, $\gamma = 20.0\,kN/m^3$ 이고, 지반의 변형계수는 50 MPa, 지표하중은 30.0 kPa 이다.

1. 단선터널인 경우
2. 2열 병설터널인 경우 (터널 중심 간격 25 m)
3. 3열 병설터널인 경우 (터널 중심 간격 25 m)

풀 이

0 기본계산 ;

터널굴착으로 인해 **포물선형 침하 트러프**가 생성된다고 생각한다.

지반정수 : $c = 50\,kPa$, $\phi = 25^o$, $\gamma = 20.0\,kN/m^3$

$\sin\phi = \sin 25^o = 0.4226$,

정지토압계수 ; $K_0 = \dfrac{1-\sin\phi}{1+\sin\phi} = \dfrac{1-0.4226}{1+0.4226} = 0.406$

지표하중 :

$p_0 = 30\ kPa$

원형터널 치수 : 반경 $r_o = 5.0\,m$, 직경 $D = 2r_o = 10\,m$, 토피 : $h_f = 20.0\,m$

터널 중심 깊이 :

$h_t = h_f + r_o = 20 + 5 = 25\,m$

Rankine 주동쐐기의 각도 :

$\beta = 45^o - \phi/2 = 45 - 25/2 = 32.5^o$

초기응력 σ_0 **:**

$$\begin{aligned}\sigma_0 &= p_0 + \gamma(h_f + D/2)\\ &= 30 + (20)(20+5) = 530\,kPa\end{aligned}$$

내공변위 u_o **:** 식 (7.11)

$$\begin{aligned}u_o &= 1.5\,\frac{\sigma_0 r_o}{E_s}\\ &= (1.5)\frac{(530)(5)}{50000} = 0.0795\,m = 7.95\,cm\end{aligned}$$

1 단선 터널인 경우 :

침하구덩이 폭 B : $B = D + 2h_t \tan\beta = 10.0 + 2(25)\tan 32.5 = 41.85\ m$; 식 (7.10)

침하영향권 : $2B = 2(41.85) = 83.71\ m$

최대 침하량 δ_{VM} : 터널 천단상부에서 발생 : 식 (7.12b)

$$\begin{aligned}\delta_{VM} &= \frac{3\pi}{4}(p_0 + \gamma h_t)\frac{D^2}{BE_s} \\ &= \frac{(3)(3.14)}{4}\{30 + (20)(25)\}\frac{10^2}{(41.85)(50000)} \\ &= 0.05967\ m = 5.97\ cm\end{aligned}$$

2 2 열 병설 터널인 경우 :

축간 간격 ; $a_t < B$

침하구덩이 폭 : $B + a_t = 41.85 + 25 = 66.85\ m$

침하영향권 :

$2B + a_t = (2)(41.85) + 25 = 108.71\ m$

최대침하량 δ_{VM} : 각 터널의 천단상부에서 발생 : 식 (7.31)

$$\begin{aligned}\delta_{VM} &= \frac{3\pi}{2}(p_0 + \gamma h_t)\frac{D^2}{(B + a_t)E_s} \\ &= \frac{(3)(3.14)}{2}\{30 + (20)(25)\}\frac{10^2}{(66.85)(50000)} \\ &= 0.07472\ m = 7.47\ cm\end{aligned}$$

3 3 열 병설 터널인 경우 :

침하구덩이 폭 : $B + 2a_t = 41.85 + 2(25) = 91.85\ m$

침하영향권 :

$2(B + a_t) = (2)(41.85 + 25.0) = 133.71\ m$

최대침하량 δ_{VM} :

각 터널의 천단상부에서 발생 : 식 (7.32)

$$\begin{aligned}\delta_{VM} &= \frac{9\pi}{4}(p_0 + \gamma h_t)\frac{D^2}{(B + 2a_t)E_s} \\ &= \frac{(9)(3.14)}{4}\{30 + (20)(25)\}\frac{10^2}{(91.85)(50000)} \\ &= 0.08157\ m = 8.16\ cm\end{aligned}$$

제 8 장 지반침하에 의한 구조물 손상과 대책 및 보강

8.1 개 요

특정지점에서 지반의 침하거동은 소수 한정된 자료로부터 예측하므로, 실제 지반침하량은 예측하는 데 한계가 있다. 따라서 예측한 침하를 현장에서 측정하여 확인해야 한다.

소성성이 큰 **정규압밀 점토**에서는 실측한 침하량이 계산치 보다 더 크며, 전단파괴에 대한 안전율이 큰 경우에는 대개 계산치와 실측치가 일치한다. **사질토**와 **과압밀 점토**에서는 압축성을 판정하기가 어렵기 때문에 계산한 침하량이 실제 침하량 보다 항상 더 크다. 압축성 지층이 두꺼울수록 침하량 계산치와 실제치의 차이가 크다.

보통 구조물에서는 기능성과 안전성 측면에서 판단할 때 **부등침하**가 더 크게 문제가 될 수 있으며, 구조물의 특성과 기능 및 미관에 따라 경험적으로 **허용침하**를 정하고 있다.

터널 상부 구조물은 터널굴착에 의한 지반침하가 과도하면 손상될 수 있다. 터널 상부 지반의 **지표침하에 의한 지상 구조물의 손상**은 구조물이 지표침하의 형상대로 강제로 처진 경우에 대한 구조물 변형을 구하여 허용치와 비교해서 판단한다. 부등침하가 허용치 보다 클 것으로 예상되면 **지반침하 방지대책**을 수립해야 한다.

구조물에 하중이 가해지면 하부지반에서 지반응력이 증가하고, 이로 인해 지반이 압축되며 (지반침하) 압축량이 과도하면 상부 **구조물이 손상** (8.2 절) 된다. **부등침하에 의한 구조물의 손상**여부는 지표침하의 크기와 형상으로부터 판정한다. **구조물의 허용 침하량**은 **처짐각** 또는 **최대 침하와 최소 침하의 비**를 이용하여 정할 수 있다.

구조물은 하부지반 내 **지층형상에 기인한 지반침하(8.3 절)** 에 의해서도 손상될 수 있다. **지표침하에 영향을 미치는 형상의 특이지층**은 (지반조사를 아무리 철저히 수행해도) 일상적인 지반조사법으로는 확인하기 어렵다. **특이지층에 기인한 지반침하** 문제는 일상적인 침하방지 대책을 적용하여 어느 정도 해결할 수 있다.

지반 내에 연약한 지층이 있는 경우에는 **구조물 기초와 하부 압축성 지층의 상대적 위치**에 따라 지표가 다르게 침하될 수 있다.

구조물 하중에 의해 지반 내 응력이 증가되면 지반이 압축되어서 **지반침하(8.4 절)** 가 발생된다. 연성기초나 규모가 큰 구조물의 중앙부분에서는 **응력중첩**에 따른 침하가 별도로 일어나서 주변보다 중앙부분이 깊은 침하구덩이가 생긴다.

기존 구조물에 인접해서 지반을 성토하거나 새로운 구조물을 신축함으로 인해 큰 하중이 추가되면 기존 구조물의 하부지반에서는 새로운 하중에 의한 **응력**에 의해서 지반이 추가로 침하된다.

흙막이 벽체를 설치하고 벽체의 전면지반을 굴착하면 배후지반에서는 지반굴착으로 인한 여러 가지 요인에 의해서 **지반침하(8.5 절)** 가 발생한다. 이때 굴착공사에 따른 **지반침하 발생 요인**을 최대한 억제하기 위해서는 주의가 필요하다.

지반굴착에 따른 흙막이 벽체 배후의 지반침하는 흙막이 벽체의 변위에 의한 **배면토 이동에 의해서 발생되는 것만 고려**한다. **흙막이 벽체의 수평변위**는 작용력에 의한 **벽체의 휨 변형, 버팀대의 압축변형**, 버팀대 설치의 **시간적 지체**로 인한 변형, **벽체 근입깊이의 부족**에 의한 변형 등에 의해 발생된다.

터널굴착에 의한 지반침하(8.6 절) 의 크기가 과도하면 터널상부의 구조물이 손상된다. **터널 굴착에 의한 지표면의 침하**는 **터널굴착 영향권** 내에서 발생하고, 종단 및 횡단 방향 **침하 변위 체적** 또는 **천단 반경** 및 **체적 변형률**로부터 계산한다.

터널 상부 지표침하로 인한 상부 구조물의 손상은 지표침하 형상대로 강제 변형된 구조물에 발생된 변형률을 허용 인장변형률과 비교하여 판정한다. 즉, 구조물 변형률이 **허용 인장변형률**을 초과하면 구조물이 손상된다고 판단한다.

8.2 지반침하와 구조물 손상

구조물에 하중이 가해지면 하부지반에서 지반응력이 증가하고, 이로 인해 지반이 압축되어 지반이 침하되며, 지반침하가 과도하면 **구조물이 손상**된다.

여러 가지 원인에 의해 발생된 **부등침하** (8.2.1 절) 가 과도하면 상부의 구조물이 손상되고, **지반침하에 의한 구조물의 손상** (8.2.2 절) 여부는 지표침하의 형상으로부터 판정한다. **구조물의 허용 침하량** (8.2.3 절) 은 **처짐각** 또는 **최대 침하와 최소 침하의 비**로 정할 수 있다.

8.2.1 지반의 부등침하

구조물에 하중이 가해지면 하부지반에서 지반응력이 증가하고, 이로 인해 지반이 압축되어 구조물이 침하된다.

지반이 **균등**하게 침하되면 절대 침하량이 매우 크더라도 구조물이 손상되지 않고 기능만 저하될 수 있다. 그러나 **부등하게 침하**되면 침하량이 작더라도 구조물이 기울어지거나 수평위치가 이동하여 기능이 손상되거나 균열이 발생된다.

지반침하에 의한 상부 구조물의 손상은 **상부 구조물-기초-지반의 상대적 강성**에 의해 결정된다. 지반이 취약하더라도 상부 구조물 강성이 크면, 상부 구조물이 교량인 것처럼 지반상태의 영향을 적게 받아서 상부구조물이 큰 손상없이 지지될 수 있다.

구조물의 강성도가 크지 않으면 구조물의 하부 지반에 연약한 **정규압밀 점토 층**이나 **유기질 토층** 또는 상대밀도의 변화가 심한 **조립토 층**이 존재할 때에도 **부등침하**가 일어날 수 있다.

부등침하로 인하여 상부 구조물이 불균등하게 변형되면 구조부재에 추가하중이 발생되고, 변형이 심하면 구조물이 손상된다. 보통 구조물에서는 균등한 침하가 허용치를 초과해서 발생하는 문제보다 부등침하로 인한 문제가 더 심각한 경우가 많다.

기초의 크기가 압축성 지층의 두께에 비해 상대적으로 클수록 지반은 균등한 경향으로 거동한다. 구조물의 독립기초들을 되도록 한 개 공동 기초 판으로 대체하면 부등침하를 줄일 수 있다.

다음 원인들에 의해 발생되는 **부등침하**는 계산이 가능하다.

- 구조물 하부 압축성지층의 두께가 일정하지 않을 때 (그림 8.3a)
- 한 구조물에서 **기초의 형식**이나 크기가 달라서 침하영향권이 다른 경우
- 상재하중이 기초에 **편심**으로 작용할 때
- 상재하중이 경사져서 **수평분력**이 클 때
- **연성기초**인 경우

기존 구조물에 인접하여 새 구조물을 신축하는 등 새로운 하중이 추가로 작용함으로 인해 응력이 중첩되어 발생되는 부등침하는 예측할 수 있다. 그러나 지반이 불균질하여 발생되는 부등침하는 예측이 어렵다.

8.2.2 지반침하에 의한 구조물 손상

구조물이 완전 연성이어서 (즉, 강성이 없어서) 지반의 침하거동에 영향을 미치지 않으며, 지반이 침하 되는대로 구조물이 변형된다고 가정한다. 구조물이 지표침하의 형상대로 강제로 변형된다고 가정하고 구한 (변형된) **구조물 변형률**을 **구조물 허용변형률**과 비교해서 **구조물의 손상여부를 판정**한다. 구조물은 변형률이 허용변형률을 초과하면 손상된 것으로 간주한다.

구조물이 균등침하 되면 대개 인장 변형률이 발생되지 않고 구조물이 기울어지거나 미끄러지지 않는다. 그러나 불균등한 형상으로 **부등침하** 되면 침하곡선의 곡률이 큰 부분에 위치한 구조부재에 인장 변형률이 발생한다.

인장 변형률은 침하곡선의 모양이 위로 오목하면 구조물 바닥에서 크게 발생하고, 반대로 위로 볼록하면 구조물 상부단면에서 크게 발생한다. 부등침하가 과도하여 구조물이 변형되면 경사진 모양의 전단균열 (그림 8.1a, b) 과 부재 수직방향의 휨 균열 (그림 8.1 c, d) 이 생긴다.

a) 전단균열

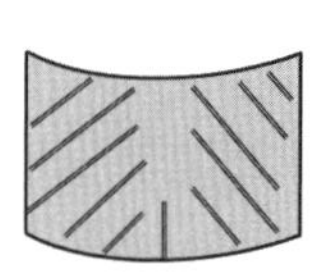
b) 전단균열

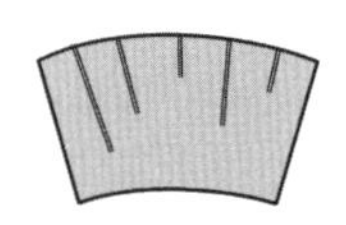
c) 휨균열

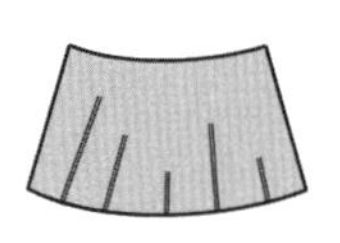
d) 휨균열

그림 8.1 지반의 전단균열과 휨 균열

그림 8.2 는 단순 지지 보에서 발생된 균열의 모양을 나타내며, 이를 관찰하면 침하가 큰 쪽 즉, **처짐 방향**을 균열모양으로부터 판정할 수 있다. 전단균열이 수평에 대해서 위 쪽에 생성되는 부분이 침하가 크게 일어난 쪽이다.

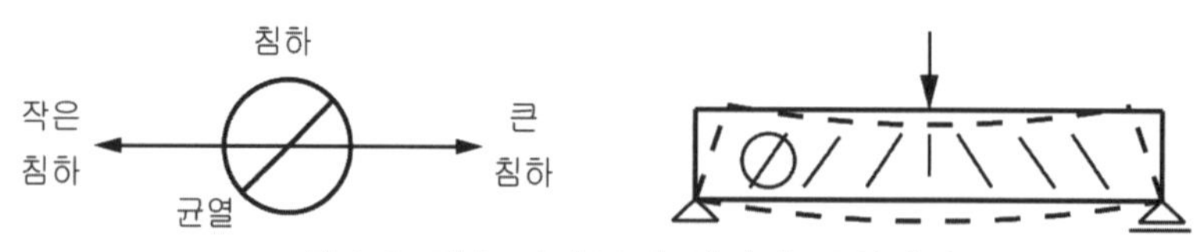

그림 8.2 단순 지지 보의 처짐과 균열발달

8.2.3 구조물의 허용 침하량

구조물 하부지반의 부등침하됨에 따른 상부 구조물 손상은 구조물과 지반의 상대 강성도에 따라 다르기 때문에 일반화하기가 어렵다. **부등침하 허용한계**는 경험적으로 결정할 뿐이다.

구조물의 허용 침하량은 구조물의 특성과 지반조건 및 구조물과 지반의 상대 강성도 등에 의해 영향을 받기 때문에 해석적으로 정하기가 어려우며, 대개 경험에 의존하여 결정한다.

부등침하 허용치는 **처짐각** 또는 **최대 침하와 최소 침하의 비**로 정의한다.

1) 처짐각

구조부재에서 거리 l 인 두 점간 부등침하가 Δs 일 때에 **처짐각**은 $\Delta s/l$ 로 정의하며, 처짐각이 $\Delta s/l < 1/500$ 이면 구조물은 손상되지 않는다. 그렇지만 처짐각이 $\Delta s/l \geq 1/300$ 이면 구조물에서 기능과 외형적 문제가 발생하며, $\Delta s/l > 1/150$ 이면 구조적 손상이 시작된다 (Briske, 1957).

철근 콘크리트는 처짐각이 $\Delta s/l > 1/50$ 이면 균열이 발생하지만, 구조물 손상이 시작되는 절대 침하량은 결정하기 어렵기 때문에 기초형태와 지반에 따라 경험적인 값들을 적용한다.

구조물에 발생한 균열을 관찰하면 구조물 거동을 파악할 수 있으므로, 균열부분에 석고를 띠 모양으로 부착하고 주기적으로 측정하여 균열의 발생은 물론 확장여부를 확인할 수 있다. 그러나 구조물에서는 지반의 침하와 함몰 뿐만 아니라 구조물 자체의 변형과 과재하에 의해서도 균열이 발생할 수 있으므로 주의해서 분석해야 한다.

2) 최대침하와 최소침하의 비

구조물의 허용 부등침하량은 **처짐각**외에도 **최대 침하와 최소 침하의 비**로 정할 수 있다.

Neuber (1961) 는 129 개의 구조물을 조사하고 **최대 침하와 최소 침하의 비 즉,** $s_{\max}/s_{\min}$ 관계를 구해서 구조물 상태를 파악하였고, 그 결과 기초 종류별로 다른 것이 판별되었다 (표 8.1).

표 8.1 최대 침하 / 최소 침하의 관계 ($s_{\max}/s_{\min}$)

[%]	50	70	90	건 수
전면기초	1.4	1.6	2.2	57
독립기초, 연속기초	1.8	2.4	4.0	72
평균치	1.6	2.0	3.5	129

8.3 지층형상에 기인한 지반침하

구조물은 하부지반 내 **지층형상에 기인해서 지반이 침하**되는 경우에도 손상될 수 있다.

지표침하에 영향을 미칠 수 있는 특이형상의 지층(8.3.1 절)은 지반조사를 철저하게 수행하더라도 일상적 지반조사법으로는 확인하기가 어렵다. **특이지층에 기인한 지반침하**(8.3.2 절)는 그 크기가 경미한 경우에는 일반 침하방지 대책을 적용하더라도 어느 정도 해결할 수 있다. 구조물 기초의 하부에 압축성이 큰 지층이 존재하는 경우에는 **압축성 지층과 구조물 기초의 상대적 위치에 따라 지반침하**(8.3.3 절)가 다르게 발생될 수 있다.

8.3.1 지표침하에 영향을 미치는 지층의 형상

구조물 하부의 압축성 지층이 지표침하에 영향을 미칠 수 있는 **특이한 형상**이거나 **두께가 변화**하거나, 암반 등 **비압축성 지반의 경계**가 침하영향권 내에서 불규칙한 형상인 경우 또는, **지하공동이 함몰**된 경우에는 **지반침하**가 불균등하게 발생한다.

구조물 하부의 압축성 지층이 두께가 일정하지 않은 경우에는 부등침하(그림 8.3a)가 발생되어 구조물이 기울어지며, 이런 침하는 예측이 가능하다. 구조물 하부의 구조물 하중 영향권 내에 분포하는 압축성 지층이 쐐기형(그림 8.3d) 또는 렌즈형(그림 8.3c)이거나, 압축성 지층의 두께가 불규칙하거나 경사지면(그림 8.3b) 구조물의 위치별로 다른 크기로 지반이 침하되어 구조물이 손상될 수 있다.

압축성 지층이 **침하영향권** 내에 있으면, 균등침하될 수 있게 지반을 개량하거나 구조물을 적합하게 설계한다. 특이지층이 크지 않으면 구조물 강성도를 증가시켜 브릿지 형태로 설계한다.

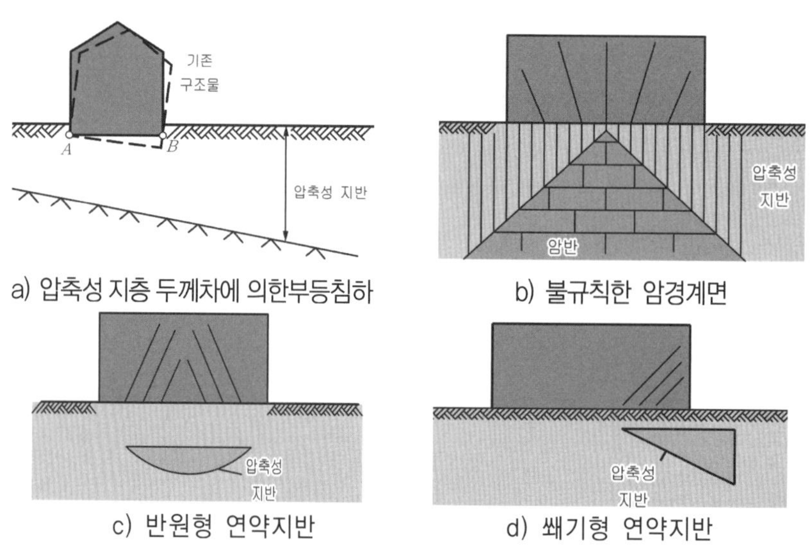

그림 8.3 특이형상 지층과 지반침하

8.3.2 특이지층에 기인한 지반침하

지반조사를 철저히 수행하더라도 일상적 지반조사방법으로는 **특이지층**을 확인하기가 매우 어렵기 때문에 (**특이지층에 기인한) 지반침하**는 예측하기가 어렵다. 특이지층에 의한 문제가 경미하면 일반적 침하방지 대책을 적용하여 해결할 수 있다.

특이지층은 구조물이 손상된 후 정밀한 조사를 통해 비로소 발견되는 경우가 많다. 따라서 현장지반에 대한 지식과 경험이 풍부한 전문가가 지반을 조사해야 하며, 특이 지층이 존재할 가능성이 있으면 면밀한 계획을 수립하여 조사한다. 지반 전문가는 (적은 비용으로) 문제가 되는 지층을 찾아낼 수 있는 능력이 있어야 한다.

1) 특이지층에 기인한 부등침하

특이한 지층에 의해 지반이 **부등침하**될 때 상부 구조물이 받는 영향은 구조물 강성과 특이 지층의 형상 및 위치에 따라서 다르다. 즉, 강성 구조물은 부등침하 되더라도 손상되지 않고 기울어지거나 미끄러지고, 강성이 부족한 구조물은 부등침하되면 큰 응력이 추가되어 부재나 구조물이 손상되고, 구조물 기능이 영향을 받기 쉽다.

보통 구조물에서는 부등침하로 인해 심각한 문제가 생기는 경우가 많다.

2) 과도한 지반침하 방지대책

특이지층은 그 분포형상과 경계조건이 매우 다양하므로 특이지층으로 인한 지반침하를 방지하기 위한 특별대책은 존재하기 어렵다. 그러나 일상적 **지반침하 방지대책**을 적절히 적용하면 (특이지층에 의한) 사소한 문제는 극복할 수 있다.

다음은 일반적으로 적용하는 **큰 지반침하 발생 방지대책**이다.

- 길고 큰 구조물에서는 20 ~ 30 m 마다 **신축이음** 설치
- 상부 **구조물의 강성** 증대
- **구조물 경량화**
- 말뚝, 피어, 케이슨 등 **깊은 기초 설치**
- 압축성이 큰 연약한 특이지층의 **개량**
- 배관이나 구조물의 **연결부**는 충분한 변위를 받을 수 있도록 가변성으로 설치
- 큰 변형 발생되는 구조물에서 기초와 지반 사이에 피치 등으로 **마찰감소층** 설치
- 압축성이 큰 특이층 상부에 강성이 큰 부재를 bridge 형태로 배치
- 하나의 구조물에 형식이 다른 기초의 사용 억제

8.3.3 압축성 지층과 구조물의 위치에 따른 지반침하

구조물 기초의 하부에 압축성이 큰 연약지층이 존재하는 경우에는 구조물 기초와 압축성 지층의 근접도와 구조물의 크기에 따라 구조물이 다르게 침하될 수 있다.

즉, 구조물이 크기가 같더라도 구조물 바닥부터 압축성 연약지층까지 이격거리(그림 8.4a)가 가까우면 압축성 지층에 큰 지반응력이 발생되고, 이격거리가 멀면 지반응력이 작게 발생한다. 따라서 구조물 하부로 압축성 지층이 근접할수록 침하가 크게 일어나고 너무 근접하면 관입 전단파괴가 일어날 가능성이 크다.

또한, **압축성 지층**으로부터 이격거리가 같더라도 구조물 바닥의 크기(그림 8.4b)에 따라 침하가 다른 크기로 발생할 수 있다. 즉, 구조물의 바닥 면적이 넓을수록 침하영향권이 커서 넓은 면적의 압축성 지층이 침하 영향권에 포함되고 또한, 압축성 지층에 발생되는 응력이 크기 때문에 침하가 크게 일어난다.

바닥면적 크기와 구조물 하중의 크기 또는 압축성 연약지반까지의 거리가 다를 경우에는, 구조물 하부에 위치한 압축성 지층의 상부 경계에서 발생하는 연직응력의 크기가 같아지도록 구조물이나 하중의 크기를 조절한다.

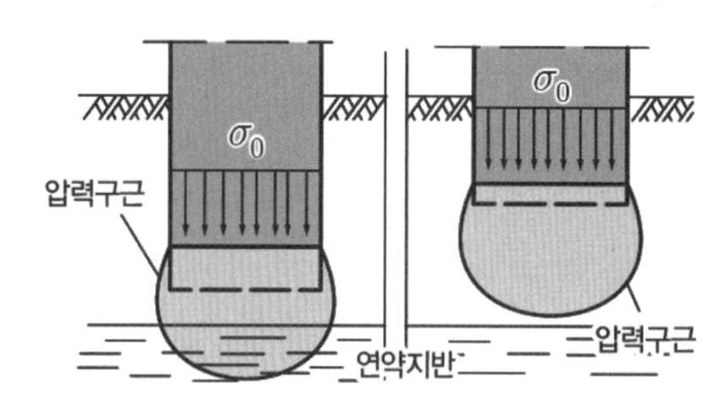

a) 압축성 지층과 이격거리에 따른 지반침하

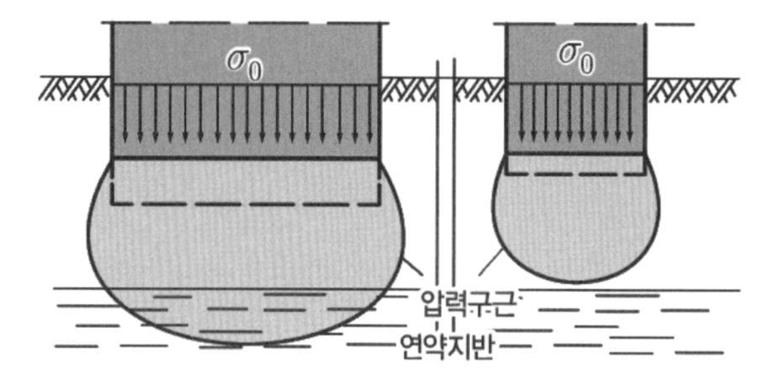

b) 구조물 바닥의 크기에 따른 지반침하

그림 8.4 구조물 하중의 영향권에 따른 지반침하

8.4 구조물 하중에 의한 지반침하

구조물 하중에 의해 지반응력이 증가되면 지반이 압축되어 침하된다.

구조물 하중이 증가되어 **지반 내 응력이 증가**(8.4.1절) 되면 그 만큼 지반이 추가로 침하된다. 또한, 구조물이 연성이거나 규모가 크면, 구조물의 중앙에 **응력이 중첩**(8.4.2절) 되어 커지므로 구조물의 중앙에서 침하가 크게 일어난다. 기존 구조물에 인접하여 성토하거나 새 구조물을 신축하여 하중이 추가되면 기존 구조물의 하부지반에서는 **응력이 추가**(8.4.3절) 된 만큼 지반이 추가로 침하된다. **구조물에 작용하는 하중 특성**(8.4.4절) 이 균등하게 침하되기 어렵거나 부등침하가 발생될 경우가 있다.

8.4.1 구조물 하중의 증가로 인한 지반침하

구조물을 증축하거나 (풍하중 등) 외력이 추가로 작용하여 지반응력이 증가되면, 이로 인해 지반이 추가로 압축되어 침하된다.

구조물 하중이 크게 증가되어 극한 지지력을 초과해서 지반이 전단파괴 (기초파괴가 발생) 된 후에는 지반침하가 작용하중에 비례하여 급한 기울기로 증가된다.

8.4.2 큰 구조물 하부지반의 응력집중에 의한 지반침하

구조물이 연성이거나 규모가 크면, 구조물 중앙부에 응력이 중첩되어 커지므로 큰 침하가 일어난다. 반면에 구조물 가장자리에서는 침하가 크지 않다. 따라서 길이가 길거나 바닥 면적이 넓은 구조물은 **응력 중첩**에 의한 부등침하가 발생할 가능성이 크기 때문에 설계할 때부터 **응력중첩에 의한 부등침하**발생가능성을 검토해야 한다.

그림 8.5 는 길이가 긴 구조물의 중앙에서 발생되는 응력의 집중을 나타낸다.

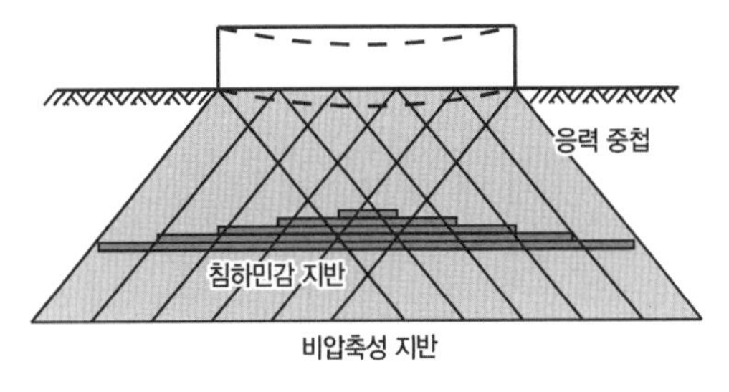

그림 8.5 균질 지반에서 큰 구조물 중앙의 응력집중

8.4.3 기존 구조물 근접재하에 의한 지반침하

두 개 구조물이 인접하여 설치된 경우에는 지반이 균질하더라도 두 구조물의 건설시간차, 이격거리, 강성도, 규모 등에 따라 다양한 형태로 구조물에 불리한 지반침하가 발생할 수 있다.

1) 동시 건설

인접한 두 개 구조물의 하부지반에서는 **구조물 하중에 의한 응력중첩**에 따른 지반침하가 발생된다. 이때 두 구조물의 하중크기와 규모 및 강성에 따라 상호 영향이 달라진다. 하중의 크기가 다른 구조물이 인접하면 작용하중이 큰 구조물의 하부지반에서 응력이 크게 발생되어 더 많이 침하되므로, 작은 구조물이 큰 구조물 쪽으로 기울어져서 두 구조물 간격이 좁아진다.

인접한 두 구조물이 규모가 같은 경우에는 두 구조물 사이의 지반이 응력중첩으로 인해 압축된다. 따라서 서로 마주 보는 쪽에서 더 크게 침하되어서 구조물은 서로 가까워지는 쪽으로 기울어 진다 (그림 8.6a). 부등침하되는 경우에 구조물의 강성이 작으면 구조물에 균열이 발생한다. 그런데 서로 근접한 두개 구조물에 의한 지반응력이 (구조물의 하부에 존재하는) 압축성 지층에서 중첩되는 경우 (그림 8.6b) 에는 예상보다 큰 지반침하가 발생될 수 있다.

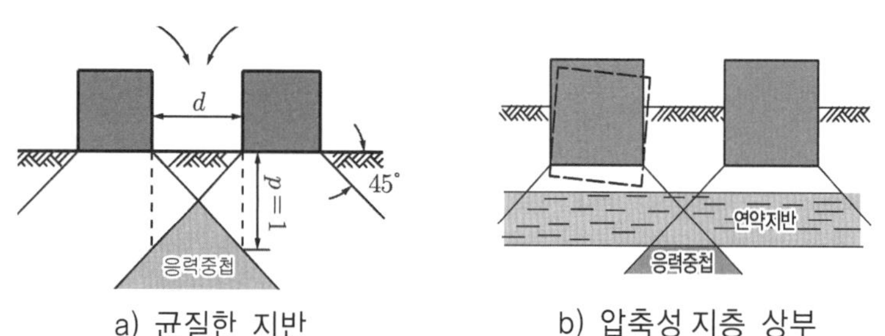

a) 균질한 지반　　　　b) 압축성 지층 상부

그림 8.6 인접한 같은 크기 구조물의 상호간섭

2) 시간차 건설

기존 구조물 건설 후 충분한 시간차를 두고 (즉, 기존구조물에 의해서 하부지반이 이미 압축되어 안정된 상태에서) 인접하여 즉, 기존 구조물 영향권 이내에 새 구조물을 신축하면, 기존 및 신축 구조물은 상호간에 영향을 끼치고, 그 영향정도는 구조물의 강성도 (또는 노후도) 와 근접도, 지반특성, 지반침하의 형상 등에 따라 다르다.

기존 구조물과 신축 구조물이 마주보는 쪽 경계의 하부지반은 (기존 구조물하중에 의해 압축이 완료된 상태이므로) 신축 구조물에 의한 영향을 적게 받는다. 그러나 경계의 반대 쪽 하부지반에서는 기존 구조물의 영향이 거의 없고 신축 구조물 하중에 의해서만 침하된다. 따라서 신축 구조물이 기존 구조물에서 멀어지는 쪽으로 기울어져서 기존 및 신축 구조물의 간격이 벌어진다 (그림 8.7a). 이때 신축 구조물은 강성이 작으면 기울어지지 않고 균열이 발생한다. 기존 구조물이 크고, 신축 구조물이 작은 경우에는 이러한 경향이 매우 두드러진다.

그림 8.7b 와 같이 기존 구조물에 근접하여 성토 등 새로운 하중을 가하면 하부지반에 연직응력이 증가되어 지반이 침하되므로 기존 구조물이 새로운 하중이 재하된 쪽으로 기울어진다.

신축 구조물 하중이 기존 구조물 하중보다 크면 **신축 구조물에 의한 지반응력**이 **기존 구조물에 의한 지반응력**보다 크므로, 기존 구조물의 하부지반은 신축구조물과 마주보는 쪽에서 (큰) 응력이 추가되고, 이로 인해 초과응력만큼 추가로 (크게) 압축된다. 따라서 기존 구조물 하부지반은 신축 구조물 쪽은 침하되지만, 반대 쪽은 침하되지 않으며, 그로 인해서 그림 8.7d 와 같이 기존 구조물이 신축 구조물 쪽으로 기울고 정도가 과하면 기존 구조물에 균열이 생긴다.

신축 구조물 하중이 기존 구조물 하중 보다 작으면, 기존 구조물 하부지반은 신축 구조물에 의한 영향을 거의 받지 않는다. 그러나 신축 구조물 하부지반에서 기존 구조물 측에서는 추가지반침하가 거의 일어나지 않고, 반대쪽에서는 신축구조물 하중만큼 침하된다. 따라서 그림 8.7c 와 같이 신축구조물이 기존 구조물에서 멀어지는 쪽으로 기울어져서 두 구조물 간격이 벌어진다.

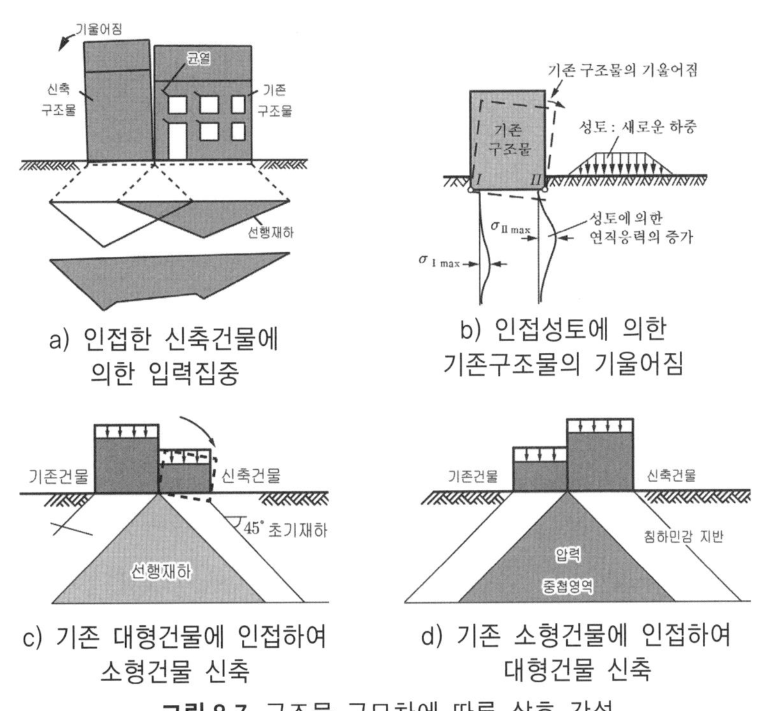

그림 8.7 구조물 규모차에 따른 상호 간섭

3) 시간에 따른 지반침하

압축성 지층이 투수계수가 작은 세립토이고 지층 경계가 배수조건이면 시간에 따른 영향이 나타날 수 있다. 즉, 배수경계의 조건과 압축성 지층의 형상 및 위치에 따라 압밀침하가 발생될 수 있다. 이러한 조건에서는 시간이 지나면서 그 징후가 나타나기 시작한다.

4) 구조물 하중에 의한 지반침하 방지대책

구조물을 설치할 때 (균등한 또는 부등한) 지반침하가 과도하게 발생될 것으로 예상되면 다음과 같이 **지반침하 방지대책**을 세워 시행한다.

- 길고 큰 구조물에서는 20 ~ 30 m 마다 **신축이음** 설치
- 상부 **구조물의 강성** 증대
- **구조물의 형상과 중량을** 침하에 유리하도록 **배분**
- **구조물 경량화**
- 말뚝, 피어, 케이슨 등 **깊은 기초 설치**
- 모든 기초의 침하량을 **균등**하게 조정
- 배관이나 구조물의 **연결부**는 충분한 변위를 받을 수 있도록 가변성으로 설치

8.4.4 구조물의 하중특성에 따른 부등침하

구조물에 작용하는 하중의 특성이 부등침하가 발생될 수밖에 없거나, **균등한 지반침하**를 성취하기가 어려운 경우가 있다. 즉, 구조물 하중이 **경사지게 작용**하는 경우 (그림 8.8a) 나 **편심으로 작용**하는 경우 (그림 8.8b) 에는 구조물이 부등침하 되고, 부등침하 정도는 하중의 크기나 경사 및 편심정도에 따라 다르다. 구조물 **바닥**이 복잡하고 불규칙한 형상이어서 하중이 지반에 균일하게 전달될 수 없는 경우 (그림 8.8c) 에도 부등침하가 발생된다.

또한, 하나의 구조물에서 **형식이 다른 기초를 동시에 적용**한 경우 (그림 8.8d) 에는 각 기초마다 전달되는 하중과 발생되는 침하가 다르므로 지반이 균질하더라도 부등침하가 발생된다. 한 구조물에 형식이 다른 기초를 적용하는 것은 그 안정성이 입증되지 않는 한 금기사항이다.

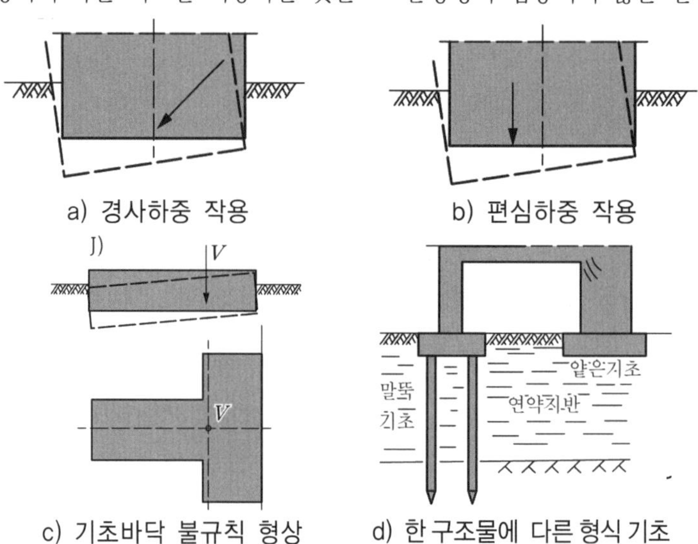

그림 8.8 구조물의 부등침하 조건

8.4.5 구조물과 기초의 상대강성에 따른 침하

구조물에 하중이 가해지면 구조물-기초-지반의 상대강성에 따라 침하가 발생할 수 있다. 상부구조물이 **강성** (그림 8.9a,b) 이면 기초 변형에 큰 영향을 받지 않지만 상부구조물이 **연성** (그림 8.8c,d) 이면 기초의 강성에 따라 상부구조물의 변현형태가 다르다.

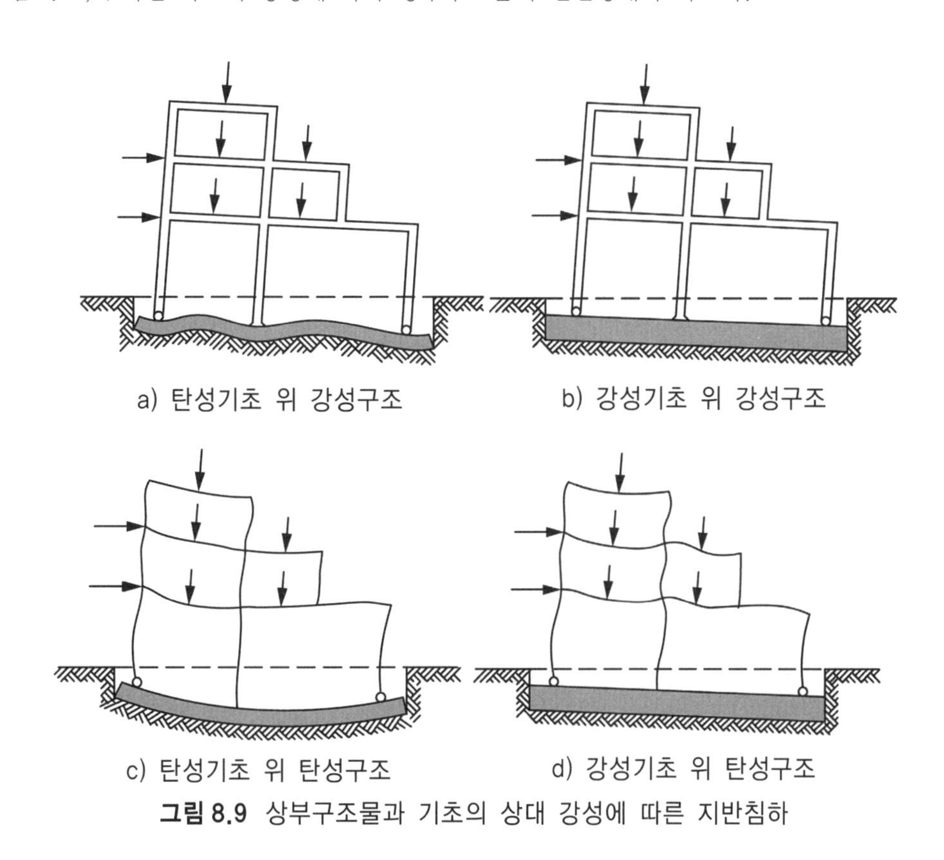

그림 8.9 상부구조물과 기초의 상대 강성에 따른 지반침하

8.5 균등침하와 부등침하

구조물에 하중이 가해지면 지반 내 응력이 증가함에 따라 지반이 압축되어서 구조물이 침하된다. 구조물의 침하가 **균등**하면 구조물이 손상되기 보다 기능이 문제되는 경우가 많다.

침하가 불균등하게 발생되면 구조물이 기울어지거나 수평위치가 이동되므로, 구조부재에 추가하중이 발생되어서 구조물이 손상된다. 보통 구조물에서는 균등한 침하가 허용값을 초과해서 생기는 문제보다 부등침하로 인한 문제가 더 심각한 경우가 많다.

Neuber (1961) 은 129 개의 구조물을 조사하여 s_{max}/s_{min} 관계를 구하여 구조물의 상태를 파악한 결과 기초종류별로 다른 것으로 판별되었다 (표 8.2). 즉, 전면기초 보다 독립기초나 연속기초의 s_{max}/s_{min} 이 크게 나타났다. 이로부터 전면기초가 더 균등하게 침하되는 것을 알 수 있다.

표 8.2 최대침하/최소침하의 관계 (s_{max}/s_{min})

[%]	50	70	90	건 수
전면기초	1.4	1.6	2.2	57
독립기초, 연속기초	1.8	2.4	4.0	72
평균치	1.6	2.0	3.5	129

구조물의 허용 침하량은 구조물의 특성과 지반조건 및 구조물과 지반의 상대 강성도 등에 의해서 영향을 받아서 해석적으로 정하기가 매우 어렵기 때문에 대개 경험에 의존하여 결정하고 있다.

구조물 기초의 크기가 압축성 지층의 두께에 비해 상대적으로 클수록 지반거동은 균등한 경향을 나타내므로 구조물 독립기초들을 되도록 한 개 공동 기초판으로 대체하면 부등침하를 줄일 수 있다. 그러나 전면기초는 지반과 기초 구조물의 상호거동을 고려해서 설계해야하므로 고도의 전문지식을 갖추고 있어야 제대로 설계할 수 있다.

부등침하가 주로 다음 원인들에 의해 발생될 때에는 부등침하를 계산하는 것이 가능하다.

- 구조물 하부 압축성지층의 두께가 일정하지 않을 때
- 한 구조물에서 기초의 형식이나 크기가 달라서 침하 영향권이 다른 경우
- 기초에 편심이 작용할 때
- 상재하중의 수평분력이 클 때
- 연성기초인 경우

기존의 구조물에 인접하여 새로운 구조물을 신축함으로 인해서 구조물 사이에 위치한 지반 내에서 양쪽 구조물 하중에 의하여 발생되는 지반 응력이 상호간에 중첩되면, 지반 내에 부등침하가 발생하여 구조물이 기울어질 수 있으며, 이런 경우에는 발생할 침하를 예측하는 것이 가능하다.

그렇지만 지반이 불균질하여 침하량이 지반 내 위치별로 다른 경우에는 침하예측이 어렵다. 연약한 정규압밀점토나 유기질 토층이 존재하거나 조립토에서 상대밀도의 변화가 심할 경우에도 이런 현상이 일어난다.

부등침하로 인해 발생되는 구조물의 손상은 구조물과 지반의 상대적 강성도에 따라 다르기 때문에 일반화하여 수치로 나타내기가 어렵다. 따라서 대개 경험적으로 **부등침하 허용한계**를 정할 뿐이다.

구조물 부재에서 거리 l 인 두 점간의 부등침하가 Δs 일 때에 그 처짐각이 $\Delta s/l < 1/500$ 이면 구조물이 손상되지 않는다.

처짐각이 $\Delta s/l \geq 1/300$ 이면 구조물의 기능과 외형 적 문제가 발생하며, $\Delta s/l > 1/150$ 이면 구조적으로 손상이 발생된다(Briske, 1957). 철근콘크리트는 $\Delta s/l > 1/50$ 이면 균열이 발생한다.

구조물에서 손상이 발생되기 시작되는 **절대 침하량**은 크기를 결정하기가 용이하지 않다. 다만, 경험적으로 볼 때에 기초의 형태와 지반의 상태에 따라 취득한 많은 경험적인 값들이 적용되고 있다.

구조물에 발생한 균열을 관찰하면 구조물의 거동을 파악할 수 있다. 따라서 균열이 생긴 위치에 띠 모양으로 석고를 바르고 관측한 시간과 내용을 기록하여 두었다가 일정한 시간이 경과한 후에 또는 주기적으로 균열의 상태와 확장여부를 확인해 보면 균열의 확장여부 또는 새로운 균열의 발생 여부를 알 수 있다.

구조물에서는 지반의 침하와 함몰에 의해 균열이 발생될 뿐만 아니라 구조물의 자체 변형과 과재하에 의한 처짐이 원인이 되어 구조물에 균열이 발생할 가능성이 있으므로 구조물에서 균열발생에 대해 면밀하게 분석 및 검토할 필요가 있다.

그림 8.2 는 단순 지지보에서 발생된 균열의 모양으로부터 처짐의 방향을 결정하는 방법을 나타낸다.

8.6 허용 침하량과 허용 각변위

구조물의 허용침하량은 구조물에 손상이 발생되기 시작하는 **절대 침하량**을 기준으로 한다. 이 절대 침하량은 결정정하기가 쉽지 않으므로, 대체로 구조물의 구조적 특성과 기능 또는 미관에 따라서 경험적으로 구조물의 **허용 침하량** (8.6.1 절) 과 **허용 각변위** (8.6.2 절) 를 결정하여 적용한다.

8.6.1 허용 침하량

구조물의 허용 침하량(allowable settlement)은 구조물에 손상이 발생되는 절대 침하량을 기준으로 구조물의 구조적 특성과 기능 또는 미관에 따라 경험적으로 결정한다. Skempton/McDonald(1956)는 독립기초에 대해서 점토에서는 6 cm, 사질토에서는 4 cm를 허용침하로 하였으며, 전면 기초에 대해 점토에서는 6~10 cm, 사질토에서는 4~6 cm를 허용 침하로 결정하였다(표 8.3). 그러나 구조물의 변형과 과재하에 의한 구조물 균열에는 적용할 수 없다.

모든 구조물에 일률적으로 적용가능한 허용 침하량 또는 **허용 부등침하량**은 있을 수 없다.

그런데 지반의 부등침하는 지층형상이 다양하고, 상재하중이 집중되는 경우에도 발생한다. 다양한 구조물의 허용침하량은 여러 가지 표(표 8.4, 표 8.5~8.8)에 제시되어 있다.

지반이 균질하더라도 구조물의 규모가 커서 길이가 길거나 바닥 면적이 넓으면 구조물의 중앙부에 응력이 중첩되어 외곽보다 침하가 크게 일어날 수도 있다.

또한, 부등침하로 인한 상부 구조물의 손상은 구조물과 지반의 상대 강성도에 따라 다르고, 부등침하의 허용치는 구조물의 용도, 구조, 다른 구조물과의 연결상태 및 부속설비 등에 따라 결정되므로 일반화하여 수치로 나타내기가 어렵기 때문에 대개 경험적으로 정할 뿐이다.

기초의 크기가 클수록 지반은 국부적 불균질성의 영향이 작아서 균질한 지반처럼 거동하기 때문에 구조물 독립기초들을 하나의 공동 기초 판으로 대체시키면 부등침하를 줄일 수 있다.

또한 과도한 침하량을 줄이기 위해 지반을 개량하거나 치환하는 방법도 적용된다. 일반적으로 정정 구조물이 부정정 구조물보다 침하에 덜 민감하다.

표 8.3 구조물의 허용 침하량 (Skempton/McDonald, 1956)

기 초		허 용 침 하 [cm]
독립기초	점토	6
	모래	4
평면기초	점토	6~10
	모래	4~6
	점토	10〈=

표 8.4 여러 가지 구조물의 최대 허용 침하량 (s 는 기둥간격 또는 임의 두 점 간 간격)

침하형태	구조물 종류		최대침하량
전체침하	배수시설		15.0~30.0 cm
	출입구		30.0~60.0 cm
	부등 침하 가능성	돌쌓기, 조적	2.5~5.0 cm
		뼈대구조	5.0~10.0 cm
		굴뚝, 사일로, 매트	7.5~30.0 cm
전도	탑, 굴뚝		0.004s
	적재 창고		0.01s
	크레인 레일		0.003s
부등침하	빌딩의 조적벽		(0.0005~0.0020) s
	철근 콘크리트 골조		0.003s
	강재 골조(연속)		0.002s
	강재 골조(단순)		0.005s

표 8.5 구조물의 허용 침하량 (러시아 규정, after Wahl, 1981)

구조물과 기초		평균침하 [cm]
독립기초 또는 연속기초 위의 조적벽	L/H 〉=2.5	8
	L/H 〈=1.5	10
강재보강 또는 철근콘크리트 보강 조적벽		15
뼈대구조		10
굴뚝, 사일로 저수탑 등의 견고한 철근콘크리트기초		30

표 8.6 구조물의 허용 침하량

재 료	최대 처짐각 (ℓ : 부재길이)
석재, 유리 및 기타 취성재료	360 / L
금속피막 및 유사 파손방지처리	240 / L
강재 및 콘크리트 골조	150 / L ~ 180 / L
목재 골조	100 / L
강재 또는 콘크리트 전단벽	설계기준

표 8.7 구조물의 허용 침하량 (1955 년 소련 건축법규, after Wahl, 1981)

구조물과 기초			모래, 단단한 점토	소성점토
토목용/산업용 건물의 기둥기초, 강구조와 철근콘크리트 구조			0.002	0.002
블록 cladding이 있는 기둥의 끝열			0.007	0.001
부등침하 동안에 부수변형이 일어나지 않는 구조물			0.005	0.005
굴뚝, 탑, 사일로 등의 전도			0.004	0.004
크레인 레일			0.003	0.003
평면 블록벽	다층 거주용건물 및 토목 구조물	L/H 〈=3	0.0003	0.0004
		L/H 〉5	0.0005	0.0007
	단층 공장건물		0.0010	0.0010

표 8.8 구조물의 허용 침하량

구조물	허용침하 [cm]	
	비점착성 지반, 반고체 또는 고체상태 점성토	소성상태 점성토
라멘구조, 칸막이 설치 철근콘크리트 또는 강재 골조	2.5	4.0
부정정 라멘구조, 칸막이 없는 철근콘크리트 또는 강재 골조	3.0	5.0
칸막이 없는 강재 또는 철근콘크리트 정정구조	5.0	8.0
무근 콘크리트 벽체	2.5	4.0
조적벽체 또는 링앵커로 바닥판에 묶은 큰 블록	3.0	5.0

8.6.2 허용 각변위

부등침하의 크기는 대체로 부등침하의 절대치보다 부등침하량 Δs와 부재의 길이 l 로부터 구한 **처짐각** α (즉, $\tan\alpha = \Delta s/l$) 로 많이 표현한다 (그림 8.10).

처짐각이 1/500 미만 ($\Delta s/l < 1/500$) 이면 구조물이 손상되지는 않으나, 처짐각이 1/300 이상이면 건물의 기능과 외형에 문제가 생길 수 있고, 처짐각이 1/150 이상이면 구조적 손상이 발생된다 (Briske, 1957). 철근콘크리트는 처짐각이 1/50 이상이면 균열이 발생된다.

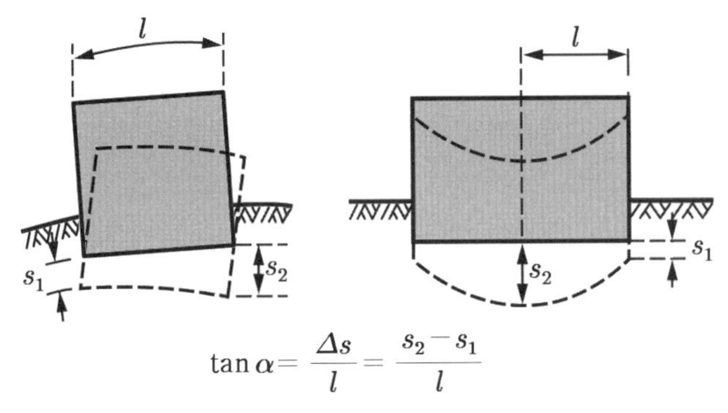

$$\tan\alpha = \frac{\Delta s}{l} = \frac{s_2 - s_1}{l}$$

그림 8.10 처짐각 α 의 정리

침하에 민감한 기계 등이 있을 때 허용 처짐각은 1 / 750 정도이며, 균열이 발생되면 안되는 경우에는 허용 처짐각은 1 / 500 을 그 한계로 한다. 처짐각이 1 / 250 이상이면 고층구조물의 기울어짐을 느낄 수 있다. 일반적으로 통용되는 **구조물의 허용 처짐각**은 다음의 표 8.9 ~ 8.11 과 같다.

표 8.9 연속구조물의 허용 처짐각

구 조 물	연속구조의 최대경사
높은 연속 벽돌벽	1/200 ~ 1/100
주거용 벽돌건물	3/1000
기둥 간 조적벽	1/100
철근콘크리트 건물골조	1/500 ~ 2/500
철근콘크리트 차폐벽	3/1000
연속 강재골조	1/500
단순지지강재골조	1/200

표 8.10 허용 처짐각 (Bjerrum, 1963)

처 짐 각	허 용 범 위 및 구 조 물
1/10	- 피사 사탑의 기울어짐
1/100	정정구조물 및 옹벽의 위험한계
1/150	- 정정구조물 및 옹벽의 안전한계 - 오픈된 강재골조, 철근콘크리트 골조, 강재 저장탱크, 높은 강성구조물의 전도에 대한 위험한계 - 내하벽의 뚜렷한 균열발생 - 조적벽체의 안전한계 $h/2 < 1/4$ - 일반 건물의 구조적 손상한계
1/250	- 오픈된 강재 골조, 철근콘크리트 골조, 강재 저장탱크, 높은 강성구조물의 전도에 대한 안전한계 - 골조건물의 패널벽체와 교대의 전도에 대한 위험한계 - 높은 건물의 기울어짐 육안식별 한계
1/300	- 고가크레인의 작업곤란 예상한계 - 칸막이 벽의 균열발생 한계
1/500	- 골조건물의 패널 벽체와 교대의 전도에 대한 안전한계 - 하중을 받는 무근콘크리트 벽체의 중앙부 처짐에 대한 위험한계 - 균열이 허용되지 않는 빌딩의 안전한계
1/600	- 경사부재가 있는 라멘구조의 손상한계
1/750	- 침하에 민감한 기계기초의 작업곤란 한계
1/1000	- 하중을 받는 무근콘크리트 벽체의 중앙부 처짐에 대한 안전한계 - 하중을 받는 무근콘크리트 벽체의 단부 처짐에 대한 위험한계
1/2000	- 하중을 받는 무근콘크리트 벽체의 단부 처짐에 대한 안전한계

표 8.11 얼지 않는 지반의 허용 처짐각 소련 건축규정 (Polshin/Tokar, 1957)

구 조		모래, 단단한 점토	소성점토	평균 최대침하량[cm]
기중기 레일		0.003	0.003	
강구조, 콘크리트 구조		0.0010	0.0013	10
벽돌조적		0.0007	0.001	15
변형 일어나는 곳		0.005	0.005	
다층 블록조옹벽	$L/H \le 3$	0.003	0.004	8 $L/H \ge 2.5$
	$L/H \le 5$	0.005	0.007	10 $L/H \ge 1.5$
일층 제철소 건물		0.001	0.001	
연돌, 수조탑, 링기초		0.004	0.004	30

* H : 기초 상부 벽체의 높이, L : 두 점 간의 거리

참 고 문 헌

◈ 공 통 ◈

Brinch Hansen J./Lundgren, H.(1960) Hauptprobleme der Bodenmechanik. Springer Verlag.

Caguot A./Kerisel J.(1967) Grundlagen der Bodenmechanik, Springer Verlag, Berlin/Heidelberg/ New York.

Coulomb M.(1773) sur une application des regles de Maximis and Minimis a quelques problemes de Statique, relatfs a l' Architecture.

Das B.M.(1984) Advanced Soil Mechanics, PWS-Kent, Boston.

EAB(1985) Empfehlungen des Arbeitsausschusses Ufereinfassungen, Ernst & Sohn,Berlin.

EAB(1988) Empfehlungen des Arbeitskreises Baugruben, Ernst & Sohn, Berlin/Muenchen.

Fang H.Y.(1991) Foundation Engineering Handbook 2nd ed. Chapman & Hall.

Farmer J.M.(1968) Engineering properties of Rock. E. & F. N Spon Ltd. London.

Gudehus G.(1982) Bodenmechanik, Springer Verlag, Berlin.

Harr M.E.(1962) Groundwater and Seepage. McGraw Hill, New York.

Kezdi A.(1964) Bodenmechanik, Bd. 1 u. 2. Berlin/Budapest.

Koegler F./Scheig A.(1948) Baugraund und Bauwerke. 5. Afl. Bering.

Lambe W.T.(1969) Soil mechanics, John & Wiley, New York.

Lang H.J./Huder J.(1990) Bodenmechanik und Grundbau, Springer-Verlag, Berlin.

Ohde J.(1951) Grundbaumechanik. Huette, Bd. III, 27. Aufl. pp. 886.

Poulos H.G./Davis E.H.(1974) Elastic solutions for soil and rock mechanics. Wiley.

Powers K.(1972) Advanced soil physics. John Wiley & Sons.

Powrie W.(1997) Soil mechanics concepts and applications. Champman & Hall.

Ruebener/Stiegler (1982) Einfuehrung in Theorie und Praxis der Grundbautechnik, Werner Verlag, Duesseldorf.

Ruebener R.(1985) Grundbautechnik fuer Architekten, Werner-Verlag, Duesseldorf. Schmidt H.H.(1996) Grundlagen der Geotechnik, Teubner, Stuttgart.

Schulze W.E./Simmer K.(1978) Grundbau 2, 15. Aufl., Verlag Teubner, Stuttgart.

Scott R.F.(1974) Soil Mechanics and Foundation, 2. Auflage, Applied Science Publishers, London.

Scott R.F.(1981) Foundations Analysis, Printice Hall, Engelwood Clnts N.J.

Scherif G.(1974) Elastisch eingespannte Bauwerke, Ernst & Sohn, Berlin, Heft 10.

Simmer K.(1994) Grundbau, Bodenmechanik und erdstatische Berechnungen. Beuth.

Smoltczyk U.(1982) Grundbau Taschenbuch T1., T2., T3., Ernst & Sohn, Berlin/Muenchen.

Smoltczyk U.(1990) Bodenmechanik und Grundbau, Vorlesungsumdruck, Uni Stuttgart.

Smoltczyk U.(1993) Bodenmechanik und Groundbau, Verlag. Paul Daver GmbH, Stuttgart.

Smoltczyk U. (1993) Grundbau Taschenbuch, 4.Aufl. Ernst & Sohn, Berlin.

Sokolovski V.V.(1960) Statics of Soil Media, London, Ed. Butterworth.

Sokolovski V.V.(1965) Statics of Granular Media, Oxford et al., Pergamon Press.

Szabo I.(1956) Hoehere Technische Mechanik, Springer-Verlag, Berlin/Goettingen/Heidelberg.

Szechy K.(1965) Der Grundbau, 2. Band, 1. Teil Springer-Verlag , Wien-New York.

Taylor D.W.(1956) Fundamentals of Soil Mechanics, John Wiley&Sons, New York.

Terzaghi K.(1925) Erdbaumechanik auf Bodenphysikalischer Grundlage, Deuticke. Leipzig/ Wien.

Terzaghi K./Jelinek R.(1954) Theoretische Bodenmechanik, John Wiley & Sons,New York.

Terzaghi K.(1954) Theoretische Bodenmechanik. Springer. Berlin/Goettingen/Heidelberg.

Terzaghi K./Peck R.(1967) Die Bodenmechanik, in der Baupraxis, SpringerVerlag, Berlin.

Terzaghi K./Peck R.B.(1967) Soil mechanics in engineeing practice. 2nd ed. Wiley.

Terzaghi K./Peck R.B./Mesri G.(1996) Soil mechanics in engineering practice 3rd. ed. John Wiley & Sons.

Tomlinson (1963) Foundation Design and Construction, Sir Isaac Pitman & Sons. London

Tschebotarioff G.P.(1973) Foundations, Retanining and Earth Structures, McGraw-Hill, New York.

Tuerke H.(1983) Staik im Erdbau, Ernst & Sohn, Berlin/Muenchen.

Ualtham U.C.(1994) Foundation of engineering geology, Chapman & Hall.

Veder Ch.(1979) Rutschungen und ihre Sanierungen. Springer-Verlag, Wien.

Weissenbach A.(1975) Baugrunben, Teil I Berlin-München-Düsselden.

Wood (1990) Soil behavior and critical state soil mechanics. Cambridge.

Yong R.Y./Warkentin B.P.(1975) Soil properties and behavior. Elsevier.

이상덕 (1995) 전문가를 위한 기초공학, 엔지니어즈.

이상덕 (2014) 토질시험-원리와 방법, 도서출판 씨아이알

이상덕 (2014) 기초공학, 제3판, 도서출판 씨아이알

이상덕 (2016) 토압론, 도서출판 씨아이알

이상덕 (2017) 토질역학, 제5판, 도서출판 씨아이알

황정규 (1992) 건설기술자를 위한 지반공학의 기초이론, 구미서관.

◈ 1. 기초지반의 침하 ◈

Boussinesq M.J.(1885) Application des potentiels a l'etude de l'equilibre et du mouvement des solides elastiques. Lille (Daniel)

Buismann A.S.K.(1962) Results of Long Duration Settlement Tests. Proc. 1. ICSMFE, Cambridge, Mass.,vol.1

DIN 4019 T1. Baugrund. Setzungsberechnungen bei lotrechter, mittiger Belastung

Kany M.(1974) Berechung von Flaechengruendungen. 2.Aufl. Ernst u. Sohn.

Krabbe W.(1958) Ueber die Schrumpfung bindiger Boeden. Mit.13. Franzius Institut der TH Hannover, S.256

Neumann R.(1957) Die Beeinflussung der bodenphysikalischen Eigenschaften bindiger Boeden durch die Kornfkaktion<0.002mm u.Wasseraufnahme. Der Bauining.32,S.6

v. Soos P.(1980) Eigenschaften von Boden und Fels ; ihre Ermittlung im Labor. In ; Grundbautaschenbuch 3. Aufl. Teil 1. S.59-116.

Terzaghi K.(1925) Erdbaumechanik auf Bodenphysikalischer Grundlage, Deuticke. Leipzig/ Wien.

van Hamme V.(1938) Beschouwingen over de spanningsverdeeling in den bodem als gevolg van het aanbrengen van een belasting. Manuskript, Laboratorium voor Grondmechanica, Delft.

◈ 2. 구조물하중의 지반전달 ◈

Borowicka H.(1943). Uber ausmitting bela-stete starre Platten auf elastschisotropem Untergrung, Ingenieur-Archiv.

DIN 1054 (1953) Gruendungen, Zulaessige Belastung des Baugruendes. Richtlinie

DIN 4018 (1957) Flaechengruendungen. Richtlinien fuer die Berechnung.

Kany M.(1974) Berechung von Flaechengruendungen. 2.Aufl. Ernst u. Sohn.

Leonhardt G.(1963) Setzungen und Setzungseinfluesse kreisfoermiger Lasten. Bau und Bauindustrie H.19

Leussink H.(1963) Ergebnisse von Setzungsmessungen an Hochbauten. Veroeff. Institut fuer Bodenmechanik, TH Karlsruhe H.13

Leussink H./Blinde A./Abel P.G.(1966) Versuche ueber die Sohldruckverteilung unter starren Grundkoerpern auf kohaesionslosem Sand. Veroeff. Institut fuer Bodenmechanik, TH Karlsruhe, H.22

Simmer K.(1965) Grundbau, Bodenmechanik und erdstatische Berechnungen. Beuth.

◈ 3. 탄성지반 지반 내 응력 ◈

Bishop A.W.(1954) The Use of Pore Pressure Coefficient in Practice, Geotechnique, Vol. 4, pp. 148-152.

Bishop A.W.(1960) The Principles of Effective Stress. publ. NGI No. 32.

Boussinesq M.J.(1885) Application des potentiels a l'etude de l'equilibre et du mouvement des solides elastiques. Lille (Daniel)

Cerruti V.(1888) Sulla deformazione di un corpo elastico isotropo per alcune speciali condizioni ai limiti. Matematica Acc. r. de'Lincei, Rom.

Graßhoff H.(1959) Flächengründungen und Fundamentsetzungen. Ernst u. Sohn.

Jelinek R.(1973) Setzungsberechnung ausmittig belasteter Fundamente. Bauplanung und Bautechnik. H.4

Jumikis A.R.(1965) Theoretical Soil Mechanics. Van Nostrand Reinhold.

Kany M.(1974) Berechung von Flaechengruendungen. 2.Aufl. Ernst u. Sohn.

Kezdi A.(1964) Bodenmechanik, Bd. 1 u. 2. Berlin/Budapest.

Lorenz H.H./Neumeuer R.(1953) Spannungsberechnung infolge Kreislasten unter beliebigen Punkten innerhalb und ausserhalb der Kreisflaeche, Die Bautechnik.

Love A.E.H.(1928) The Stress Produced in a Semi-infinite Solid by Pressure on Part of the Boundary. Phil. Trans. Royal Soc. London, Ser. A, S. 377-420.

Osterberg J.O.(1957) Influence Values for Vertical Stresses in a Semi-infinite Mass due to an Embankment Loading. Proc.4. ICSMFE London I, pp.393-394.

Skempton A.W.(1954) The Pore Pressure Coefficients A and B. Geotechnique 4 No. 4.

Skempton A.W.(1960) Terzaghi's Discovery of Effective Stress. In From Theory to Practice in Soil Mechanics. New York, Wiley.

Skempton A.W.(1961) Effective Stress in Soils, Concrete and Rocks. Proc. Conf. on Pore Pressure and Suction in Soils. Butterworths, London.

Steinbrenner W.(1934) Tafeln zur Setzungsberechung. - Schriftenreihe der Strasse, 4: 121

Terzaghi K.(1925) Erdbaumechanik auf Bodenphysikalischer Grundlage, Deuticke. Leipzig/Wien.

Weissenbach A.(1975) Baugruben Teil II. Berlin/Muenchen/Duesseldorf, Wilh. Ernst u. Sohn.

오범진/이상덕(2010) '상재하중의 크기와 이격거리에 따른 강성벽체의 토압분포', 한국지반공학회, 논문집, 26권 12호, p.51-60.

◈ 4. 지반의 변형 ◈

Borowicka H.(1943). Uber ausmitting bela-stete starre Platten auf elastschisotropem Untergrung, Ingenieur-Archiv.

Burland J.B.(1971) A method of estimating the pore pressures and displacements beneath embankments on soft, natural clay deposit. Proc. Roscoe Memorial Symposium Cambridge, s.505-536.

Casagrande A.(1936) The Determination of the Pre-consolidation Load and its Practical Significance. Proc. ISCMFE, Harvard.

Duncan J.M./Chang C.Y.(1970) Nonlinear Analysis of Stress and Strain in Soils, JSMFE, ASCE, Vol.96, No. SM5, Seot. 1070, pp.1629-1653.

Gibson R.E.(1967) Some Results ConcerningDisplacements and Stresses in a Nonhomogeneous Elastic Half-Space, Geotechnique, Vo. 17, pp.58-67.

Grasshoff H.(1970) Berechnung von Gruendungsbalken mit Hilfe von Einflusslinien. Studien- Informationen Erdbaulaboratoriu Wuppertal. H.4

Gussmann P./Smoltczyk U.(1980) Berechnung von Zeitsetzungen. in ; Grundbau-taschenbuch 3. Aufl. T1. Abschnitt 1.10, Verlag Ernst & Sohn, Berlin

Hvorslev M.J.(1937) Ueber die Festikeitseigenschaften gestoerter bindiger Boeden. Ingvidensk, Skr. A. Nr.45, Kopenhagen.

Kany M.(1974) Berechung von Flaechengruendungen. 2.Aufl. Ernst u. Sohn.

Lackner E.(1975) Empfehlungen d. Arbeitsausschusses "Ufereinfassung", Berlin

Laumanns Q.(1977) Verhalten einer ebenen, in Sand eingespannten Wand bei nicht-linearen Stoffeigenschaften des Bodens. Mitt. IGS, Uni. Stuttgart Nr.8.

Lee I.K.(1968) Soil Mechanics, Selected Topics. Ed. Butterworths, London

Leonhardt (1963) Setzungen und Setzungseinfluesse kreisfoermiger Lasten. Bau und Bauindustrie H.19

Roscoe K.H./Schofield A.N./Wroth C.P.(1958) On the Yielding of Soils. Geotechnique 8, s.22-53

Schleicher (1926) Zur Theorie des Baugrundes. Der Bauingenieur. S.931 u. 949

Schmertmann J.H.(1955) The Undisturbed Consoilidation Behavior of Clay, Trans. ASCE Vo.120

Schmertmann J.H.(1986) Dilatometer to Compute Foundation Settlement, Use of In Situ Tests in Geotechnical Engineering, Geotechnical Special Publication No.6, p.303-321. The Undisturbed Consoilidation Behavior of Clay, Trans. ASCE Vo.120

Schmertmann J.H./Hartmann J.P.(1978) Improved Strain Influence Factor Diagrams, Jour. of the Geotechnical Eng. Div. ASCE Vo.104,No.GT8. pp.1131-1135.

Steinbrenner W.(1934) Tafeln zur Setzungsberechung. - Schriftenreihe der Strasse, 4: S.121

Schaak H.(1972) Setzung eines Gruendungskoerpers unter dreieckfoermiger Belastung mit konstanter, bzw. schichtweise konstanter Steifezahl E_s, Bauingenieur 47. S.220

Sherif G./Koenig G.(1975) Platten und Balken auf nachgiebigem Untergrund. Springer Verlag, Berlin.

Smoltczyk U.(1993) Bodenmechanik und Grundbau, Verlag. Verlag Paul Daver GmbH, Stuttgart.

Smoltczyk U.(1993) Grundbau Taschenbuch, 4.Aufl. Ernst & Sohn, Berlin.

Skempton A.W.(1944) Notes on the compressibility of clays. Quertarly J. Geol. Society, Londen 100, S.119.

Taylor D.W. (1948) Fundamentals of Soil Mechanics. Ed. John Wiley & Sons, Inc. New York

Terzaghi K.(1925) Erdbaumechanik auf Bodenphysikalischer Grundlage, Deuticke. Leipzig /Wien.

Terzaghi K./Peck R.B.(1967) Die Bodenmechanik, in der Baupraxis, Springer Verlag, Berlin.

Terzaghi K./ Peck R.B.(1967) Soil mechanics in engineering practice. 2nd ed. John Wiley & Sons, New York.

van Hamme V.(1938) Beschouwingen over de spanningsverdeeling in den bodem als gevolg van het aanbrengen van een belasting. Manuskript, Laboratorium voor Grondmechanica, Delft.

◈ 5. 하중에 의한 얕은 기초의 침하 ◈

Bond D.(1961) Influence of Foundation on Size of Settlement. Geotechnique vol. 11, no.2, Jun. 1961.

Boussinesq M.J.(1885) Application des potentiels a l'etude de l'equilibre et du mouvement des solides elastiques. Lille (Daniel)

Dehne E.(1982) Flaechengruendungen. Bauverlag, Wiesbaden.

DIN 4019 T1. Baugrund. Setzungsberechnungen bei lotrechter, mittiger Belastung

Jelinek R.(1973) Setzungsberechnung ausmittig belasteter Fundamente. Bauplanung und Bautechnik. H.4

Kany M.(1974) Berechung von Flaechengruendungen. 2.Aufl. Ernst u. Sohn.

Leonhardt G.(1963) Setzungen und Setzungseinfluesse kreisfoermiger Lasten. Bau und Bauindustrie H.19

Matl F.(1954) Zur Berechnung der Setzung und Schiefstellung des exzentrisch belasteten starren Plattenstreifens, Oesterreichische Bauzeitschrift 9, H4,S.65-70.

Meyerhof G.G.(1965) Shallow Foundations, Americal Society of Civil Engineers,ASCE, JSMFE Vol.91, SM2, pp.21-31

Mitchell J.K./Gardner W.S.(1975) In Situ Measurement of Volume Change Characteristics, SOA Report, Procd. ASCE, Special Conference on the In Situ Measurement of Soil Properties, Raleigh, NC,

Mitchell J.K./Vivatrat V./Lambe T.W.(1977) Foundation of Tower of Visa, ASCE J. Geotech. Eng. Div. vol. 103

Schleicher F.(1926) Zur Theorie des Baugrundes. Der Bauing. 7, S.931 u. 949

Schaak H.(1972) Setzung eines Gruendungskoerpers unter dreieckfoermiger Belastung mit konstanter, bzw schichtweise konstanter Steifezahl Es. Bauing. 47, S. 220.

Schmertmann J.H.(1970) Static Cone to Computer Static Settltment over Sand, ASCE, JSMFE Div.96, SM3, 1011-1043.

Schmertmann J.H./Hartmann J.P.(1978) Improved Strain Influence Factor Diagrams, Jour. of the Geotechnical Eng. Div.ASCE Vo.104,No.GT8. pp.1131-1135.

Sherif G./Koenig G.(1975) Platten und Balken auf nachgiebigem Untergrund. Springer.

Skempton A.W.(1944) Notes on the Compressibility of Clays, Quarterly Journal of the Geological Society of London, Vol.100. 119-135.

Smoltczyk U.(1993) Bodenmechanik und Groundbau, Verlag. Paul Daver GmbH, Stuttgart.

Smoltczyk U.(1993) Grundbau Taschenbuch, 4.Aufl. Ernst & Sohn, Berlin.

Sommer H.(1965) Beitrag zur Berechnung von Gruendungsbalken und einseitig ausgesteiften Gruendungsplatten unter Einbeziehung der Steifigkeit von rahmenartigen Hochbauten. Fortschr. Ber. VDI-Z. Reihe 4. Nr. 3 Duesseldorf.

Sommer H.(1978) Neuere Erkenntnisse ueber die zulaessigen Setzungsunterschiede von Bauwerken : Schadenkriterien. Deutsche Baugrundtagung, Berlin.

Steinbrenner W.(1934) Tafeln zur Setzungsberechung. - Schriftenreihe der Strasse, 4: 121

Terzaghi K.V./Froehlich O.K.(1936) Theorie der Setzung von Tonschichten, Verlag. F. Deutcke, Wien

Terzaghi K./Peck R.B.(1967) Soil mechanics in engineeing practice. 2nd ed. Wiley.

Tuerke H.(1990) Staik im Erdbau, Ernst & Sohn, Berlin/Muenchen.

Vesic A.S.(1970) Tests on Instrumented Piles, Ogeechee River site, ASCE JSMFE, Vol.96, SM2, PP.561-584

Vesic A.S.(1973) Analysis of ultimate loads of shallow foundations, ASCE, Vol. 99, No. SM.

◈ 6. 지반굴착에 의한 침하 ◈

Bjerrum L./Eide, O.(1956) Stability of Strutted Excavation in Clay, Geotechnique, Vol.6, No,1

Bjerrum L.(1963) Discussion. In : Proc. Europ. CSMFE, Vol. II. Wiesbaden.

Caspe M.S.(1966) Surface settlement adjacent to braced open Cuts, JSMFD, ASCE, Vol.92, SM5, PP.51-59

Clough G.W./Reed M.W.(1984) Measured Behavior of Braced Wall in very soft Clay, Journal of Geotechnical Engineering Division, ASCE, Vol110, Np1. pp.1-19

Clough G.W./Smith E.M./Sweeney B. P.(1989) Movement Control of Excavation Support Systems by Iterative Design, Proceed. ASCE Foundation Engineering, Current Principles and Practicies, Vol.2, pp.869-884

Clough G.W./Davidson R.R.(1977) Effects of Construction on Geotechnical Performances, Proceed. Specialty Session III, 9th ICSMFE, Tokyo, pp.15-53

Clough G.W./O'Roucke T.D.(1990) Construction induced Movements of in-situ Walls. Design and Performance of Earth Retaining Structures, Geotechnical Publication No.25, ASCE, pp.439-470

Clough G.W./Schmidt B.(1981) : Design and performance of excavations and tunnels in soft clay. Soft Clay Engineering. Ed. by Brand E.W. and Brenner R.P.

Darcy H.(1863) Les fontaines publiques de la ville de Dijon. Paris, Dunod.

Dupuit J.(1863) Etudes theoretiques sur le movement des eaux. Paris, Dunod. Forchheimer 1898) Grundwasserspiegel bei Brunnenanlagen. Z.osterrt.Ing. Verein.

Fry R.H./Rumsy P.B.(1983) Prediction and Control of Ground Movement associated with a Trench Excavation, Water Research Center

Goldberg D.T./Jaworski W.E./Gordon M.D.(1976) Lateral support systems and Underpinning Construction Methods, Fedral Highway Administration, FHWA-RD-75-130, Apr.1976

Mana A.I./Clough G.W.(1981) Prediction of Movements for Braced Cuts in Clay, Jour.of the Geotechnical Engineering Division,ASCE, Vol.107,No.GT8, pp.759-777

O'Rourke T.D.(1981) Ground movements caused by braced excavations, Journal of the Geotechnical Division, ASCE Vol.107, No.GT9, Sept. pp.1159-1178.

O'Rourke T.D./ Cording E.J./ Boscardin M.D.(1976) The Ground Movement Related to Braced Excavation and Their Influence on Adjacent Buildings, Report DOT-TST 76T-23, U.S. Dept of Transportation, Washington, DC, Aug. 1076

Peck R.B.(1969) Advantages and limitations of the observational method in applied soil mechanics. Geot. 19. No.1 pp 171-187.

Sichardt W.(1927) Das Fassungsvermoegen von Bohrbrunnen und seine Bedeutung fuer groeßere Absenktiefen. Diss. TH Berlin.

Skempton A.W.(1944) Notes on the Compressibility of Clays, Quart. J. Geol/ Soc., London 100, 119-135

Skempton A.W./McDonald D.H.(1956) Allowable settlement of buildings, Proceedings ICE, Vol. 5, Part.

Sowers G.F.(1962) 'Shallow Foundation' in Foundation Engineering, Edited by G.A Leonards, McGraw-Hill Book Co. Inc. N.Y/

Terzaghi K.(1955) Evaluation of coefficient of Subgrade Reaction, Geotechnique, Vol.5 No.4, pp.297-326

Terzaghi K./Peck R.(1967) Die Bodenmechanik, in der Baupraxis, SpringerVerlag, Berlin.

Thiem A.(1870) Ueber die Ergiebigkeit artesischer Bohrlöcher , Schachtbrunnen und Filtergalerien. Z. Gas-und Wasserversorgug.

Tomlinson M.J.(1986) Foundation Design and Construction, 5th. ed. Longman scientific & Technical, Essex, England, 842pp

◈ 7. 터널굴착에 의한 지반침하 ◈

Attewell, P.B.(1978) : Ground movements caused by tunnelling in soil, Conference on Large Ground Movements and Structures, p.812-948, ed. Geddes J.D., Pentech Press, London

Attewell, P.B./Gloosop, N.H./Farmer, I.W.(1978) : Ground deformarions caused by tunnelling in a silty alluvial clay, Ground Engineering.

Attewell, P.B./and Woodman (1982) : "Predicting the Dynamics of Ground Settlement and its Derivatives Caused by Tunneling in Soil" Ground Eng.,

Attewell P.B./Yeates J./Selby A.R.(1986) : Soil movements induced by Tunnelling and their effects on pipelines and structures, Blackie, London.

Broms, B.B./Benneermark, H.(1967) : Stability of clay at vertical openings, Journal of the Soil Mechanics and Foundation Division, 93, pp. 71-95.

Burland J.B./Standing J.R./Jardine F.M.(2001) : Building Response to Tunnelling, Case studies from construction of the Jubilee Line Extension, London.

Burland J.B. et al.(2002) : Assessing the risk of building damage due to tunnelling -Lessons from the Jubilee Line Extension, London. In : Procd. 2nd. Int. Conf.on Soil Structure Interaction in Urban Civil Engineering, Zuerich, ETH Zuerich, ISBN 3-00-009169-6, p. 11-38, Vol. 1.

Burland J.B./Wroth C.P.(1974): Settlement of buildings and associated damage, Proc.Conf.on Settlement of structures, Cambridge, Pentecpress, p.611-654, London,

Clough G.W./Schmidt B.(1981) : Design and performance of excavations and tunnels in soft clay. Soft Clay Engineering. Ed. by Brand E.W. and Brenner R.P.

Cording, E.J./Hansmire, W.H.(1975) : Displacements around Soft Ground Tunnels, Proc. 5th Pan American Conf. SMFE, Buenos Aires, pp.571633.

Leach G.(1983) Discussion of theoretical studies on the effects of tunnel excavations on buried mains, in Tunnelling '82 Symp. Trans.1 MM 92. A.41-44

Leach G.(1984) Pipeline response to tunnelling, British Gas Corperation Engineering Research Station, Report E463, Newcastle upon Tyne.

Lee S. D. (2013) Tunnel Mechanics, CIR Pub., Seoul, Korea

Mair R.J./Taylor R.N./Bracegirdle A.(1996) : Subsurfacesettlement profile above tunnel in clays, Geotechnique 43(2), p.713-718.

Mair R.J./Taylor R.N./Burland J.B.(1996) : Prediction of ground movements and assessment of risk of building damage due to bored tunnelling in Mair and Taylor, p.713-718.

Peck R.B.(1969) Advantages and limitations of the observational method in applied soil mechanics. Geot. 19. No.1 pp 171-187.

Timoshenko S./ Goodier J.N.(1951) Theory of Elasticity, 2nd. Ed. John Wiley and Sons, New York

◈ 8. 지반침하에 의한 구조물 손상과 대책 및 보상 ◈

Attewell, P.B.(1978) : Ground movements caused by tunnelling in soil, Conference on Large Ground Movements and Structures, p.812-948, ed. Geddes J.D., Pentech Press, London, 1978.

Bjerrum L.(1963) Discussion. In : Proc. Europ. CSMFE, Vol. II. Wiesbaden.

Briske R.(1957) Erddruckverlagerung bei Spundwandbauwerken. 2. Aufl. Berlin.

Neuber H.(1961) Setzungen von Bauwerken und ihre Vorhersage. Berichte aus der Bauforschung H.19, Verlag. W. Ernst & Sohn, Berlin/Duesseldorf/Muenchen

Peck R. B./Bazarra A.(1969) Discussion of Settlement of Spread Footings on Sand, by D'Appolonia et al. JSMFE, Vo. 95, pp.905-909.

Polshin, D.E./Tokar, R.A.(1957), 'Maximum Allowable Non-Uniform Settlement of Structures.' Porc., 4th ICSMFE, Butterworth, England.

Skempton A.W./McDonald D.H.(1956) Allowable settlement of buildings, Proceedings ICE, Vol. 5, Part.

Wahl H.E.(1981) Tolerable Settlement of Buildings, Journal of the Geotechnical Engineering Division, ASCE, Vol.107, pp.1489-1504.

찾 아 보 기

[ㄱ]

가상 지표면 64
간극공기 6
간극수 4
간극수압 49, 50
간극수압계수 60
간극수의 결빙 14
간극수의 배수 174
간극수의 부피변화 60
간접 침하계산법 114, 194
강도경화 과정 4
강성기초 15, 22, 31, 32, 34, 111
  강성기초 꼭짓점의 접지압 22
  강성기초의 침하량 22, 113, 176, 189, 201
  강성 연속기초 39, 191
  강성 원형기초 39, 191
  강성 직사각형 39
  강성 타원형기초 39
강성도 비 k 30, 111
강성법 40
강성 - 이상소성 거동 92
겉보기 점착력 50
겹침의 원리 3, 81
과압밀 121
  과압밀비 121
  과압밀상태 압축지수 126
  과압밀 점토 207
과잉간극수압 60
과재하 20
과재하중에 의한 응력의 변화 20
관입전단파괴 304
교란지반 129
구성광물의 용해 14
구속응력 증가에 의한 침하량 204
구조물 안정 263
구조물의 허용인장변형률 298
구조물의 허용 처짐 315
구조물의 허용 침하 263
구조물의 허용 침하량 301, 312
구조물의 허용하중 19
구조물 하중에 의한 연직응력 175
구조물 하중에 의한 응력중첩 305
구조물 하중에 의한 지반응력 177
구조적 팽창 9
굴진면 275
굴진면 단위면적당 변위체적 284
굴진면 안정지수 271, 272, 284
굴진면의 터널 축방향 지반손실 275
굴착영향권 257
굴착저면 246
굴착저면 가상 지지점 242
굴착저면의 융기 241
굴착저면의 히빙량 246
궁극강도 42
균등침하 309
근입깊이 243
기존 구조물에 의한 지반응력 307
기초의 강성 15
기초의 C점 177
기초의 중앙점 177

기초저면의 접지압 37
깊은 기초 25, 29
꼭짓점의 침하계수 182, 183

[ㄴ]

내공면 지반손실에 의한 지반침하 271
내공변위 271
내공변위에 의한 지반손실량 278
널말뚝 주변지반의 침투파괴 251
누적 가우스 정규분포 286

[ㄷ]

단위중량 증가효과 53
동상 14
동상 후 연화작용 8
등방압 60
등방압력 58
등방압에 의한 간극수압계수 60
등방압에 의한 과잉간극수압 60
등분포 연직 띠하중의 영향계수 71
등분포 원형 단면하중의 영향계수 76
등분포 접지압 37, 40
등분포 직사각형 단면하중 79
등분포 직사각형 단면하중의 영향계수 80
등분포 하중 76

[ㄹ]

뢰스지반 13

[ㅁ]

매설관 재료의 허용응력 265
모관상승고 49
모세관 압력 50
모세관 현상 50
무한히 긴 연직선하중에 의한 지반응력 69
물의 체적압축계수 61
물의 표면장력 52
미세지층의 압밀침하량 206
미세지층의 침하 116

[ㅂ]

반경 변형률 283
반무한 체 64
배수영향권 248, 249
배수조건 6, 7
배후지반의 지표침하에 의한 변형체적 237
버팀대에 대한 선행하중 242
벽마찰 240
벽체 배면의 지표침하량 258
벽체 배후지반의 최대 연직 지표침하 254
벽체의 강성 261
벽체의 수평변위 241, 242
벽체의 최대 수평변위 261, 262
벽체의 횡방향 최대변위량 257
변위체적 276, 283
변형계수 100, 104, 168
변형률 영향계수 194
병설터널 상부 횡단면상 지표침하 287
보일링 현상 54
복합체 42
부등침하 299, 300, 308, 310
부등침하로 인한 손상한계 264, 294, 300
부등침하 허용한계 301, 310
부력 19
부력에 대한 안전율 19
분사현상 54
분할기초 꼭짓점의 영향계수 178, 195

분할기초 꼭짓점의 침하 185
분할기초 꼭짓점의 침하계수 185
분할지층의 비침하 증분 199
분할지층의 상부경계 비침하 200
분할지층의 즉시침하 198
불포화 지반의 간극수압 62
불포화 지반 3, 7, 62, 94, 173
비교란 지반 129
비등방성 지반 56, 61
비배수 전단강도 271
비배수 조건 6, 7
비선형 탄성거동 91
비침하 101, 116, 199
비침화 변화량 181
비침하 분포곡선 197, 199, 201
비침하 분포도 194
비침하 증분 199

[ㅅ]

사다리꼴 띠 하중 75
사다리꼴 연직 띠하중에 의한 연직응력 75
사다리꼴 연직 띠하중에 의한 영향계수 75
사다리꼴 연직 띠하중 중심선 상의 지반응력 75
사질토 침하 6
삼각형분포 연직 띠하중에 대한 영향계수 73
삼각형분포 원형 단면하중의 영향계수 77
삼각형분포 직사각형 단면 연직하중 84
삼각형분포 토압 28
상부구조물의 손상 297
상부구조물의 허용 인장변형률 288
상부경계 응력에 대한 압밀변형계수 197
상재하중에 의한 지반응력 63, 64
상향침투 54, 57, 59
선행압밀압력 105,107,118, 121, 206,207
선행압밀하중 117,121
선행재하 15, 19
선행재하방법 20
선행하중 19, 131
선형비례 분포 28
선형 탄성거동 91
설계 접지압 37
소성상태 지반응력 42
소성지수 9
소성체적유동 96
소성침하 175
소성평형상태 43
소성항복 93
소요침하량 20
수정압밀곡선 129
수축한계 9
수평 띠하중 71
수평방향 변형률 46
수평방향 응력변화율 45
수평방향 힘의 평형식 26,29
수평선하중에 의해 발생되는 지반응력 70
수평우물 249
수평절점하중 68
수평지표변위 분포 245
수평처짐 257
순재하 하중 18
시간계수 123, 128, 207
시간의존적 침하 289
신축구조물에 의한 지반응력 307
실측변형계수 104

[ㅇ]

아이소크론 124

아이스렌즈 14
압력구근 67, 72
압밀계수 118, 122, 128, 207
압밀도 122, 123
압밀변형계수 18, 101, 181, 199
압밀소요시간 203
압밀침하 3, 4, 88, 172
압밀침하도 128
압밀침하비 122, 125
압축계수 120
압축성 지층 302, 304
압축지수 117, 120, 126, 207
양압력 50
얕은 기초 25
얕은 터널 270, 273
연성기초 15, 22, 31, 33, 40
연성기초 C점의 침하 185
연성기초 C점의 침하계수 184
연성기초의 접지압 33
연성 원형기초 C점의 침하량 193
연성 원형기초 중앙점 침하량 193
연성법 40
연속방정식 249
연직 등분포 띠하중에 의한 지반응력 71
연직 띠하중 71
연직방향 지표변위 243, 277
연직 선하중 69
연직 선하중에 의한 영향계수 69
연직 선하중에 의한 지반 내 연직응력 69
연직유효응력 252
연직응력 분포곡선 194, 197
연직응력 영향계수 178
연직 절점하중 64
연직 절점하중에 의한 영향계수 67
연직 지반응력 17
연직 지표침하 243, 244, 247, 277
연직축 상 연직변위 285
연직침하 형상 243
연직하중에 대한 영향계수 69
영구하중 19
예상침하 200
예상침하량 20
외력에 의한 과잉간극수압 50
외력에 의한 토압 235
용해 14
원형기초 C점의 침하량 193
유동곡선 96
유동법칙 93
유효상재하중 49
유효응력 58, 59
융기 236
응력수준 271
응력중첩 298, 305, 306
응력중첩에 의한 부등침하 305
이등변 삼각형 분포 연직 띠하중 74
이등변 삼각형 분포 연직 띠하중에 의한 지반 응력 74
이방성 지반 251
이방성 지반의 침투 251
이완 93
이차압축 88, 130
이차압축 곡선 208
이차압축량 132
이차압축에 의한 침하 208, 209
이차압축지수 4, 88, 132, 208
이차압축침하 4, 88, 172, 208,209
이형분포 접지압 39
인장변형률 300

일차압밀 130
일차압밀량 118
일차압밀침하 87, 88
임계상태곡선 CSL 96
임계점 96
임의점에서 발생하는 침하 182
임의점의 자중에 의한 응력 43
임의평면상의 응력 43
입적체 42

[ㅈ]

자중에 의한 응력 177
자중에 의한 지반 내 임의점의 응력 43
재압축지수 207
재재하 17
전단강도 48
전단응력 47
전단응력에 의한 침하량 204
전면기초 34
전응력 58
절대 침하량 311
점성토 202
점성토의 형상 9
점토광물 10
접선계수 100
접선 탄성계수 92
접지압 23, 30,31
접지압의 분포 36
정규압밀 상태 121
정규압밀 점토 207
정규압밀 점토층 299
정수압 49, 50
정적 콘관입시험 105
정지토압계수 46
제하 (unloading) 9,17
조립토 202
종방향 지표침하 271
중간기초 25, 28
중간 주응력 45
중심하중에 의한 침하 190
중앙점과 모서리의 평균 침하량 176
중앙점 침하 176, 188
즉시침하 3, 88, 105, 172, 175
즉시침하량 197
지반굴착 영향범위 236
지반굴착에 의한 배후지반의 지표침하 239
지반굴착으로 인한 지반손실 238
지반 내 임의 점의 응력 45
지반 내 임의 평면상 응력 47
지반동결 14
지반손실 236, 253, 276
지반손실량 278
지반손실률 271, 272
지반응력의 변화에 기인한 지반침하 5
지반의 경화 96
지반의 구성방정식 42
지반의 극한 지지력 8
지반의 배수가능성 4
지반의 배수특성 7
지반의 부피변화에 의한 침하 5
지반의 상태변화에 의한 침하 5
지반의 손실부피 241
지반의 시간 의존적 침하 289
지반의 자중에 의한 지반 내 연직응력 177
지반의 침하 2
지반의 하중 – 침하거동 3
지반 자중에 의한 응력 43
지반의 체적압축계수 61

지반침하 방지대책 303
지반침하 영향권 257
지반침하 속도 5
지반팽창 10
지반함몰 11, 12
지반함침 12, 13
지반함침 발생가능성 13
지보시스템의 강성 258
지중 매설관 265
지지력 파괴 8
지질학적 이력 206
지표면의 수평변위 244
지표변위 277
지표 연직침하 280
지표침하 277, 281, 284
지표침하곡선 282
지표침하곡선의 변곡점 290
지표침하곡선의 변위체적 277, 281,284
지표침하곡선의 형상 255
지표침하곡선 최대경사지점 282
지표침하량 255
지표침하 발생영역 283
지표침하에 기인한 변형체적 239
지표침하에 대한 변위체적 278
지표침하에 의한 지상 구조물의 손상 297
지표침하 형상 239, 240, 277, 278
지표침하 형상곡선 255
지하공동의 함몰 302
지하수에 관련된 지반의 압축 248
지하수위 7
지하수위강하 174
지하수위면 249
직각삼각형 분포 연직 띠하중 73
직사각형 단면의 c점 하부의 지반응력 83
직사각형 분할기초 꼭짓점의 침하계수 188
직사각형 연성기초 꼭짓점의 침하계수 183
직사각형 연성기초 꼭짓점 하부지반의 침하량 183
직사각형 연성기초의 침하영향계수 190
직사각형 연성기초 중앙점의 침하 188
직선분포 접지압 38
직접침하계산법 106, 114, 175

[ㅊ]

처짐각 201, 311, 315
전단침하 284
체적변형 87, 89
체적변형률 283, 285
체적변화 89
체적변화계수 117, 120
체적변화비 89
체적압축계수 126, 206
체적탄성계수 89
초기재하에 의한 침하 18
최대 간극률 12, 13
최대 강도 (Peak강도) 42
최대 경사지점 282
최대 곡률점 281
최대 및 최소 주응력 구근 71
최대 배수거리 123
최대 연직 지표침하량 259, 262
최대 저항모멘트 25
최대 전단 변형률 90
최대 전단응력 48
최대 주응력 45
최대 지표 침하량 258, 278, 283, 284, 285, 287

최대 처짐각 288
최대 침하와 최소 침하의 비 301
최대 횡방향 변위 259
최소주응력 45
최종침하 200
축차응력에 의한 간극수압계수 62
축차응력에 의한 과잉간극수압 62
측면저항력 24
층상지반의 지반응력 63
침윤선 249, 250
침투력 55
침투수압 55
침투압 49, 51, 55
침하계수 104, 108
침하곡선의 기울기 262
침하곡선의 포락선 259
침하구덩이 31, 273, 278
침하량 256
침하비 286
침하소요시간 7
침하속도 7
침하영향권 248, 256, 302
침하 영향범위 256
침하 한계깊이 173
침하유발 연직응력 분포곡선 198
침하유발 접지압 176, 177
침하집중부 287

[ㅋ]

콘관입시험 203
콘지수 106
크리프 93
큰 지반침하 발생 방지대책 303

[ㅌ]

탄성계수 91, 100
탄성기초 40
탄성물체 89
탄성변형 91
탄성보 이론 29
탄성상태 지반응력 42
탄성 – 소성경화 거동 92
탄성 – 소성연화 거동 92
탄성 – 이상소성 거동 92
탄성침하량 105, 175
탄성평형상태 43
탄성한계 91
터널굴착 시 일어나는 지반침하 271
터널굴착에 의한 지반손실 271
터널굴착에 의한 지표침하 288
터널굴착에 의한 침하구덩이 273
터널굴착 영향권 273, 276
터널 내공변위 278
터널 내공축소에 의한 지반손실 276
터널 내 붕괴 270
터널바닥 하부의 지반융기 271
터널상부의 지표침하 290
터널의 반경방향 지반손실 275
터널종단방향 지표침하 271, 273
터널종단방향 지표침하곡선 286
터널횡단방향 지표침하 271, 273
토사터널 283
특이지층에 기인한 지반침하 298, 303

[ㅍ]

파이핑 현상 54
팽창압 10
팽창지수 120

편심 침하계수 190, 192
편심하중에 의한 부등침하 190
편심하중에 의한 접지압의 분포 35
평균 과잉간극수압 124
평균 동수경사 55
평균 비침하 199
평균 압밀도 124
평균 압축변형계수 181, 185, 196
평균 콘지수 107
평면변형률상태 98
평면변형률상태의 구성방정식 98,99
평면변형률상태의 평형방정식 98
평면응력 상태 98, 99
평면응력 상태 구성방정식 99
평판변형계수 103
평판재하시험 202
폐쇄식 쉴드 275
포물선 초점거리 250
포물선형 지표침하 287
포화 사질토 174
포화 점성토 174
포화 지반 3, 7, 62, 94, 173
표면장력 52
표준관입시험 106, 203
표준관입시험치 106, 203
푸아송 비 108
피로 (fatigue) 93

[ㅎ]

하중 증분법 92
하향침투 53, 54
한계 각변위 263
한계깊이 16, 176, 181, 197
한계동수경사 54
한계상태 37
할선계수 100
함몰파괴 270
항복규준 93
항복하중 91
허용 각변위 314
허용 부등침하 301
허용 부등침하량 312
허용 인장변형률 288
허용 처짐각 315
허용 침하량 312
형상변형 87
활동에 대한 안전율 26
활성도 10
횡단면상 지표침하 276
흙 구조골격의 압축 251
흙 구조골격의 압축량 60
흙막이 벽체 235
흙막이 벽체 배후지반의 지표침하 253
흙막이 벽체변형의 원인 242
흙막이 벽체의 강성 242
흙막이 벽체의 근입깊이 243
흙막이 벽체의 변형 239
흙막이 벽체의 수평변위 241, 243, 252
흙막이 벽체의 수평변위에 따른 지반손실 239
흙막이 벽체의 최대 수평변위 243
흙막이 벽체의 최대 횡방향 변위 259
흙의 구조골격 6
흙의 친수성 10, 11
흡착수 4
히빙 236
히빙 변위량 247
히빙 파괴 247

히빙 파괴모델 246
히빙 파괴에 대한 안전율 247
히빙 파괴체 246
힘의 평형식 44

[B]

Boussinesq 64

[C]

Caspe 이론 257
Cerrui 64

Clough 의 방법 255
C 점 22, 34, 35
C 점의 침하계수 189
C 점의 침하량 176

[D]

Darcy 의 법칙 249
Duncan-Chang 의 Hyperbolic 모델 91

[G]

Gauss 분포 270, 279
Gauss 정규 확률 분포함수 280
Gauss 함수 280

[H]

Heaving 261
Henry 의 법칙 62
Hooke 법칙 43
Hooke 의 탄성식 46

[J]

Joint 의 허용 휨각도 265

[K]

Kany 의 침하영향계수 190

[L]

Lame 탄성해 276
Lame 의 해 276, 277

[P]

Poisson 의 비 95
Pressuremeter 시험 204
Pressuremeter 탄성계수 204

[T]

Terzaghi 압밀이론 6, 174

[Y]

Young 률 100

[기타]

2 열 병설터널 287
3 열 병설터널 287
3 차원 지표침하 형상식 286

■ 저자약력

이 상 덕 (李 相德, Lee, Sang Duk)
서울대학교 토목공학과 졸업 (공학사)
서울대학교 대학원 토목공학과 토질전공 (공학석사)
독일 Stuttgart 대학교 토목공학과 지반공학전공 (공학박사)
독일 Stuttgart 대학교 지반공학연구소 (IGS) 선임연구원
미국 UIUC 토목공학과 Visiting Scholar
미국 VT 토목공학과 Visiting Scholar
현 아주대학교 건설시스템공학과 교수

지반의 침하

초판인쇄 2017년 12월 22일
초판발행 2017년 12월 29일

저 자 이상덕
펴 낸 이 김성배
펴 낸 곳 도서출판 씨아이알

책임편집 박영지
디 자 인 김진희, 윤미경
제작책임 이헌상

등록번호 제2-3285호
등 록 일 2001년 3월 19일
주 소 (04626) 서울특별시 중구 필동로8길 43(예장동 1-151)
전화번호 02-2275-8603(대표)
팩스번호 02-2265-9394
홈페이지 www.circom.co.kr

I S B N 979-11-5610-350-9 93530
정 가 25,000원